Enno Folkerts / Horst Friedrichs   Hausgeräte-, Beleuchtungs- und Klimatechnik

Die Meisterprüfung

Hausgeräte-, Beleuchtungs- und Klimatechnik

Ing. Enno Folkerts
Dipl.-Ing. Horst Friedrichs

8. Auflage

Vogel Buchverlag

Die Deutsche Bibliothek – CIP-Einheitsaufnahme

Folkerts, Enno: Hausgeräte-, Beleuchtungs- und Klimatechnik / Enno Folkerts; Horst Friedrichs.
– 8. Aufl. – Würzburg: Vogel, 1993
(Vogel-Fachbuch: Die Meisterprüfung)
ISBN 3-8023-1473-5
NE: Friedrichs, Horst:

ISBN 3-8023-1473-5
8. Auflage. 1993

Herstellung: Alois Erdl KG, Trostberg
Buchbinderische Verarbeitung: H. Stürtz AG, Würzburg

Vorwort

Dieses VOGEL FACHBUCH erscheint in der Reihe *Die Meisterprüfung in der Elektrotechnik* und behandelt ausführlich alle Themen der Hausgeräte-, Beleuchtungs- und Klimatechnik, die der planende Fachmann kennen sollte.
Im Kapitel Hausgerätetechnik wurden die Schwerpunkte bei den Gebieten Küchenplanung und Gerätebeschreibung gesetzt.
Das Kapitel *Beleuchtungstechnik* ist untergliedert in die Bereiche

physikalische Grundlagen des Lichts,
Lampen,
lichttechnische Größen und ihre Einheiten,
Projektierung von Beleuchtungsanlagen.

Bei den Lampen wurden alle gängigen Glüh- und Entladungslampen bis hin zu den neuen Entladungslampen für Glühlampen-Anwendungsbereiche beschrieben.
Bei der Projektierung von Beleuchtungsanlagen liegt der Schwerpunkt bei der Innenraumbeleuchtung. Als Grundlage dafür dienten DIN 5035 Teile 1 und 2 sowie entsprechende Veröffentlichungen der Lichttechnischen Gesellschaft (LiTG), Karlsruhe.
Im Kapitel *Klimatechnik* werden neben den erforderlichen Grundbegriffen drei Hauptbereiche ausführlich behandelt:

Klimageräte einschließlich der Kühllastermittlung,
Lüftungsanlagen und Lüfterarten,
Heizungstechnik von den einzelnen Geräten über die Wärmepumpenanlagen, Speicherheizgeräte und deren Steuerungen bis zur Wärmebedarfsberechnung nach DIN 4701 und die Bemessung der Wärmepumpe und Speicherheizgeräte.

Dieser Band wurde für planende Fachleute auf dem Haustechniksektor geschrieben. Besondere Bedeutung erlangt er bei der *Meisterausbildung von Elektroinstallateuren.* Er wird jedoch auch eine wertvolle Hilfe für *Architekten und Studenten des Hochbaus* sein. Da zu dieser Buchreihe der Band *Mathematische und elektrotechnische Grundlagen* gehört, wurden *grundlegende Kenntnisse* auf diesen Gebieten *vorausgesetzt.* Der vorliegende Band stellt jedoch ein in sich abgeschlossenes Werk dar. Er ist auch für Leser aus nichtelektrotechnischen Bereichen verständlich.
Die mit diesem Buch erreichbaren *Lernziele* entsprechen jenen Anforderungen, die der *Zentralverband der Deutschen Elektrohandwerke* für die *Meisterprüfung im Elektroinstallationshandwerk* festgelegt hat.
Die heutige Form der Buchreihe ist das Ergebnis ständiger Erprobungen mit Meisterschülern der *Bundesfachlehranstalt für Elektrotechnik* in Oldenburg. Die übersichtliche Gliederung der Fachthemen erleichtert dem Leser die Einarbeitung. Beispiele tragen zum besseren Verständnis der Fachprobleme bei.

Oldenburg/Würzburg — Verfasser und Verlag

In der Fachbuchgruppe «Die Meisterprüfung in der Elektrotechnik» sind bisher erschienen:

Böttle/Friedrichs: Mathematische und elektrotechnische Grundlagen

Boy/Dunkhase: Elektro-Installationstechnik

Fehmel/Flachmann/Mai: Elektrische Maschinen

Boy/Bruckert/Wessels: Elektrische Steuerungs- und Antriebstechnik

Folkerts/Friedrichs: Hausgeräte-, Beleuchtungs- und Klimatechnik

Böttle/Boy/Grothusmann: Elektrische Meß- und Regelungstechnik

Dugge/Haferkamp: Grundlagen der Elektronik

Böttle/Friedrichs: Aufgaben und Ergebnisse Elektrotechnik

Böttle/Fehmel: Formeln und Tabellen Elektrotechnik

Ebenfalls im Vogel Buchverlag sind in der Fachbuchgruppe «Elektrotechnik» erschienen:

Beuth/Beuth: Elementare Elektronik

Meister: Elektrotechnische Grundlagen

Beuth: Bauelemente

Beuth/Schmusch: Grundschaltungen

Beuth: Digitaltechnik

Müller/Walz: Mikroprozessortechnik

Schmusch: Elektronische Meßtechnik

Inhaltsverzeichnis

1 Anwendung und Technik elektrischer Hausgeräte

1.1 Küchenplanung

1.1.1 Die Einbauküche

Während früher eine Küche bereits mit Herd, Spüle und Küchenschrank komplett eingerichtet war, dominiert heute die Einbauküche. Um der Hausfrau ein rationelles Arbeiten zu ermöglichen, ist eine gut durchdachte Anordnung aller Kücheneinrichtungsteile erforderlich. Für die Planung stellt man sich die Küche deshalb in folgende vier Arbeitszentren zerlegt vor:

- ☐ Arbeitszentrum Kochen,
- ☐ Arbeitszentrum Spülen,
- ☐ Arbeitszentrum Vorbereiten und
- ☐ Arbeitszentrum Vorrathalten.

Bild 1.1 zeigt als Beispiel die Anordnung der genannten Zentren mit den Breitenmaßen in cm.

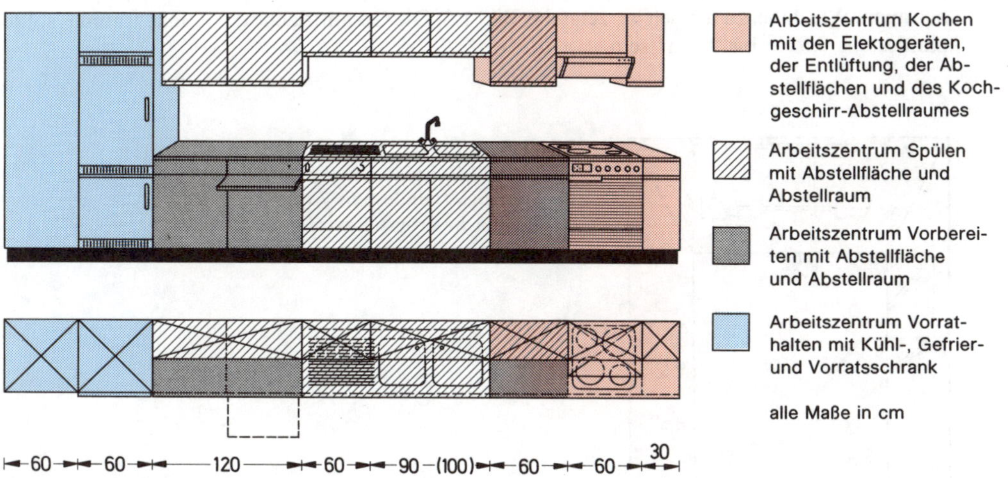

Bild 1.1 Anordnung der Küchen-Arbeitszentren

Die Tiefe der Einrichtungsteile ist üblicherweise 60 cm. Die Bewegungsfläche vor der Küchenzeile sollte eine Breite von mindestens 120 cm aufweisen. Die Teile der einzelnen Arbeitszentren müssen nicht in einer Reihe angeordnet sein. Je nach den räumlichen Gegebenheiten kann die

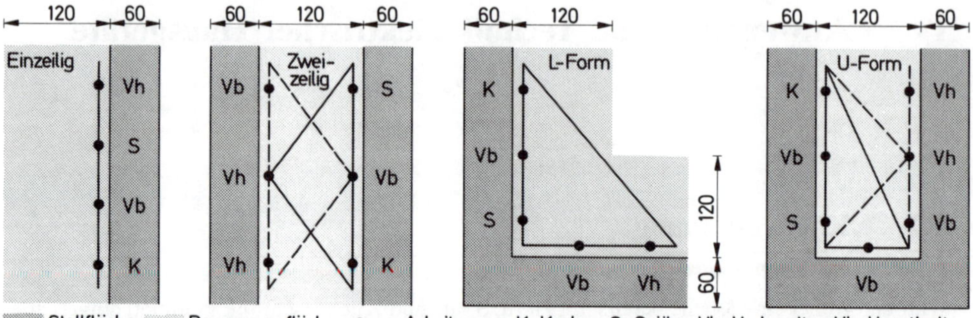

Bild 1.2 Küchenformen mit günstiger Verteilung der Arbeitszentren Kochen, Spülen, Vorbereiten und Vorrathalten und Eintragung der Arbeitswege

Einbauküche

- ☐ einzeilig,
- ☐ zweizeilig,
- ☐ in L-Form oder
- ☐ in U-Form

gestellt sein (Bild 1.2). Die Gesamtlänge der Stellfläche (mit 60 cm Breite) sollte mindestens 7 m betragen. Wie dabei zu messen ist, zeigt das Bild 1.3. Die Gesamtfläche des Küchenraumes sollte mindestens 7,5 m² bis 8,5 m² sein.

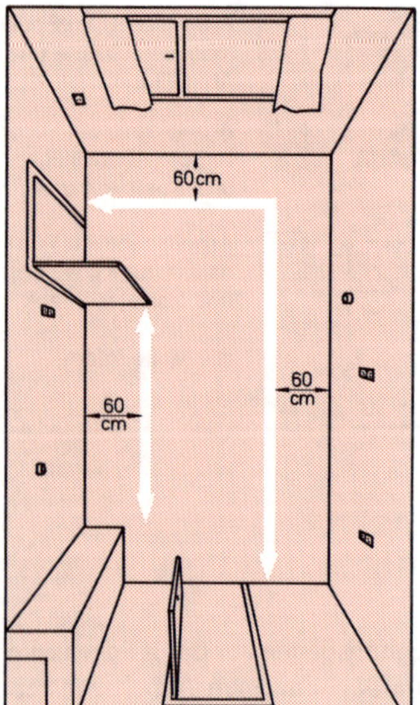

Bild 1.3
DIN 18022 Beispiel, wie die Gesamtlänge (mindestens 7 m) der Stellfläche ermittelt wird

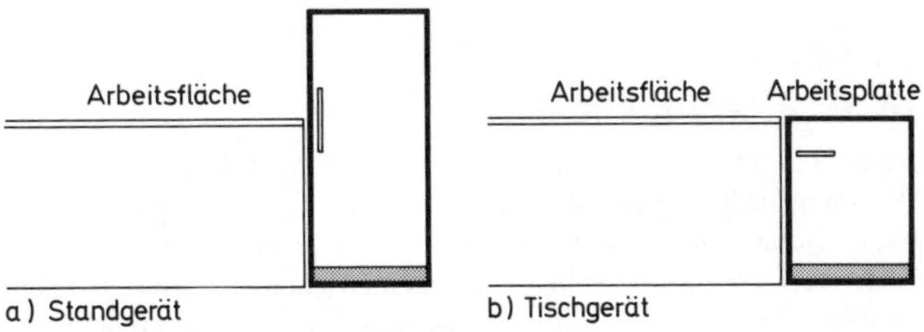

Bild 1.4
Geräte mit serienmäßig gelieferter Seitenverkleidung

1.1.2 Maße der Einrichtungsteile

Die Tabelle 1.1 gibt einen Überblick, welche Breite die verschiedenen Einrichtungsteile der Einbauküche in etwa einnehmen. Die Tiefe der Arbeitsplatte ist jeweils 60 cm. Elektrogroßgeräte für den Haushalt sind auf dieses Maß abgestimmt. Die Höhe von Unterschränken und Elektrogroßgeräten beträgt 85 cm (90 cm). Die Maße sind nach DIN 18 022 festgelegt. Bei Herden, Kühlgeräten usw. ist zu unterscheiden zwischen

- □ Standgeräten (Bild 1.4 a),
- □ Tischgeräten (Bild 1.4 b),
- □ Unterbaugeräten (Bild 1.5 a) und
- □ Einbaugeräten (Bild 1.5 b)

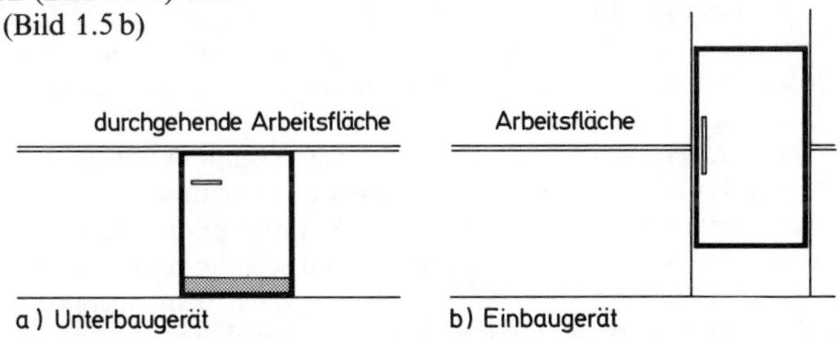

Bild 1.5
Geräte ohne serienmäßig gelieferter Seitenverkleidung

Tabelle 1.1
Übliche Maße der Küchenausstattungs- und Einrichtungsteile

Ausstattungs- und Einrichtungsteile	Breite in cm
Herd, Kochstelle	60
Spülplatz, zwei Becken und Abtropffläche (inkl. Geschirrspülautomat)	150
Back- und Bratofen	60
Kühlschrank	60
Gefrierschrank	60
Vorratsschrank	60
Besenschrank	50
Unterschränke (für Geschirr, Kleingeräte, Zubehör und Vorräte), deren Abdeckungen zugleich als Vorbereitungs-, Arbeits- und Abstellflächen genutzt werden können	200
Insgesamt	700

1.1.3 Hausarbeitsraum

Außer Hausarbeiten, die in der Küche durchgeführt werden, gibt es viele Tätigkeiten, wie z. B. Waschen und Bügeln, Schuhpflege, Nähen, Kleiderpflege, Reparieren und Basteln, die aus hygienischen Gesichtspunkten in einem Hausarbeitsraum durchgeführt werden sollten.
Laut DIN 18022 unterscheidet man einen „nassen" oder „trockenen" Hausarbeitsraum. In den „nassen" Raum gehören Waschmaschine, Wäschetrockner und Bügelgerät sowie ein Spülbecken mit Mischbatterie für warmes und kaltes Wasser für die kleine Wäsche, die gelegentlich nicht maschinell gewaschen wird.
Zusätzlich zu den Anschlüssen für die Großgeräte müssen über den Arbeitsplatten Steckdosen vorgesehen sein.
Dem „trockenen" Hausarbeitsraum fehlen Wasser- und Abwasseranschluß. Die Waschmaschine wird dann eventuell im Bad aufgestellt. Nicht fehlen sollte ausreichender Schrankraum.

1.2 Regler und Steuerungseinrichtungen elektrischer Hausgeräte

In Haushaltsgeräten werden auch heute noch in großem Umfang mechanisch arbeitende Regelungs- und Steuerungseinrichtungen eingesetzt. Diese werden auch in Zukunft noch Bedeutung haben, obwohl elektronisch arbeitende Fühler und Schalteinrichtungen im Vormarsch sind.
Regler in Haushaltsgeräten sind meist Zweipunktregler (siehe auch Band „Meß- und Regeltechnik", Kap. 8.4.2). Das Prinzip des Zweipunktreglers ist im Diagramm Bild 1.6 anhand einer Temperaturregelung dargestellt. Ein Zweipunktregler schaltet selbsstätig aus, wenn der gewünschte Sollwert überschritten ist und schaltet nach Unterschreiten des Sollwertes wieder ein. Die Hysterese – die Differrenz zwischen dem oberen und unteren Schaltpunkt – ist erwünscht. Je geringer diese ist, desto häufiger kommt es zu einem Schaltvorgang und zu den damit verbundenen Abnutzungserscheinungen, zum Beispiel infolge von Kontaktabbrand. In diesem Zusammenhang noch ein Hinweis: Die mechanischen Regler elektrischer Hausgeräte sind durchweg nicht für den Gleichstrombetrieb ausgelegt. Bei Gleichstrom ist stets mit erhöhter Abbranderscheinung zu rechnen, da hier im Gegensatz zum Wechselstrom der sich periodisch wiederhohlende Strom-Nulldurchgang fehlt. Automatik-Bügeleisen und andere geregelte Hausgeräte sind deshalb meist nur für den Wechselstrombetrieb geeignet.

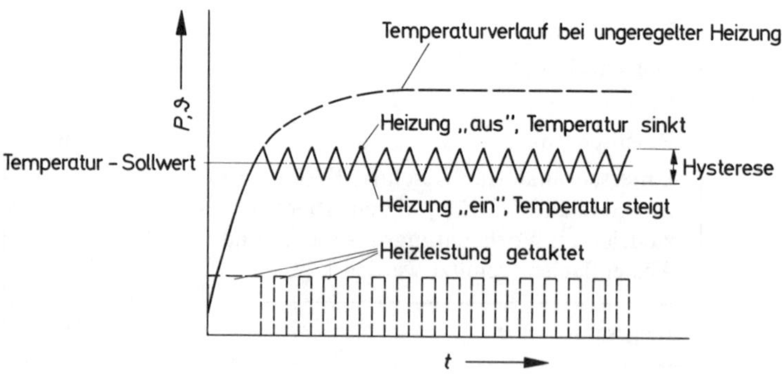

Bild 1.6
Heizleistung P und Temperaturverlauf ϑ in Abhängigkeit von der Zeit t bei Zweipunktreglung

1.2.1 Begriffe, Bezeichnungen

Temperaturregler in Hausgeräten haben meist die Aufgabe eine fest eingestellte oder innerhalb eines bestimmten Bereiches vorwählbare Temperatur konstant zu halten. Temperaturregler sollen manchmal auch eine Temperatur in Abhängigkeit von einer anderen verändern. Als Beispiel seien hier Regler mit Außenfühlern bei Heizungsanlagen angeführt. Diese haben die Aufgabe, entweder die Heizungswasser-Vorlauftemperatur oder (bei Nachtstrom-Speicherheizgeräten) die Speicherkerntemperatur mit sinkender Außentemperatur zu erhöhen.

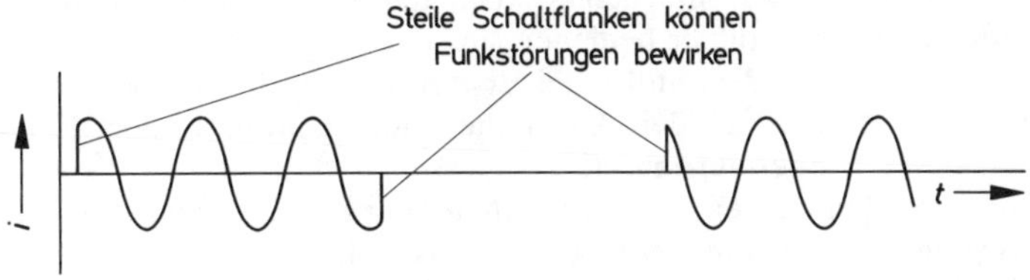

Bild 1.7
Schwingungspaketsteuerung mit Hilfe mechanisch arbeitender Regler. Schaltvorgänge erfolgen willkürlich

Mechanisch arbeitende Temperaturregler schalten willkürlich aus und ein (Bild 1.7). Bei größeren Schaltleistungen und bei hoher Taktfrequenz besteht die Gefahr, daß infolge der steilen Schaltflanken Funkstörungen auftreten. Diese können mit Hilfe elektronischer Regler vermieden werden, wenn die Ansteuerung der Regler mit Hilfe eines Nullspannungsschalters erfolgt. Nullspannungsschalter schalten stets im Spannungs-Nulldurchgang ein und nur in einem Strom-Nulldurchgang wieder aus (Bild 1.8). Die hier beschriebene Art der Steuerung wird als Schwingungspaketsteuerung bezeichnet.

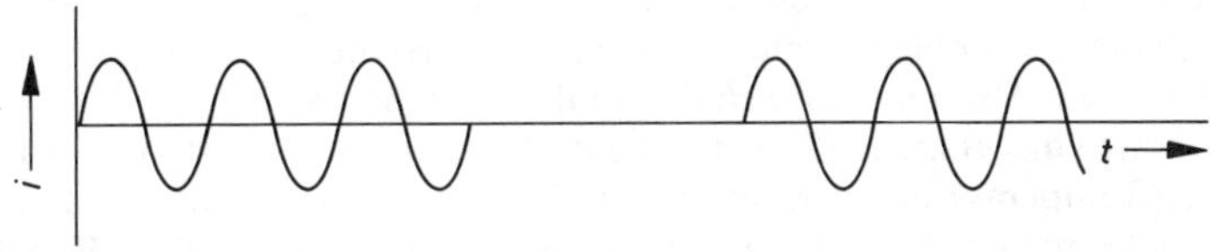

Bild 1.8
Schwingungspaketsteuerung mit Hilfe eines elektronischen Reglers und Nullspannungsschalters. Schaltvorgänge erfolgen nur im Nulldurchgang

Thermostate (griech. Thermo = Wärme, Statik = Gleichgewicht) sind alle Temperaturregler, die eine fest eingestellte Temperatur oder eine vorwählbare Temperatur konstant halten.

Temperaturbegrenzer sind Steuerungseinrichtungen, die den Strom eines Gerätes nach dem Erreichen einer bestimmten Temperatur ab- und nicht wieder einschalten. Viele Elektrogeräte (zum Beispiel Heißwassergeräte, Glaskeramikkochfelder usw.) besitzen zusätzlich zu den Temperaturreglern **Sicherheits-Temperaturbegrenzer.** Diese sollen dann ansprechen, falls der Regler infolge eines Defektes ausfällt.

Leistungsregler (Energieregler) sind Steuerungseinrichtungen die die Leistungsaufnahme (z.B. einer Heizung) durch Takten beeinflussen. Sie takten meist zeitabhängig. Die Zeitkonstante bildet dabei oftmals ein Bimetall, das nach Erwärmung eine bestimmte Zeit zum Abkühlen benötigt.

Zeitschaltautomatiken arbeiten mit Schaltuhren oder Zeitschaltern. Eine **Schaltuhr** ist eine Tageszeituhr, die über ein gekoppeltes Schaltwerk zu einem bestimmten Zeitpunkt aus- bzw. ein- und ausschalten kann. **Zeitschalter** sind elektromotorisch getriebene Schalter, die nach Vorwahl einer Zeit ein- oder ausschalten oder nur ausschalten können. Schaltuhren und Zeitschalter findet man an Kochgeräten. Zeitabhängig gesteuerte Wäschetrockner besitzen ebenfalls Zeitschalter.

1.2.2 Temperaturregler und -begrenzer

Sie bestehen im wesentlichen aus dem Temperaturfühler und der elektrischen Schalteinrichtung. Temperaturfühler bedienen sich der Tatsache,

- ☐ daß sich Stoffe bei Erwärmung ausdehnen oder
- ☐ daß sich der elektrische Widerstand unter dem Einfluß von Wärme erhöht oder verringert.

Im folgenden werden Temperaturfühler der ersten Art vorzugsweise behandelt, da sie überwiegend z.Z. noch in elektrischen Hausgeräten eingesetzt werden.
Die Schalteinrichtungen der Regler arbeiten im allgemeinen sprungartig (Mikroschalter – siehe Abschnitt 2.2.4.3 Band «Elektrische Maschinen und Steuerungstechnik»), obgleich die Temperaturabhängigkeit des Fühlers praktisch analog erfolgt.

1.2.2.1 Bimetallregler

Zwei Metallstreifen, Bild 1.9a, die sich bei Erwärmung verschieden stark ausdehnen, sind unlösbar miteinander verbunden. Eine solche Einheit wird als „Bimetall“ (Bi = lateinisch: doppelt, zweifach) bezeichnet. Steigt die Temperatur an, kann sich das Bimetall nicht geradlinig strecken, weil das eine Metall länger wird als das andere. Die Folge ist ein Durchbiegen am freien Ende, wodurch man einen Schaltkontakt betätigen kann. Je nachdem, wie weit dieser Kontakt von der Ruhelage entfernt ist, wie weit sich also das Bimetall zum Schalten durchbiegen muß, ist dazu eine verschieden hohe Temperatur erforderlich. Macht man den Abstand des Schaltkontakts von der Ruhelage des Bimetalls veränderlich, so schaltet das Bimetall-Schaltelement innerhalb eines bestimmten Bereiches bei verschiedenen Temperaturen oder Betriebszuständen aus und ein. Bimetallschalter dieses Prinzips verwendet man z. B. als Temperaturregler in Bügeleisen und als Protektor in Blitzkochplatten. Die Wärmeübertragung auf das Bimetall erfolgt meist durch direkten Kontakt mit dem Medium oder Bauteil, dessen Temperatur geregelt werden soll (z. B. beim Bügeleisen oder in Blitzkochplatten). Manchmal ist um das Bimetall auch eine vom Strom durchflossene Heizwicklung gewickelt, oder es wird direkt vom elektrischen Strom durchflossen.
Eine Variante des beschriebenen Bimetallreglers ist die sogenannte Spencerscheibe

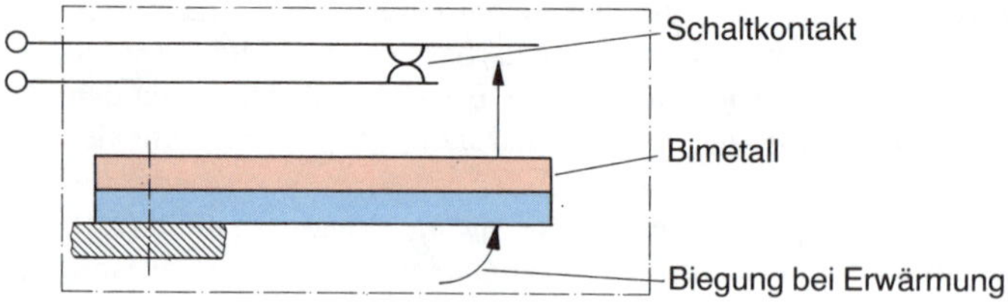

Bild 1.9a Prinzip des Bimetallreglers

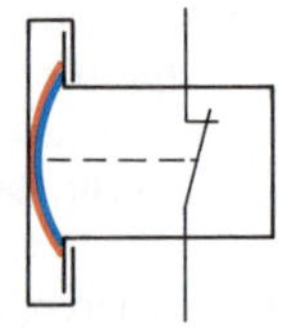
Bild 1.9b
Prinzip der Spencerscheibe (Bimetalldose)

(Bild 1.9b), eine gewölbte Bimetallscheibe, die unter dem Deckel einer kleinen Schalterdose liegt. Bei niedrigen Temperaturen ist die Scheibe nach außen (konvex) gewölbt. Nach Überschreiten eines bestimmten Temperaturwertes entsteht sprungartig eine Hohlwölbung (konkav), wodurch ein Schaltkontakt betätigt wird. Diese Konstruktion wird heute häufig als Temperaturregler in Waschvollautomaten, Geschirrspülern und Heizkissen verwendet.

1.2.2.2 Invarstabregler (Dehnrohrregler)

Im Inneren eines Rohres, das meist aus Messing besteht, befindet sich – am Rohrende eingespannt – ein Stab aus Invar (abgeleitet von invariabel = unveränderlich – Legierung aus 35,5% Nickel, 0,3...0,5% Kohlenstoff, Rest Eisen), der bei Erwärmung praktisch keine Längenänderung erfährt. Der Invarstab ist mit einem Sprungschaltwerk gekoppelt (Bild 1.10). Unter dem Einfluß von Wärme dehnt sich das Rohr, während die Stablänge unverändert bleibt. Dadurch wird der Stab in das Rohr hineingezogen und wirkt durch diese Bewegung auf das Schaltwerk.

Die beschriebene Einrichtung wird heute nur selten als Regler verwendet, sondern dient vor allem als Schutztemperaturbegrenzer, z.B. in geschlossenen Warmwassergeräten und an Glaskeramikkochflächen. Aufgrund der stabilen Mechanik arbeitet die Einrichtung sehr zuverlässig.

Bild 1.10
Prinzip des Invarstabreglers

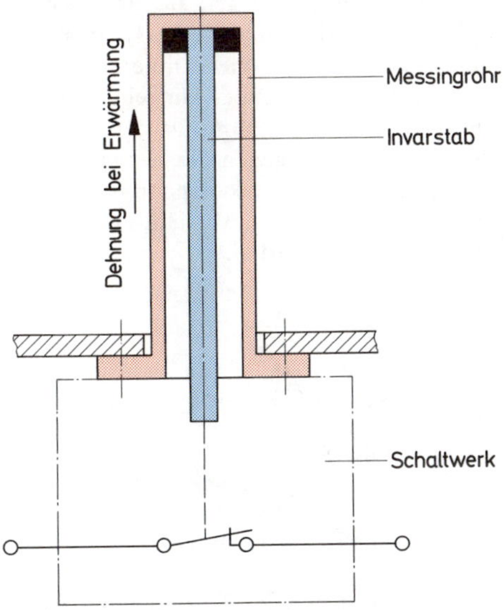

1.2.2.3 Kapillarrohrregler

Das Aufbauprinzip ist in Bild 1.11 dargestellt. Die Funktion ist folgende: Innerhalb eines dünnen Rohres (Kapillare) ist eine Flüssigkeit eingeschlossen. An der einen Rohrseite befindet sich der eigentliche Temperaturfühler, ein Finger oder ein Teller. Die andere Rohrseite endet an einer Membrandose. Unter dem Einfluß von Wärme dehnt sich die Flüssigkeit stark aus und drückt auf die Membrane. Die Bewegung der Membrane wird auf einen Schaltkontakt übertragen.

Der Kapillarrohrregler ist der in Hausgeräten am häufigsten anzutreffende Temperaturregler. Er ist in Kühlschränken, Warmwassergeräten, Waschmaschinen, Automatikkochplatten und anderen Großgeräten eingebaut.

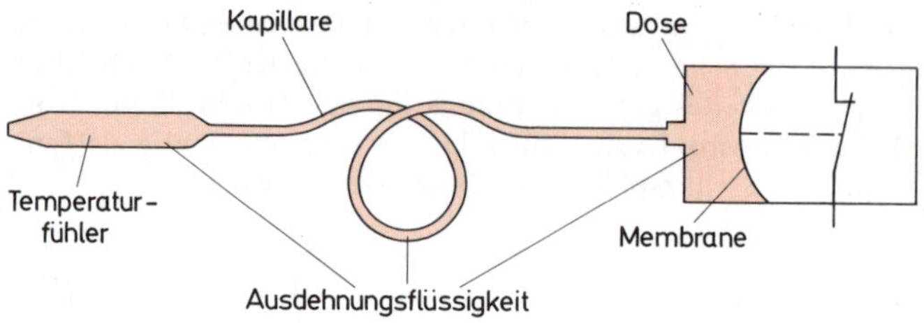

Bild 1.11
Prinzip des Kapillarrohrreglers

1.2.2.4 Elektronische Temperaturregler

Sie nutzen die Widerstandsänderung bestimmter Materialien aus. Man verwendet dabei als Fühler

- ☐ Heißleiter (NTC), deren Widerstand mit steigender Temperatur abnimmt oder
- ☐ Kaltleiter (PTC), deren Widerstand mit steigender Temperatur zunimmt (Schaltungssymbole in Bild 1.12a).

NTC-Widerstände werden dort eingesetzt, wo Temperaturen innerhalb größerer Bereiche abgefühlt werden sollen. PTC-Widerstände weisen eine besonders ausgeprägte Widerstandsänderung nur innerhalb eines schmalen Temperaturbandes auf und werden dort bevorzugt, wo es darum geht, die Temperatur eines sehr begrenzten Bereiches zu erfassen. Die Bauelemente werden meist innerhalb von Brückenschaltungen betrieben (Bild 1.12b). Bei einer bestimmten Bezugs-Umgebungstemperatur ist die Brückenspannung Null, da dann das Widerstandsverhältnis in den beiden Parallelzweigen der Schaltung gleich groß ist. Steigt oder fällt dagegen die Umgebungstemperatur des temperaturabhängigen Widerstandes, so weicht die Brückenspannung von Null ab, und zwar um so stärker, je größer die Widerstandsänderung ist. Mit Hilfe des Stellwiderstandes kann die gewünschte Bezugstemperatur eingestellt werden.

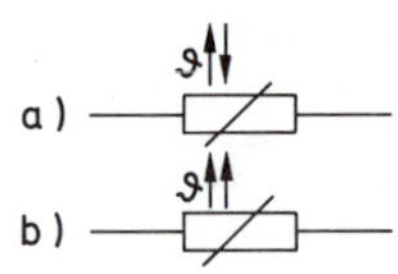

Bild 1.12a
Schaltungssymbole
a) NTC (Heißleiter)
b) PTC (Kaltleiter)

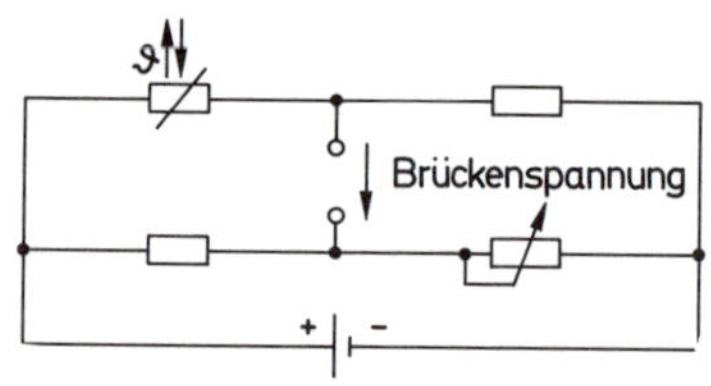

Bild 1.12b
Brückenschaltung mit NTC

Versieht man beide Parallelzweige der Brückenschaltung mit je einem temperaturabhängigen Widerstand, so lassen sich mit der Schaltung auch Temperaturdifferenzen feststellen. Dieses Verfahren wird z.B. bei einigen temperaturgesteuerten Wäschetrocknern angewendet, bei denen die Temperatur der in die Trockentrommel eintretenden Luft mit der aus der Trommel ausströmenden verglichen wird.

1.2.3 Druckdifferenzschalter (Fließdruckschalter)

Der Druckdifferenzschalter dient zur Steuerung der elektrischen Leistung in hydraulisch geschalteten Durchlauferhitzern. Das Funktionsprinzip ist aus Bild 1.13 erkennbar. Der Schalter liegt im Wasserzulauf des Gerätes. Wird kein Wasser entnommen, so ist der Was-

serdruck in beiden Fühlerrohren des Druckdifferenzschalters gleich groß. Die Membrane ist dann in ihrer Ruhelage, und der Schaltkontakt ist geöffnet. Wird Wasser entnommen, so ergibt sich an der in Bild 1.13 mit B gekennzeichneten Rohrstelle eine höhere Fließgeschwindigkeit (in m/s) als an den mit A und C gekennzeichneten Stellen. Die Wasserdurchflußmenge (in l/s) ist jedoch an allen drei Stellen gleich groß. Nach einem Gesetz der Physik (Bernoullisches Gesetz) ist damit an der Stelle B der Wasserdruck gegen die Rohrwandung geringer als an den Stellen A und C. Weil die Membrankammer einerseits mit A und andererseits mit B verbunden ist, wird die Membrane nunmehr nach oben hin durchgebogen. Da die Schaltkontakte des Drehstromschalters mit der Membrane gekoppelt sind, schließen sie und setzen die angeschlossene Heizung in Betrieb.
Die Anwendungsgrenze der Druckdifferenzschalter liegt je nach Typ bei etwa minimal 3 bar bis hinunter 1 bar Fließdruck. Bei noch geringeren Netzdrücken werden Durchlauferhitzer mit thermischer Regelung (z. B. Kapillarrohrregler) eingesetzt.

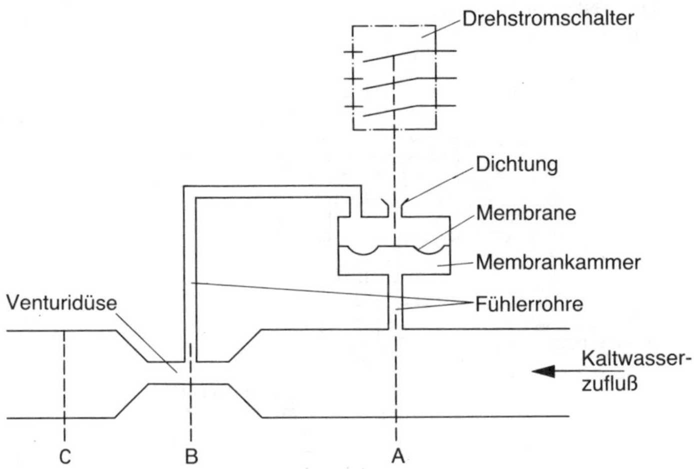

Bild 1.13
Prinzip des Druckdifferenzschalters

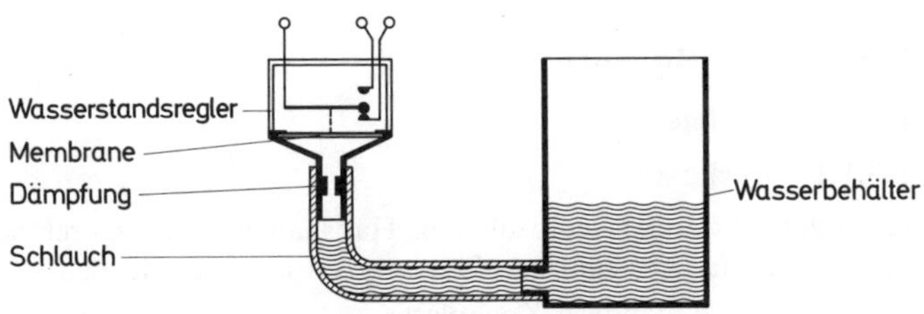

Bild 1.14
Prinzip des Wasserstandsreglers

1.2.4 Wasserstandsregler (Niveauregler, Pressostate)

Diese Reglertypen dienen u.a. in Waschautomaten und Geschirrspülmaschinen zur Regelung des Wasserstandes. Sie unterbrechen nach Erreichen des erforderlichen Wasserstandes die Zuleitung zum Magnetventil, das den Einlaß des Wassers dann unterbricht. Der steigende Wasserspiegel (Bild 1.14) im Behälter drückt die im Zuführungsschlauch vorhandene Luft zusammen, die ihrerseits gegen die Membrane des Reglers drückt und diese durchbiegt. Dadurch kommt es zum Schaltvorgang in dem im Regler eingebauten Mikroschalter.

1.2.5 Magnetventile

Magnetventile (Bild 1.15) dienen der Freigabe des Frischwasserzulaufs in Geschirrspülern und Waschgeräten. Die Ansteuerung erfolgt durch das sogenannte Programmschaltwerk oder durch eine entsprechende Elektronik. Liegt Spannung an der Magnetspule des Ventils, so ist der Wasserzulauf freigegeben. Nach Abschalten des Stromes bewirkt die eingebaute Spiralfeder das selbsttätige Schließen des Ventils.
Viele Waschautomaten besitzen für jede Waschmittel-Einspülkammer ein Magnetventil. Andere Geräte sind nur mit einem Magnetventil ausgestattet. Die jeweilige Einspülkammer wird dann mit Hilfe einer Wasserumlenkklappe angesteuert.
Einige Magnetventile sind zusätzlich mit einem Durchlaufmengenregler ausgestattet, der bei unterschiedlichem Wasserleitungsdruck zwischen 1 bar und 10 bar eine gleichbleibende Wasserströmungsgeschwindigkeit gewährleistet. Bei Drücken über 10 bar ist ein Druckminderventil in die Leitung einzubauen. Bei Drücken unter 1 bar sind Sonderanweisungen der Hersteller zu beachten.

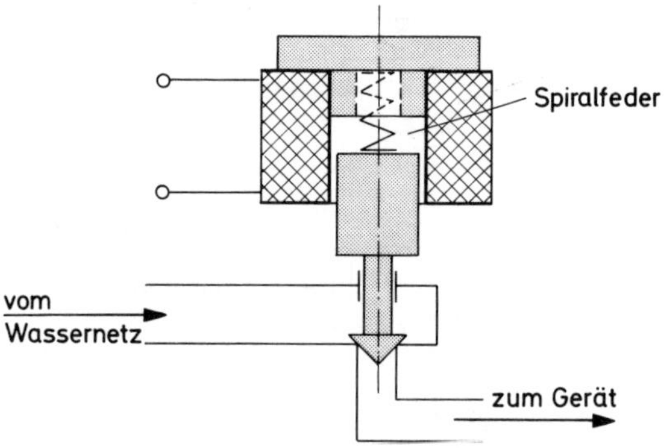

Bild 1.15
Prinzipaufbau eines Magnetventils

1.3 Großgeräte

1.3.1 Kochgeräte

1.3.1.1 Kochplatten

Kochplatten werden heute für den Haushalt mit den Durchmessern 145 mm, 180 mm und 220 mm geliefert. Es sind drei Plattentypen zu unterscheiden,

- ☐ die Standard-Kochplatte,
- ☐ die Blitzkochplatte (auch Schnellkochplatte genannt) und
- ☐ die Automatikkochplatte.

Standard-Kochplatte und Blitzkochplatte erlauben nur eine stufige Einstellung ihrer Leistung. Das Einstellorgan ist der sogenannte 7-Takt-Schalter. Er besitzt 6 Leistungsstufen und eine Aus-Stufe. Beide Plattentypen besitzen jeweils drei Heizwicklungen, die in den Plattenkörper eingegossen sind. Die Anschlüsse der Wicklungen sind mit 4 Drähten aus dem Plattenkörper herausgeführt. Mit Hilfe des 7-Takt-Schalters werden die drei Wicklungen – je nach gewünschter Heizleistung – in Reihe, einzeln oder zueinander parallel an das Netz geschaltet (Bild 1.16).

Bild 1.16
Kochplatten mit 7-Takt-Schalter: Schaltbild und Leistungen

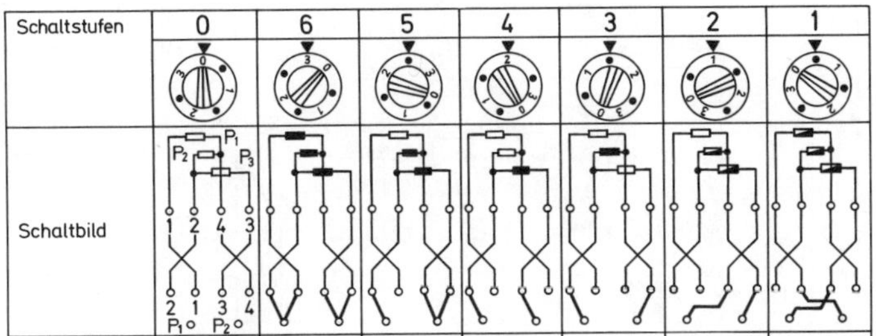

ausgeschaltet

Teilleistung eingeschaltet

volle Leistung eingeschaltet

Schaltstufen	0	6	5	4	3	2	1
145 mm ∅	P1 = 250W P2 = 250W P3 = 500W	1000W	750W	500W	250W	165W	100W
	P1 = 750W P2 = 250W P3 = 500W	1500W*	750W	500W	250W	165W	135W
180 mm ∅	P1 = 350W P2 = 300W P3 = 850W	1500W	1150W	850W	300W	220W	135W
	P1 = 850W P2 = 300W P3 = 850W	2000W*	1150W	850W	300W	220W	175W
220 mm ∅	P1 = 600W P2 = 450W P3 = 950W	2000W	1400W	950W	450W	305W	200W
	P1 = 850W P2 = 450W P3 = 1300W	2600W*	1750W	1300W	450W	340W	240W
Verwendung		Ankochen – Braten – Backen			Fortkochen		Warmhalten

* Blitzkochplatten mit eingebautem Protektor, der die unterstrichenen Heizleiter abschaltet

In der niedrigsten Leistungsstufe liegen die Wicklungen alle in Reihe. In dieser Schaltstellung kann man die 7-Takt-Kochplatte auf Vorhandensein eines Leiterbruches prüfen. Ist ein Leiterbruch vorhanden, so darf sie sich dann nicht erwärmen.

Daneben besteht die Möglichkeit, die Heizleistung von Standard- und Blitzkochplatten praktisch stufenlos mit Hilfe eines sogenannten Energiereglers zu steuern (siehe Abschnitt 1.3.1.2).

Blitzkochplatten haben eine höhere Leistung als Standard-Kochplatten mit gleichem Durchmesser. In Bild 1.16 sind die Leistungen beider Plattentypen einander gegenüber gestellt. Die höhere Leistung der Blitzkochplatte ist im wesentlichen nur in der höchsten Schaltstufe wirksam. In den fünf unteren Schaltstufen weichen die Leistungswerte (Watt) von Standard- und Blitzkochplatte nur wenig voneinander ab. Damit sich die Blitzkochplatte in der höchsten Heizstufe nicht überhitzt, ist deren dritte Heizwicklung über einen *Protektor* (Beschützer) geschaltet (Bild 1.17). Der Protektor ist ein in die Kochplatte eingebauter – von außen nicht sichtbarer – Bimetallschalter, der bei Erreichen einer Temperatur von ca. 500 °C die eine Heizwicklung abschaltet und sie nach Absinken der Temperatur selbsttätig wieder einschaltet. Blitzkochplatten sind äußerlich durch einen roten Punkt in der Plattenmitte gekennzeichnet. Auch der zugehörende 7-Takt-Schalter besitzt allgemein eine rote Markierung als Kennzeichnung der höchsten Heizstufe. Blitzkochplatten führen in der höchsten Leistungsstufe zu verkürzten Anheizzeiten gegenüber Standard-Kochplatten.

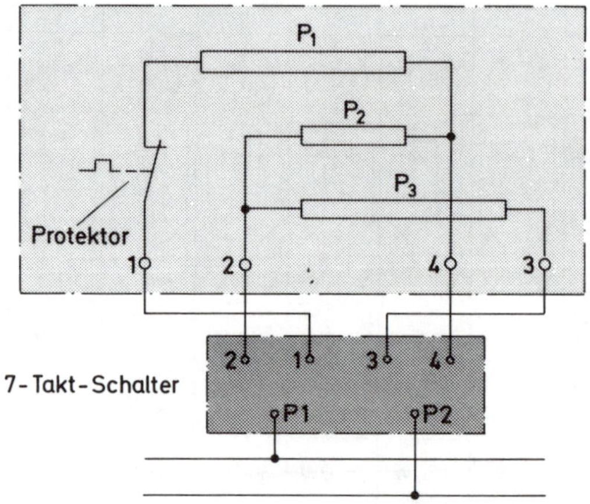

Bild 1.17
Blitzkochplatte mit Protektor, Schaltstellung 0 (Null)

Automatikkochplatten gestatten eine stufenlose Vorwahl der gewünschten Heizleistung. Den Prinzipaufbau des heute am häufigsten verwendeten Systems dieses Kochplattentyps zeigt Bild 1.18. Die wichtigsten Einzelteile sind

- ☐ die eigentliche Kochplatte mit zwei parallel geschalteten Heizleitern, die jedoch unabhängig voneinander gesteuert werden,
- ☐ der Wärmefühler mit dem Kapillarrohr und der Ausdehnungsmembrane,
- ☐ der Einstellknebel und
- ☐ die Reglerkontakte.

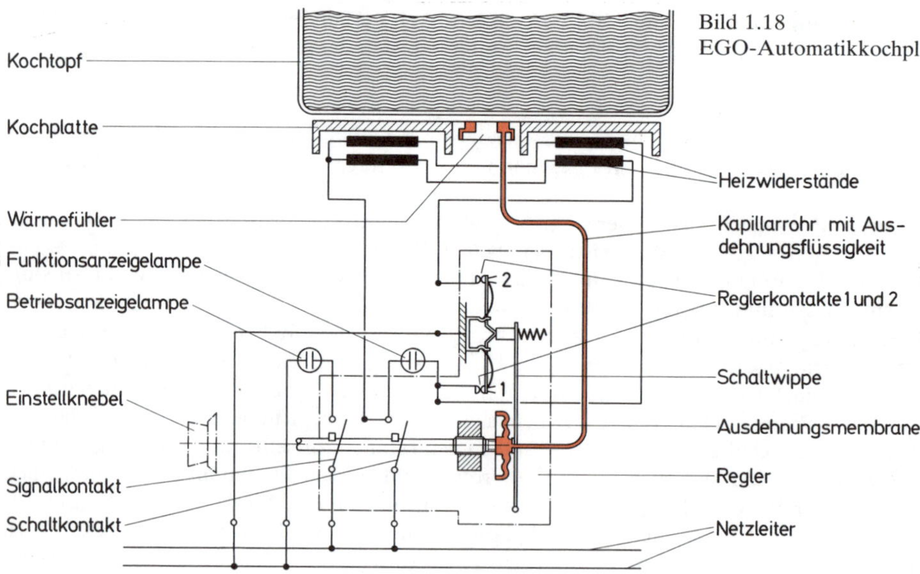

Bild 1.18
EGO-Automatikkochplatte

Den gesamtem Reglerteil mit Kapillarrohr und Fühlerteller zeigt noch einmal das Bild 1.19 (siehe auch Abschnitt 1.2.2.3). Die Funktion der Platte ist wie folgt:

1. Mit Hilfe des Einstellknebels wird der Schaltkontakt von Hand geschlossen. Damit sind die Heizwiderstände an Netzspannung gelegt und die Kochplatte wird aufgeheizt.
2. Mit steigender Temperatur dehnt sich die in Wärmefühler, Kapillarrohr und Ausdehnungsmembrane eingeschlossene Flüssigkeit aus und drückt auf die Membrane.
3. Je nach Einstellung des Einstellknebels wirkt die Membrane früher oder später auf die Schaltwippe ein, die zunächst den Reglerkontakt 2 öffnet (die Reglerkontakte 1 und 2 sind in ihrem Schaltpunkt so gegeneinander verstellt, daß zunächst nur der Kontakt 2 schaltet) und dadurch die halbe Heizleistung der Platte abschaltet.
4. Bei weiter ansteigender Temperatur wird schließlich auch der Reglerkontakt 1 geöffnet, der dann die 2. Heizwicklung vom Netz trennt.
5. Die Temperatur der Platte wird anschließend durch Aus- und Eintakten des Reglerkontaktes 1 konstant gehalten (Bild 1.20). Je nach Taktfrequenz ist die aufgenommene mittlere Leistung der Platte unterschiedlich. Bei extrem hohem Leistungsbedarf wird ggf. auch der Kontakt 2 wieder geschaltet.

Bild 1.19
Kapillarrohrregler für die EGO-Automatikkochplatte

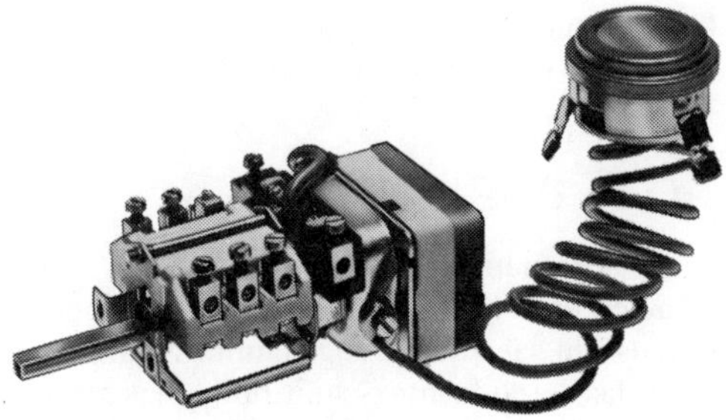

Die Vorteile der Automatikkochplatten sind

- ☐ schnelles Aufheizen, da der Anheizvorgang – unabhängig von der Position des Einstellknebels – stets mit der vollen Heizleistung erfolgt,
- ☐ stufenlos einstellbare mittlere Heizleistung durch das selbsttätige Ein- und Austakten des Reglers,
- ☐ Schutz gegen Überhitzung, auch bei fehlendem Kochgut, da der Regler dann wirksam wird.

Automatikkochplatten gibt es vor allem in folgenden Größen:

- ☐ 145 mm Durchmesser mit 1500 W/750 W,
- ☐ 180 mm Durchmesser mit 2000 W/1000 W.

Die zweite Leistungsangabe ist die Leistungsaufnahme, nachdem durch den Reglerkontakt 2 ein Heizwiderstand abgeschaltet worden ist. Der erste Wert ist die Nennleistung der Platte.

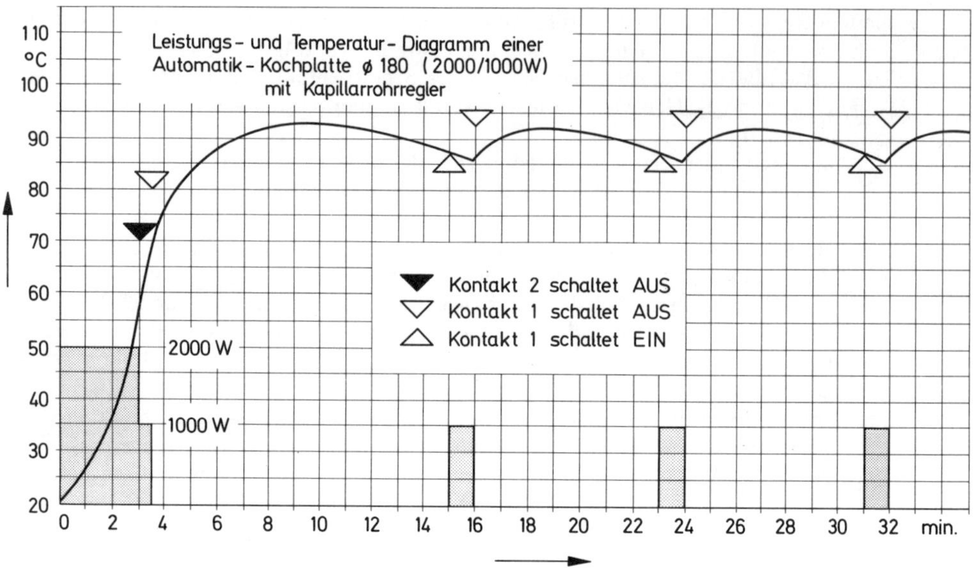

Bild 1.20 Temperatur und Leistung in Abhängigkeit von der Zeit bei einem mit 1 l Wasser gefüllten Kochtopf und Erwärmung auf einer Automatikkochplatte. Der Regler wurde so eingestellt, daß der Siedepunkt des Wassers nicht erreicht wurde

1.3.1.2 Glaskeramikkochflächen

Eine Alternative zu Herdmulden mit Kochplatten bilden Glaskeramikkochflächen. Sie besitzen anstelle von Kochplatten vier (oder mehr) markierte Kochzonen, unter denen sich jeweils ein Heizteller, sogenannte Strahlungsheizkörper, befinden (Bild 1.21a). Bild 1.21b zeigt das vereinfachte Schnittbild eines solchen Strahlungsheizkörpers. Die Bodenfläche des Tellers ist mit einer Wärmedämmschicht ausgestattet. Ringförmige Kanäle in der Wärmedämmschicht dienen zur Aufnahme der Heizleiter (Heizspiralen). Strahlungsheizkörper für Glaskeramikkochflächen können auch mit sogenannten Halogen-Hellstrahlern ausgestattet sein. Es handelt sich hierbei um Strahler, die nach dem Prinzip langgestreckter Hochvolt-Halogen-Glühlampen aufgebaut sind (siehe auch Abschnitt 2.2.3.4). Diese sind z.B. für 500 W/ 115 V ausgelegt. Je zwei solcher Strahler werden dann in Reihenschaltung am 230-V-Netz betrieben. Daneben stehen auch ringförmig gebogene Halogen-Hellstrahler zur Verfügung, deren Form besser an die der Heizteller angepaßt ist. Bild 1.21c zeigt zwei unterschiedliche Ausführungen: Der obere Teller ist mit zwei ringförmigen Halogen-Hellstrahlern, der untere mit zwei Heizspiralen und (innenliegend) einem ringförmigen Halogen-Hellstrahler ausgestattet.

Der Vorteil von Halogen-Hellstrahlern liegt in der Verkürzung der Anheizzeit, da deren Strahlungswärme bereits kurzzeitig nach dem Einschalten am Kochtopf verfügbar ist.

Als Schaltungen für die Strahlungsheizkörper sind ähnliche Varianten wie bei herkömmlichen Kochplatten verfügbar, z.B. die 7-Takt-Schaltung oder das Prinzip der Automatikkochplatte. Durchgesetzt hat sich vor allem eine Einkreisschaltung (1 Heizwiderstand) im Zusammenhang mit dem Energieregler nach Bild 1.21d.

Bild 1.21a Glaskeramikkochfläche mit vier Kochzonen

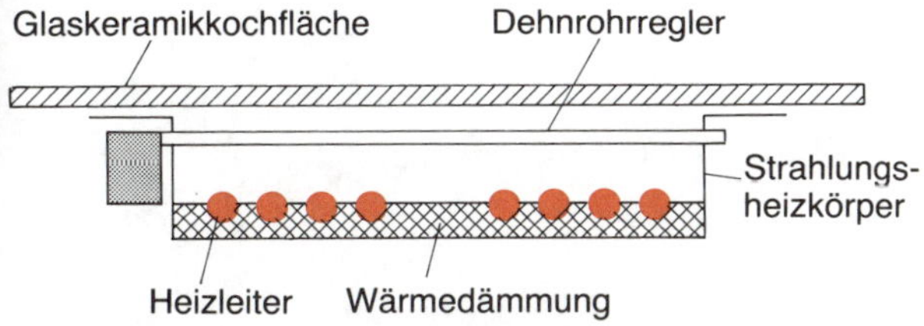

Bild 1.21b Schnittbild eines Strahlungsheizkörpers zum Beheizen einer Kochzone für eine Glaskeramikkochfläche

Bild 1.21c Strahlungsheizkörper mit zwei Halogen-Hellstrahlern (oben) sowie mit zwei Heizspiralen und einem Halogen-Hellstrahler (unten) (E.G.O. Elektro-Gerätebau)

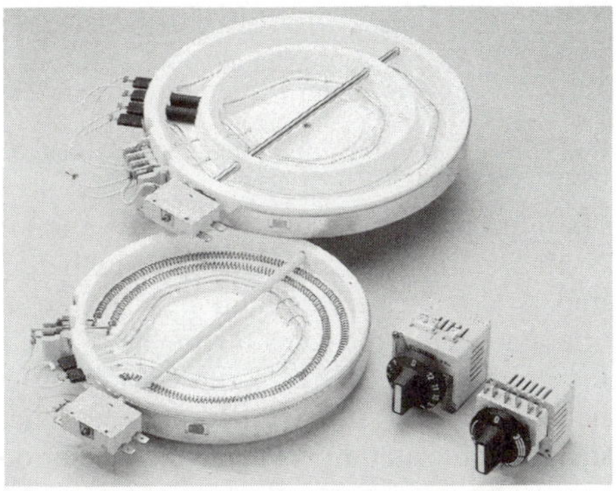

Bild 1.21d
Schaltung eines Energiereglers mit Strahlungsheizkörper

1 Einstellknebel
2 Steuerkontakt und Netzkontakt
3 Netzkontakt
4 Netzkontakt für Betriebsanzeigelampe
5 gemeinsame Betriebsanzeigelampe für mehrere Heizkörper
6 Bimetall
7 Steuerwiderstand
8 Überbrückungskontakt
9 Diode
10 Invarstab-Überhitzungsschutz (Dehnrohrregler)
11 Kochzonenbeheizung

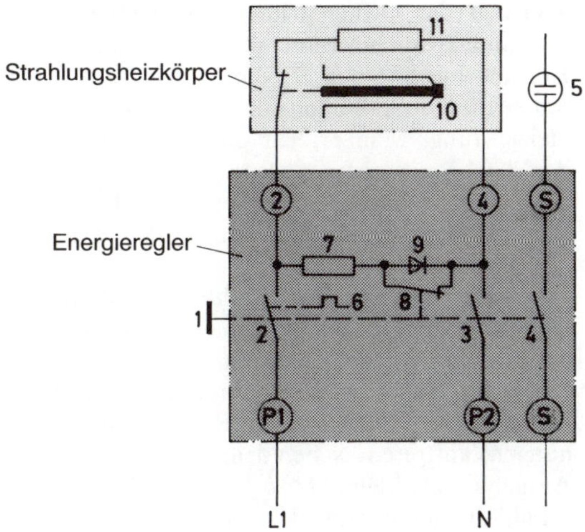

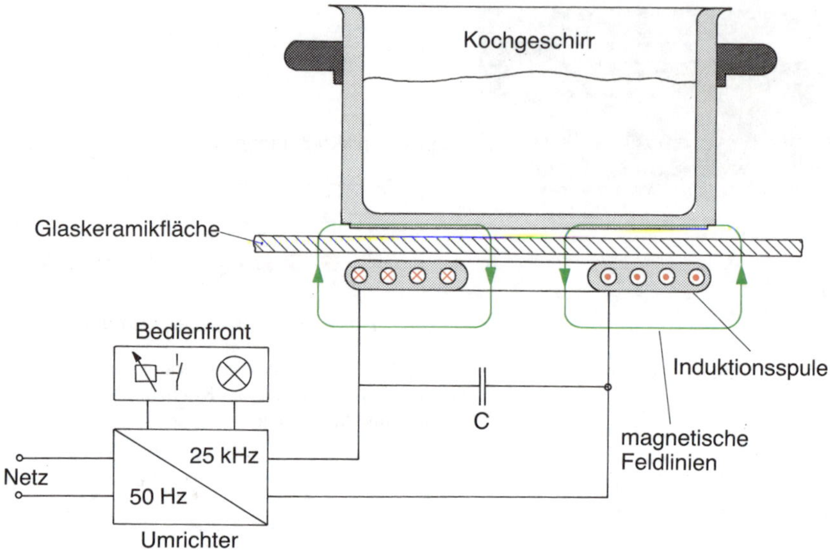

Bild 1.21e Funktionsprinzip einer Induktionskochzone

Die Funktion dieser Schaltung ist wie folgt:
Nach Betätigen des stufenlos verstellbaren Einstellknebels 1 schließen die Kontakte 2, 3 und 4 des Reglers. Dadurch liegt die Heizwicklung 11 des Strahlungsheizkörpers an Spannung, und die (ggf. für mehrere Kochplatten geltende) Betriebsanzeigelampe 5 leuchtet. In dieser Betriebsstellung wird das Bimetall 6 durch den Steuerwiderstand 7 im Regler beheizt. Als Folge taktet der mit dem Bimetall gekoppelte Steuerkontakt 2, d. h., er öffnet – je nach Intensität der Beheizung – früher oder später und schließt nach erfolgter Abkühlung selbsttätig wieder. Durch das Takten ergibt sich eine mittlere Heizleistung des Strahlungsheizkörpers, die kleiner ist als dessen Anschlußleistung. Je nach Stellung des Einstellknebels 1 erfolgt das Öffnen früher oder später. Die Knebeldrehung verändert den räumlichen Abstand zwischen Bimetall und Steuerwiderstand. Wird der Einstellknebel über einen Einstellwinkel von ca. 135° hinweggedreht, dann öffnet der im Regler befindliche Kontakt 8, der die Diode 9 überbrückt. Als Folge halbiert sich die im Steuerwiderstand umgesetzte Heizleistung. Man erreicht hierdurch eine weitestgehend lineare Energie-Steuerkennlinie der Kochzonenleistung, denn: mit größerem Einstellwinkel soll die mittlere Heizleistung zunehmen, d. h., der Steuerkontakt soll seltener öffnen. Ab ca. 330° Drehwinkel öffnet der Steuerkontakt nicht mehr. Die mittlere Heizleistung entspricht dann der Anschlußleistung des Strahlungsheizkörpers.
Im oberen Bereich des Strahlungsheizkörpers befindet sich als Überhitzungsschutz ein Dehnrohrregler (siehe nochmals Bilder 1.21b bis d), der den Stromkreis bei ca. 600 °C unterbricht, um die Glaskeramikkochfläche vor Beschädigungen zu schützen. Bei einem Überschreiten dieser Temperatur kann es zu dauerhaften Verfärbungen der Glaskeramik kommen. Außerdem können Risse im Material infolge ungleichmäßiger Erwärmung (Spannungen) auftreten. Neben dem Überhitzungsschutz hat der Dehnrohrregler zumeist auch die Aufgabe, eine kleine Anzeigelampe als Restwärmeanzeige zu steuern. Die Lampe leuchtet, sobald die Temperatur der Kochzone etwa 50 °C überschreitet.

Auf Glaskeramikkochflächen werden dieselben Kochgeschirre (Töpfe, Pfannen usw.) verwendet, die auch auf herkömmlichen Kochplatten eingesetzt werden.
Die Pflege von Glaskeramikkochflächen ist im allgemeinen problemlos. Schwierigkeiten kann es dennoch geben, wenn zuckerhaltige Nahrungsmittel überkochen und auf die heißen Bereiche der Glaskeramikkochfläche fließen. Dabei besteht die Gefahr, daß sich Zuckerbestandteile in die Fläche einbrennen und diese dauerhaft beschädigen. Zur Abwendung dieser Gefahr muß die Glaskeramikkochfläche sofort bei (weiter) *eingeschalteter* Heizung mit reichlich Wasser gereinigt werden. Gute Hilfe leisten dazu metallische Glasschaber, die von den Herstellern von Glaskeramikkochflächen meist mitgeliefert werden.

1.3.1.3 Induktionskochstellen

Die modernste Variante der elektrischen Kochplatte ist die Induktionskochstelle. Auch hier ersetzt eine Glaskeramikfläche mit verschiedenen Kochzonen die Herdmulde. Das äußere Bild ähnelt also dem herkömmlicher Glaskeramikkochflächen. Anstelle des Strahlungsheizkörpers befindet sich unterhalb einer Kochzone hier jedoch eine flache, spiralförmig aus Kupferleitern aufgebaute Induktionsspule, zu der ein Kondensator C parallel geschaltet ist (Bild 1.21e). Die Energieversorgung erfolgt über einen steuerbaren Umrichter, der 50-Hz-Wechselstrom (Niederfrequenz) in einen Wechselstrom mit ca. 25 kHz (Mittelfrequenzbereich, Ultraschallfrequenz) umsetzt.
Das zu verwendende Kochgeschirr muß einen magnetisch gut leitenden Stahlboden besitzen.
Die Funktion der Induktionskochstelle ist wie folgt: Induktionsspule und Kondensator bilden zusammen einen elektrischen Schwingkreis, der ohne Kochgeschirr bei der Betriebsfrequenz (Mittelfrequenz) in Resonanz ist und darum nur einen sehr geringen Strom aufnimmt (Parallelschwingkreis = Sperrkreis). Wird ein Kochgeschirr mit geeignetem Stahlboden auf der Kochstelle positioniert, bindet und verstärkt der Stahlboden infolge seiner hohen magnetischen Leitfähigkeit den von der Spule ausgehenden magnetischen Fluß und verstimmt dadurch den Schwingkreis. Der Schwingkreis ist dann nicht mehr in Resonanz, und die Induktionsspule nimmt einen größeren Strom auf, der infolge seines magnetischen Wechselfelds im Stahlboden des Kochgeschirrs durch Induktion Wirbelströme erzeugt. Die Wirbelströme führen zur Erwärmung des Bodens, der seine Wärme dann auf das Kochgut überträgt.
Nach Entfernung des Kochgeschirrs von der magnetisch nichtleitenden Kochzone ist diese relativ kühl, da in ihr selbst keine Wirbelströme erzeugt wurden. Eine gewisse Wärmeübertragung entsteht lediglich infolge des direkten Kontakts mit dem Geschirrboden.
Im Gegensatz zu herkömmlich beheizten Glaskeramikkochflächen muß das eingesetzte Kochgeschirr hier besondere Eigenschaften besitzen:
Gut geeignet für die Verwendung auf Induktionskochstellen sind stahlemailliertes und gußeisernes Geschirr.
Mit Einschränkungen geeignet ist Edelstahlgeschirr (Chromnickel) mit ferromagnetischem Anteil. Bei Töpfen dieser Art mit Mehrschichtböden (Sandwich-Boden) können infolge der Zwischenschichten aus Kupfer oder Aluminium elektrische Verluste auftreten, so daß die Leistungsabgabe der Kochstelle undefiniert bleibt (Knebelstellung des Stellers an der Bedienfront und Leistungsabgabe der Kochstelle stimmen dann nicht mehr überein). Einige Edelstahlgeschirre besitzen im kalten Zustand eine gute magnetische Leitfähigkeit, die sich aber bei Erwärmung verringert oder sogar gänzlich verschwindet. Bei Edelstahlgeschirr sollte deshalb im Zusammenhang mit diesem Einsatzbereich unbedingt auf den Herstellerhinweis „für Induktions-Kochstellen geeignet“ geachtet werden.
Ungeeignet sind grundsätzlich Geschirre aus magnetisch nichtleitfähigen Werkstoffen, wie z. B. Aluminium, Kupfer, Messing, Glas, Keramik, Kunststoff und Porzellan.

1.3.1.4 Backofensysteme

Zwei Systeme, die in der Art der Beheizung voneinander abweichen, sind zu unterscheiden:

- ☐ der Standard-Backofen mit Ober- und Unterhitze und
- ☐ der Umluft-Backofen (oftmals auch als Heißluftbackofen bezeichnet) mit einer Zwangskonvektion.

a) **Der Standard-Backofen**

Die Wärmeübertragung bei diesem System erfolgt vorwiegend durch Strahlung. Daneben ist auch in geringem Maße die natürliche Konvektion – Wärmeübertragung durch die infolge Erwärmung strömende Luft – wirksam. Die Heizstäbe befinden sich außerhalb des Backraumes, unterhalb des Bodens (Unterhitze) oder oberhalb der Decke (Oberhitze). Die Oberhitze wird vielfach auch innerhalb des Backraumes in Deckennähe angeordnet (Bild 1.22).

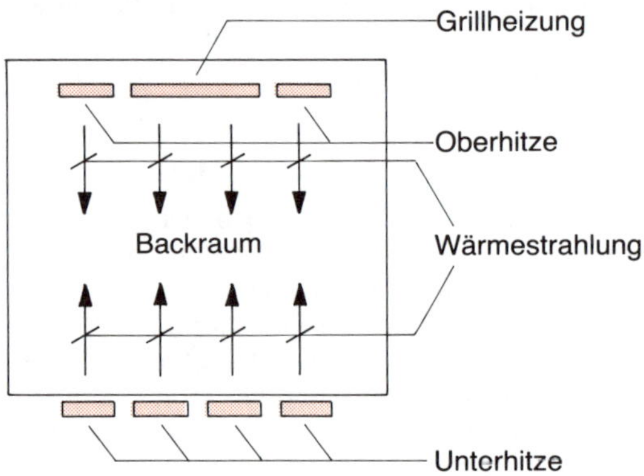

Bild 1.22
Prinzipaufbau des Standard-Backofens

Ober- und Unterhitze sind bei einigen Modellen für sich getrennt schaltbar, eine Temperaturregelung entfällt dann allerdings. Werden beide Heizungen gemeinsam betrieben, so wird die Backtemperatur über einen (ggf. auch über mehrere) Temperaturregler konstant gehalten. Es sind Temperaturen vorwählbar zwischen 50 °C und 250 °C (oder bis 300 °C). Die Heizleistung dieser Backöfen liegt allgemein zwischen 1100 W und 3000 W.

Kennzeichnend für die Anwendung des Standard-Backofens sind folgende Merkmale:

- ☐ Beim Backen, Braten und Grillen kann jeweils nur eine Einschubebene beschickt werden, da die Wärmeströmung (Konvektion) gering ist und die Wärmeübertragung – wie bereits erwähnt – überwiegend durch Strahlung erfolgt. Bei gleichzeitiger Nutzung von zwei Ebenen würde jeweils nur die Oberfläche oder die Unterseite des Backgutes Wärme erhalten.
- ☐ Mehrfachnutzung des Backraumes ist möglich, indem auf dem Einschubrost mehrere Formen oder Töpfe nebeneinandergestellt werden.
- ☐ Mehrere Einschubrillen an der Innenseite des Backrohres (Backraum) ermöglichen es, auch höheres Back- und Bratgut in die Mitte zwischen Ober- und Unterhitze einzubringen.

- ☐ Je nachdem, ob das Back- oder Bratgut stärkere Ober- oder Unterhitze erhalten soll (z.B. zum Erreichen einer gezielten Bräunung), kann die Einschubhöhe variiert werden.
- ☐ Verschmutzungen, Fettspritzer usw., die während der Zubereitung entstehen, können sich – insbesondere am Boden- und Deckenblech wegen der dort herrschenden hohen Temperatur – festbrennen. Eine Selbstreinigung ist bei diesem Backofensystem darum sehr zu empfehlen.

b) **Der Umluft-Backofen**

Die Wärmeübertragung erfolgt bei diesem System durch Zwangskonvektion. Bild 1.23 zeigt den Schnitt durch einen Umluftbackofen. An der inneren Rückwand befindet sich ein Ventilator (Umlüfter), der von einem ringförmigen Rohrheizkörper umgeben ist. Ventilator und Heizkörper sind durch ein herausnehmbares Luftleitblech gegen den davor liegenden Backraum abgedeckt. Das Luftleitblech enthält Öffnungen, durch die die Luft hindurchtreten kann. Der Ventilator saugt während des Backbetriebes die Luft durch die in der Mitte des Leitbleches befindlichen Öffnungen an und drückt sie seitlich über den Heizkörper wieder in den Backraum zurück. Mit Hilfe eines stufenlos einstellbaren Temperaturreglers wird die Heizung – je nach gewünschter Temperatur – aus- und eingetaktet. Häufig sind nur Temperaturen zwischen 50 °C und 200 °C vorwählbar. Die niedrigere Maximaltemperatur (gegenüber dem Standard-Backofen) ist vertretbar, weil dieses System bei denselben Back- und Garvorgängen mit geringeren Temperaturen (meist um 30 K) auskommt. Daraus ergeben sich Vorteile: Es entstehen praktisch keine Fettspritzer und die Rückstände können wegen der niedrigeren Temperatur nicht in die Emaille einbrennen. In letzter Zeit sind allerdings die meisten Hersteller dazu übergegangen, die Höchsttemperatur auf bis zu 250 °C zu erhöhen. Damit kann man eine – gesundheitlich nicht unbedingt empfehlenswerte – intensivere Bräunung erreichen. Gleichzeitig ist damit

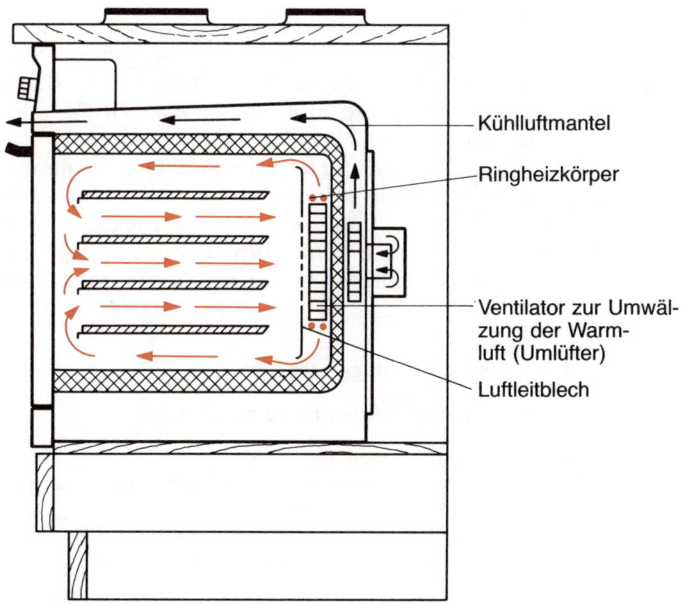

Bild 1.23
Umluftbackofen, Luftführung im Garraum (rot) mit zusätzlichem Ventilator zur Kühlung bei Einbaugeräten (schwarz)
(Juno-Burger-Eisenwerke)

das verstärkte Auftreten von Fettspritzern und das Einbrennen der Rückstände in die Innenraumemaille in Kauf zu nehmen. Eine Backofen-Selbstreinigung ist bei dieser Ausführung des Umluft-Backofens dann zu empfehlen.
Der Umluft-Backofen nutzt die elektrische Energie sparsam, weil mehrere Einschub-Ebenen (bis zu vier) im Herd zugleich genutzt werden können.
Die Heizleistung des Umluft-Backofens liegt zwischen 1200 W und 2600 W, je nach Typ. Der Umlüfter nimmt ca. 60 W auf.
Das Umluft-Heizsystem wird heute in der Regel mit dem Standard-Backsystem kombiniert (Kombi-Backofen).

1.3.1.5 Bratautomatik

Mit einer Bratautomatik sind einige Backöfen ausgestattet. Man versteht darunter einen zweistufigen Bratvorgang, der 3 oder 4 Stunden dauert.

- □ In der ersten Stufe (Vorgarzeit) wird die Backofentemperatur mit Hilfe eines Temperaturreglers konstant auf ca. 250 °C gehalten. Die Dauer der Vorgarzeit (bis maximal 144 min) wird über ein besonderes Bratautomatik-Zeitschaltwerk eingestellt. Sie hängt ab von der Fleischmenge in kg, von der Fleischart (Kalb, Schwein, Rind oder Geflügel) und vom Fleischzustand (frisch oder gefroren).
- □ In der zweiten Stufe (Nachgarzeit) wird die Temperatur auf ca. 85 °C konstant gehalten. Die Nachgarzeit ist die Differenz zwischen der Gesamtdauer des Bratvorganges (3 bzw. 4 Stunden) und der Dauer der Vorgarzeit.

1.3.1.6 Grilleinrichtung

Viele Elektroherde besitzen im Inneren des Backraumes, dicht unterhalb der Decke, eine Spezialsteckdose, in die ein Grillheizkörper einsteckbar ist. Die elektrische Leistung des Grillheizkörpers liegt zwischen 2000 W und 3000 W. Bei Standardbacköfen mit innenliegender Oberhitze kann diese auch wahlweise als Grill geschaltet werden. Das Einschalten der Grillheizung erfolgt mit Hilfe des Backofen-Vorwählschalters.
Beim Grillen wirkt eine sehr intensive Strahlungswärme auf die Oberfläche des Grillgutes ein. Dadurch schließen sich die Poren des Fleisches, was zur Folge hat, daß das Fett und die darin enthaltenen Geschmackstoffe dann nicht entweichen können.
Beim Grillen muß die Backofentür stets offen bleiben. Deshalb ist dann ein Abschirmblech unterhalb der Schalterleiste anzubringen, das die Schalter vor der aufsteigenden Wärme schützt.

1.3.1.7 Selbstreinigungsverfahren

Mit Selbstreinigung werden heute geliefert

- □ Standard-Backöfen und
- □ Umluft-Backöfen, deren Innentemperatur auf über 200 °C einstellbar ist.

Man unterscheidet zwei Prinzipien der Selbstreinigung:

- □ Bei der pyrolytischen Selbstreinigung werden die Rückstände bei hoher Temperatur (ca. 500 °C) verbrannt (pyrogen = griechisch: Im Feuer entstanden).

- □ Bei der katalytischen Selbstreinigung werden die Rückstände bei geringer Temperatur (ab ca. 150 °C) verbrannt (Katalyse = griechisch: Auflösung).

a) **Pyrolytische Selbstreinigung**

Bei der pyrolytischen Selbstreinigung ist der Reinigungsprozeß ein besonderer Arbeitsgang. Die Verbrennung erfolgt mit Hilfe der Backofenheizung und der Grillheizung oder einer Zusatzheizung. Der Herd weist einen aufwendigeren Aufbau auf und ist darum entsprechend teuer. Das Verfahrensprinzip ist technisch elegant. Die während der Verbrennung entstehenden und zum Teil auch giftigen Gase, Dämpfe und Geruchsstoffe werden über einen Ablüfter angesaugt und über einen Nachverbrenner (einer weiteren Heizung) geführt, weiter verbrannt und als ungiftige, geruchlose Wrasen aus dem Innenraum herausgeblasen. Im Nachverbrenner wird zum Beispiel das giftige Kohlenmonoxid (CO) in das ungiftige Kohlendioxid (CO_2) umgewandelt.

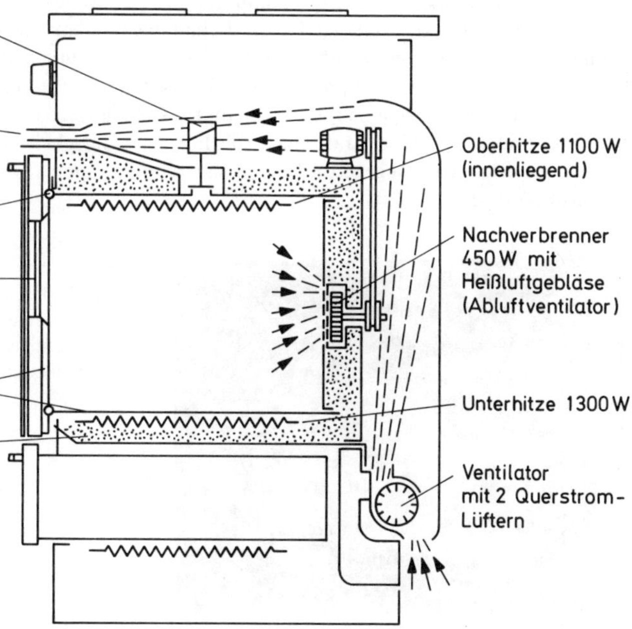

Bild 1.24
Prinzip des automatisch reinigenden Backofens, Pyrolytisches Verfahren (Siemens)

Ein Reinigungsgang dauert ca. 3 Stunden und hat einen Energiebedarf von etwa 6 kWh. Nachdem die Innenraumtemperatur den Wert 300 °C im Anheizvorgang überschritten hat, wird die Backofentür automatisch verriegelt. Die Verriegelung wird später, nach Abkühlung auf ca. 300 °C selbsttätig wieder aufgehoben. Der Einbau eines sich selbst reinigenden Backofens nach dem pyrolytischen Verfahren in eine Küchenzeile stellt kein besonderes Problem dar. Aufgrund einer besonders guten Wärmedämmung und durch die Hilfe von Ventilatoren, die während des Reinigungsprozesses ständig Kühlluft über den Backraum spülen (Bild 1.24), bleibt die Oberflächentemperatur im Rahmen der Temperaturen, die auch bei herkömmlichen Geräten auftreten. Der verhältnismäßig intensive Energiebedarf für einen Reinigungsgang spricht nicht gegen eine Anwendung eines solchen Backofens. Erfahrungsgemäß wird ein Reinigungsgang innerhalb von 8 Wochen erforderlich in einem Normalhaushalt. Nachteilig ist allerdings die hohe Heizleistung insofern, daß sie bei kleinen Küchen u.U. zu einer nicht vertretbaren Aufheizung führt. Dieses sollte in der Praxis besonders dann beachtet werden, wenn die Küche kein direktes Lüftungsfenster hat.

b) **Katalytische Selbstreinigung**
Bei der katalytischen Selbstreinigung erfolgt der Reinigungsprozeß während der Zubereitung des Brat- und Grillgutes.
Katalysatoren sind Stoffe, die chemische Vorgänge auslösen, selbst aber nicht in diese Vorgänge mit einbezogen werden und schließlich am Ende eines solchen chemischen Prozesses unverändert wieder zur Verfügung stehen. Solche Katalysatoren befinden sich bei katalytisch selbstreinigenden Backöfen in der Innenraumemaille. Sie bewirken eine Oxidation (Verbrennung) aller Verunreinigungen an der Emailleoberfläche bereits bei Temperaturen ab etwa 150 °C. Die Emaille fühlt sich leicht rauh an, ähnlich wie ein feines Sandpapier. Sie darf keinesfalls mit Reinigungsmitteln oder mit der Bürste behandelt werden. Eine mechanische Abnutzung ist im Laufe der Zeit allerdings auch bei sorgfältigster Behandlung nicht zu vermeiden. Deshalb werden heute vielfach zu den Backöfen auswechselbare Innenwände geliefert, die mit der sich katalytisch selbstreinigenden Spezialemaille beschichtet sind (Bild 1.25). Eine Erneuerung der Bleche ist erfahrungsgemäß alle 2 bis 5 Jahre erforderlich. Schwierigkeiten bei diesem Selbstreinigungsverfahren bereiten großflächige und dicke Verschmutzungen sowie Verschmutzungen durch Zukker und Säuren.

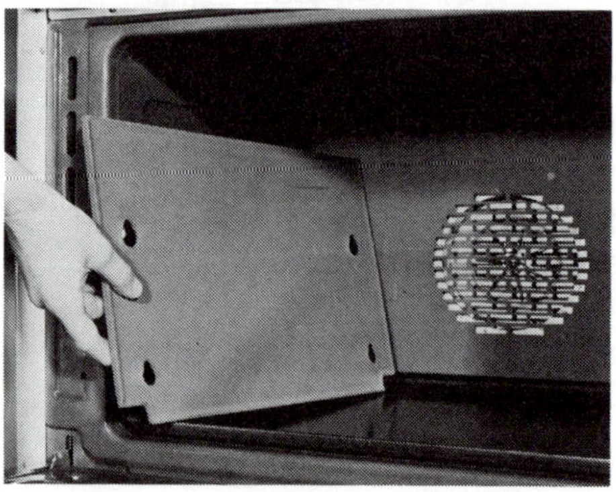

Bild 1.25
Umluft-Backofen mit auswechselbaren Seitenwänden, die eine sich katalytisch selbstreinigende Emaillierung besitzen (Juno-Burger-Eisenwerke)

1.3.1.8 Mikrowellengeräte

In Mikrowellengeräten (Bild 1.26) werden Speisen gegart mit Hilfe elektromagnetischer Strahlung mit einer Frequenz $f =$ 2450 MHz. Das Gargut unter dem Einfluß dieser Strahlungsenergie verhält sich ähnlich wie ein Dielektrikum zwischen den Platten eines Kondensators, der an eine Hochfrequenz(HF)-Spannung angeschlossen ist (Bild 1.27). Die Moleküle des Dielektrikum werden infolge des zwischen den Kondensatorplatten wirkenden elektrischen Feldes laufend elektrisch umpolarisiert (siehe auch Band Mathematische und elektrotechnische Grundlagen, Abschnitt 2.5.3) und fangen an zu schwingen. Die Moleküle schwingen im Frequenzbe-

Bild 1.26 Mikrowellengerät (Siemens)

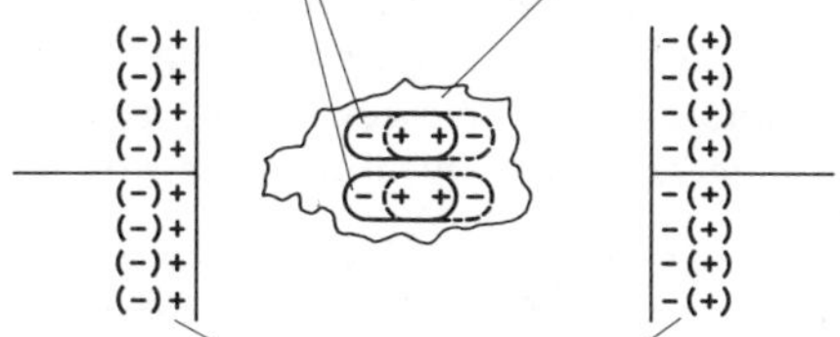

Bild 1.27 Kondensator an HF-Spannung

Bild 1.28 Magnetron

reich der Wärme. Die Energie des elektrischen Feldes ist somit im Dielektrikum unmittelbar zu Wärme umgewandelt worden. Die Aufgabe der Kondensatorplatten übernehmen im Mikrowellengerät die Innenwände, an denen die Wellen reflektiert werden.
Der Generator, der die Mikrowellen erzeugt, ist ein sogenanntes Dauerstrich-Magnetron – eine Elektronenröhre, die durch ein konstantes Magnetfeld gesteuert wird. Dauerstrich-Magnetrons geben kontinuierlich ihre Strahlungsenergie ab (im Gegensatz dazu geben Impuls-Magnetrons ihre Energie impulsweise ab). Die erzeugte HF-Strahlung wird über einen Schwingkreis im Magnetron und eine Drahtschleife, die gewissermaßen die Sendeantenne bildet, ausgekoppelt und in den Garraum abgestrahlt. Bild 1.28 zeigt ein Magnetron.

Die Anwendung von Mikrowellengeräten führt zu

- ☐ kurzen Auftauzeiten für Tiefkühlkost (z.B. ca. 24 min für ein Hähnchen).
- ☐ kurzen Erwärm- und Garzeiten (z.B. 12...15 min für 500 g Fleisch, 5...6 min für ein halbes Hähnchen).
- ☐ Energieersparnis (denn eine Kochplatte muß zuerst sich selbst und dann den Topf erwärmen, bevor die Wärme auf das Gargut übergeht).

Beim Mikrowellengerät gilt: Die 5fache Menge desselben Gargutes benötigt genau die 5fache Garzeit. In Mikrowellengeräten kann gegart, aber nicht gebräunt werden. Eine Bräunung läßt sich dennoch erreichen, indem man spezielles Bräunungsgeschirr oder den in einigen Geräten zusätzlich vorhandenen Infrarotgrill einsetzt. Bräunungsgeschirr führt jedoch nur dort zur Bräunung, wo die Fläche des Gargutes unmittelbar in Kontakt mit dem zuvor aufgeheizten Geschirr kommt. Ein häufiges Wenden ist deshalb erforderlich. Das Wenden ist allerdings auch bei Verwendung eines Infrarotgrills nicht zu umgehen.

Die Eigenschaften von Mikrowellen sind folgende:

Von metallischen Flächen werden Mikrowellen reflektiert, ohne daß es zu einer wesentlichen Erwärmung kommt. Glas und Keramik werden von Mikrowellen durchdrungen. Auch hier ist keine wesentliche Umwandlung in Wärme zu verzeichnen. Speisen und Wasser absorbieren Mikrowellen und wandeln sie in Wärme um. Speisen werden umso schneller erwärmt, je größer ihr Wassergehalt ist.

Wichtige Daten eines Mikrowellengerätes sind

- □ die in den Garraum eingestrahlte *HF-Leistung* und
- □ die *Anschlußleistung.*

In Haushalts-Mikrowellengeräten liegt die HF-Leistung allgemein zwischen 500 W bis 700 W. Die Anschlußleistung ist etwa doppelt so hoch wie die HF-Leistung.
Die Größe der HF-Leistung kann (z.B. im Rahmen einer Fehlersuche) über die Erwärmung von Wasser leicht ermittelt werden. Dabei geht man wie folgt vor:

a) Bei 2 Gläsern, die je mit 1 l Wasser gefüllt sind, wird mit Hilfe eines Thermometers die Temperatur des eingefüllten Wassers bestimmt und daraus die mittlere Temperatur errechnet:

$$\vartheta_{m_1} = \frac{\vartheta_1 + \vartheta_2}{2}$$

b) Die Gläser werden dann in das Mikrowellengerät gestellt und das Gerät wird 2 min lang eingeschaltet.

c) Danach wird abermals die Wassertemperatur gemessen und die mittlere Temperatur erneut errechnet:

$$\vartheta_{m_2} = \frac{\vartheta_1 + \vartheta_2}{2}$$

d) Die HF-Leistung wird schließlich mit Hilfe der Näherungsformel bestimmt.

$$P_{HF} \approx (\vartheta_{m_2} - \vartheta_{m_1}) \cdot 70 \text{ in W}$$

Bei einem Mikrowellengerät mit der HF-Nennleistung P_{HF} = 600 W darf der unter d) errechnete Wert zwischen 540 W und 690 W liegen.
Die Ermittlung der Temperaturmittelwerte ist deshalb besonders wichtig, weil nicht sicher ist, daß die HF-Strahlung im Garraum völlig gleichmäßig verteilt ist.
Die Steuerung der Mikrowellengeräte erfolgt über ein Zeitschaltwerk. Neuerdings werden auch zusätzlich Temperaturfühler verwendet, die eine temperaturabhängige Steuerung ermöglichen und die in das Gargut eingesteckt werden. Die Fühler sind über eine Leitung mit der Schaltung des Gerätes verbunden.

Bild 1.29
Prinzipaufbau eines Mikrowellengerätes

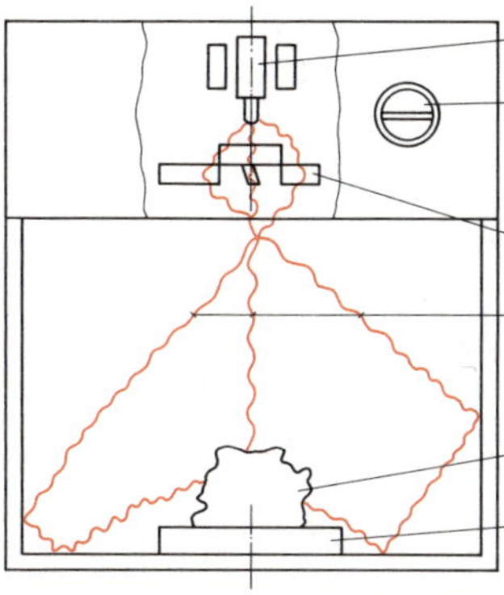

Die HF-Leistung (Heizleistung) der meisten Geräte ist veränderbar, z.B. auf 600 W zum Garen und auf 250 W zum Auftauen. Die unterschiedlichen Heizstufen werden durch Takten – das heißt durch selbsttätiges Aus- und Einschalten des Magnetrons – erreicht.
Beim Öffnen des Sichtfensters wird aus Sicherheitsgründen der Mikrowellengenerator (Magnetron) automatisch abgeschaltet.
Bild 1.29 zeigt den Prinzipaufbau eines Mikrowellenherdes. Unterhalb des Magnetrons sind die Flügel eines sogenannten HF-Quirls angeordnet. Die Flügel bestehen aus Blech. Da der Quirl während des Betriebes ständig gedreht wird, werden durch ihn die auf die Flügel treffenden Mikrowellen ständig unterschiedlich reflektiert und dadurch gleichmäßig im Garraum verteilt.
Als Geschirr für die Zubereitung im Mikrowellenherd eignen sich Glas- und Keramikteile. Metalltöpfe und Metallfolien sind ungeeignet, da sie die Energie reflektieren und nicht an das Gargut heranlassen.
Mikrowellengeräte eignen sich bevorzugt zum Erwärmen bereits vorgefertigter Gerichte und zum Auftauen von Tiefkühlkost. Das Kochen von Eiern und Hülsenfrüchten sollte allerdings nicht im Mikrowellengerät geschehen, weil diese dann explosionsartig platzen.

1.3.2 Kühlsysteme und -geräte

Kühlen bedeutet „Wärme entziehen“. Dem Grundprinzip der Kühlung liegen folgende Vorgänge zugrunde:

- ☐ Verdampft eine Flüssigkeit, so entzieht sie ihrer Umgebung Wärme. Zum Beispiel hinterläßt verdampfendes Parfüm auf der menschlichen Haut das Gefühl von Kühlung.
- ☐ Während des Verdampfungsvorganges bleibt die Temperatur der Flüssigkeit konstant. Die Temperatur der unmittelbaren Umgebung sinkt in Richtung der Verdampfungstemperatur der Flüssigkeit ab.
- ☐ Wird Dampf komprimiert (zusammengepreßt), dann steigt seine Temperatur an.
- ☐ Der komprimierte und erhitzte Dampf kann seine Wärme an die Umgebung abstrahlen und geht – entsprechender Druck vorausgesetzt – nach der Wärmeabgabe in den flüssigen Zustand über.

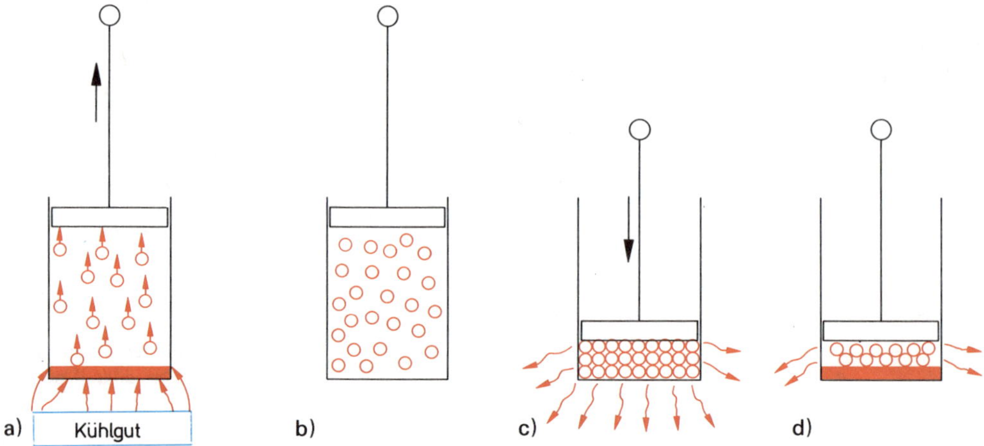

Bild 1.30 a) Das Behältervolumen wird vergrößert; das Kältemittel verdampft; dem Kühlgut wird Wärme entzogen
b) Das Kältemittel ist verdampft
c) Das Behältervolumen wird verringert; das Kältemittel erhitzt sich
d) Das Kältemittel kondensiert an der Wandung des Gefäßes, da dieses eine niedrigere Temperatur als der komprimierte Kältemitteldampf hat

Bild 1.30 verdeutlicht diese Vorgänge. Kühlaggregate vereinigen die beschriebenen Schritte innerhalb eines geschlossenen Kältemittelkreislaufes. Das Kältemittel entzieht dem Kühlgut Wärme, um sie an anderer Stelle des Kreislaufes wieder abzugeben. Als Kältemittel eignen sich Stoffe, die bei normalem Druck bereits bei Temperaturen verdampfen, die wesentlich unter 0 °C liegen. Dazu gehören z.B. Ammoniak (NH_3), das bei −33 °C verdampft und verschiedene Frigene[1], wie R 12 (CCl_2F_2) oder R 22 ($CHClF_2$), die bei −31 °C bzw. −41 °C verdampfen. Da an einer Stelle des Kältemittelkreises Wärme entzogen, an anderer Stelle jedoch diese Wärme wieder abgegeben wird – mit höherem Temperaturniveau – kann man jedes Kühlaggregat auch zum Heizen einsetzen. Es muß dann nur ein Medium (Grundwasser, Erdreich oder Umweltluft) zu Verfügung stehen, von dem man durch Kühlung ständig Wärme gewinnen kann. Dieses Verfahren wird in Wärmepumpen genutzt (siehe Abschnitt 3.4.4). Der Begriff „Wärmepumpe" verdeutlicht, daß hier im wesentlichen keine Wärme erzeugt, sondern daß sie von einem niedrigeren Temperaturniveau auf ein höheres hochgepumpt wird.
Die Kältemittelkreise von Kühlgeräten, aber auch von Wärmepumpen, arbeiten entweder nach dem *Kompressionssystem* oder nach dem *Absorptionssystem.*

1.3.2.1 Das Kompressionssystem

Die Bezeichnung „Kompression" ist aus dem Lateinischen abgeleitet und bedeutet soviel wie „Verdichtung". Haushaltskühlgeräte, die nach dem Kompressionsverfahren arbeiten, enthalten meist das Kältemittel R12. Den Prinzipaufbau des Kältemittelkreises zeigt Bild 1.31. Die Hauptbestandteile sind

- ☐ *der Verdampfer,* der sich im Kühlraum befindet und in dem die „Kälte erzeugt" wird,
- ☐ *der Kompressor* (auch Verdichter genannt), welcher mit dem Antriebsmotor gekoppelt ist und mit diesem meist in einer hermetisch verschlossenen Kapsel (hermetischer Verdichter) untergebracht ist,

[1] Abgeleitet von (engl.) refrigerate = kühlen

Bild 1.31
Prinzip des Kompressionskreislaufes
(Die roten Pfeile kennzeichnen u.a.
den Transport der Wärme)

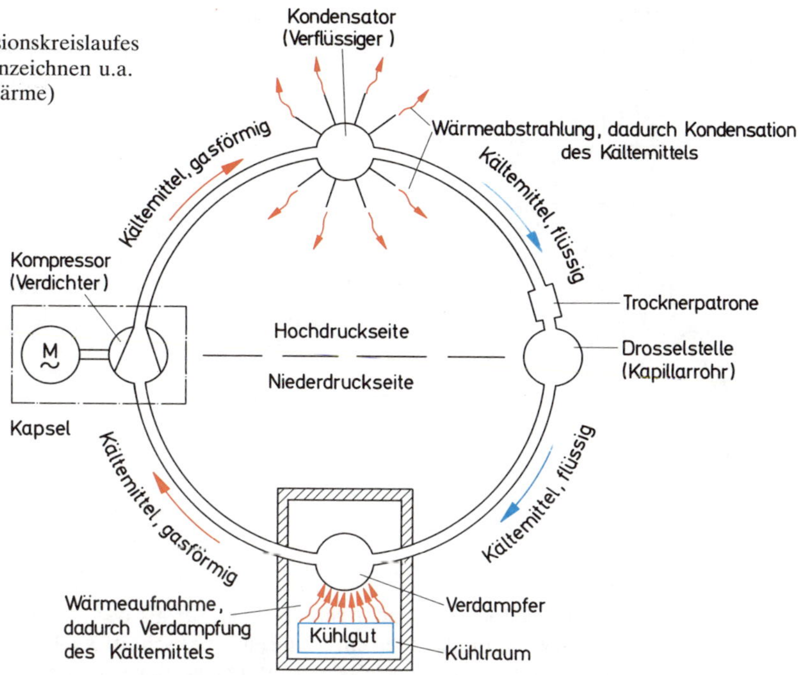

- □ *der Kondensator* (auch als Verflüssiger bezeichnet), der mit seinen Lamellen außerhalb des Kühlraumes angeordnet ist,
- □ *die Drosselstelle,* welche in Haushaltskältemaschinen meist durch ein dünnes Rohr (Kapillarrohr) gebildet wird.

Die zwischen Kondensator und Drosselstelle liegende *Trocknerpatrone* enthält harte farblose glasige Körner aus hochporösem Kieselgel, das in der Lage ist, Feuchtigkeitsreste aufzunehmen. Die Feuchtigkeitsbestandteile, die trotz sorgfältiger Handhabung beim Auffüllen in den Kältemittelkreis gelangen können, werden vom Kältemittel nur schwer gebunden. Es besteht dann die Gefahr, daß sie am Ende des Kapillarrohres (Verdampfereingang) Eiskristalle bilden und die Funktion des Kreises behindern.
Die Arbeitsweise des Kompressionssystems ist folgende:

1. Der Kompressor saugt dampfförmiges Kältemittel aus dem Verdampfer an und drückt es in den Kondensator (die Funktion des Kompressors ist aus Bild 1.32 erkennbar).
2. Im Verdampfer kann – bedingt durch die entstandene Druckminderung – flüssiges Kältemittel verdampfen. Die dabei benötigte Verdampfungswärme wird über das Verdampfergehäuse dem Kühlraum entzogen. Sie ist lediglich zur Aggregatszustandsänderung (Flüssigkeit in Dampf) notwendig, ohne dabei die Temperatur des Kältemittels zu erhöhen.
3. Da das Kältemittel über das Kapillarrohr nicht so schnell aus dem Kondensator entweichen kann, wie es vom Kompressor in den Kondensator hineingedrückt wird, gerät es unter hohem Druck und erhitzt sich. Die Kondensatorwandungen

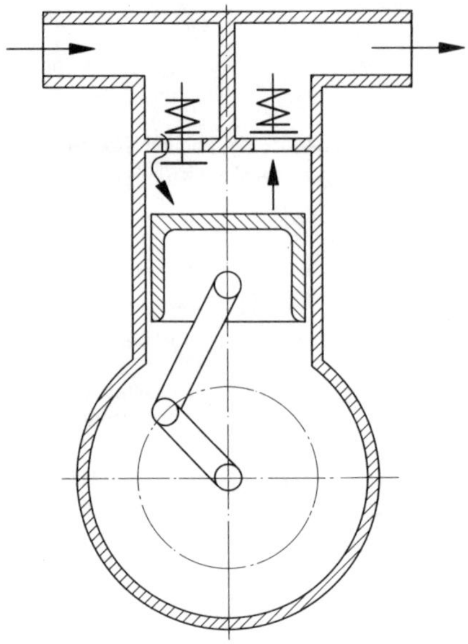

Bild 1.32
Prinzipaufbau des Kompressors

besitzen jedoch eine niedrigere Temperatur als der überhitzte Dampf. Dadurch tritt eine Taupunktunterschreitung (siehe Abschnitt 3.1.1) ein und der Kältemitteldampf kondensiert (verflüssigt sich). Die bei der Verflüssigung anfallende Wärme wird über den Kondensator an die Umgebung abgegeben. Bei diesem Vorgang ändert sich die Temperatur des Kältemittels nur geringfügig. Die Wärmeabgabe wird im wesentlichen durch den Verflüssigungseffekt erzielt.

4. Über das Kapillarrohr gelangt das flüssige Kältemittel zurück in den Verdampfer. Beim Verlassen des Kapillarrohres sinkt – bedingt durch die Querschnittserweiterung – schlagartig die Temperatur des Kältemittels, zumal der Kompressor für einen geringen Druck sorgt. Bei diesem geringen Druck verdampft dann das Kältemittel erneut und der Prozeß beginnt wieder wie unter Punkt 1. geschildert.

Der Druck auf der Niederdruckseite eines normalen Haushaltskühlschrankes beträgt 1,5 bar bis 4 bar; auf der Hochdruckseite dagegen 8 bar bis 11 bar.

1.3.2.2 Das Absorptionssystem

Unter Absorption versteht man die Auflösung eines Dampfes oder eines Gases in einer Flüssigkeit. Kühlgeräte, die nach dem Absorptionsverfahren arbeiten, enthalten das Kältemittel Ammoniak (NH_3), das von Wasser leicht aufgenommen (absorbiert) wird. Den Prinzipaufbau des Kältemittelkreises mit seinen Nebenkreisen zeigt Bild 1.33. Folgende Hauptelemente sind darin enthalten:

- ☐ *Der Verdampfer,* der sich im Kühlraum befindet und in dem die „Kälte erzeugt" wird,
- ☐ *der Absorber,*
- ☐ *der Kocher,* mit der Heizung und
- ☐ *der Kondensator* (Verflüssiger)

Bild 1.33
Prinzip des Absorptionskreislaufes

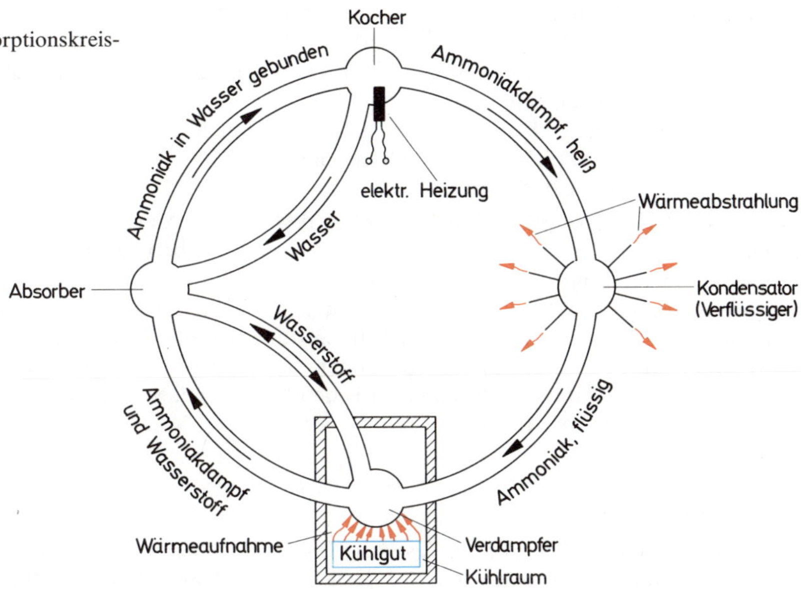

Anstelle des im Kompressionskreislauf verwendeten Kompressors (Abschnitt 1.3.2.1) treten hier Absorber und Kocher. Die Arbeitsweise des Kreises ist folgende:

1. Im Absorber befindet sich Wasser, das die Eigenschaft besitzt, gasförmiges Ammoniak aufzusaugen (absorbieren). Das Wasser entzieht dadurch dem Verdampfer das dort verdampfte Ammoniak.
2. Im Verdampfer kann dann weiteres Ammoniak verdampfen, was zu Wärmeentzug (Kühlung) im Kühlraum führt.
3. Infolge der Beheizung und aufgrund der räumlichen Anordnung (dadurch Schwerkraftwirkung) wandert das ammoniakhaltige Wasser in den Kocher.
4. Aus dem im Kocher erhitzten Wasser wird das Ammoniak herausgetrieben und in Form von Dampf freigesetzt (Druckerhöhung) und gelangt dann in den Kondensator. Das von Ammoniak befreite Wasser fließt über den einen Nebenkreislauf wieder in den Absorber zurück und steht dort erneut zum Absorbieren gasförmigen Ammoniaks zur Verfügung.
5. Der hochtemperierte Ammoniakdampf gibt seine Wärme über die Lamellen des Kondensators an die Umgebung ab, verflüssigt sich daraufhin und gelangt so zurück in den Verdampfer.
6. Im Verdampfer befindet sich das Hilfsgas Wasserstoff, das durch seine Anwesenheit den Gesamtdruck spaltet, so daß das Ammoniak den zum erneuten Verdampfen erforderlichen geringen (Teil-)Druck[1] annimmt.

[1] Teildruck = Partialdruck. Daltonsches Gesetz: In einem Gasgemisch übt ein jedes der Gase den Druck aus, den es haben würde, wenn es für sich allein den ganzen Raum erfüllte. Der Gesamtdruck des ganzen Gasgemisches ist gleich der Summe der Partialdrücke.

Absorptions-Kühlaggregate haben bei gleicher Kälteleistung einen etwa 3mal so großen Energiebedarf als Kompressions-Kühlaggregate. Ihre Vorteile sind aber

- ☐ die praktisch geräuschlose Funktion, da keine bewegten mechanischen Teile vorhanden sind und
- ☐ die Anwendbarkeit verschiedener Energieformen für den Betrieb, wie z. B. 230 V Gleich- oder Wechselspannung, 12 V Gleichspannung über das Kfz-Bordnetz oder Propangas.

Der Einsatz von Absorptions-Kühlgeräten ist deshalb auf Anwendungsfälle beschränkt, bei denen diese Eigenschaften besonders von Interesse sind, wie beispielsweise bei Campinggeräten und Wohnzimmer-Kühlgeräten (Zimmer-Bar).
Bei Behinderung der Wärmeabfuhr des Kondensators oder bei zu hoher Umgebungstemperatur (ab ca. 30 °C) vermindert sich die Kälteleistung des Kreislaufs erheblich. Des weiteren kann die Funktion nach einem Transport oder nach längerer Schräglage des Gerätes aussetzen. Diese Störung läßt sich durch entsprechendes Neigen, Schütteln oder „Auf den Kopf stellen" des Gerätes beseitigen.

1.3.2.3 Kühlgeräte

Kühlgeräte dienen zur kurzfristigen Lagerung leicht verderblicher Lebensmittel. Die Kühlraum-Innentemperatur liegt zwischen +2 °C und +8 °C. In diesem Temperaturbereich ist die Vermehrung von Mikroorganismen, die das Verderben bei Lebensmitteln bewirken, schon erheblich eingeschränkt. Daraus erklärt sich die längere Haltbarkeit.
Der Kühlschrank-Verdampfer ist vielfach kastenförmig ausgebildet. Der Innenraum dieses Kastens, der mit einer Klappe oder Tür gegen den eigentlichen Kühlraum getrennt ist, bildet das Verdampferfach. *Das Verdampferfach ist zum Einlagern von Tiefkühlkost und Gefriergut geeignet.* Es ist durch 1 bis 3 Sterne gekennzeichnet, deren Bedeutung Bild 1.34 zu entnehmen sind. Verdampferfächer, die mit einem 4-Stern-Symbol (Bild 1.35) gekennzeichnet sind, werden Gefrierfach genannt. Sie ermöglichen auch das Gefrieren von Lebensmitteln.

a) Ein-Stern-Fach. Temperatur -6 °C und kälter. Lagerdauer von Gefriergut und Tiefkühlkost 1 - 3 Tage.
b) Zwei-Stern-Fach. Temperatur -12 °C und kälter. Lagerdauer von Gefriergut und Tiefkühlkost 1 - 2 Wochen.
c) Drei-Stern-Fach oder Tiefkühlgerät. Temperatur -18 °C und kälter. Lagerdauer von Gefriergut und Tiefkühlkost 2 - 3 Monate.

Bild 1.34

Bild 1.35

Gefrierfach oder Gefriergerät Temperatur -18 °C und kälter. Zum Gefrieren von Lebensmitteln und langfristigem Lagern von Gefriergut und Tiefkühlkost geeignet.

Den Schnitt durch einen Kompressions-Haushaltskühlschrank mit Abtau-Vollautomatik zeigt Bild 1.36. Das dargestellte Gerät besitzt ein Verdampferfach, das gegen den Kühlraum zusätzlich durch eine Wärmedämmschicht getrennt ist. Deshalb ist im Kühlraum selbst ein zweiter Verdampfer erforderlich. Beide Verdampfer liegen im selben Kältemittelkreis und

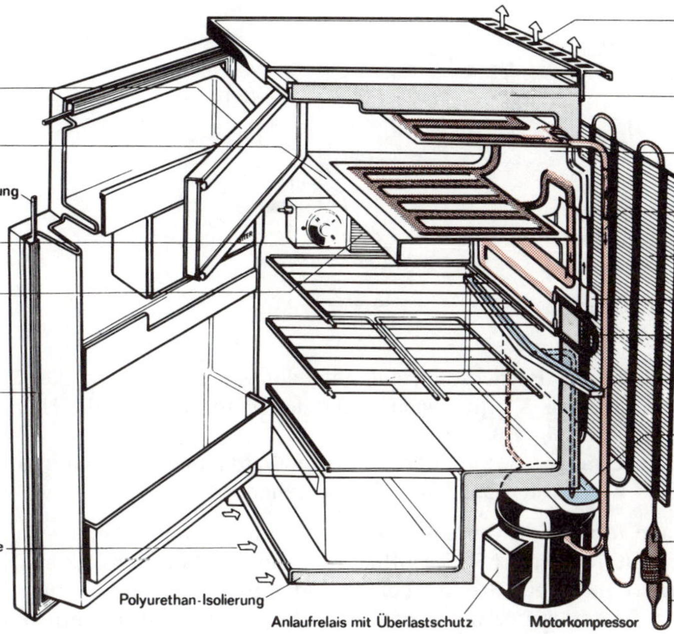

Bild 1.36 Kühlautomat SANTO mit 3-Stern-Verdampferfach (AEG)

sind dort miteinander in Reihe geschaltet. Auf der Rückseite des Kühlraumverdampfers ist eine Heizfolie angebracht (im Bild nicht sichtbar), die den Verdampfer stets dann beheizt, wenn der Verdichter stillsteht. Unterhalb des Kühlraumverdampfers ist die Tauwasser-Auffangrinne erkennbar, die das Tauwasser auffängt, das infolge der Beheizung vom Kühlraumverdampfer abtropft. Das Tauwasser wird über den Tauwasser-Ablauf nach außen in das Verdunstungsgefäß geleitet und verdunstet dort aufgrund der im Motorkompressor erzeugten Wärme. Mit einer Abtau-Vollautomatik wurden in der Vergangenheit vor allem Kühlschränke mit 3-Stern-Fach ausgerüstet. Die Abtau-Heizung hat jedoch einen erhöhten Energieverbrauch zur Folge. Deshalb sind modernere 3-Stern-Geräte so konstruiert, daß eine Vereisung des Kühlraum-Verdampfers weitgehend verhindert wird (vergrößerte Verdampferfläche, dadurch geringere Oberflächentemperatur sowie Integration des Kühlraum-Verdampfers zwischen Wärmedämmschicht und Innenverkleidung). Die elektrische Schaltung eines Kompressions-Kühlschrankes (mit Abtau-Heizung) zeigt Bild 1.37. Wurde der Kühlschrank auf Betrieb eingestellt, sind die Kontakte S1.1 und S1.2 geschlossen. Der Anlaufvorgang ist dann wie folgt:

1. Bei zu hoher Temperatur im Kühlraumverdampfer schließt der Kontakt S1.3 des Temperaturreglers.
2. Die Hauptwicklung HaW des Motors M zieht im Einschaltmoment einen hohen Strom, da der Motor zunächst noch nicht anläuft.
3. Dadurch wird das Stromrelais (Startrelais) K ausreichend magnetisiert, legt die Hilfswicklung HiW des Motors an Spannung, und der Motor kann nunmehr anlaufen.

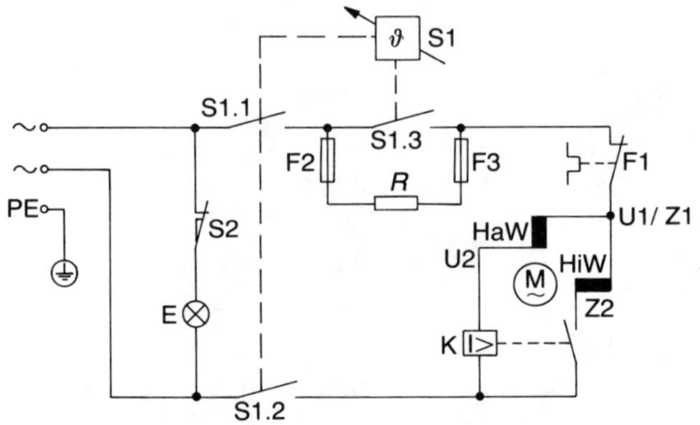

Bild 1.37
Elektrische Schaltung eines Kompressions-Kühlgerätes

4. Nach Erreichen der Betriebsdrehzahl sinkt der von der Hauptwicklung aufgenommene Strom, das Startrelais K öffnet wieder, und der Motor läuft mit der Hauptwicklung allein weiter.
5. Nach Erreichen einer bestimmten niedrigen Verdampfertemperatur öffnet der Reglerkontakt S1.3 wieder, und der Motor bleibt stehen.

Der Widerstand *R* bildet die Abtauheizung bei Kühlgeräten mit Abtauvollautomatik. Ist der thermisch gesteuerte Kontakt S1.3 geöffnet (und sind die beiden Netzkontakte S1.1 und S1.2 geschlossen), so fließt ein Strom über *R* und die Motorhauptwicklung, der aber nicht ausreicht, den Motor weiterlaufen zu lassen. Sobald S1.3 also geöffnet ist, arbeitet die Abtauheizung, die die Oberfläche des Kühlraumverdampfers auf über 0°C erwärmt (ca. 10 W) und so vor Vereisung schützt. F2 und F3 sind Sicherungen, die beim Auftreten eines Körperschlusses an der Heizung ansprechen sollen. F1 ist ein Bimetall-Schutzschalter, der mit dem Kompressorgehäuse thermisch gekoppelt ist und bei zu starker Motorerwärmung (z.B. bei durchgehendem Betrieb im Sommer) ansprechen soll. Sinkt die Temperatur, so schaltet der Schutzschalter selbsttätig wieder ein. Die Lampe E schließlich dient der Innenraumbeleuchtung. Sie ist außer Betrieb, sobald die Kühlschranktür geschlossen und damit der Schaltkontakt S2 geöffnet wird.
Der Anschluß an das Strometz erfolgt allgemein über Schukostecker. Die Anschlußleistung bei Kompressions-Haushaltskühlschränken liegt zwischen 100 W und 240 W.

1.3.2.4 Tiefkühlgeräte

Tiefkühlgeräte sind wie Kühlgeräte auch nur zum Lagern von Lebensmitteln geeignet und nicht zum Eingefrieren. Da ihre Temperatur niedriger ist als die von Kühlschränken, dienen sie der Lagerung bereits eingefrorener Waren. In Tiefkühlgeräten sind Temperaturen von mindestens −18 °C erreichbar. Sie sind deshalb nach DIN 8953 mit einem 3-Stern-Symbol gekennzeichnet (Bild 1.34).
Als Kälteaggregat dient allgemein das Kompressionssystem.

1.3.2.5 Gefriergeräte

Gefriergeräte dienen zum Gefrieren von Lebensmitteln und zum langfristigen Lagern von Gefriergut und Tiefkühlkost bei Temperaturen von −18 °C und kälter. Sie müssen nach DIN 8953 mit einem 4-Stern-Symbol (Bild 1.35) gekennzeichnet sein. In Haushalts-Gefriergeräten wird das Kompressionssystem angewendet. Bild 1.38 zeigt ein Schnittbild durch eine Gefriertruhe.

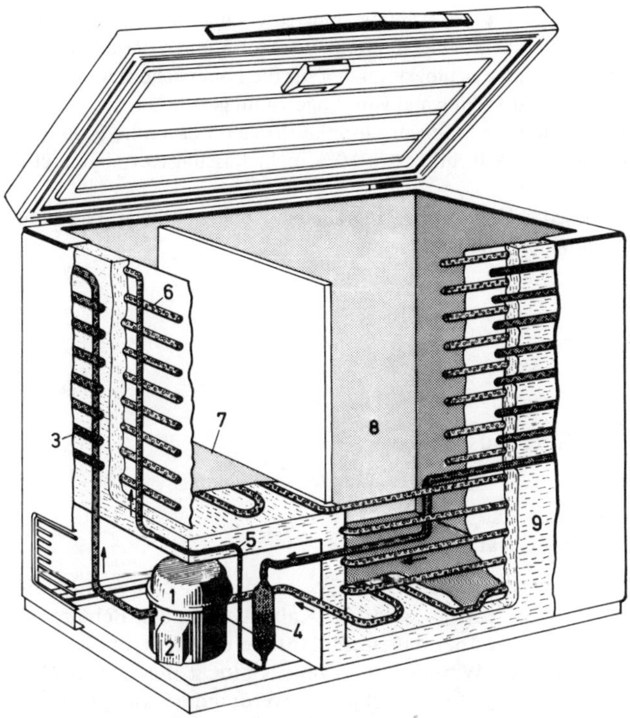

Bild 1.38
Aufbau einer Gefriertruhe

1 Verdichter
2 Anlaufrelais und Überlastschutz
3 Außenhautverflüssiger
4 Trocknerpatrone
5 Kapillarrohr
6 Verdampfer
7 Vorgefrierabteil
8 Lagerraum
9 Wärmedämmung

Kondensatorrohrsystem mit Kapillarrohr und Trocknerpatrone

Verdampferrohrsystem

Eingefrieren ist das modernste und schonendste Verfahren zur Haltbarmachung von Lebensmitteln über längere Zeiträume.

Die Lagertemperatur soll nach DIN 8953 mindestens −18 °C betragen.

Die Gefriergeschwindigkeit ist das Maß für das Eindringen der Eisfront in das Gefriergut und wird in cm/h gemessen. Sie muß mindestens 0,3 cm/h betragen. (Industriell gefertigte Tiefkühlkost wird mit höheren Werten eingefroren.) Durch schnelles Einwirken der Kälte bilden sich gleichmäßig kleine Eiskristalle, die die Zellen nicht beschädigen, außerdem wird dadurch der kritische Temperaturbereich von 0 bis −5 °C, in dem sich größere, schädigende Eiskristalle bilden, in kurzer Zeit durchlaufen.

Das Gefriervermögen wird nach DIN 8953 in kg/24 h angegeben. Danach muß man je 100 l Nutzraum 5 kg Lebensmittel innerhalb von 24 h von +25 auf −18 °C gefrieren können. Ein Thermostat hält die Lagertemperatur auf −18 °C oder tiefer. Diese sog. Elektronik-Regelung arbeitet mit einem temperaturempfindlichen Heißleiter (NTC-Widerstand) als Fühler. Dieser steuert in Abhängigkeit von der Temperatur seiner Meßstelle im Gefrierraum ein Relais, mit Hilfe einer transistorisierten Brückenschaltung. Mittels eines Potentiometers kann die Temperatur vorgewählt werden, die mit dieser Methode genauer einzuhalten ist. Mit dem Potentiometer wird ein mechanischer Schalter gekoppelt, der den Motor auf Dauerlauf schaltet. Dafür sind Bezeichnungen wie „superfrost“ oder „dauerfrost“ üblich. Solche Schaltstellen werden zum schnellen Durchgefrieren beim Beschicken der Tiefkühlgeräte verwendet. Diese Art der Temperaturüberwachung arbeitet genauer als mechanische und unterliegt selbst keinem Verschleiß, wodurch die Störanfälligkeit gegenüber Kapillarrohr-Thermostaten erheblich geringer ist.

Eine grüne Signallampe zeigt an, daß das Gerät in Betrieb ist, eine rote leuchtet bei ansteigender Temperatur auf (ab —15 °C) und eine gelbe Lampe zeigt an, wenn der Motor im Dauerlauf arbeitet. Wird das Gerät im Keller installiert, sorgt eine Fernüberwachung für die Lagersicherheit.
Günstig ist ein *Vorgefrierfach,* das durch eine Trennwand vom Lagerraum getrennt ist.
Auf dem Markt befinden sich Gefriertruhen und Gefrierschränke. Vorteil der Truhe (von oben beschickbar) im Vergleich zum gleichgroßen Schrank: etwa 10% mehr Fassungsvermögen, etwa 3% geringerer Energieverbrauch.
Vorteil des Schrankes (von vorn beschickbar): wenig Platzbedarf, übersichtliche Lagerung. Schränke werden vor allem in Einbauküchen eingesetzt.

1.3.3 Warmwassergeräte

Warmwassergeräte sind lieferbar als

- □ Boiler,
- □ Speicher,
- □ Durchlauferhitzer oder Durchlaufspeicher.

Man unterscheidet weiter zwischen

- □ offenen (drucklosen) Geräten und
- □ geschlossenen (druckfesten) Geräten.

a) **Offene Geräte** (auch Überlaufgeräte genannt) haben das „Warmwasser"-Zapfventil in der Kaltwasser-Zuleitung (Bild 1.39a). Wird es geöffnet, so dringt Kaltwasser in den Behälter ein und drückt das dort befindliche Warmwasser über das ständig offene Überlaufrohr aus dem Gerät heraus. Nach dem Verschließen des „Warmwasser"-Ventils blockt dieses den Netzdruck ab. Infolge des Überlaufrohrs, das keinesfalls geschlossen werden darf, kann sich kein Netzdruck im Gerät ausbilden. Beim Aufheizen tropft Ausdehnungswasser aus dem Überlaufrohr. *Offene Warmwassergeräte sind zur Versorgung von nur einer einzigen Zapfstelle gedacht.*
Offene Geräte können beim Betrieb am Wassernetz durch Über- und/oder Unterdruck gefährdet werden. Der Anschluß darf deshalb nur mit Armaturen (Mischbatterien u. ä.; siehe auch Abschnitt 1.3.3.6) für offene Geräte ausgeführt werden. Außerdem ist nach DIN 44531 die Wasserdurchflußmenge (Liter/Minute) zu begrenzen (Herstellerangabe beachten). Die Begrenzung erfolgt z. B. durch Einschieben eines Kunststoffschlauches in das Kaltwasser-Zulaufrohr der Mischbatterie bzw. des Warmwasserventils und/oder durch ein zusätzliches Ventil. Weiter ist zu beachten, daß die Gesamtlänge aus Überlauf- und Auslaufrohr im waagrechten Verlauf 2 m und im senkrechten Verlauf 1 m nicht übersteigen darf. Sind darüber hinaus dennoch Verlängerungen erforderlich, so ist ein Belüftungsventil am Auslaufstutzen einzubauen.
Ein unzulässig hoher Druck kann auch entstehen, wenn ein ungeeigneter Brauseschlauch an die Warmwasser-Zapfstelle angeschlossen wird. Die direkte Verbindung zwischen der Warmwasser-Zapfstelle offener Geräte mit Geschirrspülern oder Waschgeräten ist aus gleichem Grund nicht zulässig.
b) **Geschlossene Warmwassergeräte** haben das Warmwasser-Zapfventil am Ende der Warmwasserleitung (Bild 1.39b). Da die Wasser-Netzleitung zum Gerät hin ständig geöffnet bleibt, steht der Behälter des geschlossenen Warmwassergerätes bei geschlossener Zapfstelle unter Netzleitungsdruck. Deshalb sind für diesen Gerätetyp bestimmte Sicherheitsarmaturen vorgeschrieben, die in die Wasser-Netzleitung einzuschalten sind. Dabei ist DIN 1988 zu beachten. Die Armaturen sind im einzelnen:

Bild 1.39a
Prinzipaufbau eines offenen Warmwasserspeichers

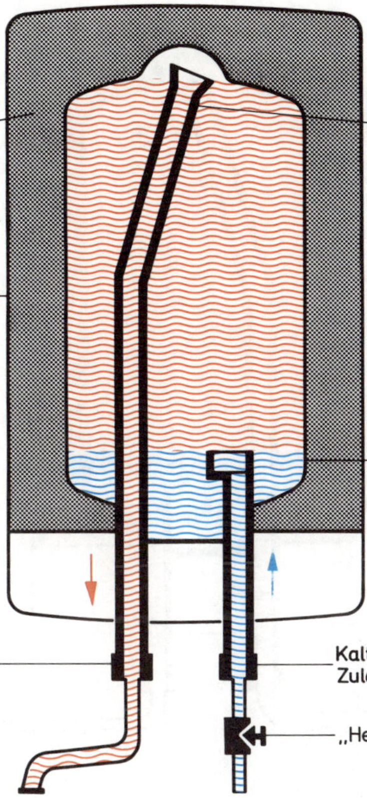

Ein *Membran-Sicherheitsventil,* dessen Abblaseleitung nicht absperrbar sein und nicht reduziert sein darf. Sie muß frei sein und wird zweckmäßigerweise über einem Trichter enden, über den das Wasser sichtbar abläuft.

Ein *Druckminderer,* der aber nur dann erforderlich wird, wenn der höchste (meist nachts) auftretende statische Druck in der Kaltwasserleitung höher als 5 bar wird. Der Druckminderer sollte auf einen Enddruck eingestellt werden, der etwa 1 bar unter dem Ansprechdruck des Membran-Sicherheitsventils liegt. Bei Behältern, die für einen Maximaldruck von 6 bar ausgelegt sind, dürfen nur Druckminderer mit einem Druckverhältnis von höchstens 2,5 : 1 eingesetzt werden.

Ein *Rückflußverhinderer* (Rückschlagventil) ist vorgeschrieben bei Warmwasserbereitern ab 10 l Inhalt. Er soll verhindern, daß das heiße Ausdehnungswasser in die Kaltwasserleitung dringt.

Je ein *Absperrventil* ist vor und hinter den Rückflußverhinderer einzubauen. Bei Elektrowarmwassergeräten bis einschließlich 120 l Inhalt kann – in Fließrichtung gesehen – auf das zweite Absperrventil verzichtet werden.

Ein *Prüfventil* ist zwischen dem ersten Absperrventil und dem Rückflußverhinderer vorzusehen, das an der Eingangsseite des Rückflußverhinderers angeordnet sein kann.

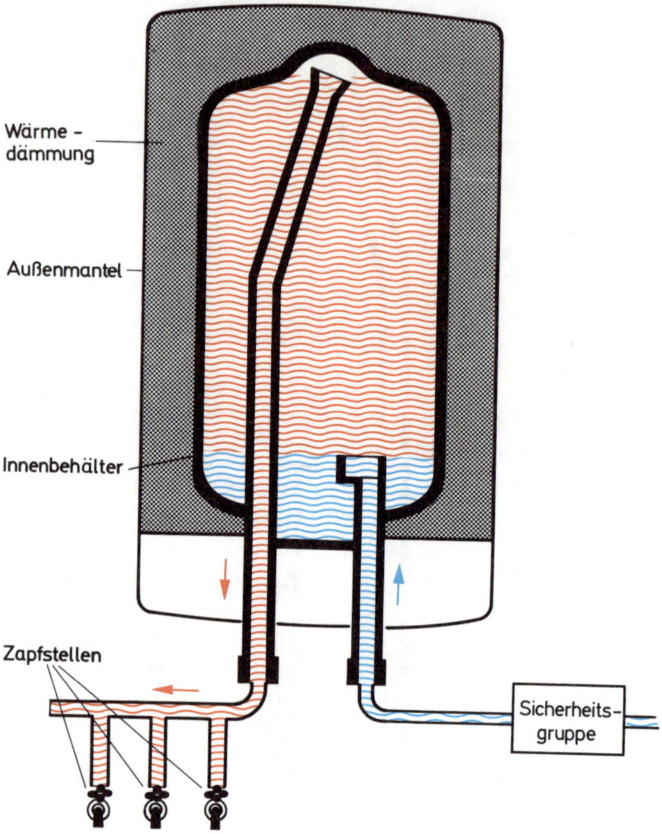

Bild 1.39b
Prinzipaufbau eines geschlossenen Warmwasserspeichers

Ein *Manometeranschlußstutzen* ist bei allen geschlossenen Warmwassergeräten vorgeschrieben. Er befindet sich an der Ausgangsseite des Rückflußverhinderers. Ab 1000 l Behälterinhalt ist der feste Einbau eines Manometers vorgeschrieben.
Die Sicherheitsarmaturen brauchen nicht immer einzeln installiert zu werden. Sie sind für Wandgeräte in Form von *Sicherheitsgruppen,* in einem gemeinsamen Gehäuse untergebracht, erhältlich. Sicherheitsgruppen gibt es mit und ohne Druckminderer.
Bild 1.40 zeigt drei Installationsbeispiele für geschlossene Geräte. *Geschlossene Warmwassergeräte dienen zur Versorgung mehrerer Warmwasser-Zapfstellen.*

1.3.3.1 Boiler

Boiler sind Warmwassergeräte ohne Wärmedämmung. Ihr Wasser ist zum sofortigen Gebrauch nach erfolgter Erwärmung bestimmt. Die elektrische Heizung wird nicht geregelt, sie muß stets von Hand eingeschaltet werden. Die gewünschte Temperatur läßt sich im Bereich zwischen 35 °C und 85 °C vorwählen. Nach Erreichen der vorgewählten Temperatur schaltet ein Temperaturbegrenzer (der „Temperaturwählbegrenzer") selbsttätig ab.

Boiler werden heute nur als offene Geräte hergestellt und zwar allgemein in zwei Größen:

- ☐ Badeboiler mit 80 l Inhalt und 6 kW Heizleistung,
- ☐ Duschboiler mit 15 l Inhalt und 4 kW Heizleistung.

Sie heizen stets mit Ihrer vollen Heizleistung auf; sind also Einkreiser (= 1 Heizkreis). Der Behälter besteht meistens aus verzinntem Kupfer. Die Bedeutung des Boilers ist in den letzten Jahre zugunsten des Warmwasserspeichers zurückgegangen.

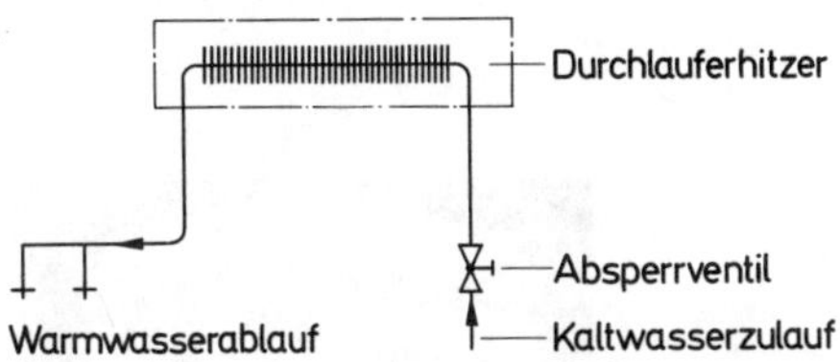

a) Für Warmwasserbereiter mit Druckdifferenzschalter, sofern deren Druckfestigkeit größer ist als der Druck des Wassernetzes (z. B. Durchlauferhitzer in Blankdraht-Konstruktion).

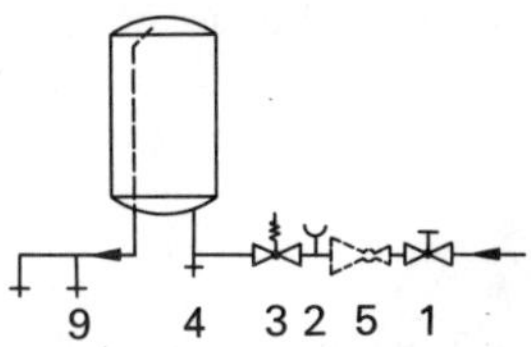

b) Für Warmwasserbereiter, thermisch geregelt, unter 10 Liter Inhalt (geschlossene Ausführung)

Bedeutung der Hinweiszahlen zu den Bildern 1.40b) und c)

1 Absperrventil
2 Manometeranschlußstutzen
3 Baumustergeprüftes Membransicherheitsventil ½″
4 Auslaufventil (falls am Gerät keine Entleerungsvorrichtung vorhanden)
5 Baumustergeprüfter Druckminderer
6 Prüfventil
7 Rückflußverhinderer
8 Absperrventil (kann bei Geräten bis 120 l Inhalt entfallen)
9 Zapfstelle

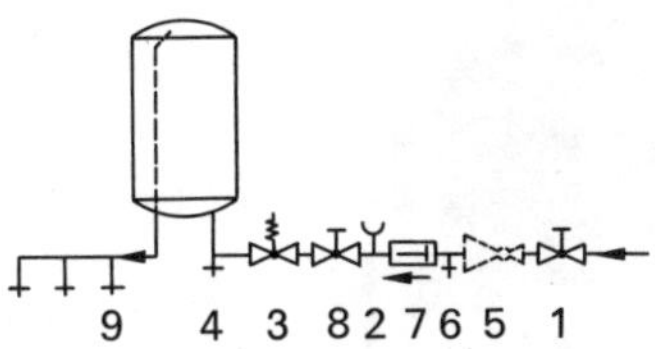

c) Für Warmwasserbereiter, thermisch geregelt, ab 10 Liter Inhalt (geschlossene Ausführung)

Bild 1.40
Drei Beispiele für den Anschluß geschlossener Warmwasserbereiter an das Wassernetz (Nach HEA-Unterlagen)

1.3.3.2 Speicher

Speicher sind Warmwassergeräte mit Wärmedämmung. Sie haben die Aufgabe, ständig heißes Wasser bereitzuhalten. Die gewünschte Wassertemperatur läßt sich zwischen 35 °C und 85 °C vorwählen und wird durch einen Temperaturregler (Temperaturwählregler) konstant gehalten. *Speicher werden als offene oder geschlossene Geräte hergestellt.*

Die Behälter offener Geräte bestehen aus verzinntem Kupfer oder – seltener – aus Kunststoff. Bei geschlossenen Geräten wird entweder Kupfer, verzinkter Stahl oder Stahl mit einer Innenemaillierung oder aber neuerdings auch ein Glasfaser-Festmaterial verwendet, das zu einem besonders geringem Gesamtgewicht des Gerätes führt.
Bei emaillierten Stahlbehältern besteht die Gefahr von Korrosion. Deshalb erhalten solche Geräte eine *Magnesiumanode* (Schutzanode), die in den Behälter eingebracht wird (Bild 1.41). Die Anode bildet mit dem Stahlbehälter und dem Wasser ein elektrochemisches Element und zwar derart, daß der erzeugte Strom von der Anode in das Wasser in Richtung zum Behälter abfließt. Dadurch wird die unedle Magnesiumanode mit der Zeit zersetzt, während der Stahlmantel geschützt ist (siehe auch Band „Mathematische und elektrotechnische Grundlagen"). Der Zustand der Anode sollte etwa alle 2 bis 5 Jahre kontrolliert werden. Nach entsprechendem Materialverlust ist ein Austausch erforderlich.

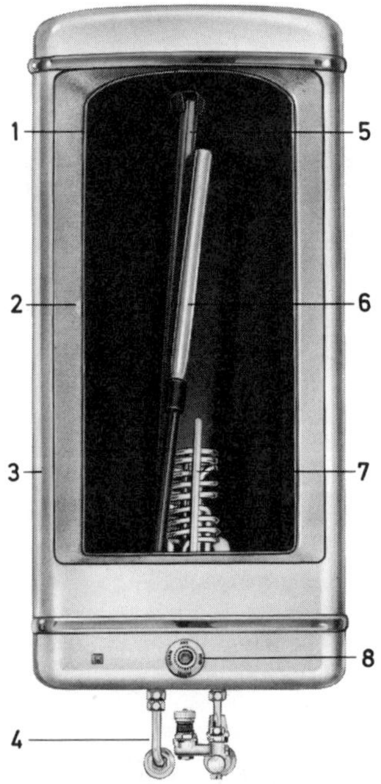

1 Duoglasierter Stahlinnenbehälter für 6 bar Betriebsdruck
2 Wärmedämmung aus Hartmoltopren
3 Lackierter Stahlblechmantel
4 Ventil-Kombination
5 Überlaufrohr
6 Korrosions-Schutzanode
7 Heizflansch
8 Wählschalter

Bild 1.41
Geschlossener Warmwasserspeicher mit Korrosions-Schutzanode (AEG)

Bild 1.42
Geschlossener Warmwasserspeicher mit Behälter aus Glasfaser-Festmaterial
(Stiebel-Eltron Werkfoto)

Aus den Bildern 1.41 bis 1.43 ist der Innenaufbau von Warmwassergeräten erkennbar.
Einkreis-Warmwasserspeicher haben nur einen Heizstromkreis. Sie arbeiten nach dem Einschalten des Temperaturreglers stets mit der vollen Heizleistung, die je nach Gerätegröße 2 kW, 4 kW oder 6 kW beträgt. Speicher ab 200 l haben noch größere Heizleistungen. Die elektrische Schaltung eines Einkreisgerätes zeigt Bild 1.44.

Bild 1.43 Nahaufnahme des Gerätes aus Bild 1.42 (Stiebel Eltron Werkfoto)

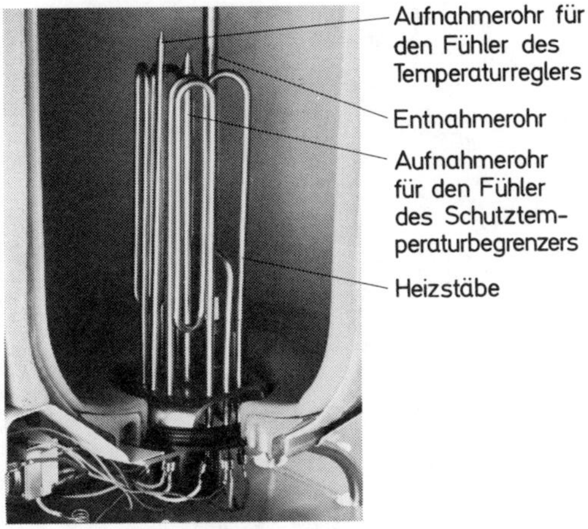

Bild 1.44 Elektrische Einkreisschaltung
a) für Geräte mit 2 kW und 4 kW Anschlußleistung
b) für Geräte mit 80 l und 120 l Inhalt

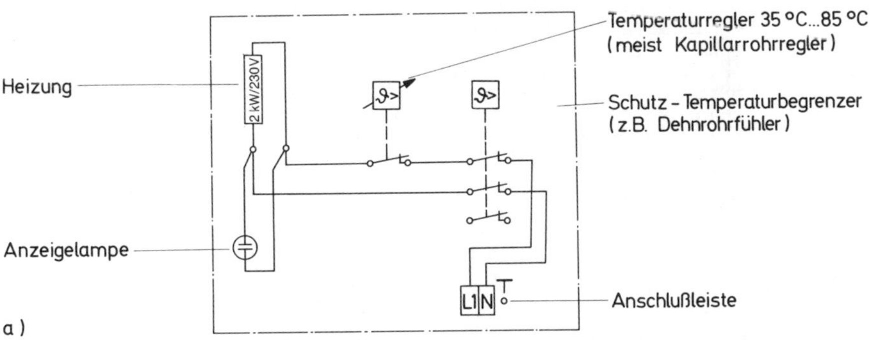

a)

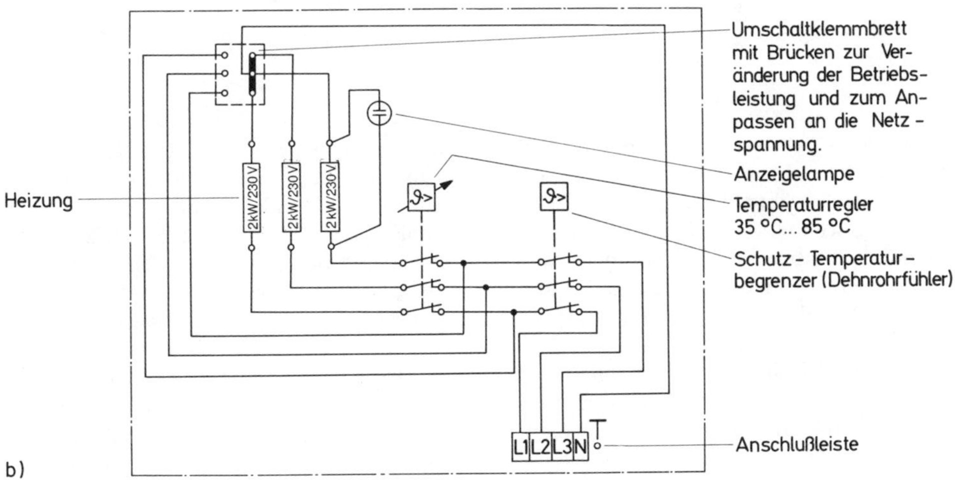

b)

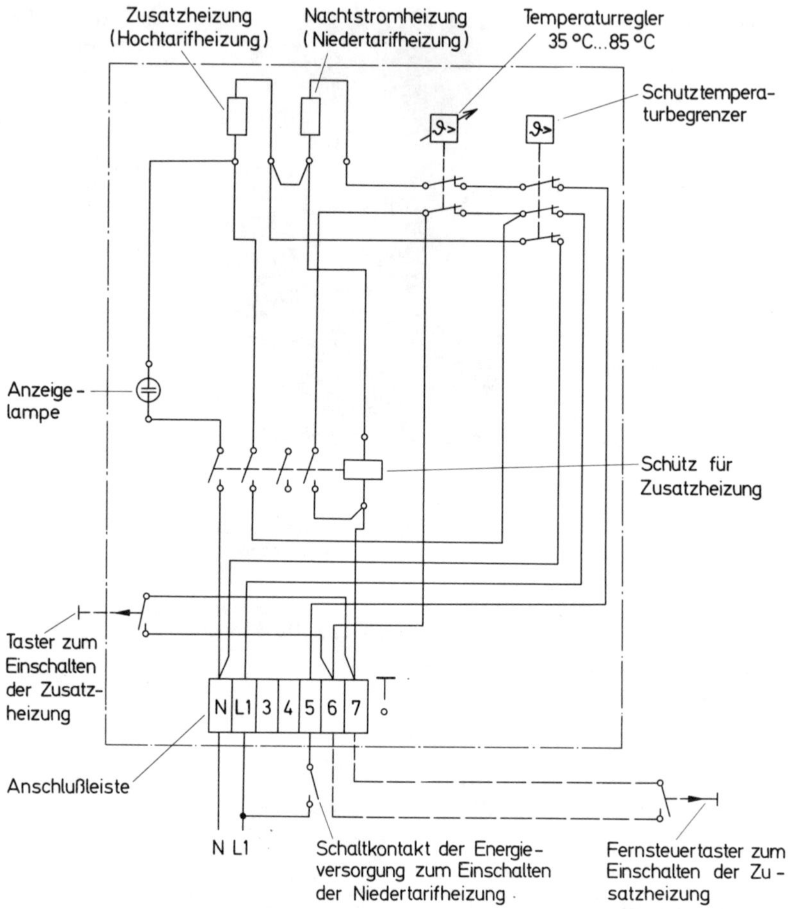

Bild 1.45 Elektrische Zweikreisschaltung eines Heißwassergerätes

Zweikreis-Heißwasserspeicher haben zwei Heizstromkreise mit unterschiedlich großen Heizleistungen. Die kleinere Heizleistung dient dann meist für den Betrieb mit Niedertarifstrom (z. B. Nachtstrom), während die größere Heizleistung nur bei erhöhtem Warmwasserbedarf von Hand zugeschaltet wird. Nach Erreichen der vorgewählten Temperatur wird diese Heizleistung automatisch abgeschaltet und nicht wieder zugeschaltet. Bei einigen großen Zweikreis-Heißwassergeräten, die als Standgeräte ausgeführt sind, heizt die Zusatzheizung nur einen Teil des Speicherinhaltes auf. In Bild 1.45 ist die elektrische Schaltung eines Zweikreisgerätes dargestellt.

Elektro-Heißwasserspeicher mit Inhalten bis 120 l werden für die Wandmontage hergestellt. *Standspeicher* (Großspeicher) gibt es mit Inhalten zwischen 200 l und 2000 l und Heizleistungen zwischen 6 kW und 24 kW. Bis zu Inhalten von 400 l sind diese Geräte auch in Zweikreisschaltung erhältlich. Standspeicher besitzen immer einen geschlossenen Behälter. Sie dienen der

Bild 1.46
Großstandspeicher mit vorn angebrachtem Heizflansch

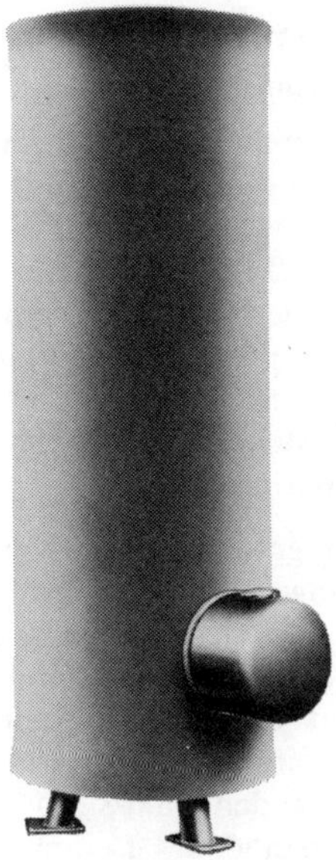

Zentralversorgung (Versorgung aller Heißwasserzapfstellen im Hause aus einem Heißwassergerät) in größeren Haushalten, Einfamilienhäusern, landwirtschaftlichen und gewerblichen Betrieben. Die Wärmedämmung dieser Geräte wird nach der Montage angebracht und anschließend durch eine dünne PVC-Folie geschützt (Bild 1.46). Die maximale Heißwassertemperatur dieser Geräte wird meist auf 60 °C begrenzt, um die Wärmeverluste und die Kesselsteinbildung gering zu halten (Siehe auch Abschnitt 1.3.3.4).
Eine Sonderausführung eines Haushalts-Standspeichers bietet ein Hersteller mit 250 l Inhalt an. Das Gerät benötigt eine Grundfläche von 60 cm × 60 cm und paßt damit in einen Küchennormschrank. Das Gerät besitzt eine Zweikreisschaltung und hat eine 2 kW Hochtarif-Heizung (Tagstrom-Zusatzheizung) sowie eine 3 kW Niedertarif-Heizung (Nachtstrom-Heizung). Mit der 2 kW-Zusatzheizung wird nur jeweils ein 60 l-Teilinhalt des Speichers erwärmt.

1.3.3.3 Durchlauferhitzer

Durchlauferhitzer sind in der Regel geschlossene Warmwassergeräte mit nicht nennenswertem Behälterinhalt und dadurch von geringer Baugröße. Sie erwärmen das Wasser während des Durchlaufs. Hierfür ist eine hohe Heizleistung von z. B. 12 kW, 18 kW, 21 kW oder 24 kW erforderlich. Aufgrund der hohen Heizleistung benötigen Durchlauferhitzer einen Drehstromanschluß (3- oder 4-Leiter-Anschluß).
Die hohe Heizleistung der Durchlauferhitzer ist ein Nachteil, der vor allem außerhalb der städtischen Zentren Probleme bereiten kann. Vor der Installation ist deshalb unbedingt die Anschlußmöglichkeit mit dem zuständigen Energieversorgungsunternehmen zu klären.
Die mit einem Durchlauferhitzer maximal darzubietende Warmwassermenge Q (die maximale Durchflußgeschwindigkeit) kann mit Hilfe folgender Formel überschlägig bestimmt werden:

$$Q \approx \frac{P\,(\text{in kW})}{2} \text{ in } \frac{\text{Liter}}{\text{Minute}} \text{ bei } 40\,°\text{C Warmwassertemperatur}$$

Die tatsächliche Warmwassertemperatur kann im Winter, bei niedriger Wassereintrittstemperatur in das Gerät, auch unter und im Sommer bei hoher Eintrittstemperatur auch über 40 °C liegen.
Die obengenannte Formel läßt Rückschlüsse auf den jeweiligen Einsatzbereich zu: Durchlauferhitzer mit 12 kW oder 18 kW sind typische Geräte für das reine Duschbad. Für das Wannenbad sollte dagegen ein Durchlauferhitzer mit mindestens 21 kW, besser jedoch mit 24 kW zum Einsatz kommen.
Erhältlich sind hydraulisch gesteuerte, elektronisch gesteuerte, elektronisch geregelte und thermisch geregelte Durchlauferhitzer.

a) Der hydraulisch gesteuerte Durchlauferhitzer besteht meist aus einem mit Kanälen (Bohrungen) zur Wasserführung durchsetzten Keramik- oder Kunststoffkörper (siehe „Heizblock“ in Bild 1.47a). Die elektrische Heizung befindet sich bei dieser Konstruktion in Form blanker Heizleiter (Spiralen, Blankdraht-Konstruktion) in den Kanälen und wird dort direkt vom Leitungswasser umströmt. Das Leitungswasser wirkt zugleich als „Isolator“. Damit der Fehlerstrom des Geräts den zulässigen Grenzwert nicht überschreitet, darf der spezifische Widerstand des Leitungswassers den Wert $\varrho = 1100\ \Omega \cdot \text{cm}$ nicht unterschreiten. Dieser Wert wird im Bereich der öffentlichen Wasserversorgung in der Bundesrepublik im allgemeinen eingehalten und ist im Zweifelsfall beim örtlichen Wasserversorger zu erfragen. Bei einer Hauswasser-Versorgung (über hauseigenen Brunnen) kann dieser Wert jedoch nicht gewährleistet werden, zumal hier auch die regelmäßigen Kontrollen fehlen.

> Aufgrund der Erfordernis, einen bestimmten spezifischen Widerstand des Leitungswassers einhalten zu müssen, darf die Wasser-Eintrittstemperatur bei Durchlauferhitzern mit Blankdraht-Heizblock den Wert 25 °C nicht überschreiten. Ein solcher Durchlauferhitzer darf deshalb keinesfalls einer Zentral-Warmwasserversorgung nachgeschaltet werden.

Die hydraulische Steuerung des Durchlauferhitzers wird durch einen Fließdruckschalter (siehe auch Abschnitt 1.2.3) realisiert, der sich im Wasserzulauf des Heizblocks befindet und die elektrische Heizung automatisch einschaltet, sobald das Wasser mit ausreichender Geschwindigkeit strömt. Eine Beeinflussung der Warmwasser-Austrittstemperatur ist in begrenztem Maße durch Variieren der Wasserfließgeschwindigkeit am Zapfhahn möglich. In der Regel schalten die Fließdruckschalter heute zweistufig, wobei z. B. bei niedriger Wasserfließgeschwindigkeit – um die Überhitzung des Wassers zu vermeiden – nur zwei Leiter und bei höherer Fließgeschwindigkeit alle drei Leiter des Drehstromnetzes zugeschaltet werden. Häufig läßt sich das Einschalten der zweiten Heizstufe mit Hilfe eines zusätzlichen Handknebels mechanisch sperren.

b) Der elektronisch gesteuerte Durchlauferhitzer besitzt praktisch denselben Heizblock wie der hydraulisch gesteuerte Durchlauferhitzer (Blankdraht-Konstruktion). In diesem Fall ist auch hier wieder ein ausreichender spezifischer

Bild 1.47a
Prinzipaufbau hydraulisch gesteuerter Durchlauferhitzer ohne Speicherbehälter (AEG)

Geschlossener (druckfester) Durchlauferhitzer
1 Warmwasser-Abgang
2 Heizblock
3 Spezial-Thermostat
4 Sicherheits-Temperatur- und -Druckbegrenzer
5 Metall-Kontaktschalter
6 Druck-Differenzschalter
7 Siebvorlage
8 Rückflußverhinderer mit Absperrventil
9 Kaltwasser-Zulauf

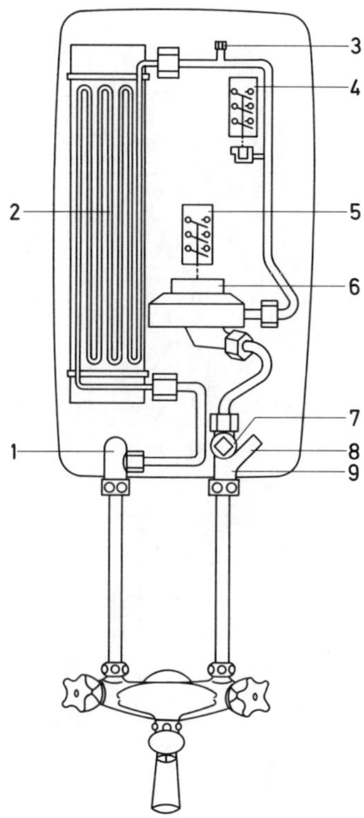

Widerstand des Leitungswassers zu beachten. Dieser Durchlauferhitzertyp verfügt jedoch über einen Temperaturwähler, mit dessen Hilfe die gewünschte Warmwassertemperatur stufenlos zwischen ca. 30°C und 55°C vorgewählt werden kann. Über einen hochempfindlich schaltenden Fließdruckschalter wird ein Teil der Heizleistung (Grundstufe) dieses Geräts direkt geschaltet. Der größere Teil der Heizleistung wird durch eine nachgeschaltete mikroprozessorgesteuerte Elektronik teilweise stufig, teilweise stufenlos nach dem Prinzip einer „Schwingungspaketsteuerung" in Abhängigkeit von der Temperatur des fließenden Wassers zugeschaltet. Die jeweilige Wassertemperatur wird dem Mikroprozessor über zwei Temperaturfühler (NTC-Widerstände) gemeldet, von denen einer die Wassertemperatur am Eingang und der zweite – je nach Anordnung – am Ausgang oder in der Mitte des Heizblocks erfaßt (Bild 1.47b). Die maximale Wasserdurchflußgeschwindigkeit wird mit Hilfe eines (mechanischen) Durchflußmengenreglers begrenzt.

c) Der elektronisch geregelte Durchlauferhitzer ist vom Aufbau und von der Schaltung her im wesentlichen identisch mit dem elektronisch gesteuerten Durchlauferhitzer. Der Fließdruckschalter fehlt bei ihm jedoch, und die Steuerung der Heizleistung erfolgt vollständig mit Hilfe des Mikroprozessors. Anstelle der Durchflußmengenbegrenzung besitzt er darüber hinaus eine Durchflußmengenregelung, die die Wasser-Durchflußleistung automatisch

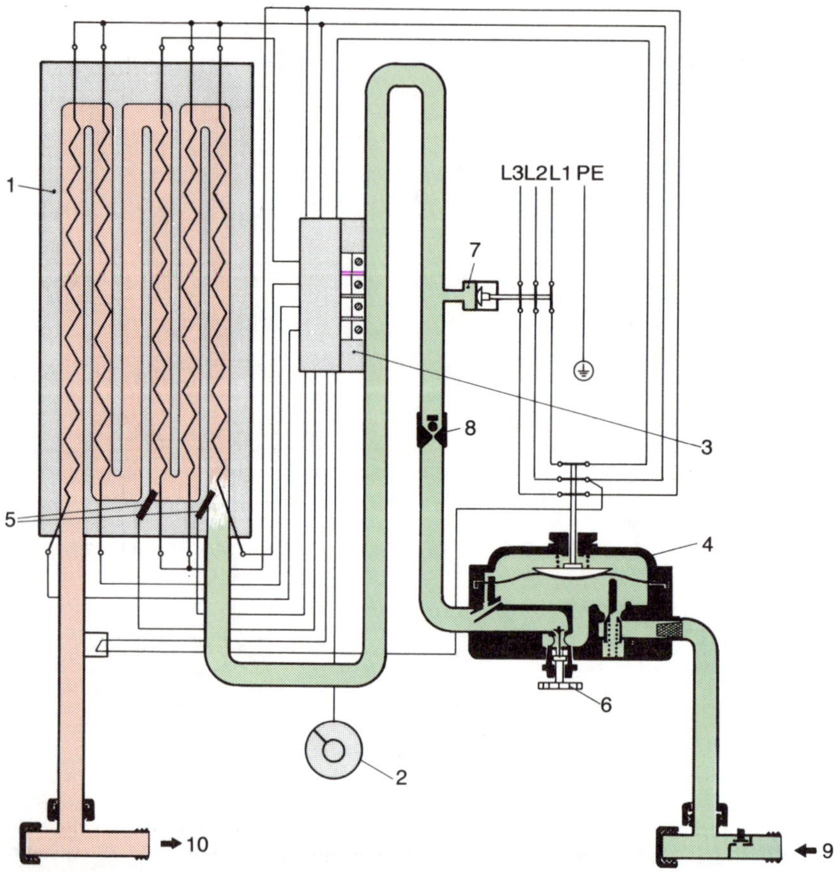

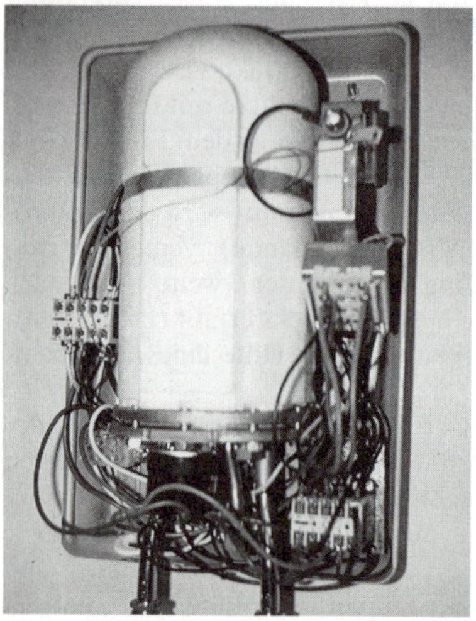

Bild 1.47b Elektronisch gesteuerter Durchlauferhitzer (Blankdraht-Heizblock) (nach Vaillant-Unterlagen)

1 Heizblock
2 Temperaturwähler
3 Elektronik
4 Fließdruckschalter
5 Temperaturfühler
6 Durchflußmengenregler
7 Sicherheitsschalter
8 Rückflußverhinderer (Rückschlagventil)
9 Wasserzufluß
10 Wasseraustritt

Bild 1.47c Thermisch geregelter Durchlauferhitzer

reduziert, wenn der Heizblock – bei der abgeforderten Wasser-Durchflußleistung – die vorgewählte Wassertemperatur nicht mehr einhalten kann. Dadurch wird die gewählte Wassertemperatur, auch bei Versorgung mehrerer Zapfstellen, (am Geräteaustritt) zuverlässig konstant gehalten.

d) Der thermisch geregelte Durchlauferhitzer besitzt den Prinzipaufbau eines Warmwasserspeichers mit sehr kleinem Behälter und isolierten Rohrheizkörpern. Ein bestimmter spezifischer Widerstand des Wassers braucht für seinen Betrieb deshalb nicht beachtet zu werden. Die Wassertemperatur wird mit Hilfe eines meist in mehreren Stufen schaltenden Kapillarrohrreglers geregelt (siehe hierzu auch Abschnitt 1.2.2.3), wobei allgemein eine Festtemperatur von ca. 55 °C bis 60 °C eingestellt ist, die aber nur bis zu einer entsprechenden Wasserdurchflußmenge pro Minute konstant gehalten werden kann. Da die Schaltleistung des Reglers begrenzt ist, enthält die elektrische Schaltung zusätzlich Schütze, die vom Regler angesteuert werden. Der Behälter ist mit einer Wärmedämmung umgeben (Bild 1.47c), da der Temperaturregler bei Abkühlung des Wassers – auch dann, wenn kein Wasser entnommen wird – wie ein Speicher selbsttätig immer wieder einschaltet.

In der Anschaffung am preiswertesten ist der hydraulisch gesteuerte Durchlauferhitzer. Die anderen Typen bieten jedoch einen größeren Nutzungskomfort, insbesondere bei geringer Wasserfließgeschwindigkeit, z. B. bei Entnahme über das Handwaschbecken.
Insbesondere der thermisch geregelte Durchlauferhitzer kann auch in Wassernetzen eingesetzt werden, in denen ein nur geringer Fließdruck herrscht (unter ca. 1,5 bar), also dort, wo eine hydraulische Steuerung nicht mehr zuverlässig arbeitet.
Der Wirkungsgrad eines hydraulisch oder elektronisch gesteuerten (oder geregelten) Durchlauferhitzers ist höher als der eines thermisch geregelten, da diese Typen das Wasser nur dann beheizen, wenn es benötigt wird.
Durchlauferhitzer mit einer Blankdraht-Konstruktion ihrer Heizung gelten als günstig im Zusammenhang mit „hartem Leitungswasser". Dieses Wasser führt bei Erwärmung verstärkt zu Kalkablagerungen, insbesondere an den Heizleitern. Da die Spiralheizleiter sich im warmen Zustand jedoch ausdehnen und bei Abkühlung wieder zusammenziehen, werden die Ablagerungen durch diese Bewegung immer wieder abgesprengt.
Thermostat-Mischbatterien werden heute für alle Durchlauferhitzertypen angeboten.
In Anlagen, in denen bereits die Genehmigung zum Anschluß von Speicherheizgeräten erteilt wurde, ist der Betrieb eines Durchlauferhitzers in der Regel problemlos möglich. Problematisch kann es jedoch werden, wenn Speicherheizgeräte und Durchlauferhitzer zeitgleich betrieben werden. In diesem Falle kann ein Lastabwurfrelais in die elektrische Zuleitung des Durchlauferhitzers geschaltet werden (Bild 1.48), mit dessen Hilfe die Steuerleitung der Speicherheizung unterbrochen und diese so für die kurze Zeit der Wasserentnahme vom Netz getrennt wird.

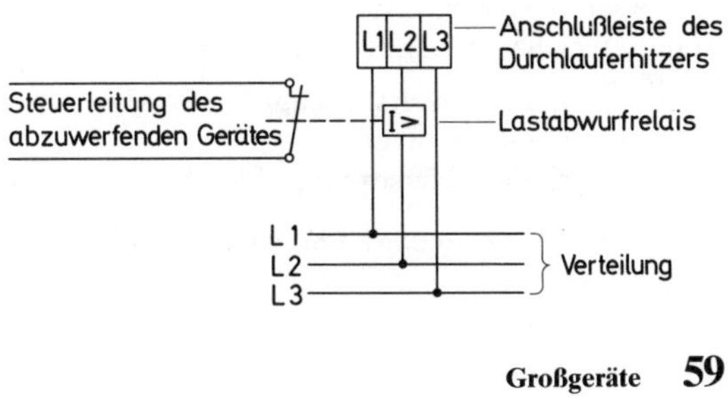

Bild 1.48
Lastabwurfschaltung

1.3.3.4 Leitungswasser und Wasserhärte

Leitungswasser kann unterschiedlich „hart“ sein. Wasserhärte ist bedingt durch das Vorhandensein verschiedener chemischer Verbindungen im Wasser. Insbesondere sind die Kalzium- und Magnesiumverbindungen bei der Warmwasserbereitung von Bedeutung. Die Menge der gelösten Kalzium- und Magnesiumverbindungen (Kalk) im Wasser, die Karbonathärte (Karbonate = Salze, die aus der Kohlensäure gebildet sind), wird in „Grad deutscher Härte“ (°d) angegeben.
1 °d entspricht 10 g gelöster Kalk auf 1000 l Wasser.
Allgemein teilt man 4 Härtebereiche ein:

Härtebereich 1: Weiches Wasser, 0 . . . 7 °d.
Härtebereich 2: Mittelhartes Wasser, 8 . . . 14 °d.
Härtebereich 3: Hartes Wasser, 15 . . . 21 °d.
Härtebereich 4: Sehr hartes Wasser, über 21 °d.

Je härter das Wasser, um so stärker neigt es bei Erwärmung zur Wassersteinbildung. Bei der Bildung von Wasserstein werden die genannten Verbindungen umgewandelt, fallen aus dem Wasser heraus und setzen sich als fester Belag (Kalk) im Inneren der Warmwasserbereiter – insbesondere an der Heizungsoberfläche – ab.

> Bei Warmwassertemperaturen unter 60 °C ist die Wassersteinbildung sehr gering. Es ist darum zweckmäßig, die Temperatur der Warmwassergeräte auf diesen Wert zu begrenzen.

Bei Standspeichern ist eine solche Begrenzung üblich.
Die Beseitigung bereits entstandener Kalkablagerungen erfolgt z. B. durch ameisensäurehaltige Lösungen. Ameisensäure ist über den Fachhandel zu beziehen. Sie ist entsprechend der Herstellerangabe mit erwärmtem Wasser zu verdünnen und mit den von den Ablagerungen betroffenen Teilen in Berührung zu bringen.
Wasserhärte wirkt sich auch auf Wasch- und Spülprozesse aus. Sie bewirkt eine verminderte Waschwirkung. Beim Geschirrspülen hinterläßt hartes Wasser auf der Geschirroberfläche Kalkablagerungen. Das Geschirr glänzt dann nicht nach dem Klarspülgang.
Deshalb: Bei Waschmaschinen erfordert hartes Wasser je nach Härtegrad entsprechend mehr Waschmittel. In Geschirrspülmaschinen sind heute serienmäßig Behälter mit sogenannten Ionenaustauschern eingebaut. Die Ionenaustauscher enthärten das Wasser, indem sie das härtebildende Kalzium gegen Natrium austauschen. Die Behälter mit den Ionenaustauschern sind innerhalb der Geräte in den Spülbehälterzulauf eingeschaltet (siehe Abschnitt 1.3.8.1).

1.3.3.5 Planung der Warmwasserversorgung im Haushalt

Bei der Warmwasserentnahme werden meist Warm- und Kaltwasser miteinander vermischt. So liefert beispielsweise ein 15-l-Warmwasserspeicher, der ca. 70% seines Inhaltes ohne wesentliche Temperaturabsenkung abgibt, bei einer Warmwassertemperatur von 85 °C hintereinander über 30 l Warmwasser mit ca. 37 °C. Dies ist bei der Dimensionierung der Warmwassergeräte zu berücksichtigen.
Man unterscheidet bei der Warmwasserversorgung zwischen

- □ Zentralversorgung,
- □ Gruppenversorgung und
- □ Einzelversorgung (Bild 1.49).

Bei der *Einzelversorgung* kommen offene Warmwassergeräte in Frage. Im Wohnhaushalt z. B. folgende Größen.

Bild 1.49
Drei grundsätzliche Anwendungsmöglichkeiten von Warmwassergeräten
1 Zentral-, 2 Gruppen-, 3 Einzelversorgung

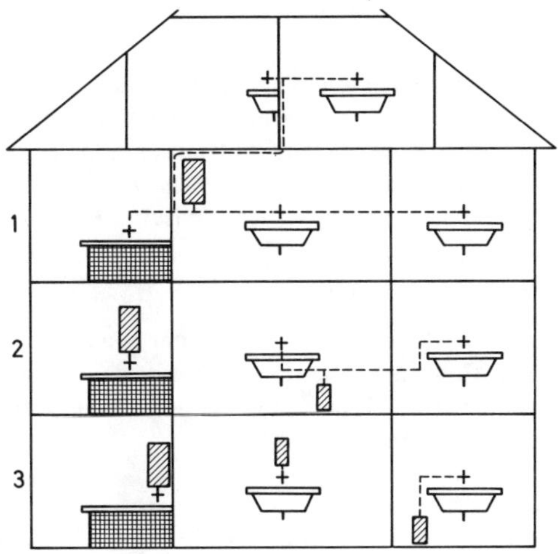

- ☐ Für das Spülbecken in der Küche: 10-l- oder 15-l-Speicher (wenn gesichert feststeht, daß eine Geschirrspülmaschine eingesetzt wird, reicht ggf. auch ein 5-l-Speicher aus);
- ☐ für die Dusche (ohne Badewanne): 15-l- oder 30-l-Speicher (evtl. 15-l-Boiler);
- ☐ für die Badewanne: 80-l- oder 120-l-Speicher (evtl. 80-l-Boiler);
- ☐ für das Waschbecken in Bad und/oder WC: 5-l-Speicher.

Bei *Gruppen- oder Zentralversorgung* sind stets geschlossene Geräte erforderlich. Bei der Dimensionierung ist es keineswegs notwendig, die zuvor genannten Einzelwerte der Zapfstellen zu addieren, da die Zapfstellen allgemein nicht zugleich benutzt werden. Meist genügt es, das Warmwassergerät nur für die Zapfstelle zu bemessen, bei der der größte augenblickliche Warmwasserbedarf auftritt.
Größere Warmwassergeräte sind jedoch erforderlich, wenn der preisgünstigere Niedertarifstrom (Nachtstrom) genutzt werden kann. Die Geräte müssen für den gesamten Tagesbedarf ausgelegt werden, da nur im Ausnahmefall tagsüber erneut aufgeheizt werden kann. Im allgemeinen wird dann ein Speicherinhalt von 100 l je Person, mindestens jedoch 300 l für einen Haushalt berücksichtigt. Um bei größerem Warmwasserbedarf gegebenenfalls nachheizen zu können, werden Zweikreis-Warmwasserspeicher (Abschnitt 1.3.2.2) installiert.
Für die *Versorgung des Bades* (zentral oder dezentral versorgt) stellt sich die Frage: Durchlauferhitzer oder Speicher?

Für den Durchlauferhitzer sprechen

- ☐ der günstigere Anschaffungspreis,
- ☐ der bessere Wirkungsgrad und (vor allem)
- ☐ die kleineren Baumaße.

Gegen den Durchlauferhitzer spricht seine hohe Anschlußleistung. Hierbei ist zu bedenken, daß ein allgemein zufriedenstellender Betrieb einen Durchlauferhitzer mit möglichst 24 kW erfordert. 12-kW- und 18-kW-Durchlauferhitzer sind dagegen für den reinen Duschbetrieb zu empfehlen. Gestattet das Stromversorgungsunternehmen nicht den Anschluß eines 24-kW-Durchlauferhitzers, so sollte sorgfältig geprüft werden, ob nicht besser ein ausreichend dimensionierter Warmwasserspeicher installiert werden kann, bevor man auf einen Durchlauferhitzer mit niedrigerer Leistung zurückgreift.
Bei der Wasserrohrinstallation ist zu beachten, daß in Wasserfließrichtung das verwendete

Material nicht unedler werden darf. So darf im Anschluß an einen Kupferkessel z.B. kein Stahlrohr eingebaut werden, die Verwendung eines Kupferrohres ist dagegen zulässig. Einem Kessel aus verzinkten Stahl darf dagegen ein Kupfer- oder ein Stahlrohr folgen. Auch bei Kesseln mit Innenemaillierung und Schutzanode spielt das verwendete Rohrmaterial keine Rolle. Bei Nichtbeachtung dieser Regeln ist mit Korrosion zu rechnen.

1.3.3.6 Mischbatterien

Bild 1.50 zeigt das Prinzip einer Mischbatterie für offene Geräte. Wird das Kaltventil geöffnet, fließt das Wasser unmittelbar aus. Beim Öffnen des Warmventils tritt das kalte Wasser rechts in das Gerät ein und drückt das warme Wasser aus dem stets offenen Überlaufrohr[1] („Warm vom Gerät") hinaus.

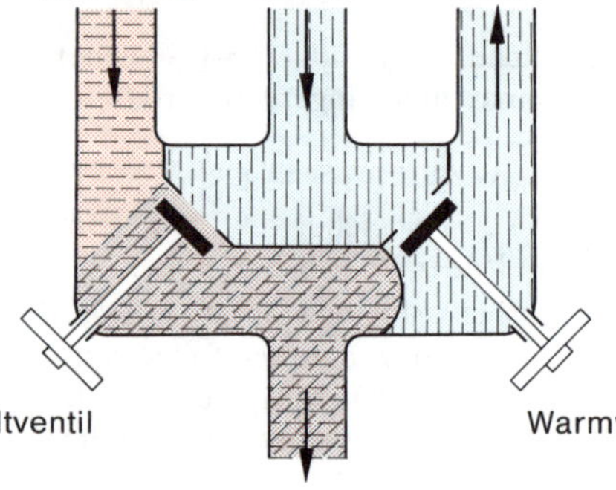

Bild 1.50
Mischbatterie für offene Geräte mit drei Anschlüssen. Wird das Warmventil geöffnet, fließt Kaltwasser ins Gerät, verdrängt das heiße Wasser, das durch den stets offenen Auslauf austritt.

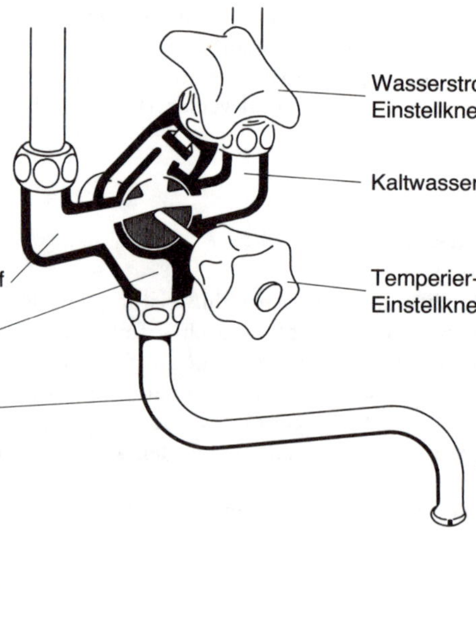

Bild 1.51
Mischbatterie mit Temperaturwähler für offene Geräte

1 dazu auch Bild 1.39a.

Bild 1.51 zeigt die Arbeitsweise einer *Mischbatterie mit Temperier-Einstellknebel* für offene Geräte. Durch Drehen des Temperierknebels nach rechts wird mehr kaltes Wasser zum Gerät strömen (rechts), wodurch mehr heißes Wasser ausläuft. Aus jeder Mischbatterie für offene Geräte muß beim Aufheizen Wasser tropfen. Mischbatterien für offene Geräte sind teilweise mit einem Rückflußverhinderer ausgerüstet.
Das Prinzip einer Mischbatterie für geschlossene Geräte zeigt Bild 1.52. Der Warmwasserauslauf wird hier durch ein Ventil versperrt, wenn kein Wasser entnommen wird.
Mischbatterien für offene Geräte können ggf. an Warmwassergeräten montiert werden, die für den geschlossenen Betrieb vorgesehen sind. Die Geräte arbeiten dann als offene Geräte. Umgekehrt darf eine Mischbatterie für geschlossene Geräte jedoch keinesfalls an einem Gerät montiert werden, das für den offenen Betrieb bestimmt ist.

Bild 1.52
Prinzip einer Mischbatterie für geschlossene Geräte

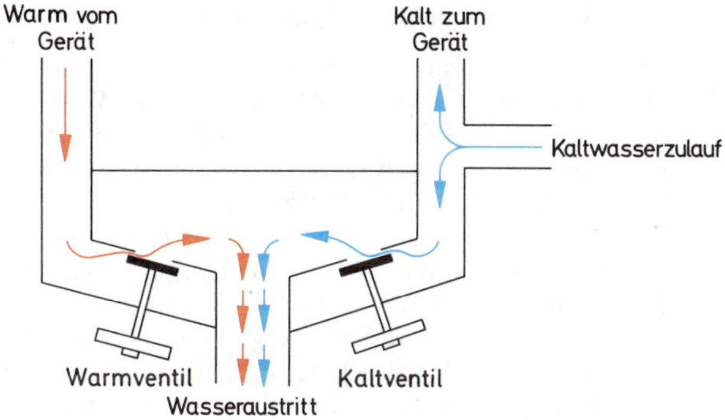

Bild 1.53
Prinzip des Kochendwassergerätes

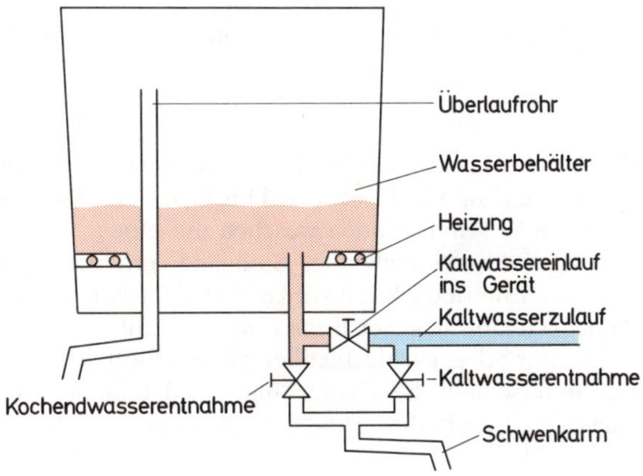

1.3.4 Kochendwassergeräte

Dieser Gerätetyp, der kochendes Wasser liefert, ist ähnlich aufgebaut wie ein offener Boiler. Er arbeitet jedoch nicht nach dem Überlaufprinzip, sondern nach dem Entleerungsprinzip (Bild 1.53). Das Wasser wird hier nicht durch das nachdrängende Kaltwasser aus dem Behälter

herausgetrieben. Das Gerät „läuft leer" bei Wasserentnahme. Deshalb sind auch Teilfüllungen des Behälters möglich. Im Haushalt ist das Gerät mit einem 5-l-Behälter üblich. Es ist mit Temperaturbegrenzer erhältlich, der nach Erreichen des Kochpunktes abschaltet, oder mit Fortkochstufe, bei der der Kochzustand durch Takten aufrecht erhalten bleibt, bis manuell abgeschaltet wird.
Der Anschlußwert des Haushaltsgerätes ist 2 kW. Eine Übertemperatursicherung und ein Trockengehschutz dienen als zusätzliche Sicherheitseinrichtungen. Die Heizung ist unterhalb des Behälters angeordnet – ähnlich wie bei einem elektrischen „Wasserkocher" – und nicht nach dem Tauchsiederprinzip, wie bei Heißwasserboilern oder -speichern.
Für den Einsatz in Kantinen u. ä. gibt es Kochendwassergeräte auch mit größerem Behälter und mit Wärmedämmung.

1.3.5 Wäsche waschen und Waschgeräte

Bei einem Waschprozeß mit elektrischen Waschgeräten bestimmen Wasser, Temperatur, Chemie (Waschmittel), Mechanik und Zeit den Wascherfolg. Wird einer dieser Faktoren verändert – z. B. im Interesse der Energieeinsparung die Temperatur – muß dies durch Verändern anderer Faktoren (z. B. durch Verlängern der Zeit) wieder ausgeglichen werden, um den gleichen Wascherfolg zu erzielen.
Beim Waschprozeß spielen außerdem Füllmenge, Flotte und Flottenverhältnis eine Rolle.
Die Füllmenge m ist die Menge an Trockenwäsche (in kg), die das Waschgerät (die Waschmaschine) aufnehmen kann.
Die Flotte f_{ges} (Gesamtflotte) ist die gesamte Flüssigkeitsmenge (in l), die jeweils während eines Arbeitsgangs in der Maschine vorhanden ist. Hierin sind die „gebundene Flotte f_g" und die „freie *Flotte* f_f" enthalten. Die gebundene Flotte ist die von der Wäsche aufgenommene Flüssigkeitsmenge, die freie Flotte ist die übrige Flüssigkeitsmenge. Es gilt:

$$f_{ges} = f_g + f_f$$

Das Flottenverhältnis f ist der Quotient aus Füllmenge m und Gesamtflotte f_{ges}:

$$f = \frac{m}{f_{ges}} \text{ in kg/l}$$

Das Flottenverhältnis beträgt bei Trommelwaschmaschinen älterer Bauart zum Waschen von Koch- und Buntwäsche etwa 1:4 bis 1:5, das heißt, auf 1 kg Wäsche entfallen 4 bis 5 l Wasser. Moderne Waschmaschinen waschen mit einem Flottenverhältnis von etwa 1:3. Die an den Waschprozeß anschließenden Spülgänge erfolgen mit einem Flottenverhältnis von etwa 1:3 bis 1:6. Empfindliche Textilien wie Feinwäsche (hohe „Naßknitterempfindlichkeit") und Wolle (Gefahr des Verfilzens) werden mit „längerem" Flottenverhältnis gewaschen (ca. 1:20). Für pflegeleichte Textilien gilt ein Flottenverhältnis von etwa 1:7 (beim Spülen 1:12). Die unterschiedliche Flottenlänge wird teilweise durch Erhöhung des Wasserstands und teilweise durch Reduzierung der Füllmenge erzielt.

1.3.5.1 Waschvollautomaten

Waschvollautomaten waschen, spülen und schleudern Wäschestücke in durchlaufenden Arbeitsgängen. Beim Schleudern werden Drehzahlen der Waschtrommel – je nach Gerätetyp – von 400 bis 1600 1/min erreicht.

Waschvollautomaten sind nach dem Prinzip der Trommel-Waschmaschine aufgebaut. Hierbei dreht sich eine zylindrische, gelochte Trommel aus Edelstahl innerhalb eines Laugenbehälters (Bild 1.54a). Der Laugenbehälter besteht aus Edelstahl, emailliertem Stahl oder temperaturbeständigem Kunststoff. Bild 1.54b zeigt den Zusammenhang des Laugenbehälters mit den wichtigsten Steuerungsorganen. Über die Magnetventile V1, V2 wird der Frischwasserzufluß freigegeben. Wird V1 angesteuert, so wird das Frischwasser über einen Einspülbehälter (Einspülrinne) geleitet, der vor dem Start des Programms mit einem Waschmittel gefüllt wurde. Bei Ansteuerung von V2 erfolgt der Wassereinlaß direkt in den Laugenbehälter. Moderne Waschvollautomaten besitzen zwei oder mehr Einspülbehälter (z. B. zur Aufnahme von Waschmittel für Vor- und Hauptwaschgang und für den Weichspüler) und eine entsprechende Zahl von Magnetventilen. Magnetventile geben den Wasserzulauf frei, sobald Spannung an ihrer Spule liegt. Hat anschließend der Wasserstand sein Sollniveau erreicht, so wird über die Wasserstandsregler W1 oder W2 die Ansteuerleitung unterbrochen und der Frischwasserzufluß gestoppt (siehe auch Abschnitte 1.2.4 und 1.2.5).

Vom Aufbau her unterscheidet man Top- und Frontlader.

Toplader (Bild 1.54c) werden von oben mit Wäsche gefüllt (mantelbeschickt). Die Trommelöffnung ist durch Hochklappen des Verschlußdeckels erreichbar, allerdings nur in einer bestimmten Trommelstellung. Die Trommel ist zweiseitig gelagert. Toplader sind meist sehr kompakt gebaut und benötigen dann nur eine geringe Stellfläche.

Frontlader (Bild 1.54d) werden über eine runde Öffnung von vorn mit Wäsche gefüllt (stirnbeschickt). Trommel und Laugenbehälter sind zur Öffnung (Türklappe) hin einseitig offen. Die der Öffnung gegenüberliegende Seite des Laugenbehälters enthält die Lagerung der Trommel. Die Öffnung ist durch eine elastische Manschette (Tür-Faltenbalg) zur Türklappe hin abgedichtet. Frontlader sind allgemein ein- und unterbaubar.

An der Unterseite des Laugenbehälters befindet sich der Antriebsmotor für die Trommel. Er ist für mindestens zwei Drehzahlen (Waschen und Schleudern) ausgelegt und besitzt in Haushaltswaschvollautomaten eine Leistung von ca. 300 W. Ein Großrad ist über eine Welle, die wasserdicht durch die hintere Rückfront des Laugenbehälters geführt wird, mit der Waschtrommel verbunden. Mittels eines Keilriemens wird das Großrad – und damit die Trommel – über eine kleine Keilriemenscheibe, die an der Motorwelle sitzt, angetrieben. Als Antriebsmotor werden polumschaltbare Kurzschlußläufermotoren (z. B. mit 12 und 2 Polen), Doppelmotoren (bestehend aus einem langsam laufenden Kurzschlußläufermotor und einem auf derselben Welle angeordneten Universalmotor mit hoher Drehzahl) oder (seltener) Spezial-Gleichstrommotoren verwendet. Der Universalmotor im Doppelmotorgehäuse ist häufig mit einer zusätzlichen Wicklungsanzapfung ausgestattet. Damit sind dann zwei Schleuderdrehzahlen möglich, z. B. eine niedrige für Feinwäsche und eine hohe für Normalwäsche.

Die aktive Einheit des Waschvollautomaten, bestehend aus Antrieb, Laugenbehälter und Waschtrommel, ist mit Zugfedern am Gerätegehäuse aufgehängt. Schwingungen, die insbesondere während des Schleuderns auftreten, werden durch hydraulische Dämpfer gedämpft. An der Oberseite des Laugenbehälters ist zum Gewichtsausgleich eine Zusatzmasse aus Gußeisen angebracht.

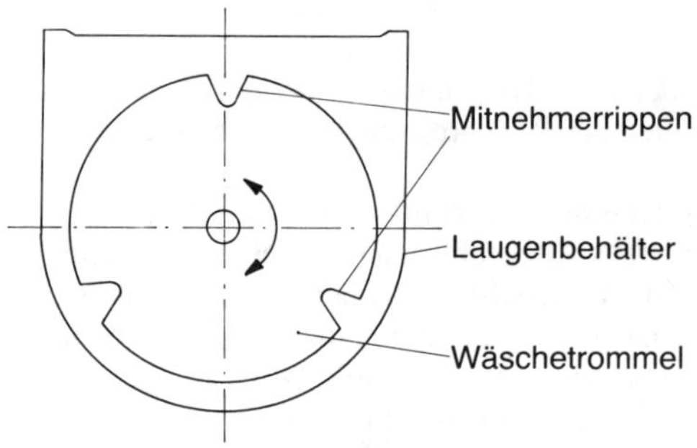

Bild 1.54a Wäschetrommel und Laugenbehälter einer Waschmaschine

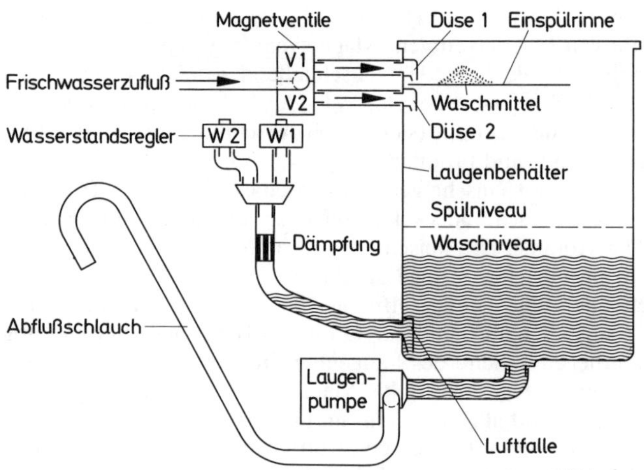

Bild 1.54b Prinzipaufbau des Laugenbehälters

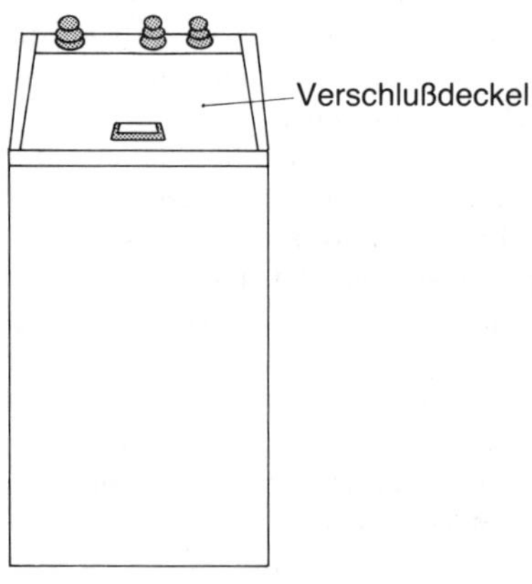

Bild 1.54c Waschmaschine als Toplader

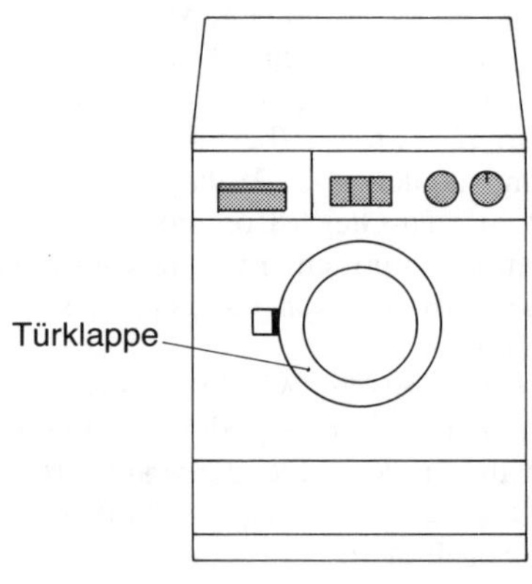

Bild 1.54d Waschmaschine als Frontlader

Auf dem Grund des Laugenbehälters (Innenseite) befindet sich die elektrische Heizung (z. B. 3000 W) in Form eines Rohrheizkörpers. Am bzw. im Laugenbehälter sind die Fühler eines oder mehrerer Temperaturregler (Kapillarrohrregler, Bimetallregler oder elektronische Regler) angebracht, die die Wassertemperatur erfassen und über Mikroschaltkontakte oder entsprechende Halbleiter-Bauelemente den Heizstrom ein- bzw. ausschalten.

1.3.5.2 Die Darstellungen Waschprogramm, Stromlaufplan und Kontaktplan

Um den Programmablauf eines Waschvollautomaten beurteilen zu können, benötigt die Elektrofachkraft eine grafische Darstellung des Waschprogramms, den Stromlaufplan des Geräts und einen Kontaktplan. Der vorliegende Abschnitt behandelt die drei Darstellungen anhand der Kundendienstunterlagen eines ausgewählten Gerätes mit (mechanischer) Kontaktsteuerung.

Ein Waschprogramm setzt sich aus mehreren Programmabschnitten zusammen: Vorwäsche, Klarwäsche (Hauptwäsche), Spülen und Schleudern. Der Ablauf eines Normalprogramms für Koch- oder Buntwäsche soll anhand des Gerätebeispiels beschrieben werden. Bild 1.55a zeigt das entsprechende Programmdiagramm, aus dem unter anderem der zeitliche Ablauf, der Wasserstand und der Trommellauf erkennbar sind. Nicht ablesbar ist die jeweilige Laugentemperatur. Die Positionen 1 bis 22 beziehen sich auf die Schrittpositionen des Steuergeräts (Programmschaltwerk, Schrittschaltwerk). Im Verlauf der Schrittfolge lassen sich aus dem Waschprogramm folgende Einzelheiten entnehmen:

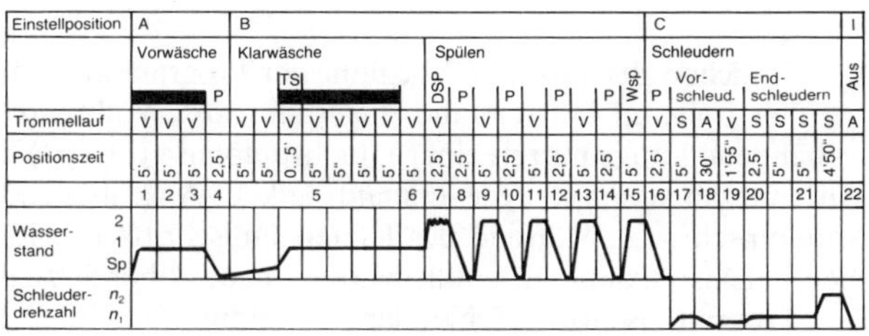

Bild 1.55a
Programmdiagramm eines Waschvollautomaten

Bei Position 1 (Einstellposition A) wird Wasser in den Behälter eingelassen, bis das niedrige Niveau 1 erreicht ist (Zeile „Wasserstand"). Zugleich kann die Heizung in Betrieb sein und die Lauge aufheizen (dicker Balken in der zweiten Zeile von oben). Die Waschtrommel „reversiert" im Vollgang (Kennzeichnung „V" in der Zeile „Trommellauf", das heißt Links- und Rechtsdrehung der Trommel lösen einander ab).

Nach 15 min (Positionszeitablauf 3 × 5 min) ist vom Programmschaltwerk die Position 4 erreicht worden, und die Lauge wird wieder abgepumpt. Anschließend ist der Programmabschnitt „Vorwäsche" beendet, und es beginnt der Abschnitt „Klarwäsche" (Hauptwäsche) mit den Positionen 5 und 6.

In Position 5 bleibt das Programmschaltwerk nach Erreichen des Wasserstands 1 zunächst einige Zeit stehen. Die nachfolgenden Zwischenschritte von teilweise wenigen Sekunden Dauer werden durch eine zusätzliche Nockenwalze des Programmschaltwerks bestimmt. Zunächst wird auf die vorgewählte Laugentemperatur aufgeheizt („TS" = Temperaturstopp). Anschließend werden der Wasserstand 1 sowie die vorgewählte Temperatur für ca. 5 bis 10 min gehalten, bis das Programmschaltwerk die Schaltposition 6 erreicht hat.

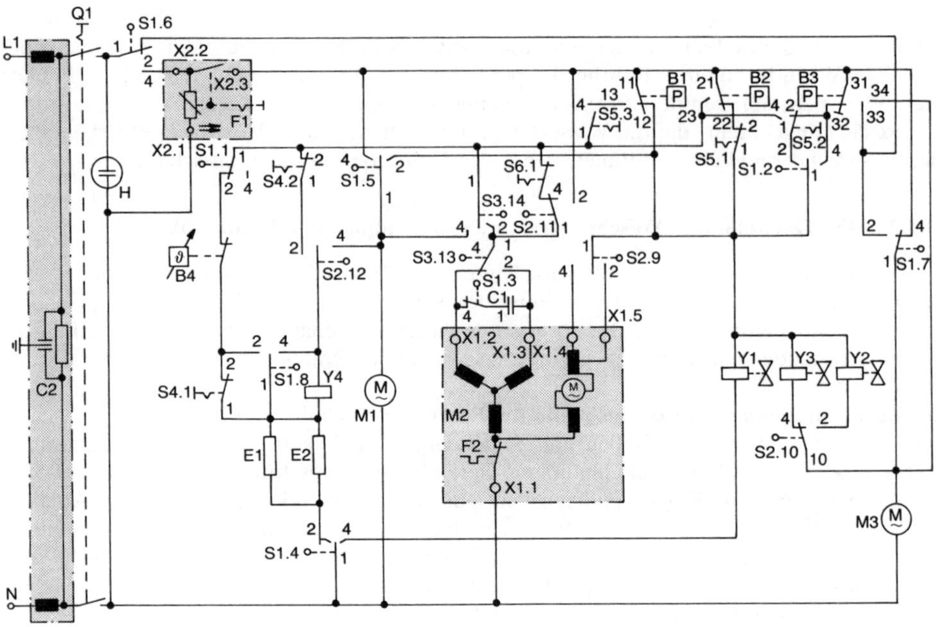

Bild 1.55b Stromlaufplan eines Waschvollautomaten

Mit Erreichen der Position 7 beginnt der Programmabschnitt „Spülen“, wobei der Behälter auf den höheren Wasserstand 2 gefüllt wird. Während des Schritts Position 7 wird die vorhandene Lauge mittels einer Durchspülphase („Dsp“) laufend verdünnt. In der Position 8 wird nur abgepumpt (Wasserstand sinkt). Anschließend folgen nacheinander vier Füll-/Abpumpschritte. Während des letzten Füllschritts (Position 15) wird – sofern die entsprechende Einspülkammer gefüllt wurde – dem Behälter zugleich Weichspüler zugeführt.

Der Programmschritt „Schleudern“ beginnt mit einem Abpumpschritt (Position 16). In Position 17 wird die Trommel mit der niedrigen Schleuderdrehzahl n_1 gefahren.

Anschließend (Pos. 18) rollt die Trommel bis zum Stillstand aus. In Position 19 wird die Trommel im Vollgang in Reversierbewegungen versetzt, und ab Position 20 beginnt schließlich das Endschleudern mit anfangs niedriger Schleuderdrehzahl n_1 und anschließender (nach Pos. 21) hoher Schleuderdrehzahl n_2.

Den Stromlaufplan des Geräts in überwiegend aufgelöster Darstellung zeigt Bild 1.55b. Im einzelnen sind darin folgende Einzelteile erkennbar:

M1 ist der Antriebsmotor (Synchronmotor) des mechanischen Programmschaltwerks. Das hier eingesetzte Werk besitzt drei Nockenwalzen S1, S2 und S3, die – teilweise – unabhängig voneinander gedreht werden und auf die Schaltkontaktgruppen S1.1 bis S1.8, S2.9 bis S2.12 sowie S3.13 und S3.14 einwirken. Ebenfalls zum Programmschaltwerk gehört der Kupplungsmagnet Y4.

M2 ist der Antriebsmotor der Wäschetrommel (Doppelmotor). Zum Asynchronteil innerhalb des Doppelmotors gehören die Anschlüsse X1.1 bis X1.3 (X1.1 ist jedoch gemeinsamer Anschluß beider Motorteile). Mit Hilfe des Schaltkontakts S3.13 wird ein Netzleiter wahlweise an die Motoranschlüsse X1.2 oder X1.3 gelegt. Der Motor dreht sich dann – je nach Polung – rechts oder links herum (Reversierbetrieb). Die entsprechenden Anschlüsse des

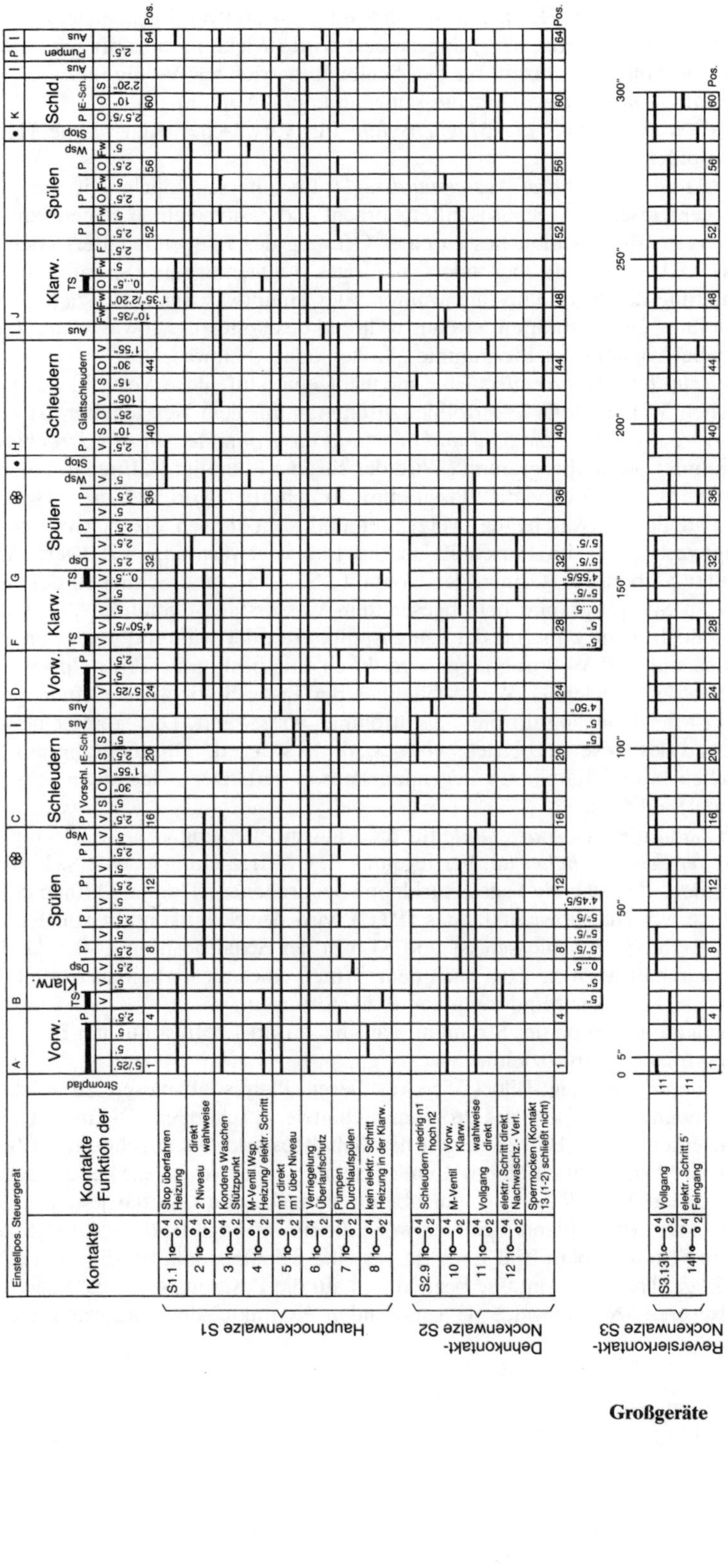

Bild 1.55c Kontaktplan eines Waschvollautomaten

Universalmotors im Doppelmotor sind mit X1.4 und X1.5 gekennzeichnet. Je nachdem, ob X1.4 oder X1.5 (durch S2.9) angesteuert wird (Wicklungsanzapfung), steht eine niedrigere oder eine höhere Drehzahl für den Schleuderbetrieb zur Verfügung.
M3 ist der Antriebsmotor für die Laugenpumpe (Abpumpen).
Y1, Y2 und Y3 sind die Magnetventile für Vorwäsche, Klarwäsche (Hauptwäsche) und Weichspüler.
B1, B2 und B3 sind drei Wasserstandsregler für unterschiedliche Niveaus. Sie sind innerhalb eines gemeinsamen Gehäuses untergebracht und besitzen einen gemeinsamen Fühler in Form eines Verbindungsschlauches zu einer Öffnung des Laugenbehälters (siehe auch Abschnitt 1.2.4). B1 regelt ein besonders niedriges Laugenniveau (Sparniveau). B2 ist für die Einhaltung des Normalniveaus während des Hauptwaschgangs zuständig, und B3 dient der Einstellung eines erhöhten Niveaus während des Spülgangs sowie während des Hauptwaschgangs bei Vorwahl der Programme „Wolle" oder „Feinwäsche".
B4 ist ein Temperaturregler. Er ermöglicht eine stufenlose Vorwahl der Laugentemperatur zwischen 30°C und 95°C. Er bildet zusammen mit dem Netzschalter Q1 ein Bauelement.
S4.1/S4.2 sowie S5.1 bis S5.3 und S6.1 sind die Kontakte von drei Drucktastern zur Vorwahl bestimmter Sonderprogramme. Wird der Taster S4 betätigt (Öffnen der Kontakte S4.1/S4.2), dann läuft ein „Economic"-Programm ab. Hierbei wird auf die Erwärmung der Lauge während des Vorwaschgangs verzichtet und statt dessen die Nachwaschzeit während des Hauptwaschgangs im Anschluß an die Laugenerwärmung verlängert. Wird dagegen der Schalter S5 betätigt (Öffnen der Kontakte S5.1/S5.2 und Schließen des Kontakts S5.3), so wird ein Sparprogramm bei abgesenktem Wasserstand „gefahren". Das niedrigere Niveau tritt jedoch nicht während der Durchspülphase oder während eines vorgewählten Wollprogramms auf (das Wollprogramm wird durch eine bestimmte Einstellposition des Programmschaltwerks eingeleitet). Wird schließlich der Taster S6 betätigt (Öffnen des Kontakts S6.1), dann ist der Feingang für die Waschtrommel vorgewählt. Die Trommelbewegung wird dabei während des Reversierbetriebs von jeweils 15 s in jede Drehrichtung auf 5 s verkürzt. Die zwischen zwei Drehphasen liegenden Pausen verlängern sich dann entsprechend von 5 s (normal) auf 15 s.
E1/E2 sind die Heizwiderstände für die Laugenbeheizung.
F1 ist der Fensterschalter mit Verriegelung. Die Verriegelung ist eine Sicherheitsschaltung, die verhindert, daß sich die Fenstertürklappe bei drehender Trommel öffnen läßt. Mit Hilfe eines eingebauten Thermowiderstandes (PTC) wird der Schaltkontakt von F1 mechanisch blokkiert, wenn Q1 geschlossen ist und S1.6 in der Schaltposition 1–4 steht. Die mechanische Blockade hält noch ca. 60 s nach dem Öffnen eines dieser beiden Kontakte an.
C2 ist ein Filter zur Minderung von Funkstörungen.
Die genaue Funktion des Stromlaufplans nach Bild 1.55b ist nur mit Hilfe eines zusätzlichen Kontaktplans nachvollziehbar.
Den Kontaktplan zeigt Bild 1.55c. Aus diesem Plan ist abzulesen, zu welchem Zeitpunkt die verschiedenen Kontakte des Programmschaltwerks schließen. Die in den einzelnen Kontaktzeilen erkennbaren Balken zeigen den Schaltzustand des zugehörenden Schaltkontakts an. Liegt der Balken im unteren Bereich seiner Zeile, so ist die jeweilige Schaltstrecke 1–2 geschlossen; befindet er sich im oberen Bereich, dann ist die jeweilige Schaltstrecke 1–4 geschlossen. Ein fehlender Balken weist darauf hin, daß beide Schaltstrecken geöffnet sind. Der im Stromlaufplan Bild 1.55b dargestellte Schaltzustand für die zu den Nockenwalzen S1 und S2 gehörenden Kontakte bezieht sich auf die Position 64 („Aus") des Kontaktplans. Die zur Reversier-Nockenwalze S3 gehörenden Kontakte sind dagegen für deren Position 31 dargestellt.

Bild 1.55c läßt u.a. folgende Einzelheiten erkennen: Die Hauptnockenwalze S1 und die Dehnkontakt-Nockenwalze S2 vollziehen eine 360°-Umdrehung in 64 Schaltschritten (beachte Zeile „Pos."). Die jeweilige Dauer eines Schritts ist in der darüberliegenden Zeile angegeben. Befinden sich zwei Zeitangaben innerhalb einer Schrittspalte (z.B. Spalte Pos. 1), dann hängt die tatsächliche Schrittdauer von der vorgewählten Variante des Programms ab (z.B. nach Betätigen eines der Taster S4 bis S6). Oberhalb der Zeitenzeile sind Vermerke über die Art der Trommelbewegung und über andere Betriebsabläufe in Form von Buchstaben, Abkürzungen oder Symbolen gemacht. Sie bedeuten im einzelnen:

V	=	Vollgang der Trommel (15 s Rechtslauf, 5 s Stopp, 15 s Linkslauf);
Fw	=	Feingang/Wollprogramm (5 s Rechtslauf, 15 s Stopp, 5 s Linkslauf);
O	=	Trommel ohne Bewegung;
S	=	Schleudern;
P	=	Pumpen;
Dsp	=	Durchspülen (Wassereinlauf und -abpumpen zugleich);
TS	=	Thermostopp (Programmstopp bis zum Erreichen einer bestimmten Laugentemperatur);
Wsp	=	Weichspülerzugabe.

Das Programmschaltwerk läßt sich hauptsächlich von drei Einstellpositionen aus starten (siehe Zeile „Einstellpos. Steuergerät"), nämlich von den Positionen A, D und J. Vor jeder Startposition liegt eine Aus-Position, die das Schaltwerk nicht selbsttätig durchfahren kann. Mit dem Erreichen einer solchen Aus-Position ist jeweils ein eigenständiges Waschprogramm beendet, so daß drei Hauptprogramme – je nach gewählter Startposition – vorgewählt werden können. Diese lassen sich aber z.T. mit Hilfe der Drucktaster S4 bis S6 noch variieren. Eine weitere Startposition ist der Startpunkt „P". Von hier aus kann unabhängig von weiteren Programmschritten der Laugenbehälter von eventuellen Resten leergepumpt werden.

1.3.5.3 Entwicklungen bei Waschvollautomaten zur Umweltschonung

In der Vergangenheit wurden immer wieder Verbesserungen an den Waschvollautomaten der verschiedenen Hersteller vorgenommen mit dem Ziel, einen vernünftigen Kompromiß zwischen Energieeinsatz und Umweltschutz einerseits und sauberer Wäsche andererseits zu finden. Bekanntlich ist Wasser der Stoff mit der größten spezifischen Wärme, nämlich 4187 J/(kg · K). Dagegen beträgt die spezifische Wärme z.B. von Öl nur ca. 1670 J/(kg · K) und die von Stahl sogar nur 477 Ws/(kg · K). Das heißt, es gibt keinen Stoff, der bei gleicher Temperaturerhöhung mehr Wärme benötigt als Wasser. Jeder Versuch der Energieeinsparung beim Wäschewaschen muß darum vor allem bei der Temperaturabsenkung sowie bei der Verringerung der Flotte und des Gesamt-Wasserverbrauchs ansetzen.
Moderne Waschmaschinen besitzen dazu u.a. eine „Energiespartaste". Bei deren Betätigung erfolgt das Waschen bei verringerter Temperatur, z.B. mit 60°C anstatt mit 95°C oder mit 40°C anstatt mit 60°C. Die Temperaturabsenkungen sind vertretbar, denn aus modernen Textilien ist der Schmutz in der Regel leicht lösbar. Außerdem erreichen heutige Waschmittel ihre hohe Reinigungsleistung bereits bei relativ niedrigen Temperaturen. Als Ausgleich dauern diese Programme meist ca. 15 min länger.
Auch eine Erhöhung der Schleuderdrehzahlen führt zur Reduzierung des Energieverbrauchs, wenn nachfolgend ein elektrischer Wäschetrockner zum Einsatz kommt. Eine Schleuderzahl von 1000 1/min war früher die Ausnahme, heute werden eine Reihe von Waschvollautomaten mit 1600 1/min angeboten.

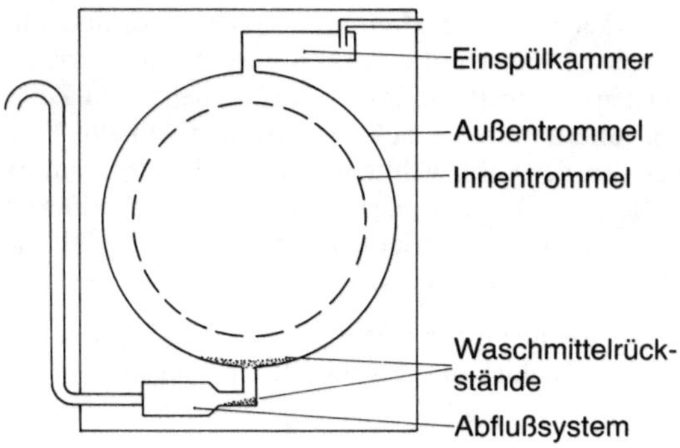

Bild 1.56a Waschmittelrückstände im Abflußsystem einer herkömmlichen Waschmaschine

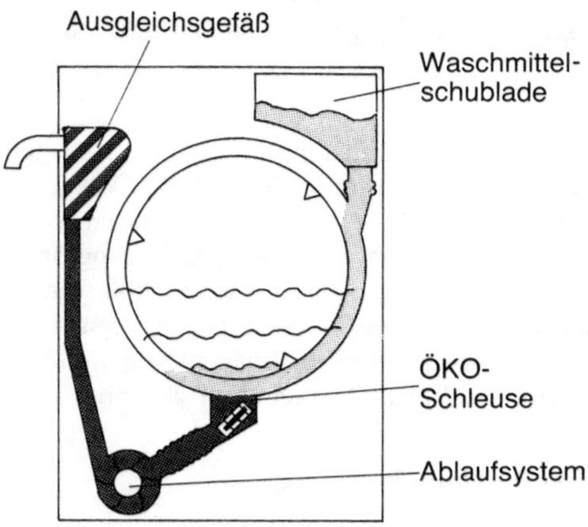

Bild 1.56b Prinzip der Öko-Schleuse (nach AEG-Unterlagen)

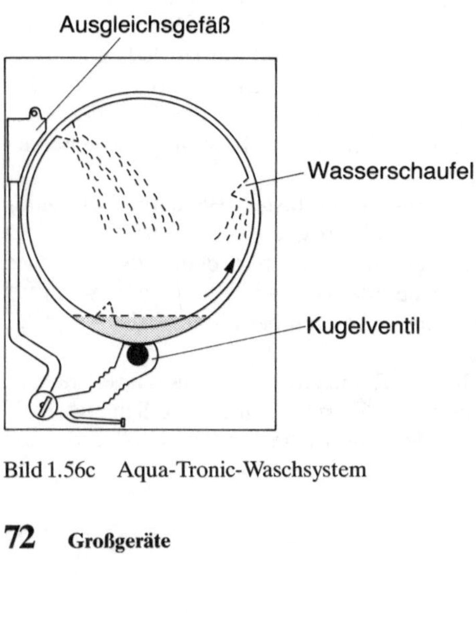

Bild 1.56c Aqua-Tronic-Waschsystem

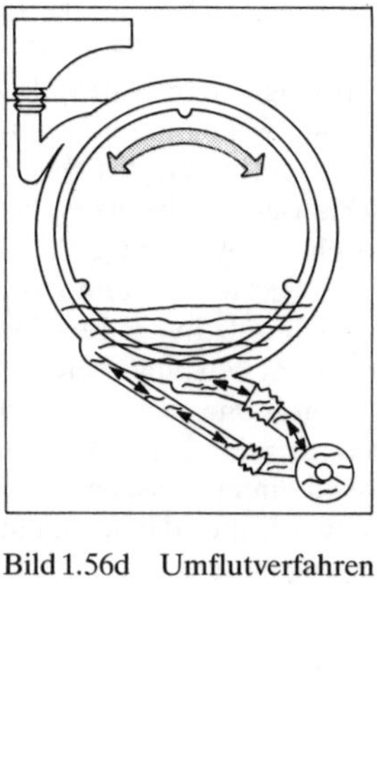

Bild 1.56d Umflutverfahren

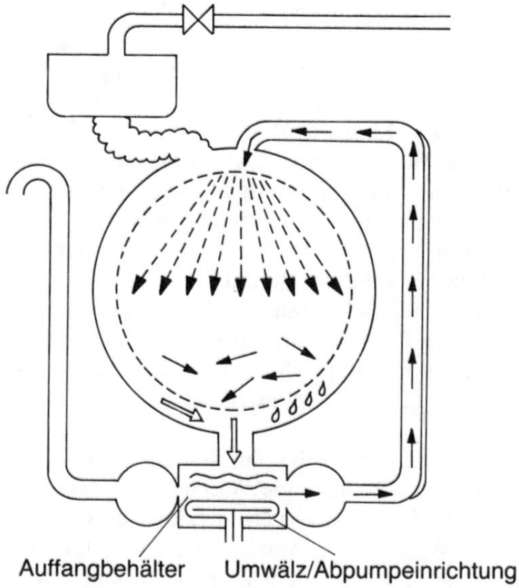

Bild 1.56e Jetsystem
(nach Electrolux-Unterlagen)

Bild 1.56f DES-System
(nach Bauknecht-Unterlagen)

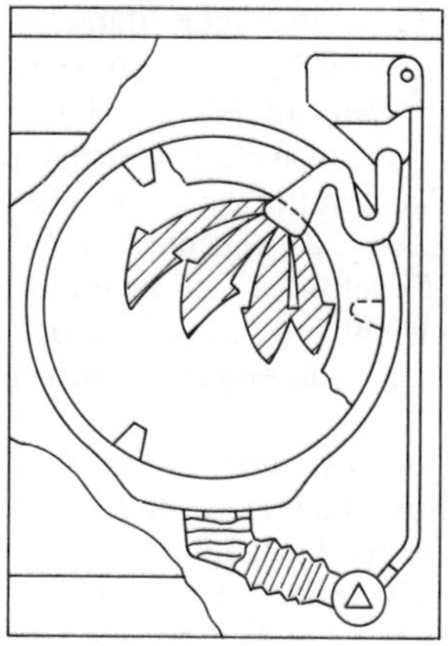

Ein weiterer Ansatzpunkt zur Schonung der Umwelt ist eine bessere Nutzung des eingebrachten Waschmittels. Waschmittelverluste von ca. 20 bis 30% treten bei herkömmlichen Waschvollautomaten dadurch auf, daß sich ein Teil des Waschmittels am Grund des Laugenbehälters sowie in dem zum Laugenbehälter hin offenen Ablaufsystem (Sumpf) sammelt und damit dem Waschprozeß entzogen wird (Bild 1.56a). Eine Verbesserung des Nutzungsgrades führt zu geringerem Waschmittelbedarf und vermindert Umweltprobleme durch Verringerung der Gewässerbelastung.

In den zurückliegenden Jahren wurden von unterschiedlichen Herstellern verschiedene Systeme herausgebracht und weiterentwickelt, die diesem Zusammenhang Rechnung tragen. Die folgenden Beschreibungen behandeln solche Beispiele:

Der Einbau eines Ausgleichsgefäßes in das Ablaufsystem war ein erster Schritt. Das Ausgleichsgefäß speichert während des Abpumpens eine begrenzte Menge Wasser, die nach Beendigung des Pumpvorgangs wieder in den Sumpf zurückströmt und dort abgelagertes Waschmittel löst. Das Prinzip wurde später zur *Öko-Schleuse* ergänzt und verbessert. Hierbei wurde zusätzlich eine Ventilklappe oder -kugel am Grund des Laugenbehälters angeordnet (Bild 1.56b), die durch die Wassersäule des aus dem Ausgleichsgefäß zurückströmenden Wassers angehoben wird und so den Behälter nach dem Abpumpen verschließt. Dadurch wird verhindert, daß das sich nach dem Einspülen am Grund des Laugenbehälters ablagernde nicht gelöste Waschmittel in das Ablaufsystem gelangt. Durch die Drehbewegung der Trommel kann das Waschmittel jetzt immer wieder aufgewühlt und aktiviert werden. Später wurde dieses System durch konstruktive Maßnahmen an der Wäschetrommel und am Laugenbehälter abermals ergänzt. Die Wäschetrommel wurde hierzu an der Außenseite mit Wasserschaufeln (*Aqua-Tronic-Waschsystem*) im Bereich der Mitnehmerrippen ausgestattet (Bild 1.56c). Die Mitnehmerrippen bilden dann einen kleinen Wasserbehälter und besitzen zur Trommelinnenseite hin Sprühöffnungen, durch die die Wäsche während des ständigen Trommelumlaufs bei zum Teil reduzierter Trommeldrehzahl (z. B. 27 1/min) regelmäßig von

oben berieselt wird. Der Laugenbehälter erhielt dazu eine günstige, leicht ovale Form. Diese Maßnahmen erlaubten eine erhebliche Reduzierung der freien Flotte. Die Lauge durchdringt die Wäsche dabei dennoch intensiv, so daß bei normal verschmutzter Wäsche häufig auf den Vorwaschgang verzichtet werden kann, was dann zu weiterer Wassereinsparung führt.
Ein anderes Prinzip besserer Waschmittelausnutzung stellt das *Umflutverfahren* dar. Hierbei ist zwischen Laugenbehälter (unterhalb des Normalniveaus) und Entleerungspumpe eine zweite Verbindungsleitung zur Entleerungspumpe hin angeordnet (Bild 1.56d). Über diese Leitung strömt – angetrieben durch die Trommelbewegungen – die Flotte immer wieder in das Ablaufsystem und von dort in den Laugenbehälter zurück, und das in das Ablaufsystem absinkende Waschmittel wird dem Waschprozeß jeweils erneut zugeführt.
Bild 1.56e zeigt das sogenannte *Jetsystem* (Dauer-Duschsystem – DDS). Bei diesem Verfahren befindet sich keine freie Flotte mehr in der Trommel. Sie wird vielmehr innerhalb eines Auffangbehälters, unterhalb des Laugenbehälters, gespeichert. Eine Umwälzpumpe fördert die Lauge während des Waschgangs und sorgt für eine „Beduschung“ der Wäsche von oben.
Beim *DES-System* (*D*irekt-*E*inspül-*S*ystem) strömt das Wasser über ein System von Lochdüsen in die Einspülkammern und löst hier bereits das dort lagernde Waschmittel weitestgehend. Anschließend gelangt die Lauge über eine Direkteinspülung (Bild 1.56f) von vorn auf die in der bereits rotierenden Trommel befindliche Wäsche. Die Wäsche wird dadurch besser und schneller durchnäßt. Erst wenn die Wäsche keine Lauge mehr aufnehmen kann, wird freie Flotte aufgefüllt. Dies soll stets eine sehr konstante Menge an freier Flotte – unabhängig von der jeweils beladenen Wäschemenge – bewirken.

1.3.5.4 Moderne Waschtrommelantriebe

Frühere Waschvollautomaten kamen mit zwei Trommeldrehzahlen aus, z.B. 50 1/min für das Waschen und Spülen und 800 1/min zum Trockenschleudern. Aber erst bei einer hohen Schleuderdrehzahl von ca. 1400 1/min wird annähernd dieselbe Restfeuchte erreicht (unter 60%) wie bei reinen Soloschleudern (Wäscheschleudern), die immerhin mit Drehzahlen bis 2800 1/min arbeiten. Der Unterschied in der Wirkung ist unter anderem durch den größeren Durchmesser der Waschtrommel und der damit bei gleicher Drehzahl höheren Radialbeschleunigung begründet. Für besonders hochwertige Waschvollautomaten wird heute ein variabler Drehzahlbereich zwischen 27 1/min (z.B. beim Aqua-Tronic-Waschsystem) und 1400 1/min gefordert. Bei so hohen Schleuderdrehzahlen wird die Wäsche aber sehr stark gegen den Trommelmantel gedrückt, so daß unerwünschte Knitterfalten entstehen können oder gar Gewebefäden durch die Lochung hindurchgepreßt werden, so daß es zu Beschädigungen am Wäschestück kommen kann. Hohe Schleuderzahlen bringen außerdem verstärkt Unwuchtprobleme, die mit ungleichmäßig in der Trommel verteilter Wäsche zusammenhängen. Solche Folgen lassen sich vermeiden, wenn die Schleuderdrehzahl zum Beispiel schrittweise gesteigert wird und Auflockerungsschritte vorgesehen werden. Es ist wünschenswert, daß ein Vollautomat trotz hoher Schleuderdrehzahl zusätzlich über einen Schleudergang mit niedriger Drehzahl (zwischen 400 und 800 1/min) verfügt, z.B. zum Schleudern empfindlicherer Wäschestücke. Außerdem hat es sich gezeigt, daß das Spülen mit Unterstützung durch zusätzliches Schleudern („Spülschleudern“, z.B. mit 240 bis 800 1/min) beschleunigt wird und dann der Wasserverbrauch pro Spülgang sowie die Zahl der Spülgänge pro Vollwaschgang gesenkt werden können (insgesamt um 20 bis 30%).
Bisher dominierte der Einphasen-Asynchronmotor mit umschaltbarer Polzahl (z.B. 24/2-Polen), mit dem diese Forderungen jedoch nicht ohne weiteres zu erfüllen sind. Die

Betriebsbedingungen lassen sich jedoch mit Kommutatormotoren (Reihenschlußmotoren) lösen, die Eigendrehzahlen bis zu 15000 1/min erreichen. Die Motoren werden zur Regelung an ihrer Welle mit einem Drehzahlfühler (Tachogenerator) ausgestattet, dessen Grundlage Permanentmagnete sind, die in einer Spule eine drehzahlabhängige Spannung erzeugen oder auf ein sogenanntes Hall-IC (Schaltkreis) einwirken und über einen digitalen Ausgang verfügen, der direkt mit einem Mikrocomputer verbunden ist. Dieser wirkt mit seinem Ausgang wiederum auf eine Leistungselektronik, die nach dem Prinzip der Phasenanschnittsteuerung den Strom des Kommutatormotors – und damit die Motordrehzahl – steuert.

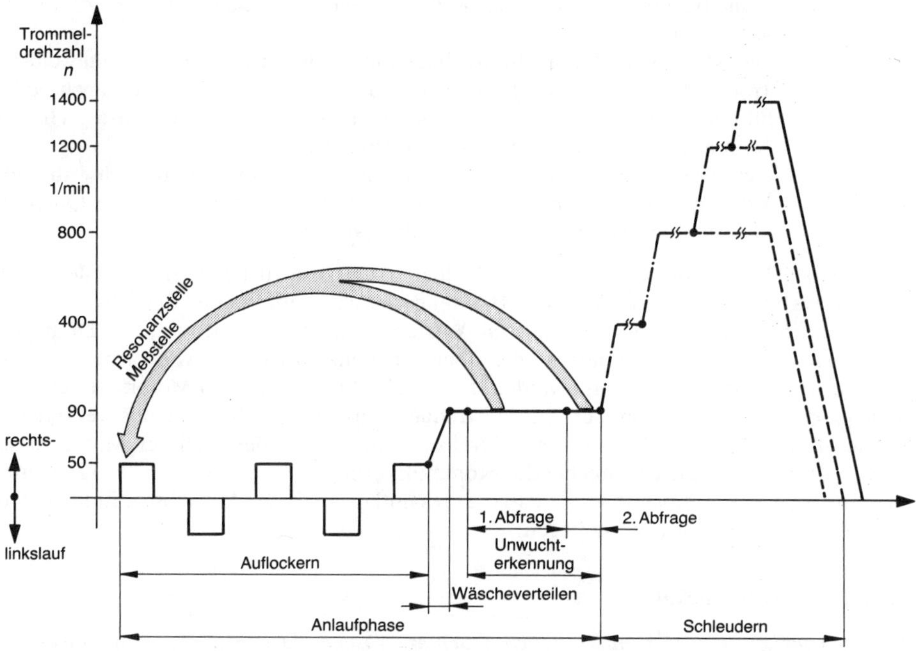

Bild 1.57 Ablauf des Schleuderprozesses bei Unwuchterkennung anhand von Drehzahlschwankungen (nach Siemens-Unterlagen)

Bild 1.57 zeigt das Drehzahl-Zeit-Diagramm einer so gesteuerten Waschtrommel im Schleuderprogramm eines Waschvollautomaten. Die Auflockerungsphase im ersten Abschnitt erfolgt mit niedriger Drehzahl (50 1/min) und wechselndem Rechts-/Linkslauf. Anschließend wird die Trommeldrehzahl auf 90 1/min erhöht. Sie liegt hierbei noch unterhalb der kritischen Drehzahl (Resonanz) der Maschine. In dieser Phase erfolgt die Unwuchtabfrage mit Hilfe des Tachogenerators, welche der Mikrocomputer auswertet. Unwuchten haben eine schwankende Trommeldrehzahl zur Folge, die auf die Motordrehzahl zurückwirkt. Bei jeder Aufwärtsbewegung der Wäscheunwucht nimmt die Geschwindigkeit ab, bei der nachfolgenden Abwärtsbewegung nimmt sie wieder zu. Bei zu großer Unwucht wird die Trommeldrehzahl abermals gesenkt, und es folgt eine erneute Auflockerungsphase, die zu einer Neuverteilung der Wäschestücke in der Trommel führen soll. Dieser Zyklus wiederholt sich unter Umständen mehrere Male. Läßt sich dabei eine günstige Wäscheverteilung nicht erreichen, wird das Schleuderprogramm abgebrochen, oder es wird mit niedrigerer Trommeldrehzahl

geschleudert. Beim Übergang zum Schleudern durcheilt die Wäschetrommel die kritische Drehzahl der Maschine.
Ein so geregelter Antrieb hat weitere Vorteile:

- □ Durch die Unwuchterkennung und das anschließende Auswuchten lassen sich trotz der höheren Maximaldrehzahl die Ballastgewichte in der Maschine reduzieren.
- □ Der Kommutatormotor ist leichter als die bislang verwendeten Typen. Dies hat eine Verringerung des Ausgleichsgewichts am Trommelsystem zur Folge, das deshalb stets erforderlich ist, weil der Motor außerhalb der Schwerpunktebene montiert ist.
- □ Die günstigere Auswuchtung hat eine Reduzierung der Schwingweiten des Trommelsystems zur Folge. Dies und die Verringerung des Ausgleichsgewichts führen zu einem Raumgewinn innerhalb des Maschinengehäuses. Hierdurch kann das Trommelvolumen vergrößert werden.
- □ Geräuschminderungen lassen sich mit einer solchen Regelung auch während des Motoranlaufs erzielen („Sanftanlauf" und damit Verringerung der Quietschgeräusche beim Durchdrehen des Antriebsritzels).

Allerdings: Der Motor enthält mit den Kohlebürsten zusätzliche Verschleißteile. Mit den Bürsten verbunden sind auch typische Bürstengeräusche während des Betriebs.
Diese Nachteile können mit einer anderen Antriebsvariante vermieden werden: Dem Einsatz von *Drehstrom*-Asynchronmotoren, die über Frequenzumrichter – wie bisher aus einem Wechselstromanschluß – versorgt werden. Die Drehzahl eines solchen Motors ist bekanntlich neben der Polpaarzahl von der Betriebsfrequenz abhängig. Mit stufenlos veränderbarer Betriebsfrequenz läßt sich auch deren Drehzahl stufenlos ändern. Dieser Motor ist sogar kostengünstiger als ein entsprechender Kommutatormotor. Die erforderliche Frequenzumrichtung ist aber z. Z. noch so teuer, daß die Gesamtkosten dieser Antriebsvariante noch über der Kommutatormotor-Lösung liegen.

1.3.6 Wäschetrockner

Wäschetrockner dienen zum Trocknen feuchter Wäsche. Das Maß für den angestrebten Trocknungsgrad ist die „Restfeuchte". Sie wird in Prozent angegeben und bezieht sich auf die jeweilige Menge der lufttrockenen Wäsche. Eine Restfeuchte von 30% bedeutet z.B. bei einer Menge von 5 kg lufttrockener Wäsche, daß diese 1,5 kg Wasser enthält. Je nach Anwendungsfall soll die dem Trockner entnommene Wäsche

- □ schranktrocken (ca. 0% Restfeuchte),
- □ bügelfeucht (15 bis 20% Restfeuchte) oder
- □ mangelfeucht (ca. 30% Restfeuchte) sein.

Einige Hersteller von Wäschetrocknern unterteilen weitere Feuchte-Zwischenstufen.
Der Trocknungsvorgang erfolgt innerhalb einer umlaufenden Trommel mit vergleichsweise großem Volumen (gegenüber der Trommel von Waschvollautomaten), die von erwärmter Luft durchströmt wird. Wäschetrockner sind in der Regel Frontlader, also von vorn zu beschicken. Im Handel werden heute vor allem Abluft-Trommeltrockner und Kondensations-Trommeltrockner mit Luftkühlung angeboten.
Abluft-Trommeltrockner (Bild 1.58a) saugen während des Betriebs Luft mit Hilfe eines eingebauten Gebläses aus ihrer Umgebung an, erwärmen sie und blasen sie anschließend

durch die mit feuchter Wäsche gefüllte, sich drehende Trocknertrommel. Die Luft nimmt dort Feuchtigkeit auf und wird anschließend über ein Flusensieb wieder nach außen geleitet. Sofern ein gut belüftbarer Raum vorhanden ist, kann sie einfach aus dem Gerät herausgeblasen werden. Dafür ist ein Gitterauslaß vorn oder seitlich am Gerät vorhanden. Soll die Luft über eine besondere Abluftleitung (Schlauch) aus dem Raum geleitet werden, stehen seitlich und hinten wahlweise benutzbare Anschlüsse zur Verfügung.

Bild 1.58a
Abluft-Trommeltrockner (HEA)
1 Heizung
2 Ventilator

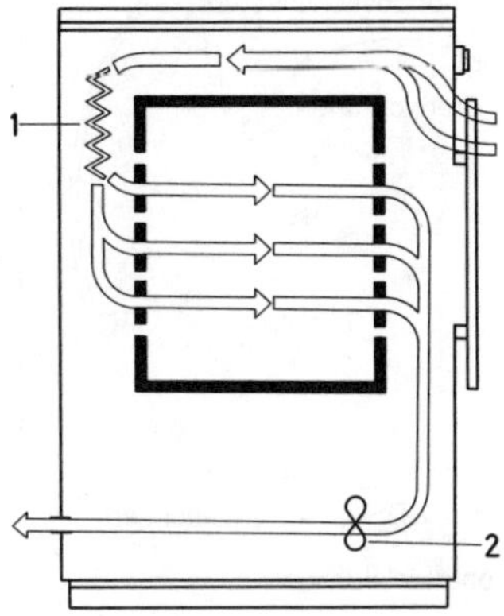

Bild 1.58b
Kondensations-Trommeltrockner mit Luftkühlung (HEA)
1 Heizung
2 Ventilator für „Trocknungsluft"
3 Ventilator für „Kühlluft"
4 Kondensat-Auffanggefäß
5 Kondensator

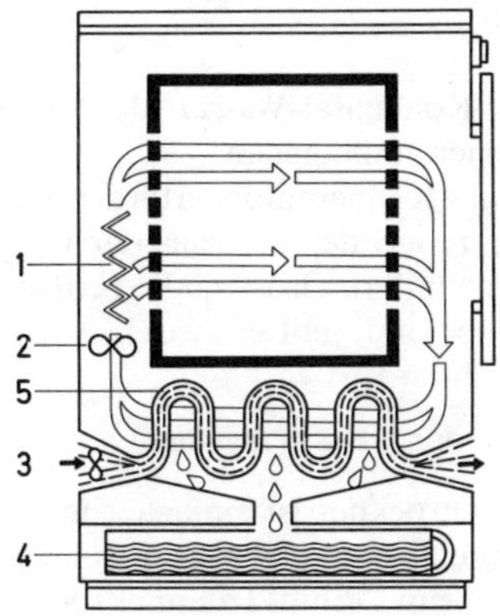

Kondensations-Trommeltrockner mit Luftkühlung (Bild 1.58b) besitzen einen internen Luftkreislauf. Hier wird ein im Trockner zirkulierender Luftstrom abwechselnd erwärmt, der Trocknertrommel bzw. der feuchten Wäsche zugeführt und an einem luftgekühlten Kondensator anschließend abgekühlt. Hierbei verliert die Luft ihre Feuchtigkeit wieder (Taupunktunterschreitung, Kondensation) und kann nach erneuter Erwärmung abermals der Wäsche zugeführt werden. Das anfallende Kondensat (Wasser) wird in einem Auffanggefäß gesammelt. Sobald das Gefäß voll ist, wird der Trocknungsvorgang automatisch unterbrochen. Der Betrieb kann erst nach Entleerung des Gefäßes fortgesetzt werden. Im Gegensatz zur Darstellung aus Bild 1.59 befindet sich bei vielen Kondensations-Trommeltrocknern ein zweites Kondensat-Sammelgefäß im oberen Bereich der Maschine. Mit Hilfe einer kleinen

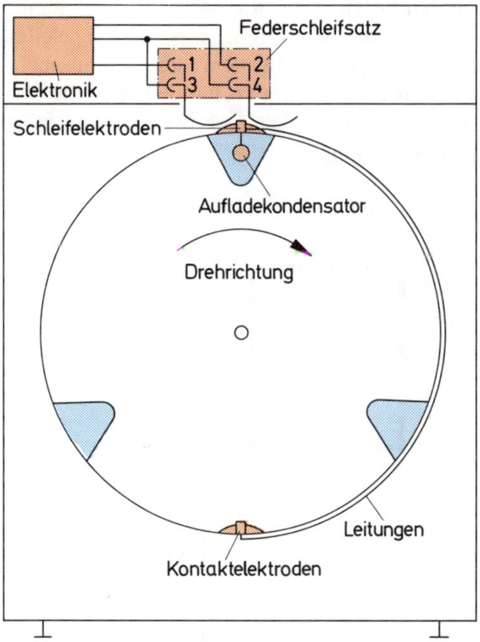

Bild 1.59
Prinzip der Leitwertmessung (Siemens)

Pumpe wird das Kondensat-Wasser dort hineingefördert. Dadurch ist das Gerät zur Entleerung bequemer zu bedienen.
Der zur Kühlung des Kondensators erforderliche zweite Luftstrom (Kühlluftstrom) wird von einem Ventilator erzeugt, der Luft aus der Umgebung ansaugt, die anschließend wieder in den Raum zurückbefördert wird. Da die beiden Luftströme durch die Kondensatorwandung voneinander getrennt sind, gibt es zwischen ihnen keinen Feuchtigkeitsaustausch.

1.3.6.1 Vergleich der Trocknersysteme

Ein Abluft-Trommeltrockner ist einfacher in seinem Aufbau. Die Anschaffungskosten sind darum zum Teil erheblich geringer als die eines Kondensations-Trommeltrockners. Auch ist der Energiebedarf beim Abluft-Trommeltrockner geringer, so daß auch die Betriebskosten günstiger ausfallen. Allerdings wurden Kondensations-Trommeltrockner mit Luftkühlung technisch immer wieder verbessert, so daß der Unterschied im Energieverbrauch geringer wurde. Ein Abluft-Trommeltrockner kühlt den Raum, in dem er betrieben wird, und erhöht dadurch u. U. die Heizkosten geringfügig, weil der kondensierende Wasserdampf erhebliche Wärmemengen („latente“ Wärme) bindet, ohne daß sich dadurch seine Temperatur erhöht. Kondensations-Trommeltrockner mit Luftkühlung benötigen zum Betrieb lediglich eine Schutzkontaktsteckdose. Für die Aufstellung ist praktisch jeder flächenmäßig ausreichende Platz geeignet. Allerdings sollten Räume mit hoher Temperatur (z.B. Heizungsräume) gemieden werden. Bei solchen Standorten verringert sich der Wirkungsgrad dieses Trockners. Der Kondensations-Trommeltrockner erwärmt mit seinem Kühlluftstrom den Raum, in dem er betrieben wird. Im Winter kann deshalb an seinem Standort während der Betriebszeit die Heizleistung gedrosselt werden.

Für beide Systeme ist zu beachten, daß der Betrieb um so wirtschaftlicher ist, je besser die Wäsche durch Schleudern vorher entfeuchtet wurde. Wird keine besondere Wäscheschleuder eingesetzt, so sollte doch ein Waschautomat vorhanden sein, der eine Schleuderzahl von mindestens 800 1/min ermöglicht.

1.3.6.2 Steuerungen der Wäschetrockner

Der jeweils gewünschte Trocknungsgrad kann durch eine zeitabhängige oder durch eine feuchtigkeitsabhängige (elektronische) Steuerung erreicht werden.
Eine zeitabhängige Steuerung erfolgt mittels eines mechanischen Programmschaltwerks, wie es auch bei Waschautomaten und Geschirrspülern eingesetzt wird. Da die Anfangsrestfeuchte geschleuderter Wäschestücke bei vorgegebener Schleuderzahl annähernd immer dieselbe ist, gibt es nach kurzer Einübungsphase für den Benutzer meist keine besonderen Probleme.
Eine feuchtigkeitsabhängige Steuerung erfolgt durch eine geeignete elektronische Schaltung und mit Hilfe von Feuchtigkeitsfühlern. Dafür wurden verschiedene Systeme entwickelt. Bislang ist jedoch noch kein System vorhanden, das ein Erkennen von Trocknungsgraden erheblicher Restfeuchte *und* des Trocknungsgrades „schranktrocken" zugleich erlaubt. Deshalb werden meist verschiedene Steuerungen miteinander kombiniert. Üblich ist z. B. die Ergänzung einer feuchtigkeitsabhängigen Steuerung durch eine zeitabhängige.
Das Funktionsprinzip einer feuchtigkeitsabhängigen Steuerung – der Leitwertmessung – zeigt Bild 1.59. Sie eignet sich zum Erfassen von Trockenstufen mit erheblicher Restfeuchte, wie mangel- oder bügelfeucht. Die Elektronik wertet die Tatsache aus, daß der elektrische Leitwert der Wäsche mit fortschreitendem Trocknungsgrad kleiner wird (ihr elektrischer Widerstand wird größer). Zur Peripherie der Steuerung gehören zwei Schleiffederpaare (Federschleifsätze 1/3 und 2/4), feststehend im Gerät, sowie ein Aufladekondensator, der innerhalb der Trocknertrommel in einer Wäschemitnehmerrippe untergebracht ist. Außerdem sind zwei Schleifelektroden außen und – gegenüberliegend innen – zwei Kontaktelektroden an der Trommel isoliert angebracht. Je eine Schleif- und eine Kontaktelektrode sind über eine Leitung miteinander verbunden. Die beiden Leitungen sind über den Trommelmantel gespannt und mit den Anschlüssen des Aufladekondensators verbunden. Mit jeder Trommeldrehung wird der Aufladekondensator durch die Elektronik geladen, sobald die Schleifelektroden am Schleiffedersatz 1/3 vorbeistreichen. Da die Kontaktelektroden sich dann im gerade unten liegenden Bereich der Trommel befinden, werden sie von den Wäschestücken berührt. Ist die Wäsche noch sehr feucht, wird der Kondensator augenblicklich wieder entladen. Eine erneute Aufladung erfolgt mit der nächsten Trommeldrehung. Mit zunehmendem Trocknungsgrad verringert sich jedoch die Leitfähigkeit der Wäsche, und die Entladung geschieht nur noch unvollkommen, wenn die Kontaktelektroden wieder am Federschleifsatz 2/4 vorbeistreichen. Die Höhe der noch anstehenden Spannung ist ein Maßstab für die Restfeuchte in der Wäsche und dient der Elektronik als Signal zum Stoppen des Programms.

a) Stromlaufplan und Funktionsbeschreibung eines Abluft-Trommeltrockners mit zeitabhängiger Steuerung
Bild 1.60a zeigt den Stromlaufplan eines bestimmten Abluft-Trommeltrockners in teilweise aufgelöster Darstellung. Bild 1.60b zeigt den Kontaktplan der Hauptnockenwalze und der Reversiernockenwalze des zugehörenden Programmschaltwerks. Angetrieben wird das Programmschaltwerk durch den Synchronmotor M1, der über die zwei Nockenwalzen auf vier Mikroschaltkontakte einwirkt und diese schließt oder öffnet. Die Hauptnockenwalze vollzieht eine volle Umdrehung in 60 Schritten und steuert die Kontakte S1.1 und S1.2.

Aufgrund der vorgenommenen Beschaltung kann ein Start des Programms frühestens ab Schaltschritt „12“ erfolgen. Wird das Gerät aus dieser Position gestartet, dauert das Trocknungsprogramm maximal 120 min. Sofern eine kürzere Trocknungszeit gewünscht wird, kann der Start auch von einem beliebig späteren Schaltschritt aus erfolgen. Die „Balken“ im Kontaktplan zeigen den Schaltzustand „geschlossen“ des jeweiligen Kontakts an. Da zwischen den Schaltschritten „20“ und „50“ keine Änderung des Schaltzustands vorkommt, konnte die Darstellung Bild 1.60b durch Bruchlinien verkürzt dargestellt werden.
Die zweite Nockenwalze des Programmschaltwerks bewirkt, daß die Kontakte S2.1 und S2.2 abwechselnd für jeweils 36,5 s geschlossen werden. Damit wird eine Drehrichtungsumkehr des Motors M2 erreicht (Reversierbewegung). M2 treibt über einen Riemen die Trocknertrommel an. Er ist zugleich auch Antrieb für das Gebläse, welches den Abluftstrom erzeugt. Zwischen zwei Schaltphasen von 36,5 s liegt jeweils eine Pause von 1,5 s. C2 ist der Betriebskondensator für den Einphasenmotor M2. F4 ist der zugehörende Motorschutz.
Die Beheizung des Luftstromes erfolgt durch die Heizwicklung E. F2 und F3 dienen dem Überhitzungsschutz und sind der Heizung zugeordnet. B regelt die Temperatur des Trocknerluftstromes. Er besitzt zwei Schaltkontakte. Der obere öffnet bei Temperaturen ≥ 45 °C und

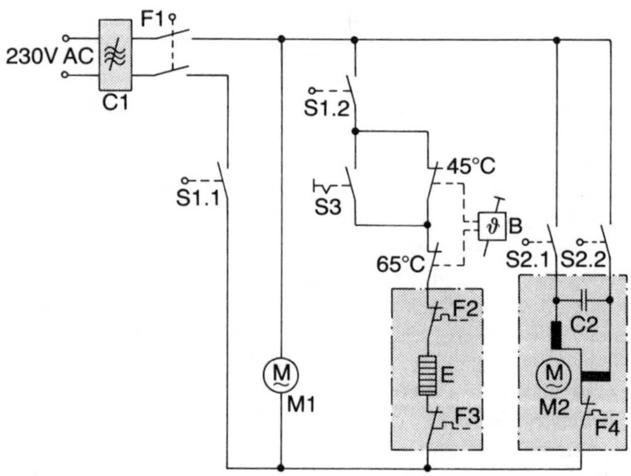

Bild 1.60a
Stromlaufplan eines Abluft-Trommeltrockners mit zeitabhängiger Steuerung

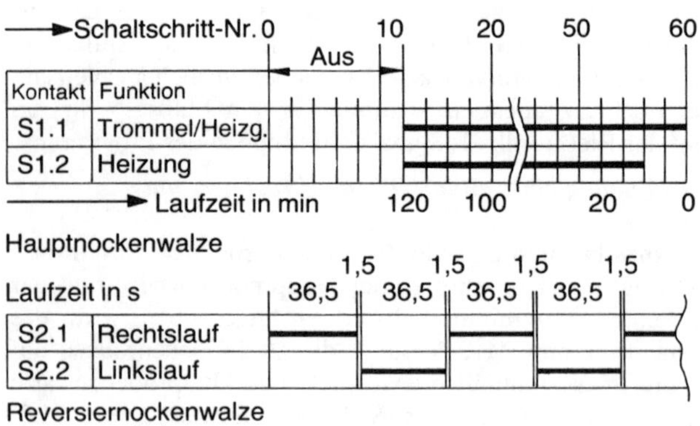

Bild 1.60b
Kontaktplan zu Bild 1.60a

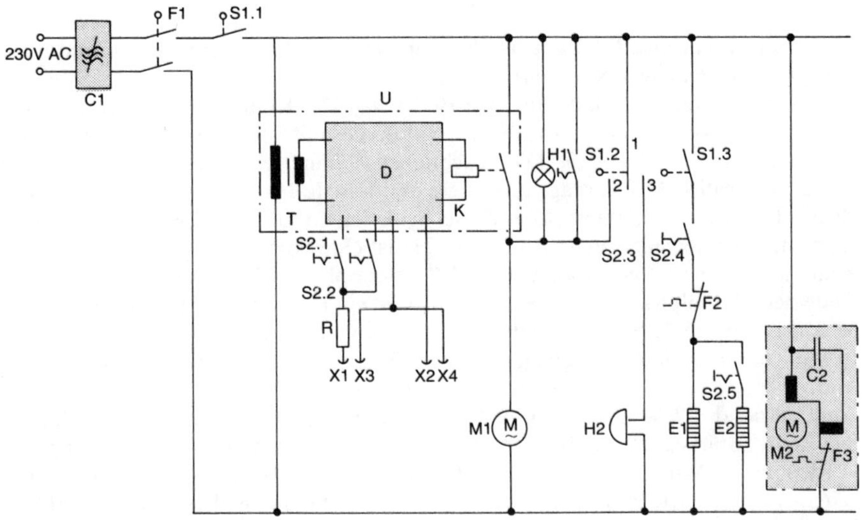

Bild 1.60c Stromlaufplan eines Abluft-Trommeltrockners mit feuchtigkeitsabhängiger (elektronischer) Steuerung

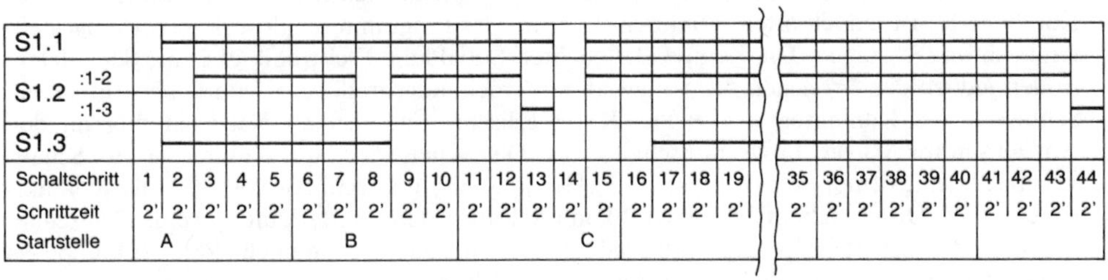

Bild 1.60d Kontaktplan zu Bild 1.60c

der untere bei ≥ 65 °C. S3 ist der Kontakt eines Handschalters am Gerät zur Vorwahl der gewünschten Luftstromtemperatur. Sofern schonend mit nur 45 °C getrocknet werden soll, bleibt S3 offen. Soll jedoch mit der höheren Temperatur getrocknet werden, wird der obere Reglerkontakt durch Schließen von S3 überbrückt, so daß der Strompfad zur Heizung E erst bei Werten über 65 °C unterbrochen wird. F1 ist der Schalter für die Türkontakte, die das Gerät dann stillsetzen, wenn die Trommeltür offen ist. C1 schließlich ist ein Filter zur Funkentstörung.

Sobald das Programmschaltwerk in den Schaltschritt „12“ gebracht ist und die Trommeltür geschlossen wurde, läuft das Trocknerprogramm selbsttätig ab (S1.1 und S1.2 sind geschlossen). Damit liegen M1, M2 und E an Spannung. Beim Erreichen der vorgewählten Luftstromtemperatur „taktet“ der entsprechende Reglerkontakt von B. Dieser Zustand bleibt erhalten (sofern kein Eingriff in den Programmablauf vorgenommen wird) bis zum Schaltschritt „56“. Mit Ablauf dieses Schrittes öffnet S1.2 und trennt die Heizung vom Netz. Damit wird die sogenannte Abkühlphase eingeleitet. Die Trocknertrommel reversiert weiter, jedoch wird der Abluftstrom nicht mehr beheizt. Hierdurch soll ein Knittern der abkühlenden Trockenwäsche verhindert werden. Mit Ablauf des Schaltschritts „60“ (nach weiteren 8 min) ist das Programm beendet, da anschließend der Kontakt S1.1 öffnet.

b) Stromlaufplan und Funktionsbeschreibung eines Abluft-Trommeltrockners mit feuchtigkeitsabhängiger Steuerung

Den vereinfachten Stromlaufplan zeigt Bild 1.60c. Der Kontaktplan des zusätzlich vorhandenen Programmschaltwerks ist in Bild 1.60d dargestellt. Zum Programmschaltwerk gehören die Kontakte S1.1 bis S1.3. Die feuchtigkeitsabhängige Steuerung erfolgt mit Hilfe der Steuerungsplatine U. Sie trägt u. a. die elektronische Einheit D, den Trenntrafo T und das Relais K. Mit der Elektronik sind die Schleifelektroden X1 bis X4 (Fühler) verbunden (beachten Sie nochmals auch Bild 1.59). H1 ist eine Anzeigelampe, die stets dann leuchtet, wenn „elektronisch" getrocknet wird. H2 ist ein akustischer Signalgeber, dessen Signal am Ende der Abkühlphase ertönt. S2 schließlich ist ein Handschalter mit den Kontakten S2.1 bis S2.5, mit dessen Hilfe verschiedene Programmvarianten vorgewählt werden können. Die folgenden Beschreibungen setzen voraus, daß die Kontakte S2.1, S2.4 und S2.5 geschlossen sind.

Am Stellrad des Programmschaltwerks sind drei Startpunkte A, B und C markiert (beachten Sie Zeile „Startstelle" in Bild 1.60d), von denen aus das Programm wahlweise gestartet werden kann. Wird vom Startpunkt C aus gestartet, läuft das Programm ausschließlich zeitgesteuert ab. Die Funktion ist dann ähnlich, wie unter a) in diesem Abschnitt beschrieben. Eine feuchtigkeitsabhängige Steuerung ist ab Startpunkt B (Schaltschritt „8") möglich. Sofern die Trocknertür geschlossen ist, liegt in dieser Position des Schaltwerks Spannung an der Elektronik U (S1.1 geschlossen) sowie am Trommelantrieb M2 (S1.3 geschlossen). Der Kontakt S1.2 ist jedoch offen. Dadurch verbleibt das Programmschaltwerk in der eingestellten Position „8" stehen. Die Lampe H1 leuchtet. Sobald die Elektronik über die Schleifelektroden jedoch das Erreichen des vorgewählten Trocknungsgrades registriert, bewirkt sie ein Schließen des Kontaktes von Relais K (E erlischt) und legt so Netzspannung an den Antriebsmotor M1 des Programmschaltwerks. Das Schaltwerk läuft dadurch in den Schaltschritt „9" ein, öffnet den Kontakt S1.3 (Heizung aus) und schließt von S1.2 die Kontaktstrecke 1–2. Durch Schließen von S1.2 kann M1 auch dann weiterlaufen, wenn K anschließend wieder öffnet. Mit dem Abschalten der Heizung ist nunmehr die Abkühlphase eingeleitet, die ausschließlich zeitgesteuert vier Schaltschritte lang (= 8 min) dauert. Mit Erreichen des Schrittes „13" schaltet S1.3 auf die Kontakte 1–3 um (das akustische Signal ertönt), und mit Erreichen des Schritts „14" (S1.1 öffnet) ist das Programm beendet. Den Schritt „14" kann das Programmschaltwerk nicht selbsttätig durchlaufen (M1 ist stillgesetzt) und bleibt an dieser Stelle stehen.

Soll der Grad „schranktrocken" erreicht werden, wird das Programmschaltwerk im Startpunkt A gestartet. Die feuchtigkeitsabhängige Steuerung läuft dann nach demselben Muster ab, wie gerade beschrieben. Da die Elektronik jedoch den Trocknungsgrad „schranktrocken" nicht zuverlässig erkennt, wird noch eine zeitabhängig gesteuerte Trocknungsphase (Schritte „3" bis „7") und eine zweite feuchtigkeitsabhängig gesteuerte Trocknungsphase (Schritt „8") angefügt, der schließlich auch die Abkühlphase (Schritte „9" bis „13") folgt.

1.3.7 Waschtrockner

Waschtrockner sind Waschvollautomaten mit Wäschetrocknungseinrichtung. Weil Waschgeräte einen möglichst kleinen Trommelinhalt (bezogen auf die Wäschemenge) haben sollen, um den Energieverbrauch für die Wassererwärmung in Grenzen zu halten, bei Wäschetrocknern dagegen jedoch ein möglichst großer Trommelinhalt anzustreben ist, muß bei Waschtrocknern der Programmablauf nach dem Schleudern unterbrochen und die Hälfte der Wäsche aus der Trommel entfernt werden. Danach kann das Trocknungsprogramm anlaufen.

Bild 1.61
Waschtrockner mit dem Prinzip der Kontakt- und Strahlungswärmeübertragung (HEA)

1 Heizung
2 Wasserzulauf
3 Ablaufpumpe
4 Wasserablauf
5 Kühlwasser

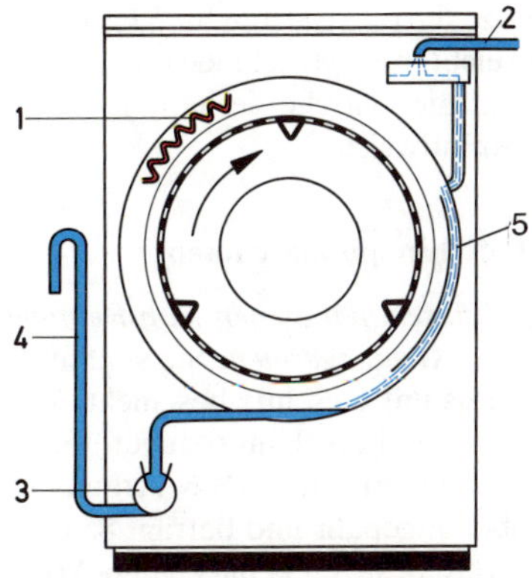

Bild 1.62
Waschtrockner nach dem Turbosystem (Lepper GmbH)

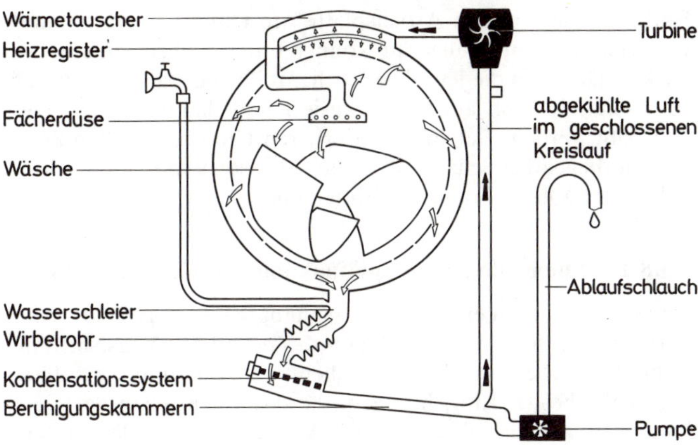

Die meisten Waschtrockner arbeiten heute mit einer Kontakt- bzw. Strahlungstrocknung gemäß Bild 1.61. Später entwickelt wurde das sogenannte Turbo-System (Bild 1.62).
Bei der *Kontakt- bzw. Strahlungstrocknung* wird der Trommelmantel während des Trocknungsprogramms durch eine elektrische Heizung erwärmt, die zwischen Laugenbehälter und Trommel angeordnet ist. Die Wärme wird dann durch direkten Kontakt und durch Strahlung auf die Wäsche übertragen. Ein Teil des Laugenbehälters (siehe Bild 1.61) wird mit Leitungswasser abgekühlt. An dieser sich bei der Drehung ständig erneuernden Kühlzone schlägt sich der durch die Erwärmung aus der Wäsche getriebene Dampf nieder und wird durch die Laugenpumpe mit dem Kühlwasser abgeführt. Sowohl der Wasserbedarf als auch der Strom-Energiebedarf ist bei diesem System recht hoch. Außerdem beträgt die Trocknungszeit zum Teil bis zu 8 h für 5 kg Trockenwäsche.
Auch das *Turbo-System* arbeitet mit Kontakt- und Strahlungswärme. Daneben aber wird mit Hilfe eines Umlüfters (Turbine) die Luft in der Trommel innerhalb eines Kreises umgewälzt und dabei abwechselnd erwärmt und wieder abgekühlt. Die Kühlung erfolgt ebenfalls mit Leitungswasser. Das anfallende Kondenswasser aus dem Trocknungsprozeß wird auch hier – wie aus Bild 1.62 erkennbar – über eine Pumpe abgeführt. Dieses System hat einen geringeren Energie- und Wasserverbrauch. Außerdem führt das Verfahren zu erheblich kürzeren

Trocknungszeiten (ca. 100 min für 5 kg Trockenwäsche). Diese kurze Trockenzeit wird u. a. auch dadurch erreicht, weil Maschinen dieses Typs mit einer hohen Schleuder-Drehzahl (1000 1/min) arbeiten, und die Wäsche deshalb schon nach Ablauf des Waschprogramms einen höheren Trockengrad aufweist.

1.3.8 Geschirrspülmaschinen

Geschirrspülmaschinen dienen zum Reinigen von Eß- und Kochgeschirr sowie von Bestecken und einfachen Küchengeräten. Sie sind in der Regel Frontlader, das heißt, sie werden von der Vorderseite aus mit Geschirr beschickt. Zu unterscheiden sind Standgeräte, Unterbaugeräte sowie voll integrierbare Unterbaugeräte.

Standgeräte werden mit einer Arbeitsplatte geliefert. Ihre Höhe ist der der übrigen Küchenmöbel angepaßt und beträgt 85 cm. Standgeräte können beliebig aufgestellt werden.

Unterbaugeräte besitzen keine eigene Arbeitsplatte. Sie werden unter die Arbeitsplatte einer Küchenzeile (Einbauküche) eingebaut. Ihre Höhe beträgt 82 cm. Standgeräte sind nach Entfernen der eigenen Arbeitsplatte wie Unterbaugeräte unterbaubar.

Integrierbare Unterbaugeräte können durch Anbringen einer serienmäßigen Tür (bis 20 mm Dicke) flächig an die jeweilige Küchenzeile angepaßt werden. Die Höhe ihrer Schalterblende (Bedientafel) kann am Gerät variiert und damit an das Schubladenmaß der Küchenzeile angepaßt werden. Bei vollintegrierbaren Unterbaugeräten kann die Schalterblende mit dem dahinterliegenden Schaltkasten auch abgesetzt vom Spülteil eingebaut werden, z. B. „kindersicher“ am Oberschrank der Einbauküche.

1.3.8.1 Innenaufbau und Spülfunktion von Geschirrspülmaschinen

Den Prinzipaufbau einer Geschirrspülmaschine zeigt Bild 1.63a. Man erkennt zwei Geschirrkörbe zur Aufnahme des Spülgutes. Sie sind aus kunststoffummanteltem Stahldraht hergestellt. Der Oberkorb dient vor allem zur Aufnahme von Tassen, Schüsseln und ähnlichen Teilen. Er besitzt Einrichtungen, die das Verrutschen des Geschirrs verhindern sollen. Der Unterkorb ist mit Haltebügeln zur Aufnahme von Tellern unterschiedlicher Größe ausgestattet. Außerdem dient er zur Aufnahme der Besteckkörbe (meist aus Kunststoff). Der Spülbehälter selbst und die Innenseite der Tür sind aus Edelstahl hergestellt.

Zwei drehbare Sprüharme unterhalb eines jeden Korbes besitzen Düsen, die gegen das Geschirr gerichtet sind (Sprühdüsen). Weitere Düsen an den Enden der Sprüharme bewirken durch Rückstoß den Antrieb (Antriebsdüsen, Bild 1.63b), sobald Wasser durch die Sprüharme gepumpt wird. Einige Geräte besitzen einen dritten Sprüharm oberhalb des Oberkorbes.

Zu Beginn eines Spülprogramms wird der untere Teil des Spülbehälters mit Wasser gefüllt. Die Umwälzpumpe saugt das Wasser anschließend vom tiefsten Punkt des Behälters an und fördert es über Rohrzuführungen in die Sprüharme. Diese beginnen dabei zu rotieren und sprühen Wasser bzw. Lauge gegen das Geschirr. Das ablaufende Wasser sammelt sich anschließend wieder am Behälterboden und wird abermals zu den Sprüharmen gefördert. Bevor es die Umwälzpumpe wieder erreicht, muß es eine Siebvorrichtung in Form eines Grob- und Feinsiebes passieren. Damit wird verhindert, daß Nahrungsmittelreste in das Rohrsystem und die Düsen gelangen und diese verstopfen.

Zur Erhöhung des Sprühdrucks im unteren Sprüharm kann bei verschiedenen Geräten die Wasserzufuhr zum oberen Sprüharm unterbrochen werden. Dies geschieht z. B. beim Einstellen des sogenannten „Intensivprogramms“ zur Reinigung von Kochtöpfen und ähnlichen Teilen.

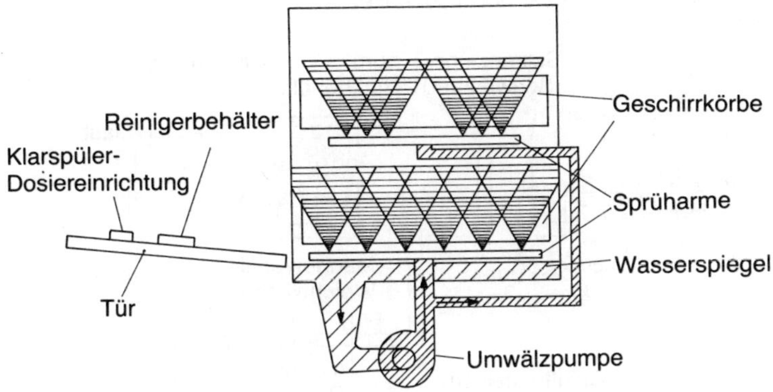

Bild 1.63a Prinzipaufbau eines Geschirrspülers

Bild 1.63b Sprüharm eines Geschirrspülers

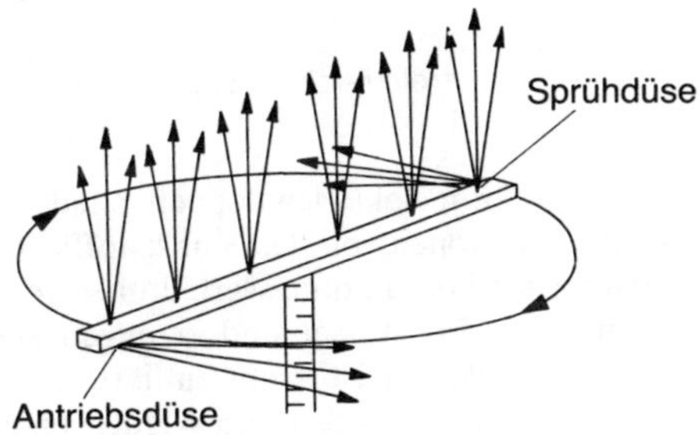

Im unteren Teil des Behälters, unterhalb des Wasserspiegels, befindet sich auch die Heizung zur Erwärmung des Spülwassers. Die Heizleistung beträgt z.B. 3 kW oder etwas weniger. Einige Geräte besitzen oberhalb des Wasserspiegels eine zweite Heizung mit einer Leistung um 750 W. Diese wird während des Trocknungsvorgangs in Betrieb gesetzt und soll den Trocknungsvorgang durch Erwärmen der Luft im Behälter beschleunigen.

1.3.8.2 Das Enthärten des Leitungswassers bei Geschirrspülmaschinen

„Hartes" Leitungswasser vermindert den Reinigungseffekt der Spüllauge und hinterläßt außerdem auf der Geschirroberfläche Kalkflecken und Mattglanz (siehe auch Abschnitt 1.3.3.4). Das Enthärten geschieht in Geschirrspülmaschinen auf zweifache Weise:

a) Mit Hilfe des Ionentauschers, der Bestandteil eines Enthärterblocks ist, und
b) mit Hilfe einer Klarspüler-Zugabeeinrichtung.

Weit verbreitet sind sogenannte Monoblock-Enthärter (Bild 1.64), bei denen der Ionentauscher im Anschluß an ein Spülprogramm stets erneut „regeneriert" werden muß. Allgemein geschieht dies am Ende eines Spülprogramms während der Trocknungsphase. Die Funktion der dargestellten Anlage ist wie folgt: Der Ionentauscher enthält kleine Kunststoffkugeln, an deren Oberfläche die im Kochsalz enthaltenen elektrisch einfach geladenen Natriumionen (Na^+) angelagert sind. Soll weiches Wasser in den Spülbehälter einströmen, so wird das Weichwasser-Magnetventil vom Programmschaltwerk angesteuert und geöffnet. Das vom Wasserzulauf her einfließende (noch harte) Wasser strömt mit hoher Geschwindigkeit (Durchflußmenge ca. 7 l/min) an den Kunststoffkugeln vorbei. Dabei verdrängen die im

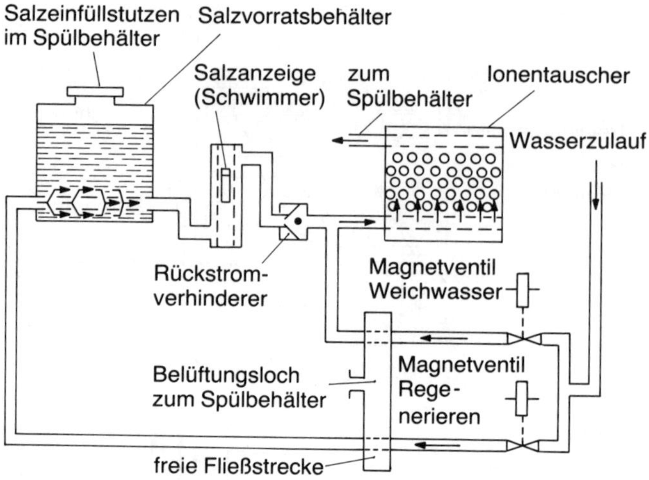

Bild 1.64
Prinzipaufbau des Monoblockenthärters eines Geschirrspülers

Wasser in Form elektrisch doppelt geladener Kalzium-Ionen (Ca^{++}) vorhandenen Härtebildner die Na^+-Ionen von den Kunststoffkugeln (Bild 1.65a) und setzen sich ihrerseits dort ab. Entsprechend der Ladungsverhältnisse verdrängt je ein Ca^{++}-Ion zwei Na^+-Ionen. Die Na^+-Ionen gehen ins Wasser und erzeugen keine härtebildenden Verbindungen. Das nunmehr Na^+-haltige Wasser ist damit enthärtet.

Zum Regenerieren – also zum Wiederherstellen der Natriumanlagerung an den Kunststoffkugeln – wird das zweite Magnetventil angesteuert und geöffnet. Damit strömt mit geringerer Geschwindigkeit (Durchflußmenge ca. 1,2 l/min) Wasser durch den Salzvorratsbehälter. Es nimmt aus dem dort vorhandenen Salzschlamm Kochsalz (NaCl) mit und spült es in den Ionentauscher. Weil dieses Wasser dadurch eine besonders hohe Na^+-Konzentration aufweist, läuft der Tauschprozeß an den Kunststoffkugeln jetzt in umgekehrter Folge ab. Die Na^+-Ionen verdrängen an den Kunststoffkugeln jetzt die Ca^{++}-Ionen (Bild 1.65b), welche

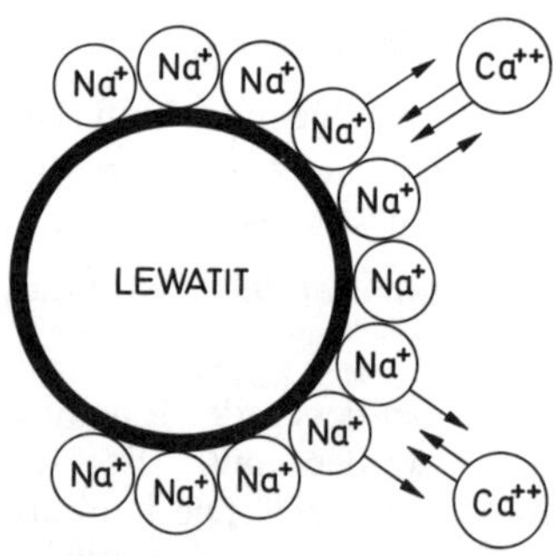

Bild 1.65a
Kunstharzkugel (Lewatit), umgeben mit Na^+-Ionen, entzieht dem vorbeistreichenden Wasser Ca^{++}-Ionen und gibt an das Wasser zwei Na^+-Ionen pro Ca^{++}-Ion ab.

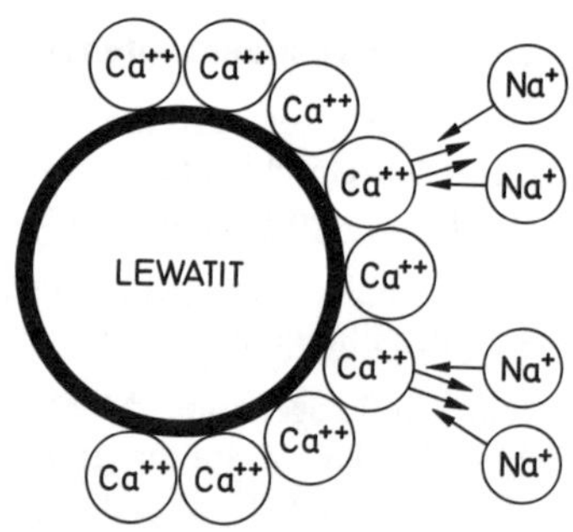

Bild 1.65b
Regenerieren der Lewatit-Kunstharzkugel durch Zuführen neuer Na^+-Ionen

vom Wasser aufgenommen und mit Hilfe der Entleerungspumpe umgehend aus dem Spülbehälter herausbefördert werden.
In den Salzvorratsbehälter muß von Zeit zu Zeit geeignetes Regeneriersalz (ohne Rieselzusätze, wenig unlösliche Fremdstoffe) nachgefüllt werden.
Ein Klarspülmittel (flüssig) wird zusätzlich dem Spülwasser kurz vor Beginn der Trocknungsphase mit Hilfe der Klarspüler-Dosiereinrichtung beigegeben. Es soll die Oberflächenspannung des Wassers während der Trocknungsphase herabsetzen und so die Tropfenbildung auf der Geschirroberfläche verhindern. Dadurch bildet das Wasser einen dünnschichtigen Film, der leicht abfließt und gleichmäßig abtrocknet. Zitronensäure oder andere, ähnlich wirkende Zusätze im Klarspüler lösen diesen Prozeß aus.
Die Lage der Dosiereinrichtung am Gerät war bereits in Bild 1.63a zu erkennen. Ihre Ansteuerung erfolgt automatisch im Ablauf des Spülprogramms. Klarspüler-Dosiereinrichtungen werden elektromagnetisch, thermisch (mit Hilfe eines beheizbaren Bimetallauslösers) oder mechanisch (direkte Kopplung mit dem Programmschaltwerk) ausgelöst. Das Klarspülmittel muß von Zeit zu Zeit in den dafür vorgesehenen Behälter nachgefüllt werden. Eine Behälterfüllung reicht für mehrere Spülprogramme aus. Die Dosiermenge läßt sich an der Dosiereinrichtung einstellen. Je härter das Leitungswasser ist, desto mehr Klarspülmittel ist beizumischen. Eine zu geringe Klarspülerbeigabe führt zu Kalkflecken auf der Geschirroberfläche, eine zu hohe Beigabe bewirkt eine Schlierenbildung auf dem Geschirr.

1.3.8.3 Programmübersicht, Kontaktplan und Stromlaufplan einer Geschirrspülmaschine

Die Darstellungen sind mit denen vergleichbar, die bereits im Zusammenhang mit Waschvollautomaten und Wäschetrocknern behandelt wurden. Für den Kundendienst werden die Programmübersicht, der Kontaktplan und der Stromlaufplan benötigt. In Bild 1.66 sind Programmübersicht und Kontaktplan eines bestimmten Geschirrspülers dargestellt. Mit Hilfe eines Programmschalters lassen sich an diesem Gerät folgende fünf Programme vorwählen: Vorspülen, Normal 50°C, Normal 65°C, Spar 50°C und Spar 65°C.
In der Programmübersicht ist der Ablauf eines jeden Programms mit Hilfe einer Diagrammlinie grafisch dargestellt. Die Linie zeigt den Wasserstand im Spülbehälter in Abhängigkeit von der jeweiligen Schrittposition des Programmschaltwerks an. Erkennbar sind die Niveauangaben „5 l“ und „5,8 l“. Außerdem sind Temperaturwerte „50°C“ und „65°C“ für bestimmte Meßzeitpunkte angegeben.
Vier der Programme bestehen aus jeweils fünf Arbeitsgängen (siehe Kopfzeile in Bild 1.66): Vorspülen, Reinigen, Zwischenspülen, Klarspülen und Trocknen. Eine Ausnahme bildet das Programm „Vorspülen“, das nur aus einem einzigen Arbeitsgang besteht. Vergleicht man die vier Vollprogramme untereinander, kann man folgende Unterschiede feststellen:

- ☐ Die Sparprogramme weichen von den Normalprogrammen nur im Arbeitsgang „Zwischenspülen“ ab. Der Spareffekt findet während der Schaltschritte 31, 32 und 33 statt. In diesen Positionen wird im Ablauf der Normalprogramme das Zwischenspül-Wasser erneuert. Bei den Sparprogrammen wird auf die Erneuerung verzichtet.
- ☐ Die 50°C-Programme (Normal- und Sparprogramm) unterscheiden sich von den 65°C-Programmen durch eine geringere Wassertemperatur während des Arbeitsgangs „Reinigen“.

Die beschriebenen Programmeigenheiten sind gerätespezifisch. Andere Geräte weisen gegebenenfalls abweichende Schemata auf.

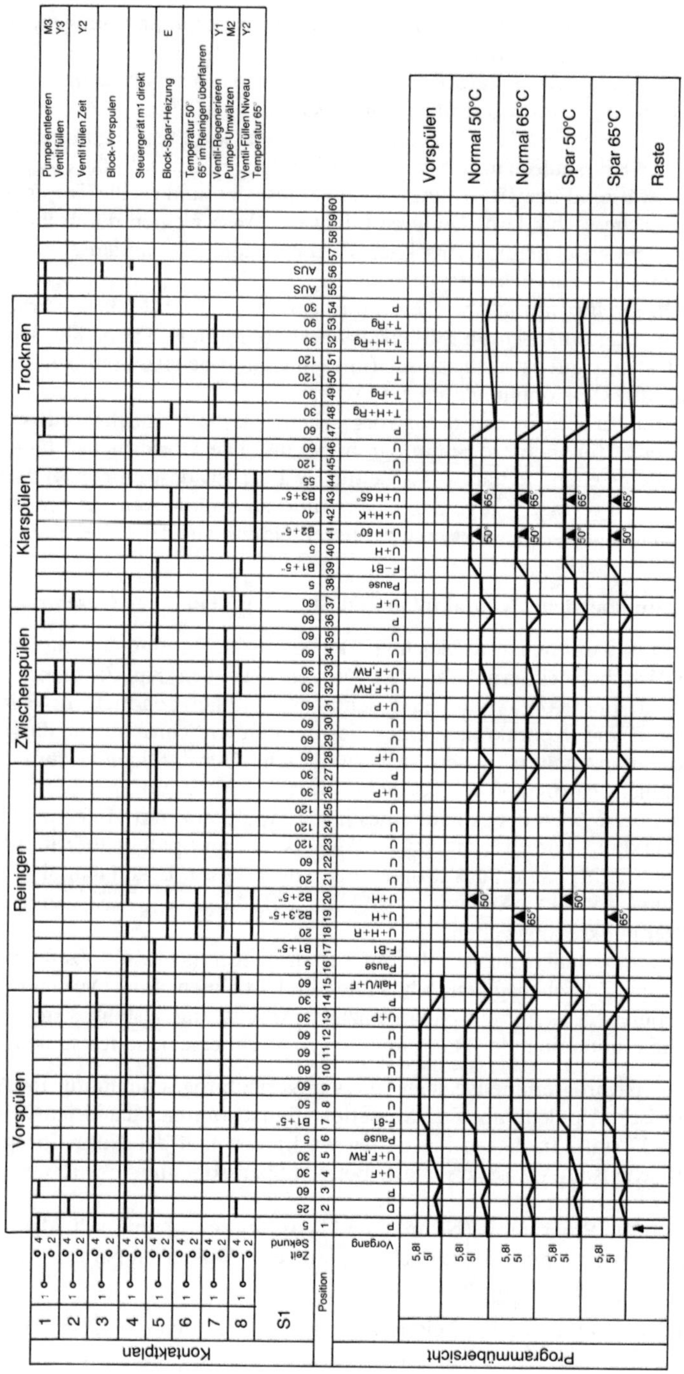

Bild 1.66 Kontaktplan und Programmübersicht eines Geschirrspülers

Bild 1.67 Stromlaufplan zu Bild 1.66

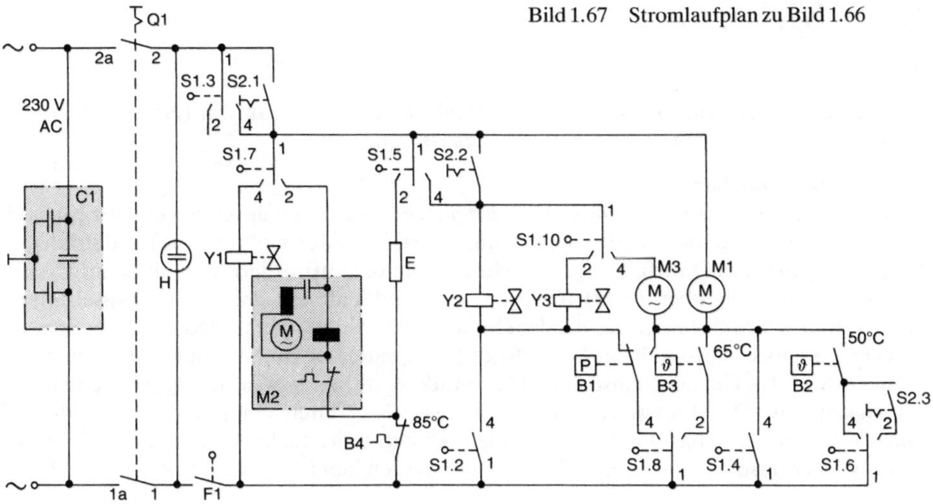

Der Zeile „Vorgang“ in der Programmübersicht sind weitere Programmeinzelheiten zu entnehmen. Die hier verwendeten Kurzzeichen haben folgende Bedeutung:

D = Durchspülen (Wasser wird in den Spülbehälter eingelassen und zugleich herausgepumpt),
F = Füllen,
H = Heizen,
K = Klarspülerzugabe,
R = Reinigerzugabe,
P = Pumpen (Abpumpen),
U = Umwälzen,
T = Trocknen (des Geschirrs),
R = Regenerieren (des Ionentauschers),
RW = Rohwasser (Frischwasser läuft direkt – unter Umgehung des Ionentauschers – ein) und
▲ = Temperaturmeßzeitpunkt.

Kontaktplan und *Stromlaufplan* (Bild 1.67) sind vom Prinzip her weitestgehend identisch mit ähnlichen Darstellungen, wie sie bereits im Abschnitt 1.3.5.2 behandelt wurden. Auf eine nochmalige Beschreibung soll deshalb verzichtet werden. Lediglich die folgende Legende zum Stromlaufplan soll die Einarbeitung hierzu erleichtern. Es bedeuten darin: B1 Wasserstandsregler, B2 Temperaturregler 50°C, B3 Temperaturregler 65°C, B4 Schutztemperaturbegrenzer 85°C, C1 Funkentstörfilter, E Heizung zur Erwärmung der Spüllauge, F1 Türkontakt, H Netz-Anzeigeleuchte, M1 Antriebsmotor des Programmschaltwerks, S1.1 bis S1.8 Mikroschaltkontakte des Programmschaltwerks, M2 Motor der Laugen-Umwälzpumpe, M3 Motor der Entleerungspumpe, S2.1 bis S2.3 Schaltkontakte des Programmwahlschalters, Q1 Netzschalter (mit Programmschaltwerk gekoppelt), Y1 Magnetventil für den Wassereinlaß zum Regenerieren des Ionentauschers, Y2 Magnetventil für den Einlaß enthärteten Wassers in den Spülbehälter (über den Ionentauscher), Y3 Magnetventil zum Einlaß von (nicht enthärtetem) Rohwasser.

1.4 Kleingeräte

1.4.1 Staubsauger

Staubsauger dienen zum Aufnehmen von Staub. Mit Allzwecksaugern (Naß- und Trockensauger) können auch Flüssigkeiten aufgesaugt werden.

a) Allgemeines zur Funktion

Innerhalb des Staubsaugergehäuses befindet sich eine Gebläsekapsel. Sie enthält einen Universalmotor (Allstrommotor, Reihenschlußmotor), ein oder mehrere Luftförderräder und Einrichtungen für die Luftführung. Der Motor treibt die Luftförderräder mit hoher Drehzahl an (10000 1/min bis über 20000 1/min). Dabei wird Luft aus der Gebläsekapsel über ein Ausblasrohr oder Ausblasgitter aus dem Staubsaugergehäuse herausgedrückt. Im Staubsaugergehäuse entsteht dadurch ein Unterdruck p_e, so daß über ein Ansaugrohr (Saugschlauch) Außenluft in das Gehäuse einströmt. Diese Luft zieht Staub oder/und gegebenenfalls auch Flüssigkeit mit. Der Luftstrom wird auf seinem Weg durch ein Filter (Papierfilter oder Dauerfilter) geführt, das den Staub sammelt, so daß weitestgehend gefilterte Luft aus dem Gerät wieder austritt. Eventuelle Flüssigkeiten werden bereits vor dem Filter ausgeschieden.

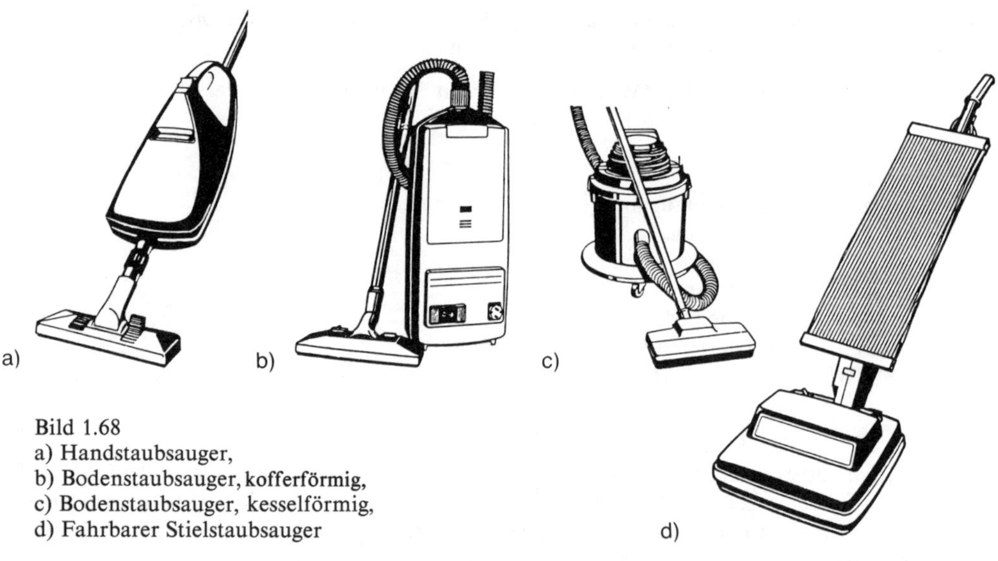

Bild 1.68
a) Handstaubsauger,
b) Bodenstaubsauger, kofferförmig,
c) Bodenstaubsauger, kesselförmig,
d) Fahrbarer Stielstaubsauger

Bild 1.69 Drehwalze für einen Bürst- und Klopfsauger

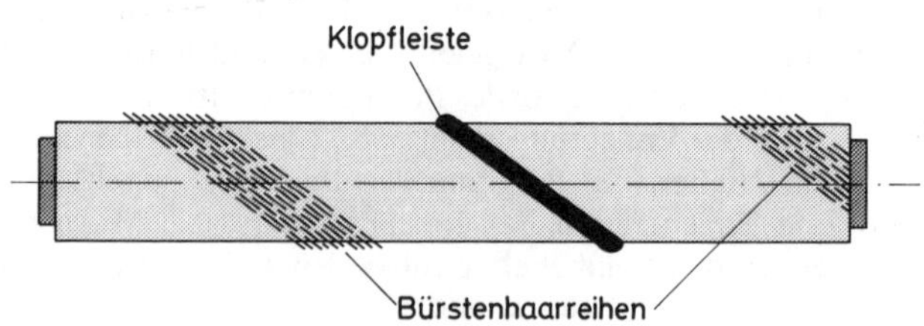

b) Bauarten

Zu unterscheiden sind: Handstaubsauger, Bodenstaubsauger (mit kofferförmigem, kesselförmigem oder kugelförmigem Gehäuse) und fahrbare Stielstaubsauger (Bürststaubsauger). Die Bilder 1.68 zeigen entsprechende Beispiele. Autostaubsauger sind kleine Handstaubsauger. Bürststaubsauger sind mit einer sich drehenden Walze ausgestattet, auf der (meist) spiralartig angeordnet mehrere Bürstenhaarreihen aufgebracht sind. Die Walze wird über einen Riemen durch den Gebläsemotor mit angetrieben. Hinter der Walze liegt die Ansaugdüse. Bei „Bürst- und Klopfsaugern" befinden sich auf der Walze zusätzlich eine oder mehrere Klopfleisten (Bild 1.69). Durch das Drehen der Walze wird der Teppich mit Hilfe der Bürstenhaare leicht angehoben und anschließend von der Klopfleiste getroffen. Das führt zu einer wirksamen Lockerung des Schmutzes im Teppichgewebe, der sich anschließend leicht absaugen läßt. Bürst- und Klopfsauger kommen deshalb allgemein mit einer geringeren Leistungsaufnahme P_l aus als vergleichbare andere Sauger. Für die meisten Bodenstaubsauger sind Bürstvorsätze erhältlich, also Saugdüsen mit Bürstrolle. Diese Vorsätze besitzen zum Antrieb der Bürstrolle meist einen separaten Motor, der über eine Steckdose am Saugergehäuse versorgt wird.

c) Technische Daten

Die elektrische Leistung P_l in Watt ist die vom Motor aufgenommene Netzleistung. Sie liegt je nach Staubsaugertyp zwischen 150 W und 1000 W.

Die Saugleistung P_2 – auch als Luftleistung oder (nicht korrekt) als Saugkraft bezeichnet – ist die abgegebene Leistung des Gerätes. Sie wird ebenfalls in Watt angegeben und ist das Produkt aus *Luftfördermenge* Q in m³/s und *Unterdruck* p_e in Pascal (Pa): $P_2 = Q \cdot p_e$.

In vielen Lieferlisten und Kundendienstunterlagen wird der Unterdruck in „mbar" (Millibar) oder (veraltet) in „mm WS" (Millimeter Wassersäule) und die Luftfördermenge in l/s (Liter pro Sekunde) angegeben. Dann gelten folgende Umrechnungen: 1 mm WS $\approx$ 0,1 mbar = 100 Pa und 1 l/s = 10^{-3} m³/s.

d) Das Gebläse

Man unterscheidet einstufige und mehrstufige Gebläse, also mit einem oder mit mehreren Luftförderrädern (Gebläserädern).

Ein einstufiges Gebläse zeigt Bild 1.70a. Einstufige Gebläse benötigen zwangsläufig weniger Platz. Sie sind eingesetzt in Handstaubsaugern, Bodenstaubsaugern mit kesselförmigem Gehäuse und Stielstaubsaugern. Der Antriebsmotor hat zur Kühlung eine eigene Belüftung, d. h., er liegt nicht im Saugluftstrom des Gerätes. Einstufige Gebläse blasen den Luftstrom – wie

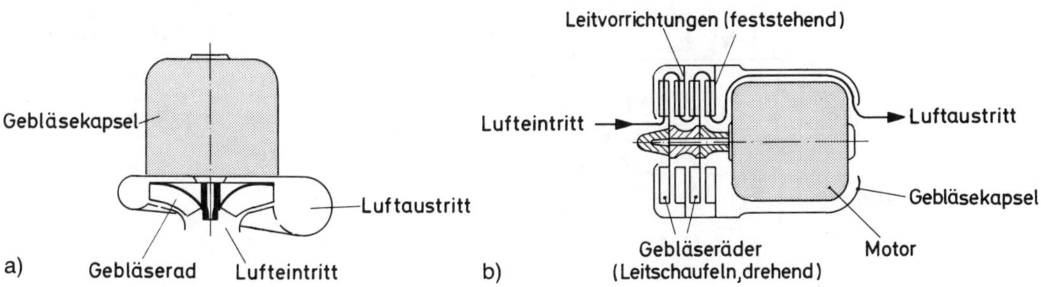

Bild 1.70
a) Teilschnittbild einer einstufigen Gebläsekapsel
b) Teilschnittbild einer zweistufigen Gebläsekapsel

in Bild 1.70a erkennbar – tangential (quer zur Antriebsachse) aus. Sie erzeugen einen verhältnismäßig kleinen Unterdruck p_e bei hoher Luftfördermenge Q.

Ein zweistufiges Gebläse ist in Bild 1.70b dargestellt. Der Luftstrom wird hier nacheinander von zwei Gebläserädern beschleunigt. Bei dreistufigen Gebläsen befindet sich ein weiteres Gebläserad hinter dem Motor. Der Motor mehrstufiger Gebläse wird durch den Saugluftstrom gekühlt. Dadurch besteht die Gefahr, daß bei vollem Filter oder verstopften Luftwegen die Kühlung nicht ausreicht. Die Motoren hoher Leistung für diesen Gebläsetyp sind darum mit einem Sicherheits-Temperaturbegrenzer (Motorschutzschalter) in Reihe geschaltet, der gegebenenfalls abschaltet und nach erfolgter Abkühlung wieder einschaltet. Mehrstufige Gebläse erzeugen einen verhältnismäßig hohen Unterdruck p_e bei geringer Luftfördermenge Q.

e) Steuerung der Saugleistung

Bei vielen textilen Bodenbelägen ist das Saugen mit hoher Saugleistung wirkungsvoll. Die Saugleistung ist jedoch unter Umständen zu groß, wenn eine Düse mit kleiner Öffnung (z. B. die Polsterdüse) an den Saugschlauch angesetzt wird. Eine Anpassung der Luftleistung ist dann notwendig. Die meisten Sauger sind dafür mit sogenannten Nebenluftschlitzen am Saugrohr (Saugschlauch) ausgestattet, deren Öffnungen veränderbar sind (große Schlitzöffnung = geringe Saugleistung an der Düse und umgekehrt). Einige Geräte sind zusätzlich mit einer elektronischen Baugruppe ausgerüstet, mit deren Hilfe die Drehzahl – und damit die Saugleistung – des Gebläses stufenlos nach dem Prinzip der Phasenanschnittsteuerung verändert werden kann.

f) Allzwecksauger

Bild 1.71 zeigt Einblick in das Innere eines Naß- und Trockensaugers. Die Luftführung ist durch Pfeile gekennzeichnet. Das Filter ist ein „außenbeaufschlagtes" Filter. Das heißt: Staub und andere angesaugte Stoffe sammeln sich nicht im Filterinneren, sondern an der Filteraußenseite. Sie fallen anschließend in den Staubbehälter. Die dargestellte Schwimmerkugel wird durch eventuell vorhandenes Wasser im Behälter angehoben und verschließt ab einer bestimmten Wasserhöhe den Gebläselufteintritt. Sie unterbricht dadurch den Luftstrom und verhindert, daß Wasser in das Gebläse eintritt.

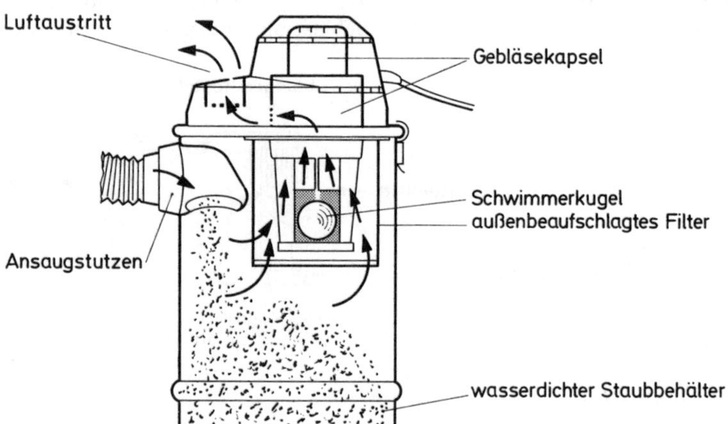

Bild 1.71
Teilschnittbild eines Allzwecksaugers (Naß- und Trockensauger)

1.4.2 Bügelgeräte

1.4.2.1 Bügeleisen

Es sind zu unterscheiden
- Reglerbügeleisen und
- Dampfbügeleisen (mit Temperaturregler).

Die Bügelsohle (Bild 1.72) des Bügeleisens besteht entweder aus Aluminium oder aus Stahl. Die in Bügeleisen verwendeten Rohrheizkörper sind in die Bügelsohle eingepreßt, eingegossen oder auf die Bügelsohle aufgelötet. Dadurch ist eine gute Wärmeübertragung gewährleistet. Eine Reparatur bzw. eine Auswechslung der Heizleiter ist heute jedoch nicht mehr möglich. Die Heizleistung der Bügeleisen beträgt 1000 W bis 1200 W.

Bild 1.72
Prinzipaufbau des Reglerbügeleisens (nach HEA-Unterlagen)

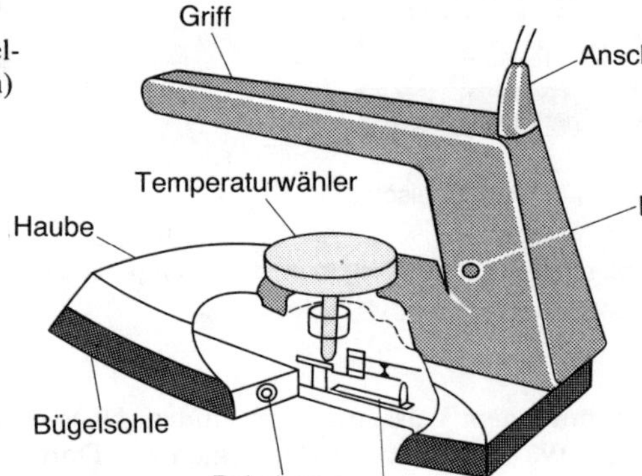

Reglerbügeleisen sind temperaturgeregelte Bügeleisen. Die Regelung erfolgt über einen Temperatur-Wählregler, mit dem sich etwa folgende Temperaturen einstellen lassen:

Für	
Perlon	95 °C bis 120 °C,
Kunstseide	120 °C bis 145 °C,
Seide	145 °C bis 170 °C,
Wolle	170 °C bis 195 °C,
Baumwolle	195 °C bis 220 °C und
Leinen	220 °C bis 245 °C.

Der Fühler des Temperaturreglers ist ein Bimetall, das thermisch Kontakt mit der Bügelsohle hat (Bild 1.73). Einzelheiten zum Bimetallregler sind Abschnitt 1.2.2.1 zu entnehmen. *Dampfbügeleisen* sind ebenfalls Reglerbügeleisen. Sie sind zusätzlich mit einem Wassertank ausgestattet und haben Dampfaustrittsöffnungen an der Bügelsohle. Die meisten Dampfbügeleisen arbeiten nach dem Prinzip des *Tropfsystems* (Bild 1.74). Die Bügelsohle enthält eine Dampfkammer. Diese ist über ein Dampfventil, das mittels eines Dampfhebels von Hand ge-

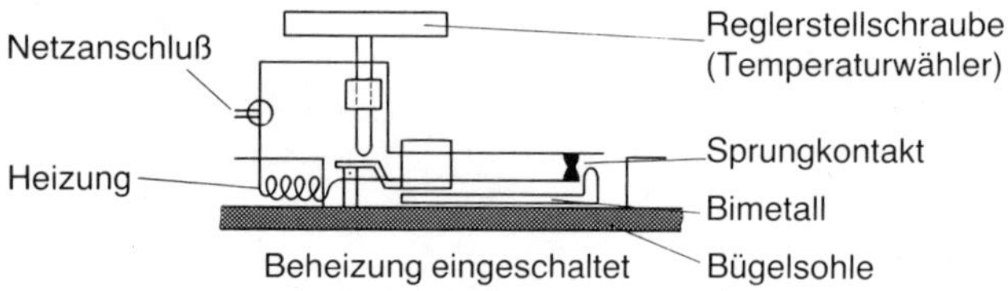

Bild 1.73
Reglereinrichtung beim Reglerbügeleisen (nach HEA-Unterlagen)

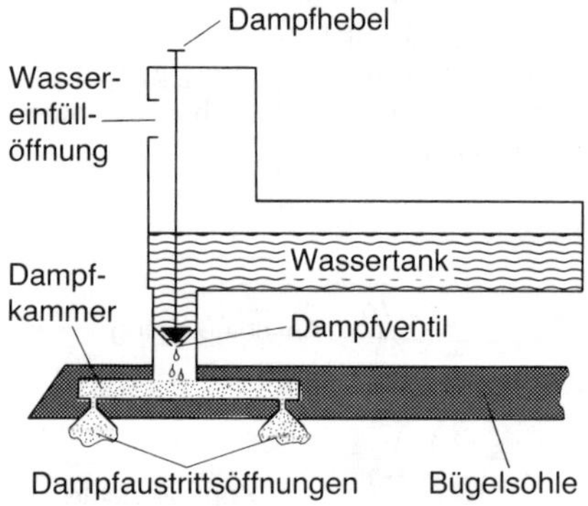

Bild 1.74
Prinzip des Dampfbügeleisens, Tropfsystem (nach HEA-Unterlagen)

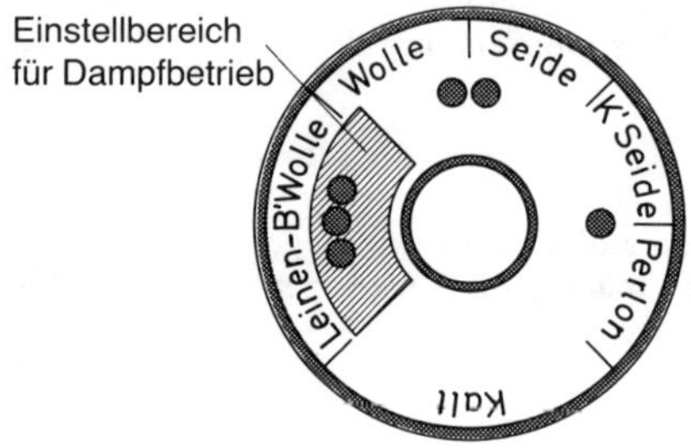

Bild 1.75
Temperaturwähler eines Dampfbügeleisens

öffnet werden kann, mit einem Wassertank verbunden. Nach dem Öffnen des Dampfventils tropft Wasser aus dem Wassertank in die Dampfkammer. Dort verdampft das Wasser augenblicklich auf der heißen Bügelsohle und wird dann durch die Dampfaustrittsöffnungen hinausgeblasen.

Die Dampfentwicklung ist erst bei einer Temperatur der Bügelsohle über 100 °C gewährleistet. Auf dem Temperaturwähler ist deshalb der Einstellbereich für den Dampfbetrieb gekennzeichnet (Bild 1.75). Einige Dampfbügeleisen besitzen eine Dampfautomatik, die den Wassereintritt in die Dampfkammer bei zu niedrig gewählter Bügeltemperatur verhindert. Für Bügelpausen oder zum Trockenbügeln kann der Dampfaustritt unterbrochen werden. Das geschieht durch Rückstellung des Dampfhebels oder durch Senkrechtstellen des Bügeleisens.

Ein anderes Funktionsprinzip des Dampfbügeleisens – das *Boilersystem* – zeigt Bild 1.76. Der Wassertank hat hier thermischen Kontakt mit der Bügelsohle. Dieses Prinzip hat Vor- und Nachteile gegenüber dem Tropfsystem. Vorteilhaft ist: Das Wasser wird in dem Wassertank aufgeheizt und gelangt als Dampf in das Austrittsrohr. Der dabei ausfallende Wasserstein setzt sich dadurch bereits im Tank ab und verstopft nicht die Dampfaustrittsöffnung. Nach Angaben der Hersteller können solche Bügeleisen deshalb auch mit einfachem Leitungswasser betrieben werden. Bügeleisen, die nach dem Prinzip des Tropfsystems arbeiten, benötigen dagegen destilliertes oder entkalktes und entsalztes Wasser. Eine Entkalkung des Wassertanks ist bei Boilersystem-Bügeleisen allerdings von Zeit zu Zeit erforderlich. Das geschieht zum Beispiel mit Hilfe spezieller Kratzwerkzeuge, die von einigen Herstellern mitgeliefert werden, oder durch Lösen des Kesselsteins mit Hilfe üblicher Mittel wie verdünnte Ameisensäure, Essigsäure oder ähnlichem.

Bild 1.76
Prinzip des Dampfbügeleisens, Boilersystem (nach HEA-Unterlagen)

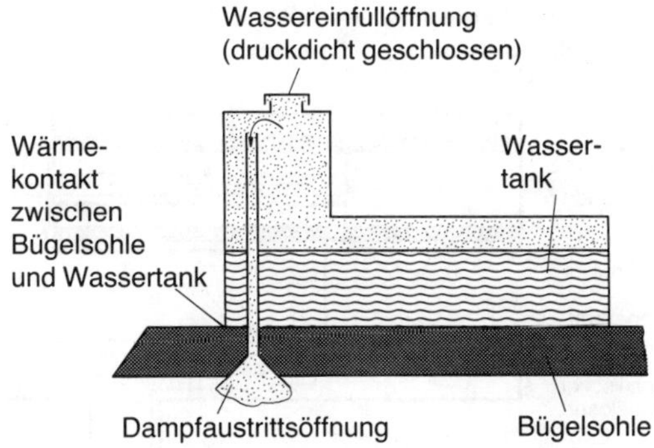

Nachteilig beim Boilersystem ist: Es muß stets die gesamte in den Tank gefüllte Wassermenge erwärmt werden, bevor die Dampfbildung einsetzt, und beim Wechsel von Dampf- auf Trockenbügeln ist zunächst das Entleeren des Wassertanks erforderlich.
Als Anschlußleitungen kommen für Bügeleisen zum Beispiel H 03 RT-F (Gummiaderschnüre mit einem Mantel aus Textilgeflecht) oder H 05 RR-F (Gummischlauchleitung) jeweils mit einem Leiterquerschnitt 3 × 1 mm² in Frage. Am Stecker und am Bügeleisen selbst ist jeweils ein Knickschutz vorzusehen.

1.4.2.2 Bügelmaschinen

Sie sind geeignet zum Bügeln von großen, glatten Wäschestücken sowie auch für Oberhemden, Schlafanzüge usw.
Die Bügelwange (der Bügelschuh) hat eine elektrische Beheizung mit rd. 2000 W. Die Temperatur wird durch 1 oder 2 Temperaturwähler geregelt. Die Bügelwange kann somit wahlweise über die ganze Fläche oder für kleinere Wäschestücke nur halbseitig beheizt werden.
Bei eingeschalteter Heizung leuchtet eine Kontrollampe auf. Die Bügelwalze wird durch einen Elektromotor von 100 W angetrieben. Es gibt Bügler mit wählbaren Geschwindigkeiten. Das Anlegen der Bügelwange und das Drehen der Walze sollten getrennt voneinander erfolgen, da dann sogar das Bügeln von Falten sehr einfach ist. Der Bügeldruck sorgt für Glätte und Glanz der Wäsche, er sollte nicht weniger als 0,4 N/cm² betragen. Viele Bügler haben einen Druck von 0,6 N/cm². Die Gesamtleistung beträgt rd. 1,25 kW.
Alle Bügelmaschinen haben einen Fingerschutz, der dafür sorgt, daß die Fingerspitzen beim Festhalten von Wäschestücken nicht mit unter die Bügelwange rutschen. Beim plötzlichen Ausschalten des Stromes bietet ein Notauslösungsschalter eine Sicherheit für das Wäschestück und die Bewicklung der Walze.
Die Geräte sind als Tisch-, Stand- oder klappbare Schrankmodelle (Umbauschrank aus Holz) in verschiedenen Größen lieferbar.
Die Walzenlänge (ungefähre Gerätebreite) kann 55 bis 80 cm betragen (Bild 1.77).

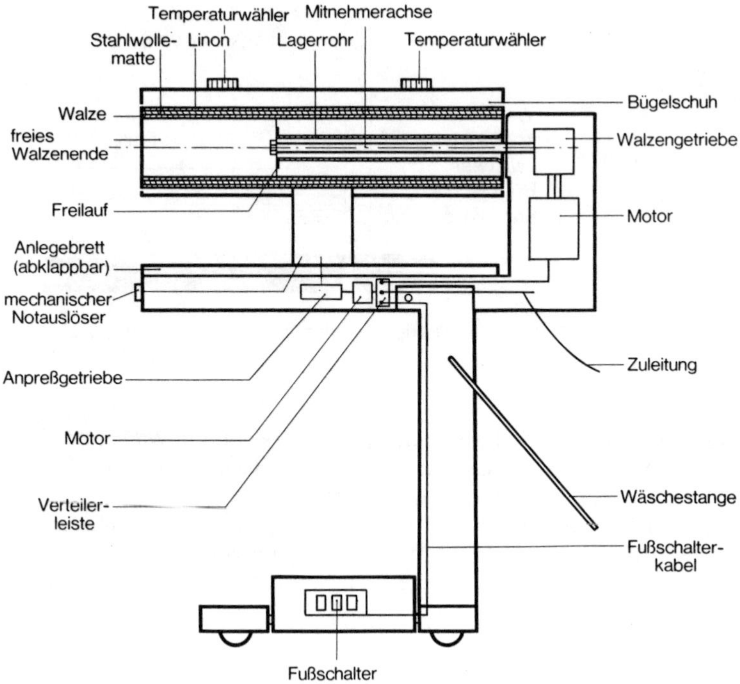

Bild 1.77 Standbügler mit 65 cm Walzenbreite, Oberteil geschnitten (AEG)

1.5 Funkentstörung

1.5.1 Ursachen von Funkstörungen

Funkstörungen können ihre Ursache haben aufgrund

- ☐ natürlicher Störer (physikalische Vorgänge in der irdischen oder außerirdischen Natur) oder
- ☐ technischer Störer.

Funkstörungen der natürlichen Störer können nur durch verschiedene Maßnahmen an den Empfangsgeräten, in denen sie auftreten, gemildert werden. Diese Seite der Funkentstörung soll hier außer Betracht bleiben. Funkstörungen technischer Störer lassen sich dagegen am wirkungsvollsten an der Quelle ihrer Entstehung vermindern. Diese Möglichkeiten sollen in den folgenden Abschnitten aufgezeigt werden.
Zunächst ist die Frage zu klären, auf welche Weise Funkstörungen – also elektromagnetische Erscheinungen hoher Frequenz – im 50-Hz-Netz oder gar im Gleichstromnetz entstehen. Dazu dienen nacheinander die Bilder 1.78a) bis d). Bild 1.78a) zeigt drei Halbwellen einer 50-Hz-Wechselspannung u_1. Die in Bild 1.78b) dargestellte Sinusspannung u_2, die innerhalb desselben Zeitabschnittes 9 Halbwellen aufweist, hat eine Frequenz $f = 150$ Hz. Addiert man die jeweils zeitgleichen Augenblickswerte beider Kurvenzüge miteinander, so erhält man die Summenkurve u_{12} nach Bild 1.78c). Ein Vergleich der Summenkurve mit dem in Bild 1.78d) dargestellten Rechteckzug u läßt erkennen, daß beide eine gewisse Ähnlichkeit miteinander haben. Tatsächlich ließe sich die Ähnlichkeit weiter steigern, wenn man der Summenkurve

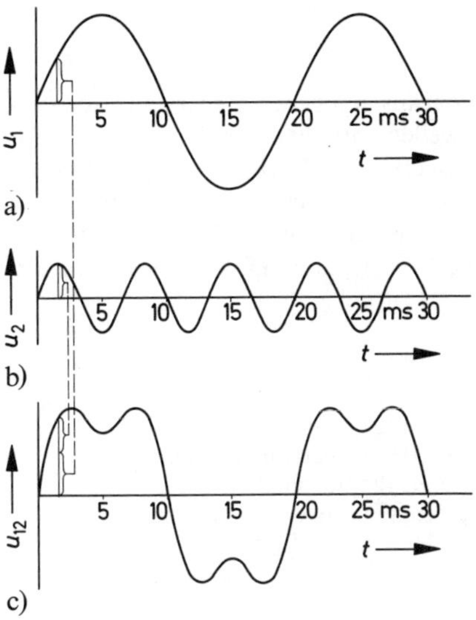

Bild 1.78
a) bis c) Bildung der Summenkurve u_{12} aus den Sinuskurven u_1 und u_2.
d) Vergleich von u_{12} mit dem Rechteckzug u

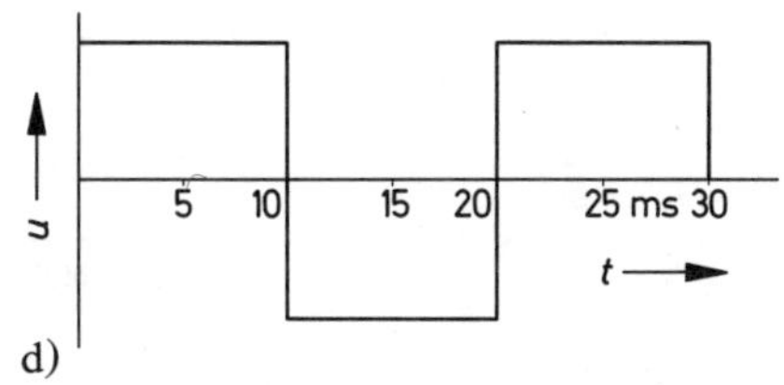

die Augenblickswerte weiterer Sinuskurven in der bereits dargestellten Form hinzuaddieren würde, die Frequenzen von 250 Hz, 350 Hz, 450 Hz usw. aufweisen. Die Frequenzen müßten also dem 5fachen, 7fachen, 9fachen usw. der Grundfrequenz (50 Hz) entsprechen. Je mehr solcher *Oberwellen* (mit jeweils abnehmender Amplitude) hinzukommen, desto perfekter wird die Ähnlichkeit mit dem Rechteckzug. Man erkennt daraus: Unter bestimmten Voraussetzungen können Sinuskurven unterschiedlicher Frequenz sich zu einem Rechteckzug überlagern. Es gilt aber auch die umgekehrte Folgerung: *Eine periodisch verlaufende rechteckförmige Spannung besteht aus einer sinusförmigen Grundwelle, deren Frequenz mit der des Rechteckzuges übereinstimmt, und aus einer unendlich großen Anzahl weiterer sinusförmiger Oberwellen höherer Frequenz.*
Diese Zusammenhänge sind aber nicht auf den Rechteckzug beschränkt.
Es gilt:

> Alle periodischen Abweichungen der Netzspannung (des Netzstromes) von der Sinusform können auf das Zusammenwirken von Sinusspannungen unterschiedlicher Frequenzen (bis in den MHz-Bereich hinein und höher) zurückgeführt werden.

Die Frequenz der 50-Hz-Netzspannung führt dabei niemals zu Funkstörungen, jedoch die Oberwellen, die dieser Spannung ggf. überlagert sind, reichen in vielen Fällen weit in den Empfangsbereich von Rundfunk- und Fernsehgeräten und ähnlichen Einrichtungen hinein.
Neben den sich periodisch ständig wiederholenden Abweichungen eines Stromes – die zu Dauerstörungen führen – ist aber auch jeder Schaltvorgang im Netz als eine Quelle kurzzeitig auftretender Störspannungen (Oberwellen) zu betrachten.
Nach diesen Erläuterungen lassen sich folgende Geräte als solche einstufen, die leicht Funkstörungen erzeugen: Schaltkontakte, Stromwendermaschinen, Elektro-Schweißgeräte, Phasenanschnittsteuerungen (z.B. Dimmer), Drosseln mit Eisenkernen usw.
Die Oberwellenentstehung bei Stromwendermaschinen ist durch das Springen der Kohlebürsten von einer Stromwenderlamelle zur anderen zu erklären. Während jedes Überganges tritt eine Widerstandsänderung im Stromkreis auf, die infolge von Funkenbildung (Stromdurchgang durch die Luft) besonders ausgeprägt wird. Bei Elektroschweißgeräten ist der Lichtbogen

infolge der aufsteigenden Luft nicht konstant. Die sich daraus ergebende Widerstandsschwankung führt zu Stromänderungen im Netz, welche Oberwellen enthalten. Bei Phasenanschnittsteuerungen wird die Verwandtschaft zur eingangs angeführten Rechteckkurve besonders deutlich. Und Drosseln mit Eisenkernen schließlich bewirken Abweichungen des Stromes von der idealen Sinusform dann, wenn sie im Bereich ihrer magnetischen Sättigung betrieben werden. Die den Blindwiderstand bewirkende induktive Gegenspannung ist dann nicht mehr sinusförmig und wirkt dadurch verzerrend auf den Strom zurück.

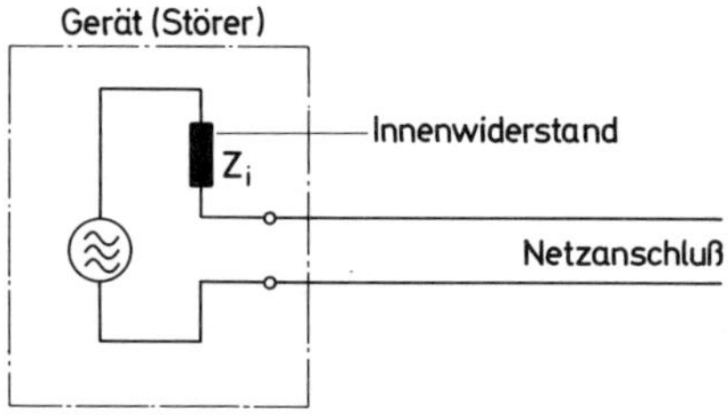

Bild 1.79
Funkstörende Geräte sind Hochfrequenz(HF)-Generatoren, deren Störenergie drahtgebunden in das Netz gelangt und/oder in den Raum abgestrahlt wird.

Geräte, die Funkstörungen erzeugen, kann man als Hochfrequenz-(HF-)Generatoren ansehen (Bild 1.79). Die durch sie entstandene Hochfrequenzenergie gelangt entweder durch Abstrahlung oder auf drahtgebundenem Wege (oder über beides) zu dem Empfänger, in dem sie als Störung wirkt. Die Abstrahlung erfolgt um so leichter, je größer die Abmessungen der aktiven Teile des störenden Gerätes in bezug auf die Wellenlänge der Störenergie ist. Je höher die Frequenz der Störenergie ist, desto leichter erfolgt die Abstrahlung in den Raum. Über Leitungen dagegen pflanzt sich die Störenergie um so weiter fort, je niederfrequenter sie ist.
Die Störwirkung der Geräte kann mit Hilfe geeigneter Maßnahmen (Funkentstörung) vermindert werden. Es ist hierbei VDE 0875 zu beachten.

1.5.2 Maßnahmen zur Funkentstörung

Man unterscheidet zwei Arten von Störspannungen:

- ☐ symmetrische Störspannungen, die zwischen zwei Netzleitern auftreten, und
- ☐ unsymmetrische Störspannungen, die zwischen einem Netzleiter und dem Gehäuse bzw. der Erde auftreten.

Symmetrische Störspannungen werden im einfachsten Fall durch einen Kondensator vermindert, der möglichst nahe der Störquelle zwischen die Leiter geschaltet wird, zwischen denen die Störspannung sich ausbildet. Aus Bild 1.80 ist das Prinzip der Schaltung erkennbar: Der Innenwiderstand Z_i des Gerätes und der Blindwiderstand von C_X bilden für den „Störstrom" einen Spannungsteiler. Nach den Gesetzmäßigkeiten der Reihenschaltung wird an dem Spannungsteiler die Gesamt-Störspannung $U_{stör}$ zerlegt in die Teilspannungen $U_{i\,stör}$ und $U_{stör}$. Infolge der hohen Frequenz der Störspannungen stellt Z_i (in der Praxis häufig mit hoher induktiver Blindkomponente behaftet) einen großen Widerstand dar. C_X bildet bei richtiger Auslegung dagegen einen niederohmigen kapazitiven Blindwiderstand. Dadurch ist die an C_X auftretende Teilspannung $U_{stör}$ sehr viel kleiner als $U_{i\,stör}$. Der größere Anteil der Gesamtspannung fällt also an U_i ab. Nur die sehr viel geringere Teilspannung $U_{stör}$ wirkt als

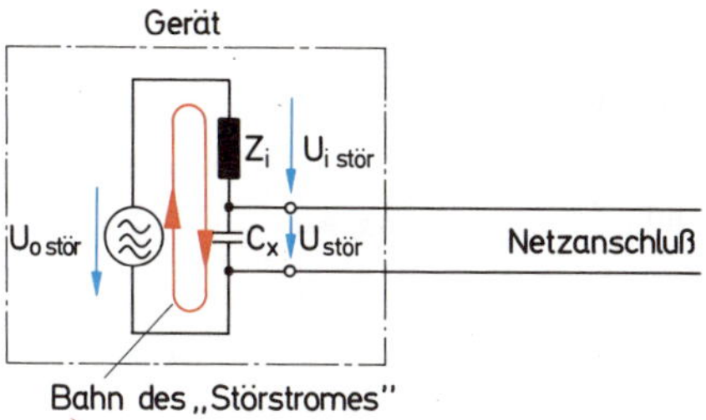

Bild 1.80
Einfache Entstörschaltung

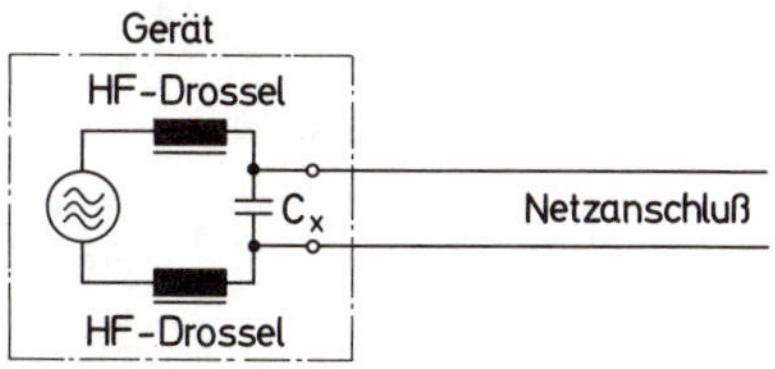

Bild 1.81
Entstörschaltung bei geringem HF-Innenwiderstand des Störers. Die HF-Drosseln erhöhen den Innenwiderstand insbesondere bei hohen Frequenzen.

Rest-Störspannung noch im Netz, da dieses parallel zu C_X geschaltet liegt. Die Erläuterung macht deutlich, daß Störspannungen allgemein nur vermindert, aber nicht beseitigt werden können. Ist der Geräteinnenwiderstand Z_i nicht ausreichend, so sind ggf. zusätzlich Hochfrequenzdrosseln zu Hilfe zu nehmen (Bild 1.81), deren Induktivität so klein gewählt wird, daß der induktive Blindwiderstand für die Netz-Betriebsfrequenz gering ausfällt. Bild 1.82 zeigt eine Schaltung, mit der sich auch unsymmetrische Störspannungen vermindern lassen. Bild 1.83 zeigt schließlich Funkentstörschaltung für symmetrische und unsymmetrische Störspannungen bei einem Universalmotor mit symmetrisch geteilter Erregerwicklung. Die Erregerwicklung selbst hat im allgemeinen eine ausreichend hohe Induktivität.

1.5.3 Entstörbauelemente

Bei der Auswahl von Funk-Entstörkondensatoren ist neben Nennkapazität und Nennspannung auch deren Klasse zu beachten, der sie zugeordnet sind. Man unterscheidet sie nach Klasse X (X-Kondensatoren) und Klasse Y (Y-Kondensatoren).

X-Kondensatoren können eine beliebig große Kapazität aufweisen. Sie dürfen jedoch nur an Stellen eingesetzt werden, wo sie im Falle eines Durchschlags keine gefährlichen Körperströme auslösen. In der Regel trifft dies zu, wenn sie zwischen zwei Betriebsstrom führende, isolierte Leiter (also zwischen L1 und N, zwischen L1 und L2 usw.) geschaltet sind. Die Klasse X ist in zwei Unterklassen unterteilt.

Kondensatoren der *Unterklasse X1* werden dort eingesetzt, wo Spannungsspitzen, die der Netzspannung überlagert sind, auftreten, die $\geq$ 1,2 kV sind. Diese Kondensatoren müssen einer Prüfspannung $\geq$ 4 kV standhalten. Solche Spannungsspitzen können an Geräten mit Induktivitäten als Folge von Schaltvorgängen entstehen.

Kondensatoren der *Unterklasse X2* werden dort eingesetzt, wo Spannungsspitzen auftreten, die < 1,2 kV sind. Diese Kondensatoren müssen einer Prüfspannung $\geq$ 1,4 kV standhalten. Mit Spannungsspitzen bis zu dieser Größenordnung rechnet man üblicherweise als Folge von Schaltvorgängen im Versorgungsnetz.

Y-Kondensatoren sind Kondensatoren für eine Isolierspannung von U_{eff} = 250 V mit erhöhter elektrischer und mechanischer Sicherheit. Die erhöhte elektrische Sicherheit gründet sich unter anderem auf eine besonders hohe Spannungsfestigkeit. Y-Kondensatoren dürfen deshalb betriebsmäßig stromführende Leiter auch mit dem Gehäuse, dem Schutzleiter und/oder der Erde verbinden. Sie dienen dazu, das Gerätegehäuse mit in die Funk-Entstörmaß-

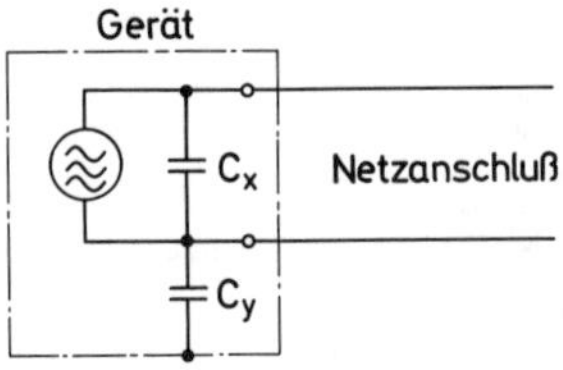

Bild 1.82 Schaltung zur Minderung symmetrischer und unsymmetrischer Störspannungen

Bild 1.83 Entstörschaltung bei einem Universalmotor mit geteilter Erregerwicklung. Die Erregerwicklung wirkt als HF-Drossel

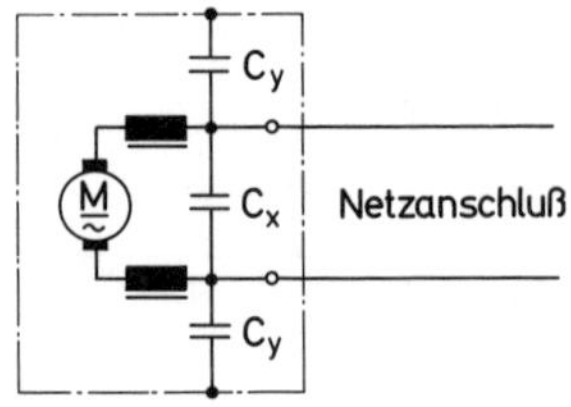

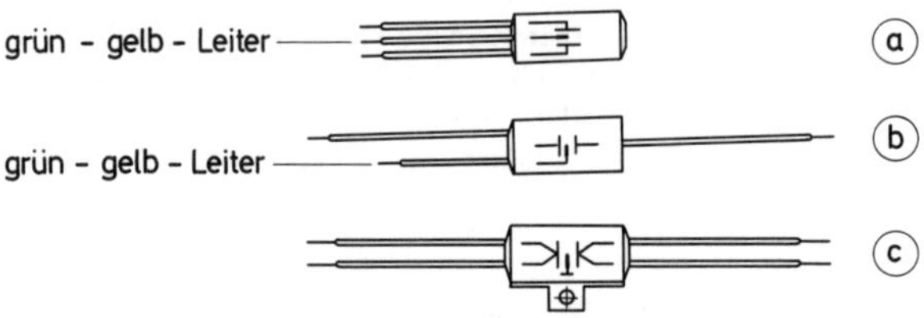

Bild 1.84
Beispiele für XY-Kondensatoren

nahme einzubeziehen. Um gefährliche Körperströme zu vermeiden, muß die Kapazität von Y-Kondensatoren begrenzt sein. Für Haushalts-Handgeräte sind maximal 5 nF bzw. 2 × 2,5 nF typisch.

In vielen Fällen sind mehrere Bauelemente – X-Kondensatoren, Y-Kondensatoren, Drosseln und/oder Widerstände – als Entstöreinheit innerhalb eines Gehäuses vereinigt. Man spricht dann z. B. von X1Y-Kondensatoren. Entstörfilter enthalten neben X- und Y-Kondensatoren auch Drosseln.

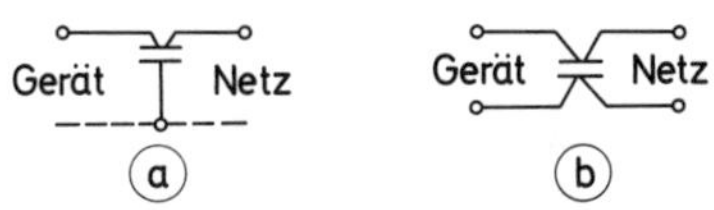

Bild 1.85
Durchführungs-kondensatoren

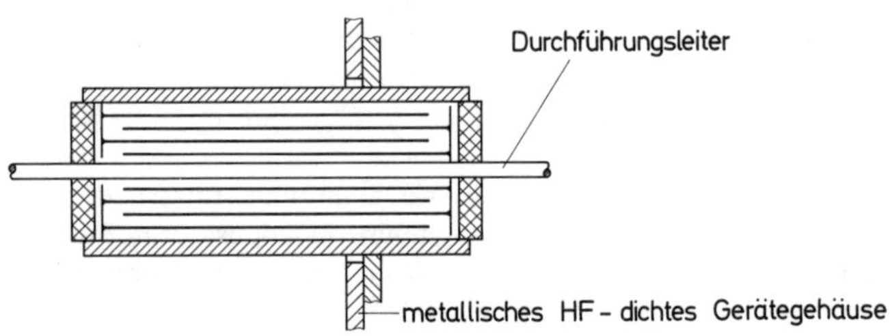

a)

Bild 1.86
Koaxialer Durchführungs-kondensator
a) Schnitt durch einen koaxialen Durchführungs-kondensator
b) und c) Ausführungsformen koaxialer Durchführungs-kondensatoren

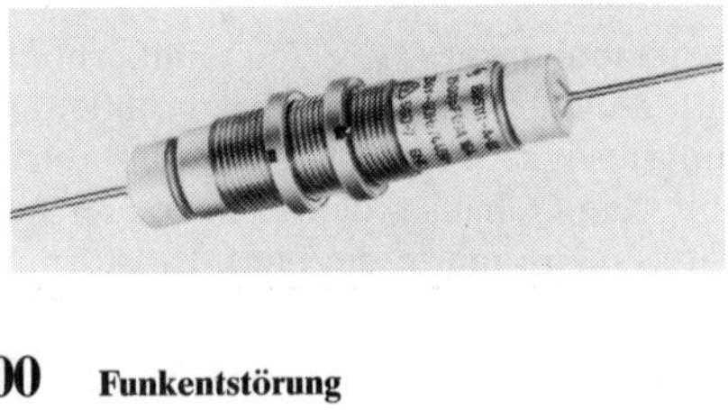

b)

c)

Durchführungskondensatoren haben Leiter, die zur Aufnahme des Geräte-Betriebsstromes ausgelegt sind (Bild 1.85a und b). Koaxiale Durchführungskondensatoren – wie in Bild 1.86 dargestellt – besitzen einen den Betriebsstrom aufnehmenden zentral angeordneten Leiter, um den die Kondensatorbeläge ringförmig angeordnet sind. Der eine Belag ist dabei direkt mit dem Durchführungsleiter verbunden, während der andere Belag an das Metallgehäuse des Kondensators gelegt ist. Das Kondensatorgehäuse bildet mit dem Gerätegehäuse im Idealfall dann einen HF-dichten Verschluß.

Entstörfilter bestehen aus Kondensatoren und HF-Drosseln. Geeignete Kombinationen aus X- und Y-Kondensatoren und HF-Drosseln sind, in einem Gehäuse gemeinsam verschaltet, von gängigen Herstellern zu beziehen.

1.5.4 Bemessung von Funkentstörbauelementen in Hausgeräten

Die Berechnung der geeigneten Kapazitäten und Induktivitäten ist in der Funkentstörpraxis allgemein nicht üblich. Hier helfen Erfahrung und Ausprobieren. Gängige Größen für X-Kondensatoren sind z. B. 0,1 μF, 0,2 μF und 0,5 μF. Für Y-Kondensatoren kommen Kapazitätswerte von 5 nF bzw. 2 × 2,5 nF in Frage, und HF-Drosseln weisen oft Werte zwischen 0,5 mH und 2 mH auf.

1.5.5 Funkschutzzeichen

Hersteller können mit Genehmigung des VDE und nach entsprechender Prüfung ihre Geräte mit einem Funkschutzzeichen (Bild 1.87) versehen. Mit dem Funkschutzzeichen wird dem Gerät ein geringer Funkstörgrad bescheinigt, so daß ein Betrieb im Bereich von Industrieanlagen und Wohnbereichen zulässig ist.
Das Vorhandensein des VDE-Funkschutzzeichens auf einem Gerät ist keine Gewähr dafür, daß die anderen VDE-Bestimmungen (z.B. gegen direktes Berühren usw.) eingehalten sind.

Bild 1.87
Funkschutzzeichen
nach VDE 0875

2 Beleuchtungstechnik

2.1 Physikalische Grundlagen des Lichts

2.1.1 Licht als elektromagnetische Strahlung

Licht ist eine Form der Energie; es läßt sich aus anderen Energieformen gewinnen, z.B. aus der Wärme glühender Körper oder aus Entladungsvorgängen elektrischer Energie in Gasen. Licht läßt sich auch in andere Energien umwandeln, z.B. in elektrische Energie beim Fotoelement. Wird Licht an Flächen absorbiert (verschluckt), so wird es zu Wärme umgewandelt.

Licht hat die Eigenschaften elektromagnetischer Strahlungen, wie sie z.B. auch Rundfunkwellen, Infrarot-(IR-)Strahlung (Wärmestrahlung) und Ultraviolett-(UV-)Strahlung aufweisen:

- Die Übertragbarkeit ist nicht an bestimmte Stoffe gebunden; es breitet sich auch im freien (leeren) Raum aus.
- Die Ausbreitung im leeren Raum oder in homogenen (gleichförmigen) lichtdurchlässigen Stoffen erfolgt geradlinig.
- Die Fortpflanzungsgeschwindigkeit im leeren Raum und in Luft ist $c \approx 300\,000\,000$ m/s.
- Unter bestimmten physikalischen Bedingungen (auf die hier nicht näher eingegangen werden sollen) läßt sich die Welleneigenschaft des Lichts nachweisen.

Zwischen der Wellenlänge λ und der Frequenz f der Strahlung besteht ein fester mathematischer Zusammenhang. Im leeren Raum (und in Luft) gilt:

$$\lambda = \frac{c}{f} \approx \frac{300\,000\,000 \text{ m/s}}{f}$$

Einer bestimmten Frequenz f des Lichts (bzw. einer anderen elektromagnetischen Strahlung) ist somit immer eine bestimmte Wellenlänge λ zuzuordnen.

Beispiel: Wie groß ist die Wellenlänge λ einer elektromagnetischen Strahlung mit der Frequenz $f = 400 \cdot 10^{12}$ Hz ($= 400 \cdot 10^{12}$ 1/s)?

Lösung: $\lambda \approx \dfrac{300\,000\,000 \text{ m/s}}{400 \cdot 10^{12} \text{ 1/s}} = 750 \cdot 10^{-9} \text{ m} = \underline{\underline{750 \text{ nm}}}$

Dem Licht sind alle Wellenlängen zwischen 380 nm und 780 nm zuzuordnen.

Anders ausgedrückt: Das menschliche Auge empfindet elektromagnetische Strahlung innerhalb des Bereiches 380 nm (entsprechend $789 \cdot 10^{12}$ Hz) bis 780 nm (entsprechend $385 \cdot 10^{12}$ Hz) als Licht. Bild 2.1 zeigt die Zuordnung des Lichts in das Gesamtband der verschiedenen bekannten elektromagnetischen Strahlungen.

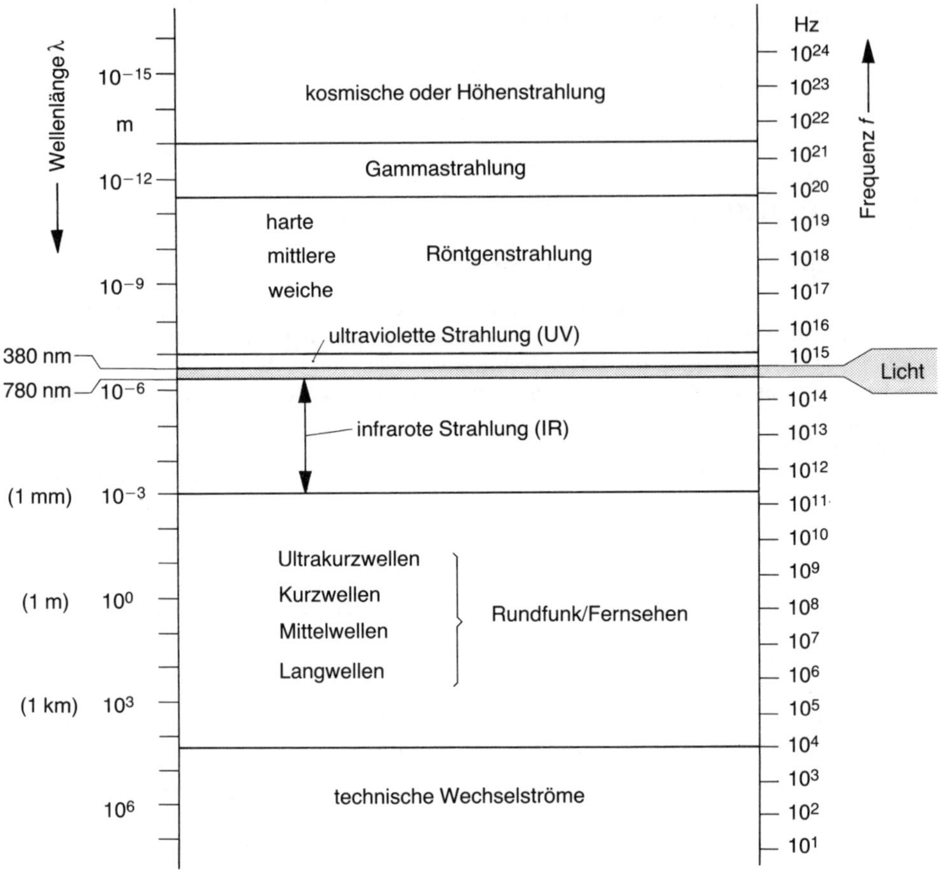

Bild 2.1 Das Gesamtband der verschiedenen bekannten elektromagnetischen Strahlungen und deren allgemeine Benennungen

2.1.2 Die verschiedenen Lichtfarben unterscheiden sich voneinander durch ihre Frequenz

Läßt man einen Lichtstrahl durch ein Glasprisma hindurchtreten, wird er an zwei Stellen gebrochen (geknickt): An der Eintrittsstelle in das Prisma und an der Austrittsstelle aus dem Prisma (Bild 2.2).
Lenkt man z.B. den weißen Strahl des Sonnenlichts durch ein solches Glasprisma, entstehen auf einem dahinter angeordneten weißen Schirm nebeneinanderliegend unterschiedlich farbige Lichtstreifen. Das weiße Licht wird durch die Wirkung des Prisma in seine Bestandteile zerlegt: Der weiße Lichtstrahl besteht tatsächlich aus einer Vielzahl verschiedenfarbiger Einzelstrahlen. Die Zerlegung erfolgt, weil nicht jede Lichtfarbe beim Durchgang durch das Prisma in gleicher Weise gebrochen wird. Beispielsweise wird ein roter Lichtstrahl nur gering, ein violetter Lichtstrahl dagegen sehr stark gebrochen

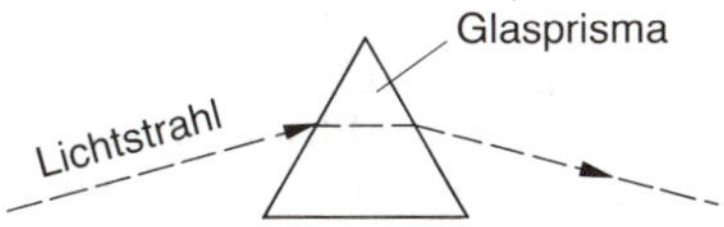

Bild 2.2 Brechung eines Lichtstrahls beim Durchgang durch ein Glasprisma

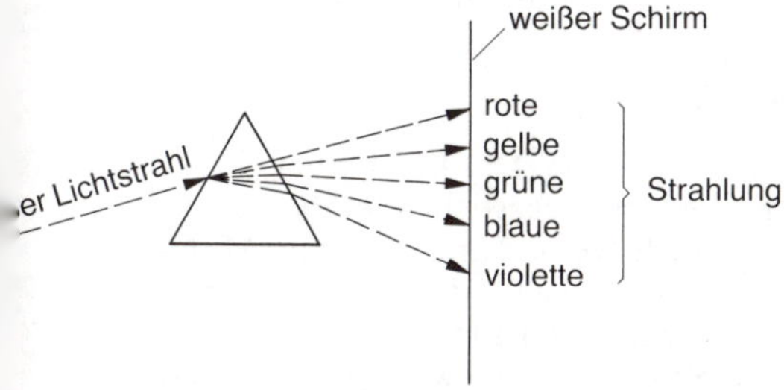

Bild 2.3 Entstehung des Farbspektrums durch Lichtbrechung beim Durchgang eines weißen Lichtstrahls durch ein Glasprisma

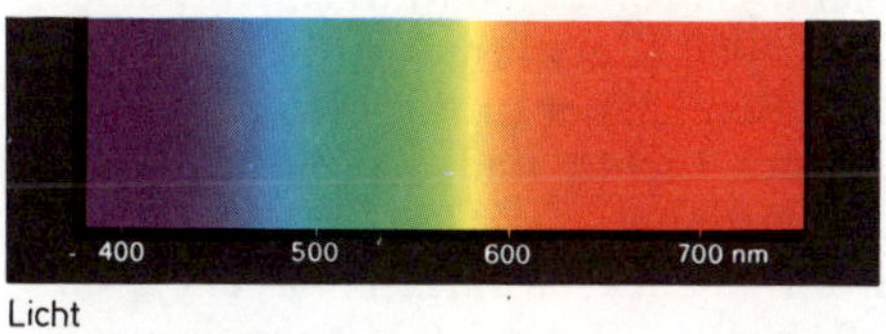

Bild 2.4 Die Farben des Spektrums bei idealem weißen Licht

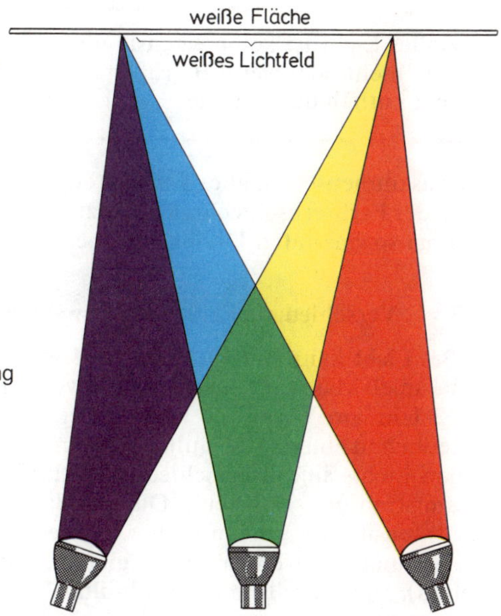

Bild 2.5 Entstehung eines weißen Lichtfeldes auf einer weißen Fläche durch die Verwendung von drei Lichtfarben Violett, Grün und Rot

(Bild 2.3). Die Reihenfolge der Farben — das *Farbspektrum* des weißen Lichts— das auf dem Bildschirm zu sehen ist, zeigt Bild 2.4. Es sind dies im wesentlichen die Farben Violett, Blau, Grün, Gelb, Rot. Die verschiedenen Lichtfarben unterscheiden sich voneinander durch ihre Wellenlänge (bzw. Frequenz). Violettes Licht hat eine kurze Wellenlänge (= hohe Frequenz) und rotes Licht hat eine große Wellenlänge (= niedrigere Frequenz).

Umgekehrt, wie sich weißes Licht in verschiedene Farben zerlegen läßt, lassen sich bestimmte Lichtfarben zu weißem Licht zusammenfügen. Dabei brauchen nicht einmal alle zuvor genannten Lichtfarben daran beteiligt zu werden. Bereits aus den drei Lichtfarben Violett, Grün und Rot entsteht auf einem weißen Schirm ein weißes Lichtfeld (Bild 2.5). Die fehlenden Lichtfarben ergeben sich aus der Mischung von jeweils zwei Lichtfarben: Gelb ergibt sich aus den Lichtfarben Grün und Rot; Blau ergibt sich aus den Lichtfarben Violett und Grün.

Die Überlagerung (Summierung) verschiedener Lichtfarben zu einer neuen Lichtfarbe bezeichnet man in der Physik als *additive Farbmischung*.

Weißes Licht ist keine eigenständige Lichtfarbe. Weißes Licht besteht immer aus einer mehr oder weniger großen Anzahl verschiedener Lichtfarben. Ideales weißes Licht enthält das gesamte Spektrum der sichtbaren elektromagnetischen Strahlung.

Das Zusammensetzen aller Farben (einschließlich Weiß) aus nur drei Lichtfarben wird z.B. in der Farbfernsehtechnik genutzt. Seit einigen Jahren verwendet man dieses Prinzip auch bei sogenannten Dreibanden-Leuchtstofflampen (Abschnitt 2.2.4.2).

2.1.3 Verschiedene Farbtöne des weißen Lichts

Weißes Licht kann unterschiedliche Tönungen aufweisen. Das Licht einer Glühlampe hat beispielsweise eine leicht rötlich-weiße Farbe. Das Tageslicht zwischen ca. 10 Uhr bis 12 Uhr am Vormittag wirkt dagegen erheblich weißer und geht zur Mittagszeit schließlich in einen fast bläulich-weißen Ton über. Ursache für die jeweilige Tönung des weißen Lichts sind unterschiedliche Anteile der einzelnen Lichtfarben innerhalb der Gesamtstrahlung. Das heißt: Die einzelnen Lichtfarben sind jeweils mit unterschiedlicher Intensität im weißen Licht vertreten.
Die Tönung des weißen Lichts gibt man durch die *Farbtemperatur,* gemessen in K (Kelvin), an. Grundlage ist die absolute Temperatur (in K) eines zum Glühen gebrachten schwarzen Körpers. Die drei Kennlinien aus Bild 2.6 zeigen die Verteilung der Stahlungsanteile (Relative spektrale Strahlungsdichte) bei einem schwarzen Körper, der jeweils auf Temperaturen von 2000 K, 3000 K und 4000 K erwärmt wurde.
Der grau unterlegte Teil des Diagramms grenzt den Bereich der Infrarot-(IR-)Strahlung ein, der rot schraffierte Bereich ist der Bereich des Lichts, und der weiße Bereich schließlich ist der Ultraviolett-(UV-)Strahlung zuzuordnen.
Es ist zu erkennen, daß sich das Maximum der Strahlung des schwarzen Körpers jeweils außerhalb des Lichtbereichs — innerhalb des IR-Bereichs — befindet. Mit zunehmender Temperatur des schwarzen Körpers wandert jedoch das Maximum in Richtung zum sichtbaren Bereich (Wiensches Verschiebungsgesetz*). Weiter ist dem Diagramm zu entnehmen, daß von einem glühenden schwarzen Körper mit $T = 2000$ K

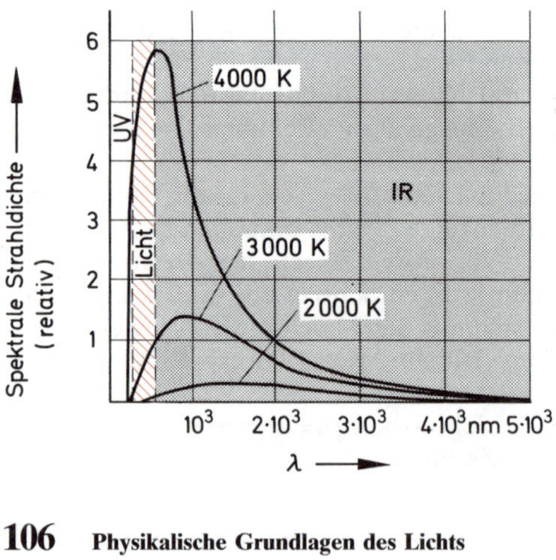

Bild 2.6 Relative Strahlungsdichteverteilung bei einem schwarzen Körper und unterschiedlichen Temperaturen

* Wien, Wilhelm, Physiker, 1864 bis 1928.

nicht alle Anteile der sichtbaren Strahlung erzeugt werden. Es entsteht nur langwellige Strahlung (Lichtfarbe Rot), während der kurzwelligere Bereich — vor allem die Lichtfarben Violett und Blau — völlig fehlt. Ein solcher Körper wirkt darum „rotglühend". Bei Erwärmung des Körpers auf 3000 K ist das Maximum schon so weit in Richtung zum sichtbaren Bereich hin verlagert, daß bereits alle Strahlungsanteile des Lichts erzeugt werden. Jedoch überwiegt Rot noch deutlich. Die Lichtfarbe des schwarzen Strahlers entspricht dabei sehr exakt der einer Glühlampe. Bei weiterer Erwärmung auf 4000 K ist das Maximum bereits bis zur Grenze des sichtbaren Strahlungsbereiches gewandert. Der Rotanteil überwiegt zwar noch, jedoch haben die kürzeren Wellenlängen (violette Strahlung) im Verhältnis zum Rotanteil stärker zugenommen. Die Gesamtstrahlung (das weiße Licht) wirkt jetzt weniger rötlich.

Die Farbe des abgestrahlten Lichts eines zum Glühen gebrachten schwarzen Körpers hängt von seiner Temperatur ab. Die Lichtfarbe wird in K angegeben. Dabei bezieht sich die Angabe auf die absolute Temperatur des schwarzen Körpers.

In der Beleuchtungstechnik werden insbesondere drei Farbtemperaturbereiche unterschieden:

- Unter 3300 K → warmweiße Lichtfarbe (Abkürzung: ww),
- 3300 K bis 5000 K → neutralweiße Lichtfarbe (nw),
- über 5000 K → tageslichtweiße Lichtfarbe (tw).

Den genannten Lichtfarben können z. B. folgende typische Lichtquellen (Lampen) zugeordnet werden:

ww → Glühlampen, Warmton-Leuchtstofflampen.
nw → Leuchtstofflampen des Typs Weiß und Universalweiß.
tw → Foto-Blitzlampen (z.B. „Elektronen-Blitzlampen" oder „blaue" Blitzlampen).

Die Farbtemperatur ist keine Aussage über die Farbwiedergabequalität des erzeugten Lichts. Grundsätzlich gibt es für alle Lichtfarben Lampen mit guter und weniger guter Farbwiedergabe.

2.1.4 Farbwiedergabe

Weiße Flächen reflektieren (werfen zurück) alle Strahlungsanteile des weißen Lichts. Sie reflektieren also alle Lichtfarben. Unser Auge empfängt die Summe der reflektierten Strahlung und registriert die „Farbe Weiß".
Wird eine weiße Fläche nur mit blauem Licht angeleuchtet, kann sie auch nur blaue Strahlung reflektieren. Das menschliche Auge bewertet die weiße Fläche dann als Blau.
Man kann daraus erkennen, daß der Farbeindruck, den man von einer Fläche erhält, ganz wesentlich von den Farbanteilen mitbestimmt wird, die in der Beleuchtung enthalten sind.
Schwarze Flächen absorbieren (verschlucken) im wesentlichen alle Strahlungsanteile des weißen Lichts, also alle Lichtfarben. Das menschliche Auge empfängt deshalb keine reflektierten Strahlungsanteile und registriert dann die „Farbe Schwarz".
Farbige Flächen reflektieren und absorbieren Strahlungsanteile des weißen Lichts. Eine

Bild 2.7 Eine rote Fläche reflektiert im wesentlichen nur den roten Strahlungsanteil vom Gesamtspektrum des weißen Lichts

rote Fläche reflektiert zum Beispiel vor allem rote Strahlungsanteile (Bild 2.7) und absorbiert andere Strahlungsanteile — insbesondere die Lichtfarben Blau und Grün — und erscheint dem menschlichen Auge deshalb als Rot. Eine gelbe Fläche dagegen reflektiert insbesondere die Lichtfarbe Gelb sowie Lichtfarben, die den Gesamteindruck Gelb ergeben und absorbiert andere Lichtfarben, insbesondere die Lichtfarbe Blau.
Dieses Herausfiltern und Reflektieren bestimmter Lichtfarben ist eine Eigenschaft der in den verwendeten Farben vorhandenen Farbpartikel. Man bezeichnet den Vorgang in der Physik als *subtraktive Farbmischung*.
Fehlt dem Licht zum Beispiel die Lichtfarbe Gelb bzw. fehlen Strahlungsanteile, die in unserem Auge den Gesamteindruck Gelb hervorrufen, so wird man eine gelbe Fläche nicht als Gelb erkennen. Um eine befriedigende Farberkennung aller Farben zu gewährleisten, muß eine weiße Lichtquelle möglichst alle Lichtfarben des Spektrums — zumindest jedoch bestimmte Strahlungsanteile, aus denen sich die fehlenden durch Mischung ersetzen lassen — enthalten.
Als Vergleichsmaßstab für die Beurteilung der Farbwiedergabequalität künstlicher Lichtquellen (Lampen) dient die Farbwiedergabe eines Temperaturstrahlers (erhitzter schwarzer Körper — siehe auch Abschnitt 2.1.3.), da dieser stets ein zusammenhängendes Band von Lichtfarben erzeugt.
Hinweis: Im Gegensatz dazu werden in Gasen, die zum Leuchten angeregt sind, meist nur ganz bestimmte Lichtfarben erzeugt.
Je nach Grad der Übereinstimmung mit der Farbtemperatur des Temperaturstrahlers unterteilt man Lampen in vier Farbwiedergabestufen. Die Bedeutung der Stufen ist etwa wie folgt zu sehen:

Stufe 1 → sehr gute Farbwiedergabeeigenschaft,
Stufe 2 → gute Farbwiedergabeeigenschaft,
Stufe 3 → weniger gute Farbwiedergabeeigenschaft,
Stufe 4 → Farbbeurteilungen sind nicht möglich.

Die einer Lampe zugeordnete Farbwiedergabestufe ist den Herstellerlisten zu entnehmen. Als Orientierung kann auch Tabelle 2/1 herangezogen werden, in der verschiedene heute angebotene Lampentypen, unterteilt nach ihrer Lichtfarbe, den vier Stufen zugeordnet sind.

Tabelle 2.1 Lichtfarbe und Farbwiedergabe-Eigenschaft verschiedener Lichtquellen (Lampen)

Lichtfarbe	Stufe der Farbwiedergabeeigenschaft nach DIN 6169	Lichtquelle (in Klammern: Osram-Bezeichnungen)
Tageslichtweiß (tw)	1	Xenonlampen, Halogen-Metalldampflampen mit sehr guten Farbwiedergabeeigenschaften, Dreibanden-Leuchtstofflampen (Lumilux 11)
Neutralweiß (nw)		Halogen-Metalldampflampen mit sehr guten Farbwiedergabeeigenschaften, Dreibanden-Leuchtstofflampen (Lumilux 21)
Warmweiß (ww)		Glühlampen, Halogenglühlampen, Dreibanden-Leuchtstofflampen (Lumilux 31)
Tageslichtweiß (tw)	2	Halogen-Metalldampflampen mit guten Farbwiedergabeeigenschaften
Neutralweiß (nw)		Leuchtstofflampen (Universalweiß 25)
Neutralweiß (nw)	3	Quecksilberdampf-Hochdrucklampen mit Leuchtstoff, Mischlichtlampen. Halogen-Metalldampflampen mit weniger guten Farbwiedergabeeigenschaften, Leuchtstofflampen (Hellweiß 20).
Warmweiß (ww)		Leuchtstofflampen (Warmton 30)
Gelb/Gelbweiß	4	Natriumdampf-Nieder- und -Hochdrucklampen

Aus der Tabelle 2.1 und aus dem bisher Gesagten ist zu erkennen, daß es für alle Lichtfarben (ww, nw und tw) Lampen mit sehr guter und mit weniger guter Farbwiedergabequalität gibt.

Die erforderliche Farbwiedergabe für verschiedene Aufgaben der Innenraumbeleuchtung (Arbeitsstättenbeleuchtung) muß — nach DIN 5035, Teil 1 — mindestens der Stufe 3 entsprechen. Nur in Ausnahmefällen, z.B. in bestimmten Bereichen der Metallbe- und Verarbeitung, dürfen auch Natriumdampf-Hochdrucklampen angewendet werden, die der Farbwiedergabestufe 4 zugeordnet sind. Konsequent richtig wäre es, nur Lampen der Farbwiedergabestufe 1 zu installieren. Leider sind jedoch solche Lampentypen in der Herstellung meist teurer, und außerdem nimmt allgemein der Lampenwirkungsgrad (die Lichtausbeute) mit zunehmender Farbwiedergabequalität ab. Erst neuere Entwicklungen haben dazu geführt, daß gute Farbwiedergabe und hoher Wirkungsgrad bei bestimmten Lampentypen miteinander kombiniert werden konnten.

2.2 Lampen

2.2.1 Erzeugung von Licht

Als Lampe bezeichnet man die Lichtquelle einer Beleuchtungsanlage. In Lampen kann Licht auf verschiedene Weise aus elektrischer Energie erzeugt werden, zum Beispiel

- über den Umweg der Wärme oder
- direkt bei Stromdurchgang durch Gase.

Licht entsteht durch Anregung der Elektronen in den Atomen der Stoffe, die uns umgeben. Wird beispielsweise einem Elektron durch irgendeinen äußeren Einfluß Energie zugeführt, kann es dadurch auf eine höhere Umlaufbahn seines Atoms gestoßen werden (Bild 2.8). Aufgrund der Anziehungskräfte, die zwischen dem Atomkern (mit positiver Ladung) und dem Elektron (mit negativer Ladung) bestehen, wird es nach kurzer Zeit auf seine ursprüngliche Bahn zurückgezogen und gibt dann die zuvor erhaltene Energie in Form eines kleinen Lichtblitzes wieder ab. Der Physiker bezeichnet diesen Lichtblitz als *Photon* oder *Lichtquant*.

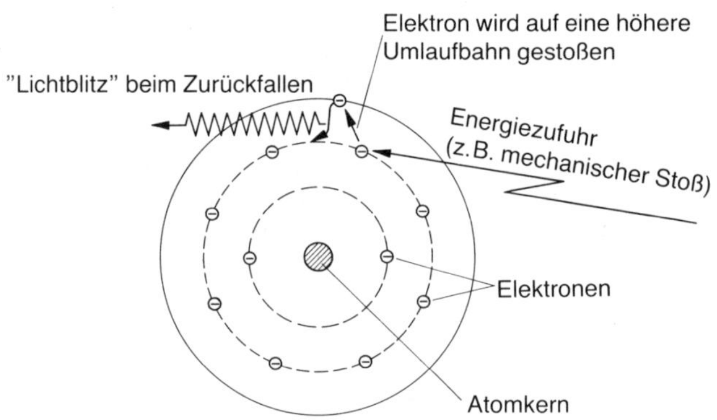

Bild 2.8 Entstehung eines «Lichtblitzes» (Photon)

Wenn man „Licht sieht“, so handelt es sich dabei stets um eine ununterbrochene Folge unzähliger zugleich und hintereinander ablaufender kleiner Lichtblitze.

Licht über den Umweg der Wärme wird zum Beispiel in Glühlampen erzeugt. Solche Lichtquellen werden als Temperaturstrahler bezeichnet. Der Glühfaden wird infolge des Stromdurchgangs so sehr erwärmt, daß seine Atome in starke Schwingungen geraten und ständig gegeneinanderprallen. Hierdurch werden die Elektronen in ihrem Umlauf um den Kern gestört, wobei dann die beschriebenen Vorgänge eintreten, die zur Entstehung der Lichtblitze führen.

Licht infolge Stromdurchgang durch Gase wird in sogenannten Entladungslampen – Leuchtstofflampen, Quecksilberdampfhochdrucklampen usw. – erzeugt. Die Erscheinung wird als „kaltes“ Leuchten oder (abgeleitet aus dem Lateinischen) als *Lumineszenz* bezeichnet. Diese Bezeichnung gilt für alle Arten der Lichterzeugung, die nicht über den Umweg der Wärme zustandekommen. So zum Beispiel auch für die Lichterzeugung in Halbleiter-Leuchtdioden (Lumineszenzdioden).

In Entladungslampen werden die Atome bestimmter Gase — Quecksilberdampf, Natriumdampf, Neon usw. — direkt mit frei beweglichen Elektronen „beschossen“, so daß dann wiederum die Vorgänge einsetzen, die zur Entstehung der Lichtblitze führen. Der Wirkungsgrad dieses Prozesses ist im allgemeinen größer als bei Temperaturstrahlern.
Wie „kalt“ die Lichterzeugung in Entladungslampen vonstatten geht, wird am Beispiel einer Leuchtstofflampe deutlich: Um das neutralweiße (nw) Licht einer Lampe vom Typ „Universalweiß“ mit Hilfe eines Glühfadens zu erzeugen, müßte dieser auf etwa 4000 K(!) erwärmt werden. Leuchtstofflampen erreichen erfahrungsgemäß diese Temperatur keinesfalls.

2.2.2 Technische Daten von Lampen

Den Lieferlisten der Hersteller sind wichtige Daten für Lampen zu entnehmen. Neben den äußeren Abmessungen sind dort weitere Angaben enthalten, wie z.B. die Lichtfarbe, die Farbwiedergabeeigenschaft, die Nennleistung, die Nennspannung, der Lichtstrom und die Lichtausbeute.
Die Begriffe Lichtfarbe und Farbwiedergabeeigenschaft sind bereits in Abschnitten 2.1.3 und 2.1.4 behandelt worden. Die weiteren Begriffe sind wie folgt zu verstehen:
Nennleistung P in W (Watt) bezieht sich auf die aufgenommene elektrische Leistung der Lampe, wenn sie ihre volle Helligkeit erreicht hat. Im Einschaltaugenblick kann die aufgenommene Leistung zum Teil erheblich höher sein als die Nennleistung. Glühlampen nehmen im Einschaltmoment für den Bruchteil einer Sekunde etwa das 10fache der Nennleistung auf. Entladungslampen haben nach dem Einschalten zunächst gleichfalls eine leicht erhöhte Leistungsaufnahme, die langsam auf Nennleistung absinkt, bis die Lampen ihre volle Helligkeit erreicht haben.
Die Nennleistungsangabe bezieht sich bei Lampen, die ein Vorschaltgerät benötigen, nur auf die Leistungsaufnahme der Lampe selbst. Wenn jedoch das Vorschaltgerät im Lampenkörper mit eingebaut ist, enthält die Angabe der Nennleistung die Summe aus Lampenleistung plus Vorschaltgeräteverlustleistung, wie z.B. bei Entladungslampen mit Schraubsockel für Glühlampen-Anwendungsbereiche (siehe Abschnitt 2.2.4.8).
Nennspannung U in V (Volt) gibt an, für welche Nennspannung das Netz ausgelegt sein muß, an dem die jeweilige Lampe betrieben werden darf. Diese Angabe wird nur für Lampen gemacht, die entweder kein Vorschaltgerät benötigen oder bei denen im Lampenkörper das Vorschaltgerät bereits eingebaut ist.
Lichtstrom Φ_0 in lm (Lumen) ist ein Maß für die abgestrahlte Lichtleistung (Strahlungsleistung) einer Lichtquelle. Je höher die installierte Gesamtstrahlungsleistung in einem Raum ist, desto heller ist die Beleuchtung.
Üblicherweise wird die Leistung in der Technik in Watt (W) angegeben. Für die Lichtleistung wendet man jedoch das Maß Lumen an. Das Lumen ist eine auf die Empfindlichkeit des menschlichen Auges abgestimmte Einheit. Das menschliche Auge bewertet Lichtleistung unterschiedlich. Rotes und violettes Licht werden bei objektiv gleicher Leistung (Watt) zum Beispiel als dunkler bewertet als grünes Licht. Einer Lumenangabe liegen jedoch jeweils gleiche Helligkeitseindrücke zugrunde.
Bei grünem Licht mit $\lambda = 555$ nm entsprechen 1 W etwa 680 lm.

Beispiele für Lichtstromangaben der Hersteller:
Allgebrauchs-Glühlampe 40 W/220 V bis 230 V → Φ_0 = 430 lm,
Dreibanden-Leuchtstofflampe, Weiß 36 W → Φ_0 = 3450 lm,
Natriumdampf-Niederdrucklampe 35 W → Φ_0 = 4800 lm.

Die physikalisch exakte Definition für das Lumen lautet: *1 Lumen ist gleich dem Lichtstrom, den eine punktförmige Lichtquelle mit der Lichtstärke 1 cd (Candela) nach allen Richtungen in den Raumwinkel 1 sr (Steradiant) aussendet.*

Lichtausbeute η ist der Wirkungsgrad einer Lampe.

Die Lichtausbeute ist das Verhältnis zwischen dem abgestrahlten Lichtstrom Φ_0 einer Lampe zur aufgenommenen elektrischen Leistung P in Watt.

$$\eta = \frac{\Phi_0}{P} \quad \text{in } \frac{\text{lm}}{\text{W}}$$

Im allgemeinen haben Wirkungsgrade bekanntlich keine Einheit. Im vorliegenden Fall werden aber abgegebene und aufgenommene Leistung mit unterschiedlichen Einheiten gemessen, so daß dadurch eine Einheit zustande kommt.
Beispiele für die Lichtausbeute einiger Lampen:
Allgebrauchs-Glühlampe 40 W/220 V bis 230 V

$$\eta = \frac{430 \text{ lm}}{40 \text{ W}} = 10{,}8 \frac{\text{lm}}{\text{W}}$$

Dreibanden-Leuchtstofflampe, Weiß 36 W

$$\eta = \frac{3450 \text{ lm}}{36 \text{ W}} = 95{,}8 \frac{\text{lm}}{\text{W}}$$

Natriumdampf-Niederdrucklampe 35 W

$$\eta = \frac{4800 \text{ lm}}{35 \text{ W}} = 137 \frac{\text{lm}}{\text{W}}$$

Bei Lampen, die ein Vorschaltgerät benötigen, geben die Hersteller die Lichtausbeute meist ohne Berücksichtigung der Vorschaltgeräte-Verlustleistung an, es sei denn, die Vorschaltgeräte sind im Lampenkörper bereits eingebaut.

2.2.3 Glühlampen

2.2.3.1 Geschichtliches

Glühlampen wurden erstmals erfunden im Jahr 1854 von dem aus Westfalen nach New York ausgewanderten Mechaniker Heinrich Göbel. Bei seinem Modell benutzte er eine verkohlte Bambusfaser als Glühfaden, die er in eine evakuierte Glasröhre (Vakuum-Glasröhre) einbaute. Das Vakuum ist notwendig, um das augenblickliche Reagieren des Fadens mit Sauerstoff und die daraus entstehende Verbrennung zu verhindern. Gespeist wurde dieses Glühlampenmodell aus einem elektrochemischen Element.
Im Jahr 1879 erfand Thomas A. Edison die Glühlampe ein zweites Mal. Offensichtlich war ihm die Göbelsche Entwicklung nicht bekannt. Edison verwendete einen Kohlefaden innerhalb eines evakuierten Glaskolbens. Auch heute gibt es noch Kohlefadenlampen als Zierlampen.
Später wurde der Glühfaden aus Osmium (ab dem Jahr 1901), aus Tantal (ab 1903) und schließlich ab 1905 bis zum heutigen Tag aus Wolfram hergestellt.

2.2.3.2 Aufbau und Betriebseigenschaften

Den Aufbau einer Standard-Glühlampe zeigt Bild 2.9. Bei den heutigen Glühlampen besteht der Glühfaden (die Wendel) aus einem dünnen Wolframdraht. Wolfram ist das Metall mit dem höchsten Schmelzpunkt (3380 °C).
Bei der Konstruktion einer Glühlampe müssen Glühfadentemperatur und Lebensdauer – die gegeneinander verlaufen – wirtschaftlich aufeinander abgestimmt werden.
Je höher die Glühfadentemperatur ist, desto weißer wird das Licht (siehe auch Abschnitt 2.1.3) und desto größer wird die Lichtausbeute. Die Lebensdauer des Glühfadens sinkt jedoch mit steigender Temperatur, da das Metall bereits unterhalb des Schmelzpunktes zu verdampfen beginnt und sich anschließend als dunkler Belag auf der Lampenkolben-Innenseite absetzt. Der Belag behindert den Lichtaustritt mit zunehmendem Alter der Lampe stärker und führt zu einer Abnahme der Lichtausbeute.
Die Verdampfungsgeschwindigkeit des Glühfadenmaterials wird verringert, indem man den Glaskolben heute (meist) nicht mehr evakuiert, sondern mit einem Schutzgas (z. B. Stickstoff, Argon, Krypton) auffüllt. Das Schutzgas bremst gewissermaßen die infolge der starken Erwärmung vom Glühfaden mit hoher Geschwindigkeit entweichenden metallischen Kleinstteilchen. Die Verdampfungsgeschwindigkeit ist dadurch gegenüber einer evakuierten Lampe – gleiche Glühfadentemperatur vorausgesetzt – auf etwa ein Hundertstel (!) vermindert.

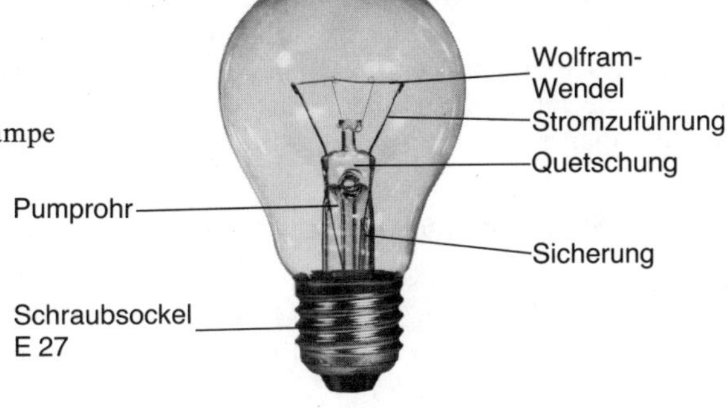

Bild 2.9
Prinzipaufbau einer Glühlampe

Die Lichtausbeute von Glühlampen wird erheblich durch die Formgebung des Glühfadens beeinflußt. Je kompakter er in der Lampe aufgehängt ist, desto kleiner ist seine wärmeabstrahlende Oberfläche und um so größer wird die Lichtausbeute. Der Glühfaden in Glühlampen wird darum heute als Einfachwendel oder (meist) sogar als Doppelwendel ausgeführt (Bild 2.10).

Die Lichtausbeute bei Glühlampen ist auch von deren Leistung (in Watt) abhängig. Sie steigt mit zunehmender Leistung. Eine Standard-Glühlampe 25 W/230 V hat z. B. eine Lichtausbeute η = 9,2 lm/W. Die Lichtausbeute einer entsprechenden 300-W-Lampe beträgt dagegen η = 16,7 lm/W. Darüber hinaus hat die Nennspannung der Lampe einen erheblichen Einfluß auf die Lichtausbeute. Je kleiner die Nennspannung ist, desto größer wird – bei gleicher Leistung – die Lichtausbeute (siehe Abschnitt 2.2.3.4 – „Niedervoltlampen" und „Niedervolt-Halogen-Glühlampen").

Die mittlere Lebensdauer ist bei Standard-Glühlampen auf 1000 h abgestimmt. Halogen-Glühlampen erreichen häufig 2000 h und mehr. Spezialglühlampen, wie z. B. solche für Verkehrssignalanlagen, kommen teilweise auf 8000 h, jedoch bei geringerer Lichtausbeute als vergleichbare Standard-Glühlampen. Häufiges Ein- und Ausschalten beeinflußt die Lebensdauer von Glühlampen praktisch nicht.

Am Ende der Lebenszeit kommt es manchmal zum Auslösen der vorgeschalteten Leitungsschutzsicherung; hin und wieder kann es dabei auch zum Abplatzen des Glaskolbens kommen. Ursache ist die Gasfüllung in der Lampe. Der Lichtbogen des abreißenden Glühfadens leitet dann eine Entladung (Zündung) des Füllgases ein. Eine Gasentladungsstrecke kann aber bekanntlich den Strom nicht selbsttätig begrenzen. Dafür wäre unbedingt ein Vorschaltgerät erforderlich. So kommt es zum Auslösen der Sicherung. Zugleich kann infolge der Erwärmung der Gasdruck im Kolben so angestiegen sein, daß der Glaskolben dabei zerstört wird. Zum Teil sind Schmelzsicherungen bereits im Lampensockel eingebaut, um diese Folgen zu unterbinden (Bild 2.9).

Der Kaltwiderstand der Glühwendel (bei 20 °C) ist etwa ein Zehntel des Betriebswiderstandes (bei Betriebstemperatur), da Wolfram einen verhältnismäßig großen Temperaturbeiwert hat (α = 0,0041 1/K). Die Folge: Im Einschaltmoment nehmen Glühlampen kurzzeitig einen Strom auf, der etwa 10mal so groß ist als ihr Nennstrom.

Die einzelnen Betriebsdaten ändern sich zum Teil erheblich, wenn die Spannung von der Nennspannung abweicht. Mit steigender Spannung nehmen Lichtstrom Φ, Lichtausbeute η, Leistungsaufnahme P und Strom I zu, während die Lebensdauer erheblich abnimmt. Das Diagramm Bild 2.11 zeigt dazu Einzelheiten. Dem Diagramm ist zu entnehmen, daß bei Zunahme der Spannung auf 110% der Nennspannung der Strom auf ca. 105%, die Leistungsaufnahme auf ca. 115%, die Lichtausbeute auf etwa 125%, der Lichtstrom auf ca. 142% steigen, während die Lebensdauer auf ca. 28% (!) — also z.B. von 1000 Stunden auf 280 Stunden — absinkt.

Die Lichtfarbe der Glühlampen allgemein ist Warmweiß (ww). In ihrem Licht sind alle Farben des Spektrums enthalten, jedoch sind die Anteile der Farben zum Rot hin stärker betont. Die Farbwiedergabeeigenschaft wird mit Stufe 1 (sehr gut) angegeben.

Glühlampen können an Gleich- und Wechselspannung betrieben werden.

2.2.3.3 Standard-Glühlampen

Standard-Glühlampen sind für den Betrieb am 230-V-Netz hergestellt. Ihre elektrische Leistung liegt zwischen 25 W und 1000 W. Mit P = 25 W bis einschließlich P = 200 W werden sie mit Sockel E 27 (Edison-Gewinde mit 27 mm Außendurchmesser), ab

Bild 2.10 Einfach- und Doppel-Glühwendel von Glühlampen

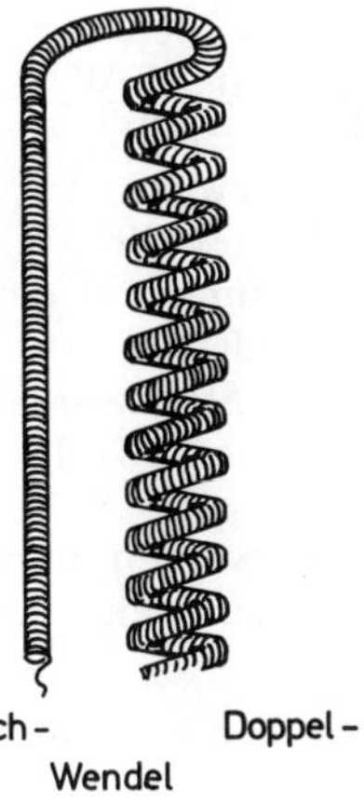

Bild 2.11 Die wichtigsten Daten einer Glühlampe in Abhängigkeit von der Spannung

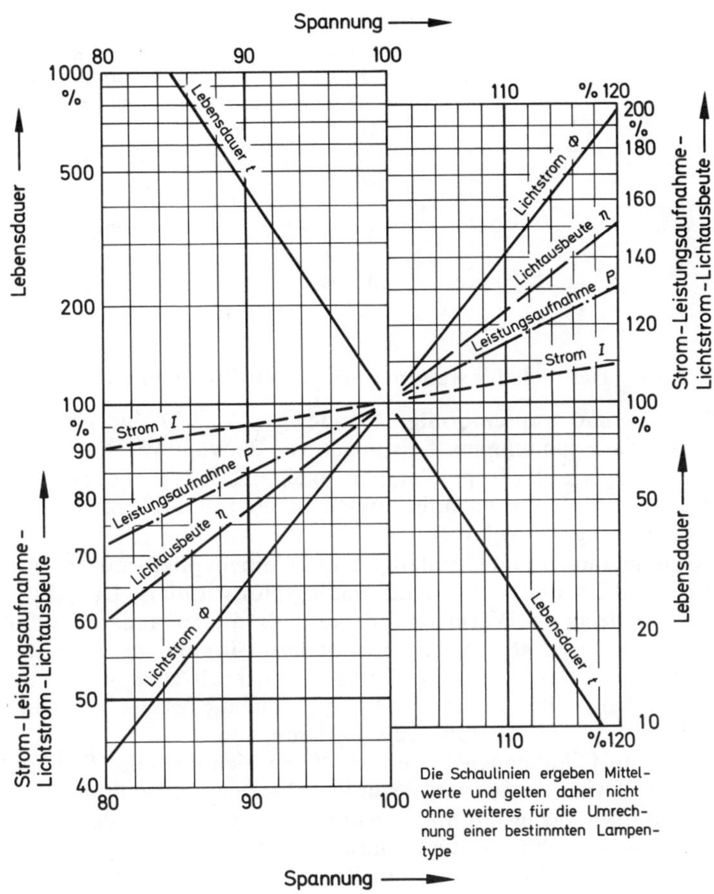

P = 300 W bis einschließlich P = 1000 W mit Sockel E 40 gefertigt. Die Glühwendel wird bis zur Leistung von 300 W als Doppelwendel, für Lampen mit 500 W und 1000 W als Einfachwendel hergestellt.

Standard-Glühlampen zwischen 25 W und 200 W werden mit innenmattiertem oder klarem Glaskolben hergestellt. Ab 300 W sind die Lampen nur mit klarem Glaskolben erhältlich. Die Mattierung soll die Leuchtdichte der Lampe und damit die Gefahr direkter Blendung mindern.

Die Lichtausbeute von Standard-Glühlampen liegt je nach elektrischer Leistung zwischen η = 9,2 lm/W und 18,8 lm/W. Die Lebensdauer ist auf 1000 Stunden abgestimmt.

Standard-Glühlampen werden im privaten und gewerblichen Bereich universell eingesetzt. Einzeldaten der Lampen sind der Tabelle 2.2 zu entnehmen.

Tabelle 2.2 Technische Daten von Standard-Glühlampen für Netzspannungen 230 V

	Leistung	Lichtstrom	Sockel
innenmattiert oder klar	25 W	230 lm	E 27
	40 W	430 lm	E 27
	60 W	730 lm	E 27
	75 W	960 lm	E 27
	100 W	1380 lm	E 27
	150 W	2220 lm	E 27
	200 W	3150 lm	E 27
klar	300 W	5000 lm	E 40
	500 W	8400 lm	E 40
	1000 W	18800 lm	E 40

2.2.3.4 Beispiele für weitere Formen von Glühlampen

Kerzen- und tropfenförmige Lampen (Bild 2.12) sind besonders kleine Lampen für 230 V Netzspannung mit Leistungen von 25 W, 40 W oder 60 W. Sie werden mit Sockel E 14 hergestellt (Tropfenlampen auch mit E 27) und erzeugen etwa 10% weniger Lichtstrom als die entsprechenden Standard-Glühlampen. Sie dienen vor allem der Beleuchtung im Wohnbereich.

Kryptonlampen sind Glühlampen mit kleinem pilzförmigem innenmattiertem Glaskolben (Bild 2.13), der mit dem Edelgas Krypton gefüllt ist. Das schwere Edelgas Krypton hat eine schlechtere Wärmeleitfähigkeit als die in anderen Glühlampen verwendeten Schutzgase und erlaubt bei unveränderter Brenndauer eine etwas höhere Glühfadentemperatur. Das Licht dieser Lampen ist deshalb etwas weißer und die Lichtausbeute ist geringfügig höher. Bei der 75-W-Kryptonlampe beträgt die Lichtausbeutesteigerung fast 10% gegenüber der Standard-Glühlampe.

Stoßfeste Glühlampen tragen als Kennzeichnung das Symbol 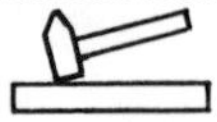. Bei diesen Lampen wird eine gewisse Stoßfestigkeit und Erschütterungsunempfindlichkeit aufgrund zusätzlicher Glühfadenhalterungen und verminderter Glühfadentemperatur erreicht. Ihre Lichtausbeute ist darum kleiner als die von Standard-Glühlampen. Sie sind besonders geeignet zum Einsatz bei rauhen Betriebsverhältnissen, z.B. in der Industrie,

Tropfenlampe E 14 oder E 27

Bild 2.12
Kerzen- und Tropfenlampen

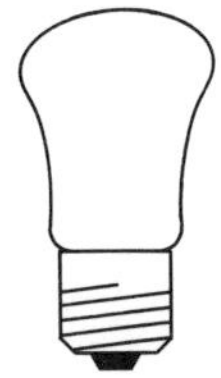

Bild 2.13
Kryptonlampe

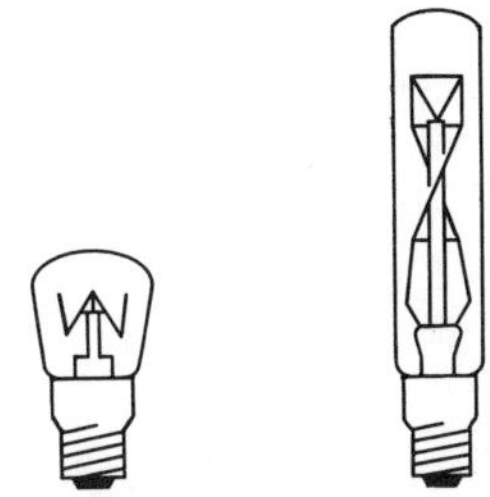

Birnenlampe Röhrenlampe

Bild 2.14
Birnen- und Röhrenlampe

der Schiffahrt und im Bergbau. Sie werden nur mit Einfach-Glühwendel ausgeführt.
Glühlampen mit Temperatursymbol ▽ sind insbesondere für den Einsatz im Bergbau und in anderen explosionsgefährdeten Betriebsstätten gedacht. Sie sind innerhalb solcher Anlagen zulässig, sofern sie in Leuchten der Zündschutzart „e" (erhöhte Sicherheit nach VDE 0165) betrieben werden.
Glühlampen mit dem Temperatursymbol sind entweder mit Einfachwendel ausgeführt oder besitzen eine Doppelwendel und sind dann mit zwei Sicherungen im Lampensockel ausgerüstet. Die Lampen mit Einfachwendel erzeugen einen geringeren Lichtstrom als Standard-Glühlampen gleicher Leistung.
Niedervoltlampen werden für Netzspannungen 42 V und 24 V geliefert und dienen z. B. für den Betrieb in Anlagen mit Schutzkleinspannung. Sie sind für beide Spannungsbereiche erhältlich mit P = 25 W, 40 W, 60 W und 100 W. Der Sockel ist jeweils mit E 27 ausgeführt. Die Lichtausbeute ist erheblich höher als diejenige von 230-V-Standard-Glühlampen gleicher Leistung. Die folgende Gegenüberstellung der Daten von jeweils 25-W-Lampen soll das verdeutlichen:

$$\text{230-V-Lampe} \rightarrow \Phi = 230 \text{ lm} \rightarrow \eta = 9{,}2 \text{ lm/W}$$
$$\text{42-V-Lampe} \rightarrow \Phi = 280 \text{ lm} \rightarrow \eta = 11{,}2 \text{ lm/W}$$
$$\text{24-V-Lampe} \rightarrow \Phi = 325 \text{ lm} \rightarrow \eta = 13 \text{ lm/W}$$

Die höhere Lichtausbeute ist durch den größeren Querschnitt des Glühfadens bedingt. Bei gleicher Leistung und niedrigerer Spannung ist bekanntlich der Strom größer. Daraus ergibt sich die Notwendigkeit eines größeren Glühfadenquerschnitts. Die Oberfläche des Glühfadens steigt jedoch *nicht* proportional mit dem Querschnitt. Dadurch wird die Wärmeabgabe zur Umgebung mit steigendem Querschnitt schlechter. Als Folge werden bei niedrigeren Stromdichten (A/mm^2) bereits die erforderlichen Glühfadentemperaturen erreicht.
Backofenlampen dienen vor allem zur Beleuchtung von Haushaltsbacköfen. Sie sind aufgrund einer Speziallötung und -kittung wärmebeständig bis zu Umgebungstemperaturen von 300 °C. Sie werden mit Sockel E 14 geliefert.
Birnen- und Röhrenlampen (Bild 2.14) dienen vor allem zum Betrieb in Haushaltsgeräten, wie z. B. Kühlschränken, Gefriertruhen, Nähmaschinen und Möbeln. Sie sind besonders klein ausgeführte Glühlampen für meist 230 V mit Leistungen zwischen 15 W und 60 W und Sockel E 14. Sonderausführungen sind auch mit Sockel E 27 oder

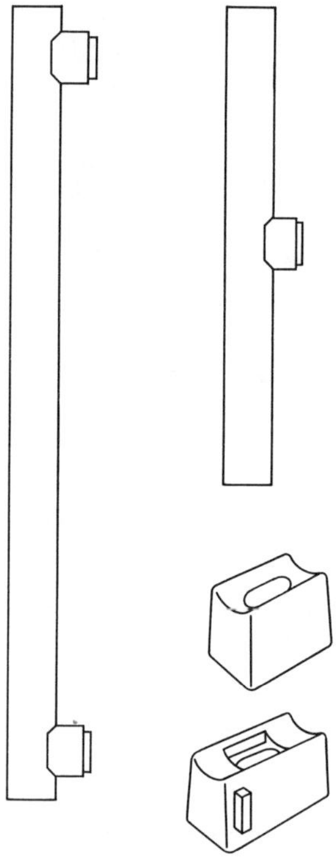

Bild 2.15 Langgestreckte Glühlampen mit zwei Sockeln und einem Sockel einschließlich Fassung

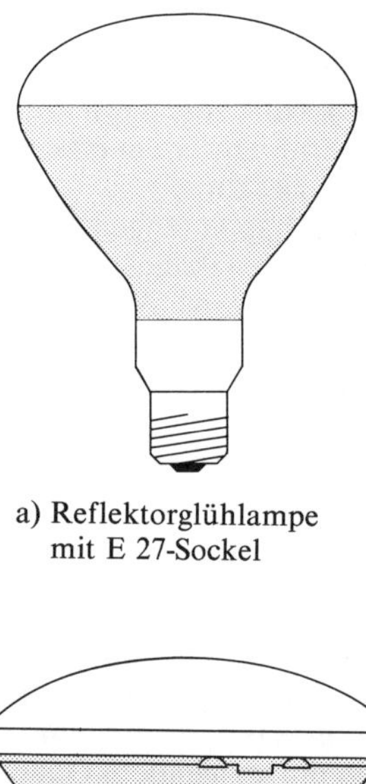

a) Reflektorglühlampe mit E 27-Sockel

b) Reflektorglühlampe mit Preßglaskolben und Schraubsockel E 27

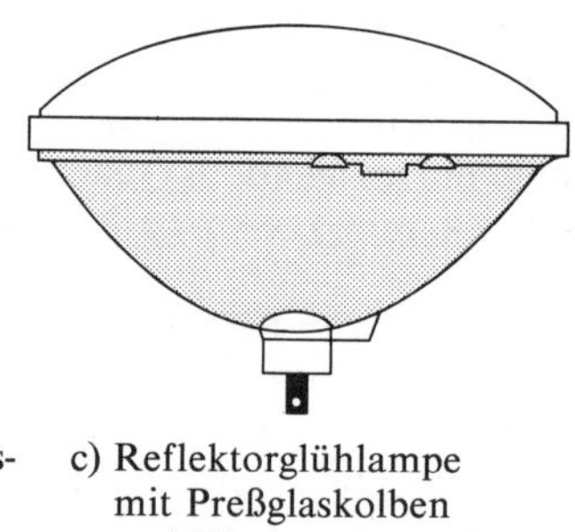

c) Reflektorglühlampe mit Preßglaskolben und Flachsteckersockel

d) Kuppenverspiegelte Glühlampe mit Schraubensockel E 27

Bild 2.16 Verschiedene Reflektor-Glühlampentypen

Bajonettsockel B 15 d (Bajonettsockel mit 15 mm Durchmesser) erhältlich. Außerdem sind Lampen dieser Art auch für Spannungen 24 V bzw. 42 V auf dem Markt.

Stabförmige Glühlampen (Handelsname: Linestra-Röhre, Philinea, Linienlampe usw.) haben eine geradlinig ausgeführte Glühwendel in einem innenmattierten langgestreckten Glaskolben. Ihre Lichtausbeute ist — bedingt durch die Wendelform — erheblich kleiner als bei Standard-Glühlampen und beträgt etwa 7 lm/W. Ihr betont warmweißes Licht, verbunden mit geringer Leuchtdichte (gleich geringe Direktblendung), macht sie besonders geeignet für den Betrieb als Lampe zur Beleuchtung an Spiegeln. Lampen dieses Typs werden mit 1 oder 2 Stecksockeln geliefert (Bild 2.15).

Reflektor-Glühlampen für 230 V Nennspannung dienen der „Akzentbeleuchtung". Sie erzeugen meist einen geringeren Lichtstrom als Standard-Glühlampen gleicher Leistung. Dennoch ist ihr Lichtstrom in Hauptstrahlungsrichtung oft höher als der von Standard-Glühlampen, die in Reflektorleuchten eingebaut wurden. Die Lampen sind mit verschieden stark bündelndem Reflektor (Öffnungswinkel je nach Typ zwischen 80° und 12°) erhältlich. Der Öffnungswinkel schließt den Bereich der Lichtstärkeverteilungskurve ein, in dem alle Lichtstärkewerte I (in cd) auftreten, die mindestens 50% der maximalen Lichtstärke betragen (siehe auch Abschnitt 2.3.3). Reflektor-Glühlampen mit Öffnungswinkeln unter 15° werden als „Spot" bezeichnet. Ist ihr Öffnungswinkel ≥ 15°, bezeichnet man sie als „Flood".

Die Lampen sind in unterschiedlichen Ausführungsformen und mit unterschiedlichen Sockeln (z. B. E 14, E 27 oder mit Flachstecker) erhältlich. Bild 2.16a) zeigt die klassische Form der Reflektor-Glühlampe für die Anwendung in Innenbereichen. Technische Daten einiger Lampen dieses Typs sind der Tabelle 2.3 zu entnehmen. Reflektor-Glühlampen mit Preßglaskolben (Bilder 2.16b) und c)) sind dagegen besonders unempfindlich gegen plötzliche Temperaturwechsel (z. B. durch Wasserspritzer). Sie können daher auch in entsprechend dichten Fassungen ungeschützt im Freien verwendet werden. Preßglaskolben-Glühlampen besitzen häufig eine erhöhte mittlere Lebensdauer (z. B. 2000 h). Das Lichtbündel der Lampe aus Bild 2.16c) ist ellipsenförmig. Dieser Reflektor wird mit Öffnungswinkeln 9°/15° bis 16°/40° hergestellt. Der Lampentyp ist daher zum Anstrahlen breiter Objekte geeignet, z. B. zum Aufhellen von Balkonschatten, die an angestrahlten Gebäuden auftreten können. Der Stecksockel sorgt dafür, daß die Lampe stets wieder in gleicher Lage in die Fassung eingebaut wird.

Eine Sonderausführung sind Reflektor-Glühlampen mit „Kaltlichtspiegel". Ihr Reflektor besitzt eine Verspiegelung, die im wesentlichen nur sichtbare Strahlung reflektiert, während Wärmestrahlung durch die Verspiegelung hindurchtreten kann. Die Folge: Innerhalb des Lichtbündels ist die Wärmestrahlung um ca. 75% (!) geringer als bei anderen Reflektor-Glühlampen mit gleichem Ausstrahlungswinkel und gleicher Leistung. Der Lampentyp dient zur Anstrahlung wärmeempfindlicher Objekte (z. B. in Schaufenstern).

Eine andere Form sind kuppenverspiegelte Lampen mit silber- oder goldfarbenem Spiegel (Bild 2.16 d)). Sie dienen insbesondere der dekorativen Beleuchtung im privaten und gewerblichen Bereich.

Weitere Reflektor-Glühlampen sind unter dem Stichwort „Halogen-Glühlampen" beschrieben.

Verkehrssignallampen in Ampelanlagen werden im Betrieb besonders beansprucht durch häufiges Ein- und Ausschalten sowie durch mechanische Erschütterungen. Für Ampelanlagen sind daher Spezial-Glühlampen entwickelt worden mit hoher Stoßfestigkeit und hoher Lebensdauer. Die Hersteller geben einen Ausfall von maximal 2% der

Tabelle 2.3 Technische Daten verschiedener Reflektor-Glühlampen für Netzspannungen 230 V

Watt	Lichtstrom lm	Ausstrahlungswinkel Grad	Durchmesser *d* mm	Länge *l* max. mm	Einbaulänge mm	Sockel
Concentra® R 50 [1]						
25	180	35°	50	84	72	E 14
40	400	35°	50	84	72	E 14
Concentra® R 63 [1]						
40	340	35°	63	103	85	E 27
60	650	35°	63	103	85	E 27
Concentra® R 80 [1] breitstrahlend, Ausstrahlungswinkel 80°						
40	320	80°	80	114	90	E 27
60	530	80°	80	114	90	E 27
75	730	80°	80	114	90	E 27
100	1080	80°	80	114	90	E 27
Concentra® R 95 [1]						
75	690	35°	95	134	110	E 27
100	1030	35°	95	134	110	E 27
150	1520	35°	95	134	110	E 27
Concentra® R 125 [1]						
150	1520	35°	125	175	128	E 27
300	3700	35°	125	175	128	E 27

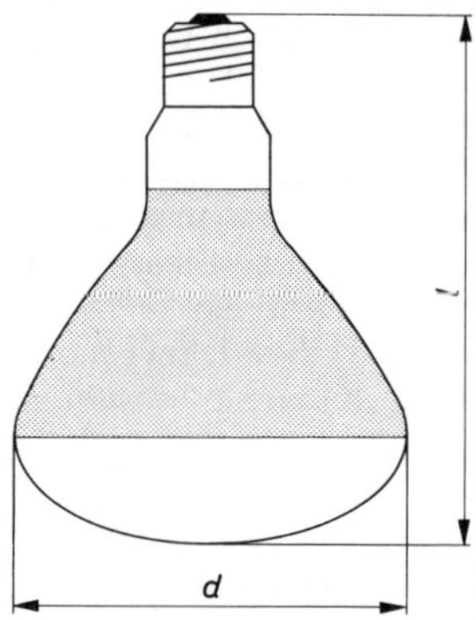

[1] Typenbezeichnung der Fa. Osram

Lampen innerhalb von 3000 Betriebsstunden an. Es wird ein Austauschrhythmus von 6 Monaten empfohlen, um die Ausfälle in wirtschaftlich vertretbaren Grenzen zu halten. Die Eigenschaften dieses Lampentyps werden erreicht insbesondere durch verbesserte Aufhängungen des Glühfadens und durch eine verminderte Glühfadentemperatur (gleich geringere Lichtausbeute gegenüber Standard-Glühlampen). Die Lampen werden mit den üblichen Leistungswerten zwischen 40 W und 150 W sowie mit Sockel E 27 für Betriebsspannungen 230 V hergestellt.

Halogen-Glühlampen haben sich aufgrund ihres kompakten Aufbaus und wegen ihrer besonderen Eigenschaften in verschiedenen Bereichen der allgemeinen Außen- und Innenbeleuchtung sowie in bestimmten Spezialgebieten, z.B. der Schaufenster- und

Bild 2.17 Schema des Halogen-Kreisprozesses

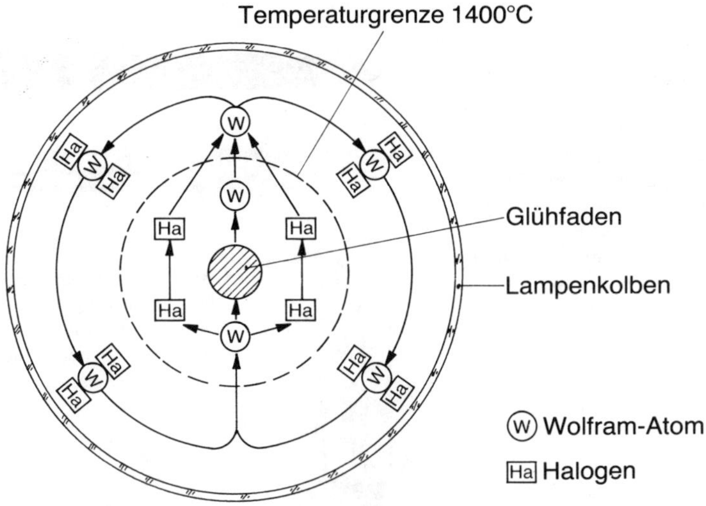

der Akzentbeleuchtung, durchgesetzt. Die Lichterzeugung erfolgt wie bei Standard-Glühlampen mit Hilfe eines hocherhitzten Wolfram-Glühfadens. Die besonderen Eigenschaften beruhen auf der Beimischung eines Halogens (griechisch: Salzbildner, z. B. Brom) zur Schutzgasfüllung, das zu einer Verlängerung der mittleren Lebensdauer und/oder zu einer Erhöhung der Lichtausbeute führt. Bei Standard-Glühlampen tritt, wie bereits erwähnt, im Laufe des Betriebs eine Schwärzung auf der Innenseite des Lampenkolbens ein, die zunehmend Lichtverluste zur Folge hat. Ursache sind kleinste Metallpartikel (Wolframatome), die infolge der hohen Temperatur (≥ 2400 °C) vom Glühfaden abdampfen und sich auf der Innenwandung des Glaskolbens als Belag absetzen. Hier setzt die Wirkung der Halogene an (Bild 2.17): Sobald ein so abgedampftes Wolframatom den hochtemperierten Nahbereich des Glühfadens verläßt und die weiter entfernte kühlere Zone innerhalb des Glaskolbens erreicht (Temperaturgrenze 1400 °C), wird es von Halogenen gebunden. Diese Verbindung ist bei Temperaturen über 250 °C gasförmig und setzt sich nicht auf der Innenwandung ab, solange der Glaskolben diese Temperatur nicht unterschreitet. Infolge der hohen Glühfadentemperatur ist im Lampenkolben ständig eine thermisch bedingte Gasströmung wirksam, die die Wolfram-Halogen-Verbindungen immer wieder umwälzt, bis sie schließlich wieder in den heißeren Nahbereich des Glühfadens zurückgelangen. Dort zerfällt die Verbindung wieder. Das Wolfram wird erneut am Glühfaden abgelagert und die freigewordenen Halogene können im Bereich der kühleren Zone neue Verbindungen mit anderen Wolframatomen bilden. Durch diesen Kreisprozeß wird nicht nur die Kolbenschwärzung verhindert, sondern auch die Lebensdauer des Glühfadens verlängert. Halogen-Glühlampen können daher gegenüber Standard-Glühlampen – je nach Abstimmung des Glühfadens mit der jeweiligen Betriebsspannung – eine längere Lebensdauer oder (und) eine höhere Lichtausbeute aufweisen. Eine höhere Lichtausbeute wird stets durch eine höhere Betriebstemperatur des Glühfadens erreicht. Dies geht jedoch immer zu Lasten der Lebensdauer, so daß – je nach Einsatzbereich – konstruktiv ähnliche Lampen dieses Typs auch mit unterschiedlichen Nenndaten für Lichtausbeute und Brenndauer zur Verfügung stehen. Bestimmte Halogen-Glühlampen mit 1000 W/ 230 V erreichen eine Lichtausbeute von 26,5 lm/W bei einer mittleren Brenndauer von

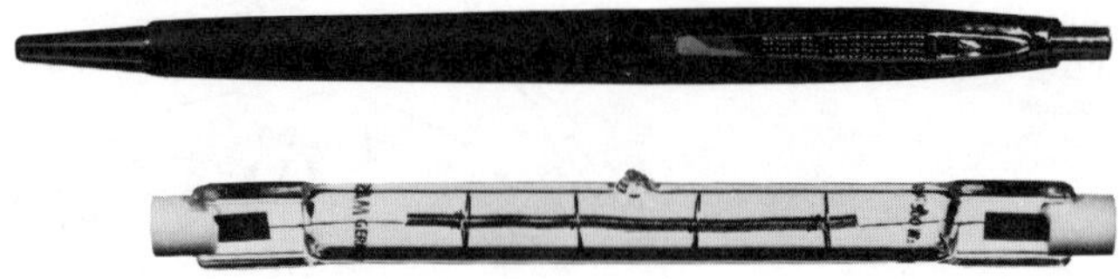

Bild 2.18 Zweiseitig gesockelte Halogen-Glühlampe im Größenvergleich mit einem Kugelschreiber. Die dargestellte Glühlampe ist knapp 12 cm lang, hat eine Leistung $P = 500$ W, eine mittlere Lebensdauer von 2000 h und erzeugt etwa 10 000 lm (Osram-Foto)

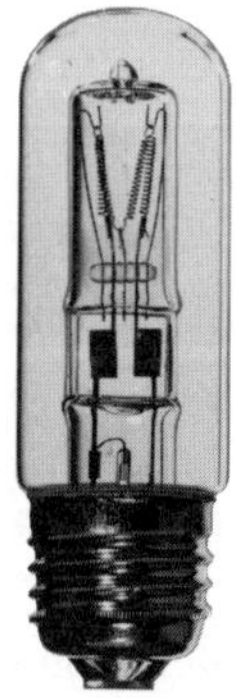

◀ Bild 2.19 Einseitig gesockelte Halogen-Glühlampe. Die abgebildete Lampe hat folgende Daten: Spannung 220 V bis 230 V, $P = 250$ W, mittlere Lebensdauer 2000 h, sie erzeugt 4200 lm (Osram-Foto)

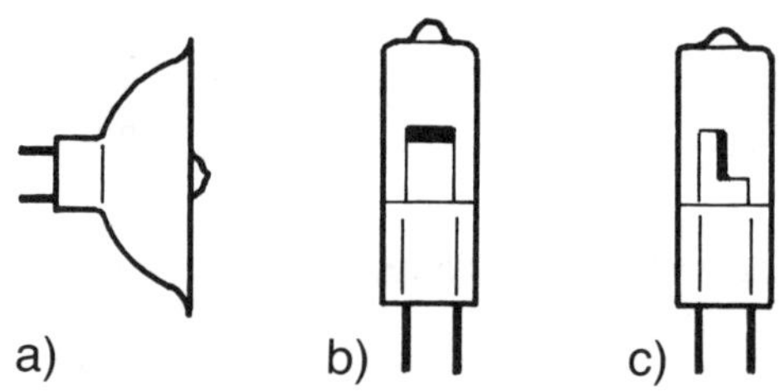

Bild 2.20 Verschiedene Niedervolt-Halogen-Glühlampen
a) mit Reflektor, b) mit Transversalwendel, c) mit Axialwendel

nur 75 h (Standard-Glühlampen 1000 W/230 V: 18,8 lm/W bei 1000 h). Ein ähnlich aufgebauter Halogen-Glühlampentyp mit gleichen Daten für Leistung und Nennspannung ist auf 2000 h Brennstunden abgestimmt und erreicht dann eine Lichtausbeute von (nur) 22,2 lm/W.
Insgesamt ergeben sich bei diesem Lampentyp folgende Vorteile:

- Keine Kolbenschwärzung und dadurch praktisch konstanter Lichtstrom während der gesamten Lebensdauer.
- Die Rückführung des Wolframs vermindert den Materialabbau am Glühfaden und führt zu einer Verlängerung der Lebensdauer.
- Die Lampe hat bei gleicher Leistung kleinere Abmessungen im Vergleich mit Standardlampen.
- Die Lichtfarbe ist geringfügig weißer als die der Standard-Glühlampen (Vergleich der Farbtemperaturen: Halogen-Glühlampen je nach Typ etwa 2800 . . . 3200 K, Standard-Glühlampen ca. 2700 K).

Zu unterscheiden sind Hochvolt-Halogen-Glühlampen für Netzspannungen 230 V und Niedervolt-Halogen-Glühlampen für 24 V, 12 V oder 6 V. Die Lichtausbeute der Niedervoltlampen ist – trotz zusätzlicher Verluste durch den im 230-V-Netz vorzuschaltenden Transformator – größer als die der Hochvoltlampen gleicher Leistung.
a) Bei Hochvolt-Halogen-Glühlampen sind einseitig oder zweiseitig gesockelte Typen zu unterscheiden. Bild 2.18 zeigt die zweiseitig gesockelte Hochvolt-Lampe. Sie ist z. B.

mit Leistungen 200 W, 300 W, 500 W, 750 W, 1000 W, 1500 W und 2000 W erhältlich. Ihr Durchmesser beträgt einheitlich 11 mm. Eine einheitliche Länge von 117,6 mm für Lampen mit 200, 300, 500 W und 189,1 mm bei 750 und 1000 W erlaubt in begrenztem Maße auch den wahlweisen Einsatz unterschiedlicher Lampenleistungen in derselben Leuchte. Die Brenndauer wird mit 2000 h, für die 200-W-Lampe jedoch nur mit 1000 h (!) angegeben. Aufgrund seiner langgestreckten Form muß dieser Lampentyp unbedingt in waagerechter Gebrauchslage betrieben werden (Abweichung max. ± 15°). Der Einsatz dieser Lampe erfolgt in Flutlichtleuchten z. B. zur Beleuchtung von Parkplätzen, Sportplätzen (vor allem zu Trainingszwecken), Sporthallen und Baustellen. Einseitig gesockelte Hochvolt-Halogen-Glühlampen (Bild 2.19) sind mit einem Hüllkolben (Doppelkolben) ausgestattet. Sie besitzen meist einen Schraubsockel mit E-27-Gewinde und haben in etwa dieselben Abmessungen wie entsprechende Standard-Glühlampen. Der abgebildete Typ ist mit Leistungen 75 W, 100 W und 150 W sowie wahlweise mit klarem, opalisiertem bzw. mattiertem Außenkolben verfügbar. Die mittlere Lebensdauer wird mit 2000 h angegeben. Die Lichtausbeute ist um etwa 15% höher als die der Standard-Glühlampen gleicher Leistung.
b) Niedervolt-Halogen-Glühlampen sind einseitig gesockelt. Sie werden ebenfalls in verschiedenen Leistungsstufen (z. B. 5 W, 10 W, 15 W, 20 W, 35 W, 50 W, 75 W, 100 W) angeboten. Die Lichtausbeuten derjenigen Typen für allgemeine Beleuchtungsaufgaben liegen etwa zwischen 12 und 25 lm/W. Die mittlere Lebensdauer beträgt meist 2000 h (Spezialtypen erreichen Lichtausbeuten bis ca. 36 lm/W bei nur 50 h mittlerer Lebensdauer). Sie sind ohne Reflektor (zum Einbau in Reflektorleuchten) oder mit Reflektor erhältlich (Bild 2.20). Der Reflektor kann als „Silber“-, „Gold“- oder „Kaltlicht“(Silber)-Spiegel (siehe auch unter Stichwort „Reflektor-Glühlampen“) bezogen werden. Die Reflektoren weisen Licht-Öffnungswinkel zwischen 3° (!) und 60° auf.
Niedervolt-Halogen-Glühlampen dienen vor allem zum Anstrahlen von Objekten, Setzen von Lichtpunkten (Akzentbeleuchtung) oder zum Aufbau dekorativer Sternenhimmel. Die Schaufensterbeleuchtung ist eines ihrer wichtigsten Einsatzbereiche. Beim Anstrahlen von Schmuckwaren spiegelt sich der sehr kompakte Glühfaden auf den angestrahlten Oberflächen und erzeugt dort das optisch auffällige (werbewirksame) Funkeln.
Der Behandlung der Halogen-Glühlampen sollte beim Einbau eine gewisse Aufmerksamkeit gewidmet werden. Aufgrund der hohen Betriebstemperatur darf der Lampenkolben auch im kalten Zustand nicht direkt mit den Fingern berührt werden. Das dabei auf das Glas übertragene Hautfett brennt sich nach dem Einschalten in die Oberfläche des Kolbens ein und verschlechtert die Lichtdurchlässigkeit des Glaskolbens und führt möglicherweise zu dessen Zerstörung. Das gilt generell auch für andere fetthaltige Verunreinigungen. Ist eine solche unsachgemäße Behandlung aber bereits geschehen, sollte der Lampenkolben noch **vor** dem Einschalten mit Hilfe eines alkoholgetränkten sauberen Tuches sorgfältig gereinigt werden. Diese Vorsichtsmaßnahme braucht bei den Halogen-Glühlampen, die mit einem zusätzlichen (zweiten) Glaskolben (Hüllkolben) ausgestattet sind, nicht unbedingt beachtet zu werden.
Die Helligkeitssteuerung mit Hilfe eines Dimmers ist heute praktisch bei allen Halogen-Glühlampen möglich. Zu beachten ist allerdings, daß mit Abnahme der Helligkeit auch die Kolbentemperatur der Lampe abnimmt. Damit tritt insbesondere bei den stabförmigen Typen dieser Reihe unter Umständen eine mit zunehmender Betriebsdauer fortschreitende Schwärzung des Glaskolbens ein. Die Schwärzung wird aber wieder

abgebaut, wenn die Lampe anschließend wieder mit höherer Kolbentemperatur „gefahren" wird. Hochvolt-Halogen-Glühlampen können an üblichen Glühlampendimmern betrieben werden. Da die Leistung der Dimmer jedoch eng begrenzt ist (z. B. 400 W, 600 W oder 1000 W), die Leistung dieses Lampentyps meist hoch ist, sind die Möglichkeiten beschränkt. Zu empfehlen ist u. U. der Einsatz sogenannter Drehzahlregler, die für Ventilatoren angeboten werden und Ströme bis maximal 5 A (entsprechend 1100 W) steuern. Niedervolt-Halogen-Glühlampen sollten – sofern eine Helligkeitssteuerung gewünscht wird – mit Rücksicht auf ihren Transformator unbedingt mit Hilfe von Drehzahlstellern oder Leuchtstofflampen-Dimmern betrieben werden. Aber nicht alle Transformatoren sind für den Dimmbetrieb geeignet (Herstellerangaben beachten). Komplette Leuchten für Niedervolt-Halogen-Glühlampen sind jedoch heute meist mit Ferritkern-Transformatoren ausgestattet, die den Dimmerbetrieb erlauben. Der Dimmer wird in der Regel auf der Oberspannungsseite installiert. Bei der Dimensionierung des Dimmers muß auch die Verlustleistung des Transformators mit berücksichtigt werden. Aufgrund des kompakten Aufbaues der Niedervolt-Halogen-Glühlampe ist eine hohe Glühwendel- und Kolbentemperatur in weiten Helligkeitsbereichen gewährleistet. Da mit sinkender Glühwendeltemperatur sich zugleich die Wolframverdampfung verringert, ist der Dimmbetrieb praktisch bis zum völligen Erlöschen der Lampe ohne Kolbenschwärzung möglich.
Eine moderne Variante der Vorschaltgeräte für Niedervolt-Halogen-Glühlampen sind sogenannte „elektronische Transformatoren". Es handelt sich hierbei um die Kombination eines Transformators mit einem Wechselrichter. Der oberspannungsseitig im Trafogehäuse integrierte Wechselrichter wandelt die Netzfrequenz $f = 50$ Hz in eine Frequenz $f \approx 35$ kHz um. Durch diese hohe Frequenz vermindern sich die Trafoverluste erheblich. Außerdem verringert sich der Querschnitt des Trafo-Eisenkerns, so daß die Transformatoren (einschließlich Wechselrichter) insgesamt nur etwa 20% des Gewichts der herkömmlichen Transformatoren erreichen. Auch über diese Transformatoren sind Niedervolt-Halogen-Glühlampen in der Regel mit Hilfe einfacher Glühlampen-Dimmer dimmbar.
Infrarot-(IR-)Glühlampen (Bild 2.21) dienen nicht im eigentlichen Sinn der Beleuchtung Sie sollen dennoch hier behandelt werden, da sie für den Elektroinstallateur eine erhebliche Bedeutung in der Praxis haben. Der Glühfaden dieser Lampen hat eine Betriebstemperatur von etwa 2400 K und erzeugt dabei eine Strahlung, deren Maximum im Infrarotbereich (Wärme) bei 1100 nm bis 1200 nm Wellenlänge liegt. Diese Strahlung durchdringt Luft ohne wesentliche Wärmeverluste (die Luft bleibt kalt) und erwärmt

Bild 2.21
Infrarot-(IR-)Glühlampe

jedoch feste Hindernisse, z.B. den Körper eines Lebewesens. Die Strahlung dringt gut in menschliche und tierische Haut ein und führt dort zu besserer Durchblutung und Ernährung der Zellen.
Der Lampentyp wird mit Reflektor und E-27-Sockel in zwei Ausführungen angeboten:

- Mit einer als Rotfilter ausgeführten Glaskolbenkuppe und einer Leistung von 150 W oder 250 W (für Netze mit 230 V). Diese Version findet Anwendung in der Landwirtschaft zur Kleintieraufzucht, aber auch z. B. zur Wärmebehandlung von Erkältungserscheinungen beim Menschen im Stirnhöhlenbereich. Außerdem wird sie noch in einigen Solarien als Wärmestrahler eingesetzt.
- Mit einer mattierten Glaskolbenkuppe und einer Leistung von 250 W (für Netze mit 230 V). Diese Version findet Anwendung für Trocknungs- und Erwärmungsaufgaben in Industrie und Gewerbe.

Die Brenndauer wird für beide Ausführungen mit 5000 Stunden angegeben.

2.2.4 Entladungslampen

2.2.4.1 Allgemeines

In Entladungslampen werden Gase, die in einem „Brenner" eingeschlossen sind, mit Hilfe elektrischer Energie (Entladung) zum Leuchten angeregt. Der Brenner ist ein Gefäß — röhrenartig geformt —, das aus Glas oder Aluminiumoxid besteht. Als Gase finden vor allem Anwendung Metalldämpfe des Quecksilbers oder des Natriums und verschiedene Edelgase wie Neon, Helium, Argon, Xenon. Auch Dämpfe bestimmter chemischer Verbindungen des Quecksilbers werden eingesetzt.
Im Gegensatz zur Lichterzeugung in Temperaturstrahlern, wo stets ein zusammenhängendes Spektrum elektromagnetischer Strahlung entsteht, bewirken Entladungsvorgänge in Gasen meist nur die Entstehung bestimmter Lichtfarben — sogenannte „Linienspektren". Die einzelnen Lichtlinien sind für jede Gasart typisch und haben häufig — bezogen auf das Gesamtspektrum des Lichts — einen größeren Abstand voneinander. Der Physiker kann bei der Untersuchung des Linienspektrums präzise auf die Gasart schließen, von der die Strahlung ausgeht (Spektralanalyse). Gase, deren Kleinstteilchen Moleküle sind (und nicht einzelne Atome), erzeugen unter dem Einfluß einer Entladung allerdings häufig sehr viele, dicht beieinander liegende Lichtlinien, die scheinbar ein durchgehendes Farbband — ähnlich wie bei Temperaturstrahlern — ergeben. Diese Farbbänder werden in der Physik als „Banden" bezeichnet.
Zwei Beispiele zur Entstehung typischer Linienspektren:
a) In Quecksilberdampf entstehen bei Stromdurchgang insbesondere die Lichtfarben Violett (mit λ = 405 nm und 408 nm), Blau (mit 436 nm), Grün (mit 546 nm) und Gelb (mit 577 nm und 579 nm). Außerdem sind ausgeprägte Anteile im UV-Bereich vorhanden.
b) In Natriumdampf entsteht vor allem die Strahlung Gelb mit λ = 589 nm.
Sofern der Blick auf den Brenner frei ist (und nicht durch Leuchtstoffe o.ä. versperrt wird), kann der Lampenfachmann aus der Farbe der Gesamtstrahlung auf die darin leuchtende Gasart schließen.
Quecksilberdampf sendet insbesondere bei niedrigem Gasdruck (um 10^{-5} bar) typisch bläuliches Licht aus. Je höher der Gasdruck wird, desto blauweißer wird die Strahlung. Der Grund liegt in der Zunahme der grünen und gelben Strahlungsanteile.

Natriumdampf sendet typisch (orange-)gelbes Licht aus, das aber mit zunehmendem Gasdruck gelbweiß wird. Hier bewirkt die Gasdrucksteigerung ebenfalls eine Verstärkung bestimmter Lichtlinien, die bei geringem Druck nicht in Erscheinung treten.
Neon schließlich sendet bei Stromdurchgang ein typisch rotes Licht aus. Dem Praktiker ist diese Strahlung von der in jedem Spannungsprüfer eingebauten Glimmlampe her bekannt.
Mit Gasen, die eine so ausgeprägt farbige Strahlung aussenden, läßt sich natürlich noch keine zufriedenstellende Farbwiedergabequalität erreichen. Bei Entladungslampen versucht man deshalb das Spektrum der Strahlung mit Hilfe von Leuchtstoffen zu verbreitern. Kurzwellige Strahlungen — z.B. blaues und violettes Licht, insbesondere jedoch UV-Strahlung (sofern im erzeugten Spektrum vorhanden) — können mit Hilfe der Leuchtstoffe in langwelligere Strahlung (z.B. rotes Licht) umgewandelt werden. Die Leuchtstoffe werden auf der Innenseite der Lampenkolben aufgebracht. Sobald sie von kurzwelligen Strahlungen getroffen werden, senden sie selbst Lichtstrahlung mit größerer Wellenlänge aus. Diese Eigenschaft bestimmter Stoffe bezeichnet man mit *Fluoreszenz*. Fluoreszenz ist eine Erscheinungsform der Lumineszenz (siehe auch Abschnitt 2.2.1). Die Leuchtstoffe wirken gewissermaßen als Frequenzwandler für elektromagnetische Strahlung. Bild 2.22 verdeutlicht das.

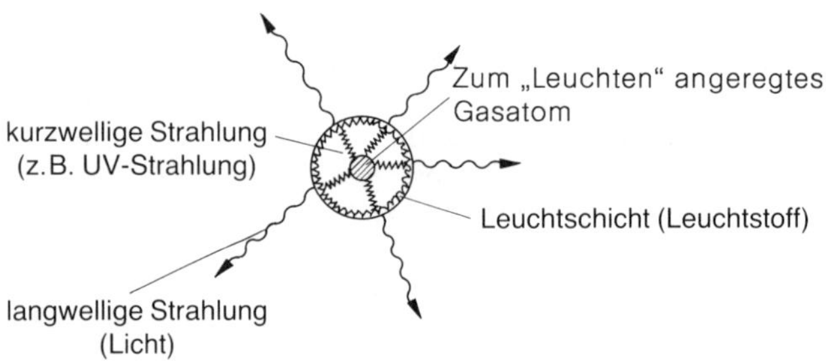

Bild 2.22 Die Wirkung der Leuchtstoffe in Gasentladungslampen: Die in der Gasatmosphäre erzeugte kurzwellige Strahlung (z.B. UV) wird in sichtbare Strahlung (Licht) umgewandelt

Man unterscheidet *Niederdruck- und Hochdruck-Entladungslampen*. Bei Niederdrucklampen ist der Gasdruck ca. 10^{-5} bar oder niedriger. Der Brenner dieser Lampen ist allgemein lang (oftmals 1 m oder auch länger). Bei Hochdrucklampen beträgt der Gasdruck im Betrieb mehrere Bar (u.U. 10 bar oder auch höher). Der Brenner ist allgemein kurz (einige cm).
Entladungslampen benötigen stets ein Vorschaltgerät zur Stabilisierung des Stromes. Der Grund dafür ist ein typisches Verhalten der Gase: Unterhalb einer bestimmten Feldstärke (V/m) weist eine Gasstrecke einen sehr hohen elektrischen Widerstand auf. Sie besitzt in diesem Zustand nur sehr wenig frei bewegliche Elektronen. Wird jedoch eine bestimmte elektrische Feldstärke überschritten, so setzt die „elektrische Entladung" ein. Dabei werden den Gasatomen durch die Wirkung der elektrischen Spannung Elektronen entrissen. Die Gasatome werden so zu elektrisch geladenen Atomen (Ionen). Die Zahl der frei beweglichen Elektronen wird damit größer. Die Elektronen werden durch die Spannung beschleunigt, treffen auf andere Atome und schlagen dort weitere Elektronen heraus, die Zahl der frei beweglichen Elektronen nimmt lawinenartig weiter zu und der elektrische Widerstand des Gases sinkt in Bruchteilen einer Sekunde. Als Folge steigt der Strom durch das Gas. Die damit einhergehende Wärmeentwicklung und der daraus

resultierende Druckanstieg würde den Brenner einer Entladungslampe augenblicklich zerstören. Ein Vorschaltgerät, z.B. in Form eines ohmschen Widerstandes oder einer Drossel, verhindert diese Erscheinung durch Begrenzung des Stromes. Drosseln vermindern den Leistungsfaktor der Lampen. Werte von cos $\varphi \approx 0{,}5$ oder weniger sind dabei die Regel. Bei Drosseln ist jedoch die Verlustleistung geringer als bei ohmschen Widerständen gleicher Wirkung.
Bei einigen Entladungslampen ist ein Vorschaltgerät bereits im Lampenkörper eingebaut. Bei anderen Lampen muß es beim Aufbau der Schaltung vorgesehen werden.
Die Nutzbrenndauer ist bei Entladungslampen meist länger als die mittlere Brenndauer von Glühlampen. Sofern nicht eine mechanische Beschädigung eintritt, gibt es in der Regel auch keinen plötzlichen Betriebsausfall am Ende der Lebenszeit. Vielmehr nimmt der erzeugte Lichtstrom mit zunehmender Brennstundenzahl laufend ab. Am Ende ihrer Lebenszeit ist der Lichtstrom meist auf etwa 80% bis 70% des Anfangslichtstromes abgefallen. Zum Teil wird die Brennstundenzahl auch durch charakteristische Eigenschaften der Schaltung begrenzt (z.B. durch das Flackern bei Leuchtstofflampen in Schaltungen mit Glimmstartern).
Entladungslampen flimmern im Rhythmus der Frequenz ihres Betriebsstromes. Der abgestrahlte Lichtstrom folgt dem Wechselstrom weitestgehend verzögerungsfrei. Ein Nachleuchten — wie z.B. bei Glühlampen — tritt nur in begrenztem Maße auf. Die Folge: Am 50-Hz-Netz leuchten und erlöschen Entladungslampen innerhalb jeder Sekunde abwechselnd 100mal. Die jeweilige Dunkelphase, die zwischen zwei Hellphasen auftritt, ist dabei recht ausgeprägt, weil die Lampe mit jedem Stromrichtungswechsel erst erneut wieder gezündet werden muß. Das kann aber erst geschehen, nachdem die Spannung an den Lampenelektroden einen bestimmten Wert überschritten hat. Die Höhe dieser Wiederzündspannung hängt u.a. von der Gasart, vom Gasdruck und von der Form der Lampenelektroden ab.
Das menschliche Auge kann das Flackern der Lampe nicht direkt erkennen. Es ist dafür zu träge. Jedoch können damit gefährliche optische Täuschungen verbunden sein. Es kann z.B. der Eindruck entstehen, als ob ein sich drehendes Rad an einer Maschine stillsteht oder es scheint so, als ob es sich rückwärts dreht oder (scheinbar) nur langsam vorwärts läuft. Daß hierdurch Unfälle ausgelöst werden können, liegt auf der Hand. Die optische Täuschung wird als *stroboskopischer Effekt* bezeichnet. Abhilfe oder Minderung können folgende Maßnahmen bringen:

- Gleichmäßige Verteilung mehrerer Lampen einer Beleuchtungsanlage auf die drei Leiter des Drehstromnetzes.
- Anwendung der Duoschaltung.
- Betrieb der Entladungslampen mit Gleichstrom.
- Betrieb der Entladungslampen mit Wechselstrom von sehr hoher Frequenz (siehe „L-Lampen für den Betrieb mit Hochfrequenz“, Abschnitte 2.2.4.2.1 und 2.2.4.2.2).

2.2.4.2 Leuchtstofflampen

Leuchtstofflampen (L-Lampen) sind Quecksilberdampf-Niederdrucklampen für Niederspannung. Neben Quecksilber enthält das Entladungsrohr ein Grundgas, z.B. Argon oder Krypton. Den Prinzipaufbau einer L-Lampe zeigt Bild 2.23.
Die Heizwendel an beiden Seiten des Lampenrohres müssen während des Betriebes stets eine Temperatur von ca. 800 °C bis 900 °C aufweisen, damit die Entladung innerhalb der Gasatmosphäre störungsfrei ablaufen kann. Die Heizwendel sind mit einer Metall-

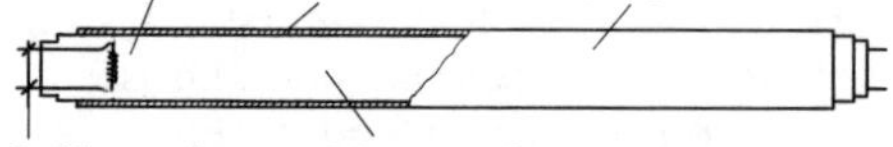

Bild 2.23 Prinzipaufbau einer Leuchtstofflampe (L-Lampe)

schicht aus Barium überzogen, durch die das Austreten von Elektronen in die Gasatmosphäre erleichtert wird. Vielfach sind über der Heizwendel Schutzkappen angeordnet (in Bild 2.23 nicht aufgeführt), die eine frühzeitige Schwärzung des Glaskolbens an den Lampenenden verhindern sollen.

Die Leuchtschicht hat die Aufgabe, die unsichtbare UV-Strahlung des zum Leuchten angeregten Quecksilberdampfes in sichtbares Licht umzuwandeln (Abschnitt 2.2.4.1). Durch Auswahl geeigneter Leuchtstoffe und gegebenenfalls durch eine gezielte Mischung verschiedener Leuchtstoffe beim Aufbau der Leuchtschicht erreicht man unterschiedlich farbige oder weiße (ww, nw, tw) Tönungen der Gesamtstrahlung der L-Lampe. Außerdem kann die Farbwiedergabequalität dadurch beeinflußt werden.

Das Kernprogramm (Stabform mit Leistungen zwischen 18 W und 65 W) für den Markt in der Bundesrepublik Deutschland bestand bislang aus L-Lampen mit einem Rohrdurchmesser von 38 mm. Dieser Typ wird zur Zeit von Lampen mit nur 26 mm Rohrdurchmesser abgelöst. Lampen mit 38 mm Rohrdurchmesser werden in Zukunft nur noch für Sonderzwecke gefertigt (z.B. für Dimmerschaltungen zur Helligkeitssteuerung und für bestimmte starterlose Schaltungen). Die neuen Lampen des Kernprogramms werden mit denselben Rohrlängen und mit demselben Abstand der Anschlußstifte hergestellt wie die bisherigen. Sie können deshalb in vorhandene Leuchten eingesetzt werden. Auch Drosseln und Kompensationskondensatoren brauchen nicht ausgewechselt zu werden. Die aufgenommene elektrische Leistung der Lampen ist um etwa 10% niedriger bei gleicher oder (zum Teil) sogar höherer Lichtstromerzeugung. Die Verlustleistung im Vorschaltgerät (Drossel) ist durch den verminderten Strom ebenfalls kleiner geworden.

Die Nutzbrenndauer wird für L-Lampen mit 7500 Stunden angegeben. Dabei wird vorausgesetzt, daß alle 3 Stunden ein Schaltvorgang erfolgt. Mit höherer Schalthäufigkeit sinkt die Nutzbrenndauer, mit geringerer Schalthäufigkeit ist — innerhalb eines gewissen Rahmens — eine größere Nutzbrenndauer zu erwarten. Hier ist zu beachten, daß die Kolbenschwärzung an den Lampenenden eine sinnvolle Verlängerung der nutzbaren Brennstundenzahl nur begrenzt ermöglicht.

Der von einer L-Lampe abgestrahlte Lichtstrom ist sehr stark abhängig von der Umgebungstemperatur der Lampe. Die Lichtstromangabe in den Herstellerlisten bezieht sich immer auf den optimalen Betrieb (meist 20°C). Sowohl bei höherer als auch bei niedrigerer Temperatur nimmt der Lichtstrom (bezogen auf den Nennlichtstrom) ab. Bild 2.24 zeigt anhand eines Diagramms die Abhängigkeit zwischen Lichtstrom und Umgebungstemperatur u.a. für Lampen mit 26 mm Rohrdurchmesser und Leistungen von 36 W bzw. 58 W. Es ist zu erkennen, daß der Lichtstrom zu niedrigeren Temperaturen hin steiler abfällt als zu hohen Temperaturen. Der Betrieb frei aufgehängter L-Lampen in Anlagen mit Dauertemperaturen unter +10°C ist daher nur bedingt zu empfehlen. Die Lampen sollten dann in besonders wärmegedämmten Leuchten untergebracht sein.

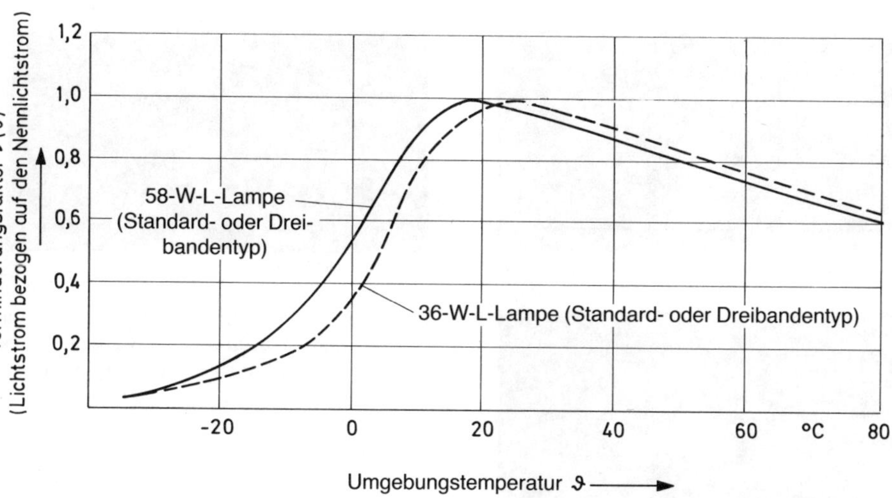

Bild 2.24 Abhängigkeit des Lichtstroms von der Umgebungstemperatur bei verschiedenen L-Lampentypen

Die Abhängigkeit des Lichtstroms von der Netzspannung ist bei L-Lampen sehr viel geringer als bei Glühlampen. Geringe Spannungsschwankungen im Netz verändern den abgestrahlten Lichtstrom nur unmerklich.

Der Leistungsfaktor ist bei L-Lampen infolge der meist verwendeten Vorschaltdrossel sehr niedrig und beträgt $\cos \varphi \approx 0{,}5$. Bei größerer Lampenzahl ist deshalb eine Kompensation angebracht. (Die Anschlußbedingungen der EVUs sind zu beachten.) Durch Kompensation kann die Stromaufnahme der Lampenschaltung auf etwa 50% (!) gesenkt werden. Eine Kompensation ist deshalb auch im Hinblick auf eine optimale Nutzung des Querschnitts der Zuleitung sinnvoll.

L-Lampen dienen in der Hauptsache der Allgemeinbeleuchtung in Büros, Verwaltungsräumen, Werkstätten usw. Da sie ihr Licht über eine große langgestreckte Oberfläche abgeben, ist die Gefahr der Direktblendung gering (geringe Leuchtdichte). Da sich das Licht jedoch aufgrund der Form der Lampe nur schlecht bündeln läßt, sollte die Aufhängehöhe möglichst 5 m nicht überschreiten.

Standard-Leuchtstofflampen des Kernprogramms der Hersteller, die den deutschen Markt beliefern, werden heute überwiegend mit 26 mm Rohrdurchmesser in den Lichtfarben fast Tageslichtweiß (Handelsname: Hellweiß oder Weiß), Neutralweiß (Universalweiß) und Warmweiß (Warmton) geliefert. Die Lichtausbeute der Lampen liegt je nach Leistung und Lichtfarbe zwischen 60 lm/W und 86,5 lm/W (ohne Berücksichtigung der Verlustleistung des Vorschaltgeräts). Gegenüber den unmittelbaren Vorgängertypen dieser Lampen mit 38 mm Rohrdurchmesser wurde die elektrische Leistung bei unveränderter Lichtstromabgabe um 10% vermindert. Weitere technische Daten sind der Tabelle 2.4 zu entnehmen. Die Spektraldiagramme der drei Farbtönungen zeigt das Bild 2.25.

Dreibanden-Leuchtstofflampen (Handelsnamen z.B. Lumilux, Super 80, 180 ES usw.) sind die Ergebnisse neuerer Entwicklungen. Sie vereinigen erstmals zwei bislang einan-

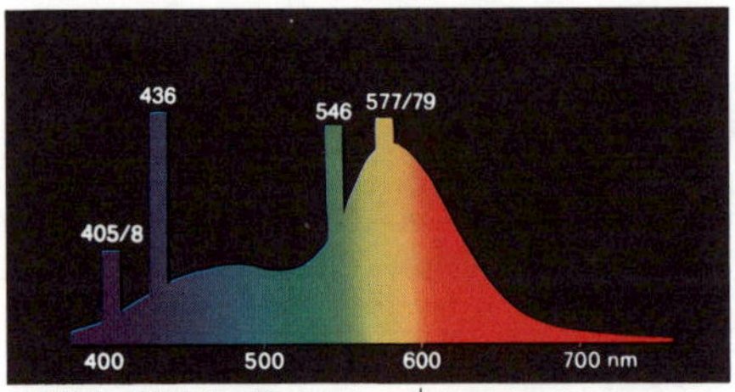

Lichtfarbe 20 Hellweiß

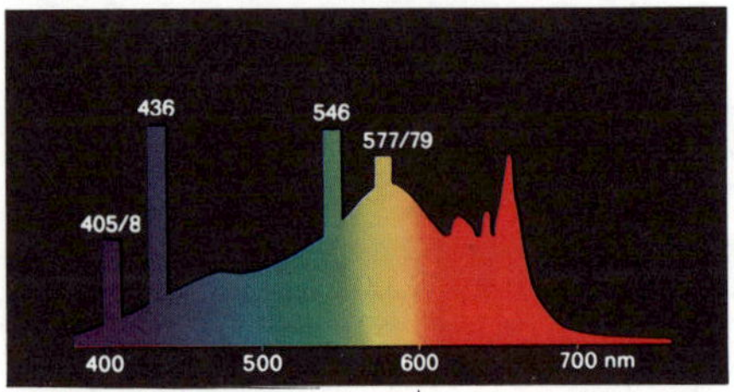

Typ 25 Universal-Weiß

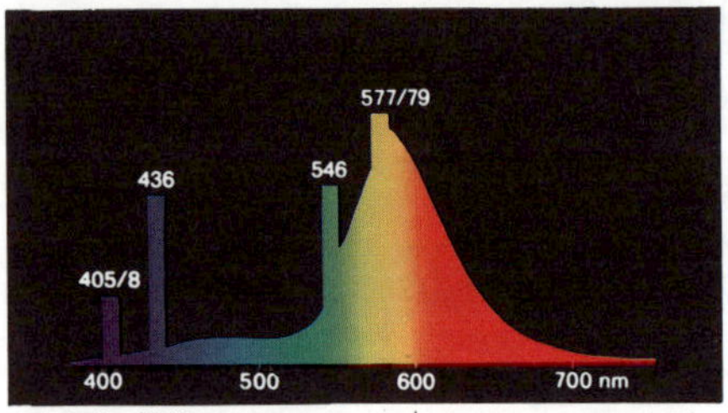

Lichtfarbe 30 Warmton

Bild 2.25 Spektraldiagramme für die L-Lampen mit den Lichtfarben Hellweiß, Universalweiß und Warmton (Standardprogramm)

der stets ausschließender Eigenschaften: Hohe Lichtausbeute (72 lm/W bis 96 lm/W – ohne Berücksichtigung der Verlustleistung des Vorschaltgeräts) und sehr gute Farbwiedergabequalität (Stufe 1).
Im Aufbau unterscheiden sie sich von anderen L-Lampentypen insbesondere dadurch, daß die Leuchtschicht auf der Innenwandung des Glasrohrs aus drei Leuchtstoffen aufgebaut ist. Jeder dieser drei Leuchtstoffe wandelt UV-Strahlung bevorzugt nur in eine der drei Lichtfarben Rot, Grün oder Blau um. Mit diesen drei Lichtfarben lassen sich die meisten Körperfarben ähnlich naturgetreu wie mit einem Temperaturstrahler wiedergeben. Übrigens wird dasselbe Prinzip auch beim Farbfernseher angewendet.
Dreibanden-L-Lampen werden mit den Lichtfarben Tageslichtweiß (Handelsname: Tageslicht), Neutralweiß (Weiß) und Warmweiß (Warmton) geliefert. Außerdem steht noch ein besonderer Warmtontyp (Handelsnamen z.B. Warmton Extra, Lumilux Interna usw.) zur Verfügung. Die Tönungen erreicht man durch eine unterschiedliche Beteiligung der drei Lichtfarben an der Gesamtstrahlung. Bei warmweißen Lampen ist der Anteil der Rotstrahlung im Gesamtspektrum stärker vertreten als der Anteil der Blaustrahlung. Bei der tageslichtweißen Lampe liegen die Verhältnisse genau umgekehrt. Bei der neutralweißen Lampe sind dagegen alle drei Lichtfarben in einem ausgewogenen Verhältnis zueinander vertreten. Bild 2.26 zeigt die Spektraldiagramme für drei Lichtfarben der Dreibanden-L-Lampe.
Dreibanden-L-Lampen mit 26 mm Rohrdurchmesser sind Bestandteil des Kernprogramms der Anbieter auf dem deutschen Markt. Außerdem gibt es Sonderausführungen dieses Typs. Vermutlich werden auf längere Sicht gesehen alle L-Lampentypen nach dem Dreibanden-Leuchtstoffprinzip hergestellt werden. Technische Daten des Kernprogramms sind der Tabelle 2.5 zu entnehmen.

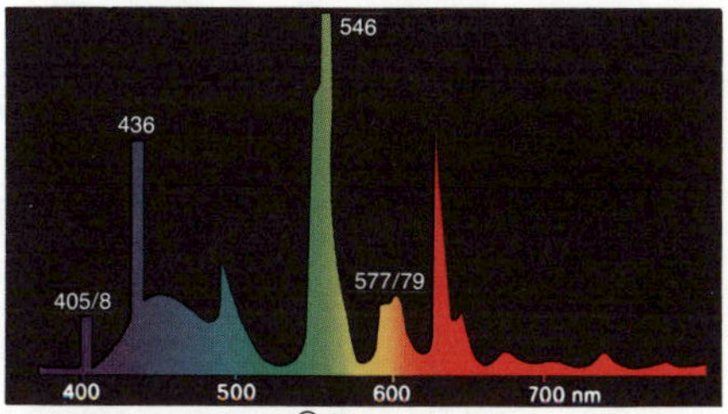

Lichtfarbe 11 LUMILUX® Tageslicht

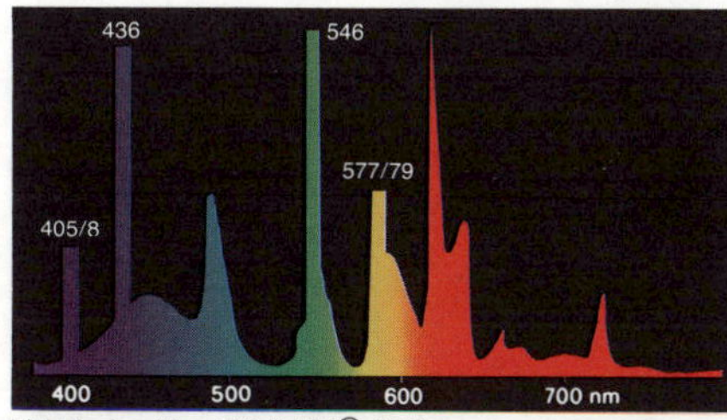

Lichtfarbe 21 LUMILUX® Weiss

Bild 2.26 Spektraldiagramme für die L-Lampen mit den Lichtfarben Tageslicht, Weiß und Warmton (Dreibanden-L-Lampen)

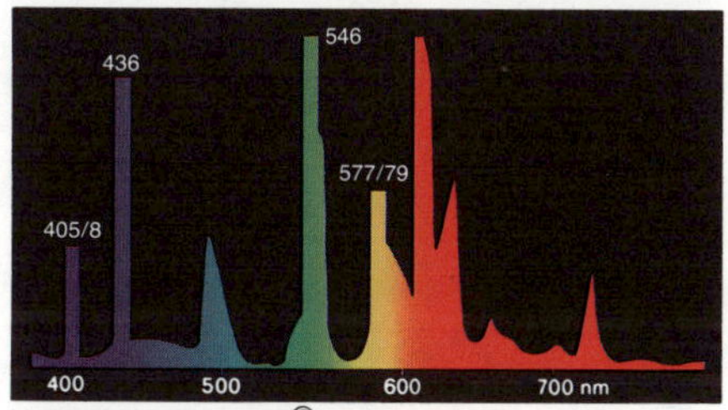

Lichtfarbe 31 LUMILUX® Warmton

Vergleich: Dreibanden- und Standard-L-Lampen mit 26 mm Rohrdurchmesser

Die Lichtausbeute der Standard-L-Lampen ist geringer (vergleiche die Daten der Tabellen 2.4 und 2.5); auch die Qualität der Farbwiedergabe ist schlechter. Standard-L-Lampen sind je nach Typ der Stufe 2 oder 3 zuzuordnen. Dagegen werden alle Dreibanden-L-Lampen der Stufe 1 zugeordnet. Allerdings ist der Unterschied nicht so groß, wie es die Differenz einer Stufe erscheinen läßt. Die Ursache: Dreibanden-L-Lampen erreichen die Qualifikation für die Farbwiedergabestufe 1 nur knapp. Rote Flächen wirken weniger brillant als bei Glühlampenbeleuchtung. Bestimmte Brauntöne können u. U. nach Grün hin kippen. Die Standard-L-Lampe vom Typ Universalweiß (25) liegt dagegen im oberen Bereich der Qualifikation der Stufe 2.

Der Anschaffungspreis für Standard-L-Lampen liegt z. Z. um etwa 35 % niedriger als derjenige der Dreibanden-L-Lampen.

Die Einsatzbereiche beider L-Lampentypen könnte man z. B. wie folgt abgrenzen: Bei der Nachbestückung alter Beleuchtungsanlagen lohnt die Anschaffung neuer 26-mm-Standard-L-Lampen. Man nutzt dabei die Energieersparnis.

Beu Neuanlagen sollte man den Dreibanden-L-Lampen den Vorzug geben. Die höhere Lichtausbeute dieser Lampen bewirkt neben Einsparung an Energie bei gleichem Beleuchtungsniveau eine Kosteneinsparung an Lampen, Leuchten und Installationsmaterial.

Tabelle 2.4 Daten der Standard-L-Lampen mit 26 mm Rohrdurchmesser und ihrer Schaltungen

Osram-Kurz-bezeichnung	Nenn-leistung der Lampe (W)	Lichtfarbe	Farb-wieder-gabe Stufe	Licht-strom (lm)	Rohr-durch-messer (mm)	Länge (mm)	Nenn-strom (A)	Vor-schalt-geräte-typ	Leistung mit KVG-Vor-schalt-gerät (W)	Nenn-daten des Duo-Reihen-konden-sators (μF/V)
L 18 W/25	18	Universal-Weiß	2	1050	26	590	0,37	18 W	30/23*	2,7/480
L 18 W/20	18	Hellweiß	3	1200	26	590	0,37	18 W	30/23*	2,7/480
L 18 W/30	18	Warmton	3	1200	26	590	0,37	18 W	30/23*	2,7/480
L 36 W/25	36	Universal-Weiß	2	2500	26	1200	0,43	36 W	46	3,4/450
L 36 W/20	36	Hellweiß	3	3100	26	1200	0,43	36 W	46	3,4/450
L 36 W/30	36	Warmton	3	3100	26	1200	0,43	36 W	46	3,4/450
L 58 W/25	58	Universal-Weiß	2	4000	26	1500	0,67	58 W	71	5,3/450
L 58 W/20	58	Hellweiß	3	5000	26	1500	0,67	58 W	71	5,3/450
L 58 W/30	58	Warmton	3	5000	26	1500	0,67	58 W	71	5,3/450

* 23 W bei Reihenschaltung mit 2 Lampen hinter 1 Vorschaltgerät 36 W (Tandemschaltung).

2.2.4.2.1 Weitere Beispiele für L-Lampen

Fünfbanden-L-Lampen (Handelsnamen z.B. Lumilux de Luxe, TL-D de Luxe usw.) besitzen im Vergleich zu Dreibanden-L-Lampen eine weitere Verbesserung der Farbwiedergabeeigenschaften. Ihre Einstufung erfolgt in die in einem Entwurf zu DIN 5035 vorgesehene Farbwiedergabestufe 1a. Das Spektraldiagramm der Lampen zeigt zwischen etwa 400 und 700 nm Wellenlänge ein weitestgehend geschlossenes Spektrum auf. Es sind also praktisch alle Lichtfarben vorhanden. Die verbesserte Farbwiedergabe geht allerdings zu Lasten der Lichtausbeute, die mit maximal 65 lm/W (ohne Berücksichtigung der Verlustleistung des Vorschaltgeräts) nur knapp 70% des Werts der Dreibanden-L-Lampen erreicht. Die Lampen sind vorerst in den Lichtfarben ww, nw und tw und mit Nennleistungen 18 W (590 mm lang), 36 W (1200 mm) und 58 W (1500 mm) erhältlich. Der Rohrdurchmesser beträgt 26 mm. Ihr Einsatzbereich ist dort, wo höchste Anforderungen an die Farbwiedergabe gestellt werden: In Färbereien, in der Textilverarbeitung, in Druckereien, Dentallabors und ähnlichen Einrichtungen.
L-Lampen für den Betrieb an elektronischen Hochfrequenz-Vorschaltgeräten (Handelsname TL-D HF Electronic) mit 26 mm Rohrdurchmesser sind eine Sonderausführung des Dreibandentyps, die speziell auf den Betrieb am elektronischen Vorschaltgerätesy-

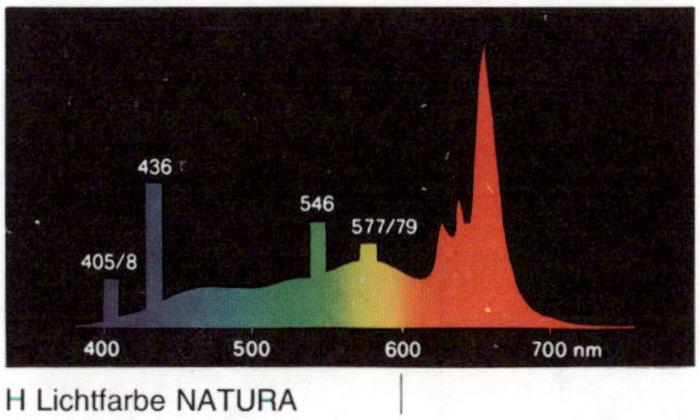

Bild 2.27 Spektraldiagramm einer Spezial-L-Lampe zur Beleuchtung von Fleischwaren

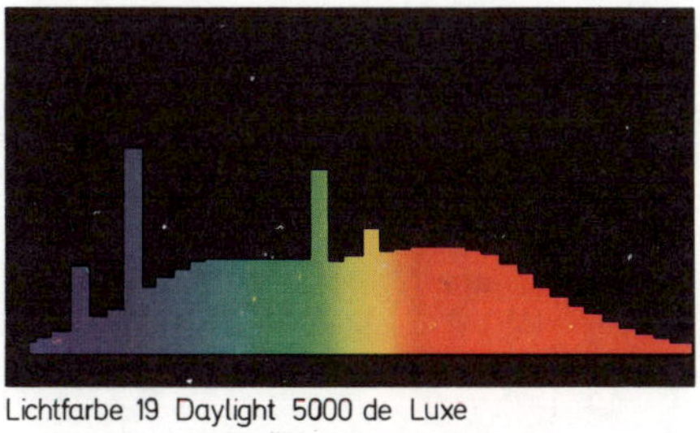

Bild 2.28 Spektraldiagramm einer Spezial-L-Lampe vom Typ „Daylight 5000 de Luxe“

stem (EVG) der Fa. Philips abgestimmt sind. Generell können herkömmliche Dreibanden-L-Lampen alternativ mit EVG oder konventionellem Vorschaltgerät (KVG) betrieben werden. Dieser Lampentyp darf jedoch nur mit EVG betrieben werden. Beim Betrieb mit konventionellem Vorschaltgerät kommt es zu einer unzulässigen Überlastung der Lampe. Im Unterschied zu anderen Dreibanden-L-Lampen enthält das Entladungsrohr (anstelle von Krypton) als Hilfsgas Argon. Hierdurch erhält die Lampe ein günstigeres Startverhalten, was sich insbesondere bei niedriger Umgebungstemperatur (bis ca. −15 °C startbar) positiv auswirkt. Der Abfall des Lichtstroms bei höheren Temperaturen (über ca. 20 °C) ist allerdings größer als der bei Lampen mit Krypton-Hilfsgas. Die Lampe ist des weiteren mit Hilfe eines besonderen elektronischen Vorschaltgeräts zwischen 100% und etwa 10% ihres Nennlichtstroms dimmbar. Sie ist erhältlich mit den Lichtfarben ww und nw für Nennleistungen 16 W (590 mm lang), 32 W (1200 mm) und 50 W (1500 mm).

L-Lampen zur Beleuchtung von Fleischwaren, Wurst und Delikatessen sowie zur Beleuchtung von Gemüse und Blumen (Handelsname z. B. 76-Natura de Luxe, 76-Shoplight de Luxe usw.). Die Lampen haben ein Spektrum, in dem ein betonter Rotanteil harmonisch mit anderen Lichtfarben abgestimmt ist. Das Spektrum des Lichts zeigt Bild 2.27. Die Farbwiedergabe entspricht Stufe 1. Die Lampen werden mit 26 mm Rohrdurchmesser gefertigt.

L-Lampen Daylight 5000 de Luxe haben eine Lichtfarbe Tageslichtweiß (Farbtemperatur 5000 K) und eine hervorragende Farbwiedergabe (Stufe 1). Sie werden für Beleuchtungsanlagen eingesetzt, in denen die Lichtfarbe tw gewünscht wird, die Farbwiedergabequalität von Dreibanden-L-Lampen mit der Lichtfarbe tw jedoch nicht ausreicht, zum Beispiel bei der Farbabmusterung in Druckereien, Zahnarztpraxen und Dentallabors. Der Rohrdurchmesser der Lampen ist 26 mm. Das Spektraldiagramm ist in Bild 2.28 dargestellt.

L-Lampen Fluora dienen zur Bestrahlung von Pflanzen, insbesondere in Gärtnereien. Das erzeugte Licht hat eine typisch violette Tönung. Das Spektrum besteht fast ausschließlich aus blauer und roter Strahlung. Die roten Strahlungsanteile fördern das Zellwachstum bei Pflanzen, die blauen Strahlungsanteile fördern die Bildung neuer Zellen.

In größeren Gärtnereien werden Lampen dieses Typs mit sogenannten astronomischen Zeitschaltuhren selbsttätig ein- und ausgeschaltet. Die Schaltuhren bewirken in den

Tabelle 2.5 Daten der Dreibanden-L-Lampen mit 26 mm Rohrdurchmesser und ihrer Schaltungen

Osram-Kurz-bezeichnung	Nenn-leistung der Lampe (W)	Licht-farbe	Farb-wieder-gabe Stufe	Licht-strom (lm)	Rohr-durch-messer (mm)	Länge (mm)	Nenn-strom (A)	Vor-schalt-geräte-typ	Leistung mit KVG-Vor-schalt-gerät (W)	Nenn-daten des Duo-Reihen-konden-sators (µF/V)
L 18 W/11	18	Lumilux Tageslicht	1	1350	26	590	0,37	18 W	30/23*	2,7/480
L 18 W/21	18	Lumilux Weiß	1	1450	26	590	0,37	18 W	30/23*	2,7/480
L 18 W/31	18	Lumilux Warmton	1	1450	26	590	0,37	18 W	30/23*	2,7/480
L 18 W/41	18	Lumilux Interna	1	1300	26	590	0,37	18 W	30/23*	2,7/480
L 36 W/11	36	Lumilux Tageslicht	1	3200	26	1200	0,43	36 W	46	3,4/450
L 36 W/21	36	Lumilux Weiß	1	3450	26	1200	0,43	36 W	46	3,4/450
L 36 W/31	36	Lumilux Warmton	1	3450	26	1200	0,43	36 W	46	3,4/450
L 36 W/41	36	Lumilux Interna	1	3250	26	1200	0,43	36 W	46	3,4/450
L 58 W/11	58	Lumilux Tageslicht	1	5100	26	1500	0,67	58 W	71	5,3/450
L 58 W/21	58	Lumilux Weiß	1	5400	26	1500	0,67	58 W	71	5,3/450
L 58 W/31	58	Lumilux Warmton	1	5400	26	1500	0,67	58 W	71	5,3/450
L 58 W/41	58	Lumilux Interna	1	5200	26	1500	0,67	58 W	71	5,3/450

* 23 W bei Reihenschaltung mit 2 Lampen hinter 1 Vorschaltgerät 36 W (Tandemschaltung).

Sommermonaten keine Einschaltung, da dann die Sonneneinstrahlung ausreicht. Je kürzer jedoch die Tage zum Winter hin werden, desto länger bleiben die so gesteuerten Lampen eingeschaltet. Die Lampen ermöglichen die Aufzucht aller Blumenarten zu jeder Jahreszeit. Sie sind erhältlich mit Leistungen 15 W, 18 W, 30 W, 36 W und 58 W (Rohrdurchmesser 26 mm).

L-Lampen in Ringform sind erhältlich mit Leistungen 22 W, 32 W und 40 W mit Ringdurchmessern (gemessen über alles) von 216 mm, 311 mm und 413 mm. Die Lampen haben einen Rohrdurchmesser von 29 mm (für 22 W) oder 32 mm. Sie sind in verschiedenen weißen Lichtfarben erhältlich.

L-Lampen in U-Form sind erhältlich mit Leistungen 20 W, 40 W und 65 W (jeweils mit 38 mm Rohrdurchmesser). Die Lampen werden für verschiedene weiße Lichtfarben hergestellt. Die 65-W-Ausführung wird auch als Indium-Amalgam-Lampe geliefert. Sie dient in dieser Ausführung zum Betrieb in unbelüfteten Leuchten. In einer verkürzten Ausführung (Bild 2.29) haben 40-W- und 65-W-U-Formlampen eine Länge von 570 mm (ohne Anschlußstifte) und dienen zum Betrieb in quadratischen Leuchten mit den üblichen Baurastermaßen.

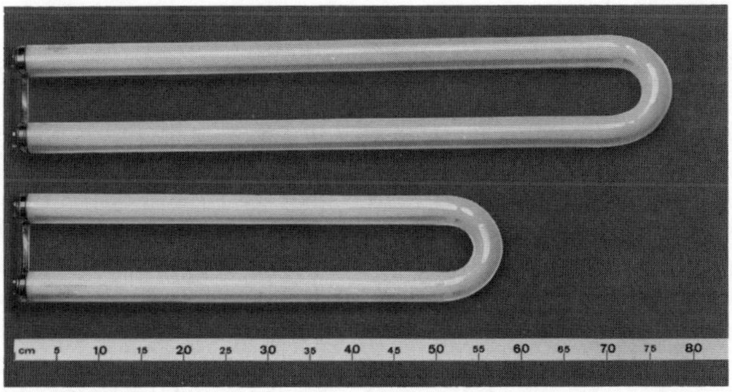

Bild 2.29 Längenvergleich zwischen zwei U-förmigen L-Lampen gleicher Leistung (65 W). Die längere L-Lampe ist 765 mm lang, die verkürzte nur 570 mm lang

L-Lampen in Stabform mit kleiner Leistung (4 W, 6 W, 8 W, 13 W). Die Lampen werden mit besonders kleinem Rohrdurchmesser (16 mm) hergestellt und dienen insbesondere zum Einbau in Schränken, zur Beleuchtung von Einbaumöbeln in Küchen usw. Diesem L-Lampentyp sind noch weitere Ausführungen mit 26 mm Rohrdurchmesser und Leistungen 10 W, 15 W, 16 W und 30 W zuzuordnen.

Die Lampen sind in verschiedenen weißen Lichtfarben erhältlich.

Hochleistungs-L-Lampen haben eine Leistungsaufnahme von über 65 W. Sie sind erhältlich jeweils mit 38 mm Rohrdurchmesser und Leistungen 115 W (Länge 1200 mm) und 140 W (1500 mm). Die Längenangabe ist jeweils mit Kontaktteilen gemessen. Diese Lampen haben eine etwas geringere Lichtausbeute als Standard-L-Lampen und sollten deshalb nur dort eingesetzt werden, wo aus besonderen Gründen die Zahl der Leuchten begrenzt sein muß.

L-Lampen in S-Ausführung (andere Bezeichnung: „TL-RS“) sind mit Leistungen 20 W (Länge 590 mm), 40 W (1200 mm) und 65 W (1500 mm) und 38 mm Rohrdurchmesser erhältlich. Sie sind in Standardschaltung (Starterbetrieb) – im Gegensatz zu L-

Lampen mit 26 mm Rohrdurchmesser – auch bei niedriger Umgebungstemperatur (z. B. in Außenanlagen) noch gut startbar. Außerdem sind diese Lampen gut startbar in Vollkunststoffleuchten. Darüber hinaus dienen sie zum Betrieb in RS-Schaltung (Abschnitt 2.2.4.2.2).
L-Lampen mit Aluminium-Zündfolie (Handelsbezeichnung „DS", „TL-M" usw.) sind besonders für den Dimmbetrieb (konventionelle Schaltung) ausgelegt. Die Folie dient als Zündhilfe und muß mit dem Schutzleiter verbunden werden. Die Lampen sind in Leistungen 40 W (Länge 1200 mm) und 65 W (1500 mm) jeweils mit 38 mm Rohrdurchmesser erhältlich.
L-Lampen mit Außenzündstreifen (Handelsbezeichnung „SA", „TL-M" usw.) dienen zum Betrieb in Resonanz-Doppeldrossel-Schaltung (RD-Schaltung – siehe Abschnitt 2.2.4.2.2). Sie sind in dieser Schaltung auch bei niedriger Umgebungstemperatur noch gut zündbar und werden mit Leistungen 40 W (Länge 1200 mm) und 65 W (1500 mm) angeboten.
L-Lampen mit zwei Einstiftsockeln (Glimmstartlampen) dienen zum Betrieb in Leuchten der Zündschutzart „e" (Erhöhte Sicherheit) in explosionsgefährdeten Anlagen. Die Lampen sind mit Leistungen 20 W (Länge 574 mm), 40 W (1183,5 mm) und 65 W (1484 mm) sowie Rohrdurchmesser 38 mm erhältlich.

2.2.4.2.2 Schaltungen für L-Lampen

a) *Die Standardschaltung* (Starterschaltung) zeigt Bild 2.30. Als Vorschaltgeräte kommen hierfür heute 2 Varianten in Frage. Die herkömmliche Version ist das **k**onventionelle **V**orschalt**g**erät (KVG), die modernere Version ist das **v**erlustarme **V**orschalt**g**erät (VVG). Das VVG enthält einen Kern mit größerem Eisenquerschnitt sowie eine Wicklung mit größerem Kupferquerschnitt. Hierdurch konnte die Verlustleistung erheblich vermindert werden. Zum Vergleich: Beim Betrieb mit einer L-Lampe 58 W beträgt die Verlustleistung des KVG etwa 13 W, die des VVG etwa 8 W. Das Vorschaltgerät (die „Drossel") erfüllt in der Standardschaltung eine Doppelaufgabe. Es soll den Strom für die Lampe stabilisieren und im Einschaltaugenblick zum Zünden der Lampe einen Spannungsimpuls erzeugen. Das Vorschaltgerät hat eine hohe Induktivität und enthält einen Eisenkern. Infolge dieser Induktivität weisen unkompensierte Beleuchtungsanlagen mit L-Lampen einen schlechten Leistungsfaktor auf ($\cos \varphi \approx 0{,}5$). Der stets auch vorhandene Wirkwiderstand des Vorschaltgerätes erhöht die Verlustleistung der L-Lampenschaltung und vermindert somit die Gesamtlichtausbeute (siehe auch Tabellen 2.4 und 2.5).
Vorschaltgeräte werden nach der Lampenleistung ausgewählt.
Den *Starter* bildet eine (meist) in ein Plastikgehäuse eingebaute Glimmlampe mit 2 Bimetallelektroden („Klebekontakt" – siehe Bild 2.31). Das Plastikgehäuse enthält neben der Starterglimmlampe einen Kondensator, der Funkstörungen während des Einschaltvorganges mindern soll.

Bild 2.30 Standardschaltung für L-Lampen

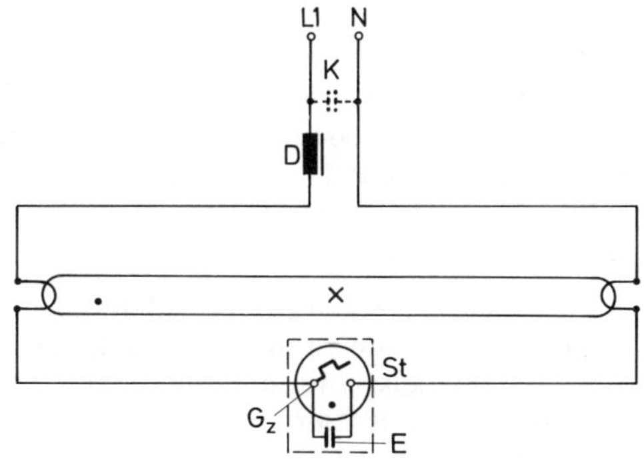

D = Drossel
St = Starter mit
G_z = Glimmzünder
E = Entstörkondensator
K = Kompensationskondensator (nur in Ausnahmefällen verwenden)

Bild 2.31 L-Lampenstarter mit zwei Bimetallelektroden (Glimmstarter). Der unbedingt erforderliche Entstörkondensator ist nicht dargestellt

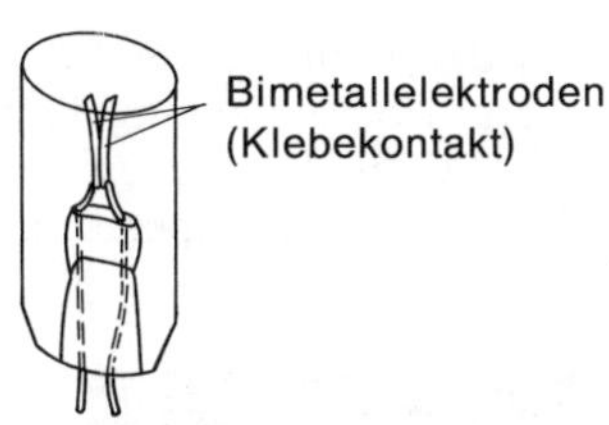

Der Einschaltvorgang für eine L-Lampe in Standard-Schaltung nach Bild 2.30 läuft wie folgt ab:

1. Eine Spannung 230 V wird an die Schaltung gelegt.
2. Es fließt zunächst ein kleiner Strom über die Drossel, die Heizwendel der L-Lampe und über den Starter.
3. Der Strom ruft in der Starterglimmlampe zwischen den Bimetallelektroden eine Glimmentladung hervor.
4. Durch die dabei erzeugte Wärme verbiegen die Bimetallelektroden und der Bimetallkontakt schließt.
5. Dadurch fließt nun ein höherer Strom, der die Heizwendel der L-Lampe intensiv erwärmt. Dabei treten Elektronen aus der Heizwendel aus und ionisieren die im Bereich der Heizwendel vorhandene Gasatmosphäre in der Lampe.
6. Da die Glimmentladung in der Starterglimmlampe beim Schließen des Bimetallkontaktes erloschen ist, kühlen die Bimetallelektroden ab und öffnen den Stromkreis.
7. Die Stromunterbrechung bewirkt in der Drossel durch Selbstinduktion einen Spannungsstoß, der die Lampe zündet.
8. Die nunmehr am Starter anliegende Brennspannung der Lampe ist zu niedrig, um erneut eine Glimmentladung auszulösen; der Starter bleibt dadurch außer Betrieb.

Da mit zunehmendem Alter der Lampe die Brennspannung an den Lampenelektroden größer wird und zugleich die Zündspannung des Starters abnimmt, kommt es über kurz oder lang doch zu einem Wiederzünden. Die Folge sind die bekannten Flackererscheinungen am Ende der Lebenszeit der L-Lampe.

Der Starter sollte mit der L-Lampe zugleich ausgewechselt werden, da er mit der Lampe altert. Ein schlechter Starter führt u.U. zu einem verfrühten Ausfall der neuen L-Lampe. Eine Ausnahme stellen sogenannte Sicherungs-Schnellstarter (Handelsname z.B. Deos St 171, SiS 10, COP/H usw.) dar, deren Einsatzzeit etwa mit der Brennstundenzahl von 4 L-Lampen gleichzusetzen ist. Dieser Startertyp (Bild 2.32) hat folgende Eigenschaften:

- Er verkürzt die Zündzeit der Lampe bei der induktiven Schaltung, was sich günstig auf deren Brennstundenzahl auswirkt.
- Er schaltet ausgebrannte und defekte Lampen im induktiven und kapazitiven (siehe unter b) „Duoschaltung") Betrieb ab. Dadurch stören defekte Lampen nicht mehr durch Flackern.
- Durch Druck auf einen Schaltknopf ist er nach dem Auswechseln der Lampe wieder betriebsbereit.
- Das Abschalten der Lampen am Ende ihrer Lebenszeit erfolgt zuverlässig, wenn folgende Temperaturbereiche eingehalten werden:
  -20 °C bis $+80$ °C für L-Lampen von 32 W bis 65 W,
  $+5$ °C bis $+80$ °C für L-Lampen von 18 W bis 30 W.

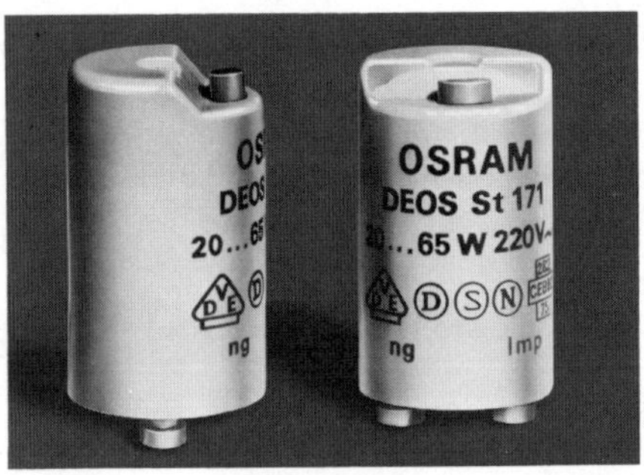

Bild 2.32 Sicherungs-Schnellstarter (Osram-Foto)

Der schlechte Leistungsfaktor cos φ der Standardschaltung kann durch Parallelschalten eines geeigneten Kompensationskondensators auf cos $\varphi \approx 1$ verbessert werden (Kondensator „K" in Bild 2.30). Diese Parallel-Kompensation kann jedoch in einigen Netzen zu Problemen mit den dort betriebenen Tonfrequenz-Rundsteueranlagen (Einrichtungen zur Fernsteuerung der öffentlichen Beleuchtung, von Nachtstromheizanlagen usw. über die vorhandenen Netzleitungen) führen. Solche Kompensationsmaßnahmen müssen daher mit dem zuständigen EVU abgestimmt werden. Sofern die EVUs Steuerfrequenzen bis 250 Hz verwenden, bestehen meist keine Bedenken. Günstiger ist jedoch die Anwendung der Duoschaltung zur Kompensation, die keiner besonderen Abstimmung bedarf und überall eingesetzt werden kann.

b) Die Duoschaltung stellt im Prinzip eine Parallelschaltung von zwei L-Lampen gleicher Leistung dar (Bild 2.33). In einem der beiden Zweige liegt ein Kondensator in Reihe mit dem Vorschaltgerät und der zugehörenden L-Lampe. Der Kondensator hat eine Kapazität von einigen µF. Seine Größe ist abhängig von der Lampenleistung und vom verwendeten Vorschaltgerät (Tabellen 2.4 und 2.5). Er ist für Spannungen über 230 V (!)

Bild 2.33
Duoschaltung mit L-Lampen

K = Kompensationskondensator (Reihenkondensator)
D = Drossel
St = Starter (Glimmzünder mit Entstörkondensator)

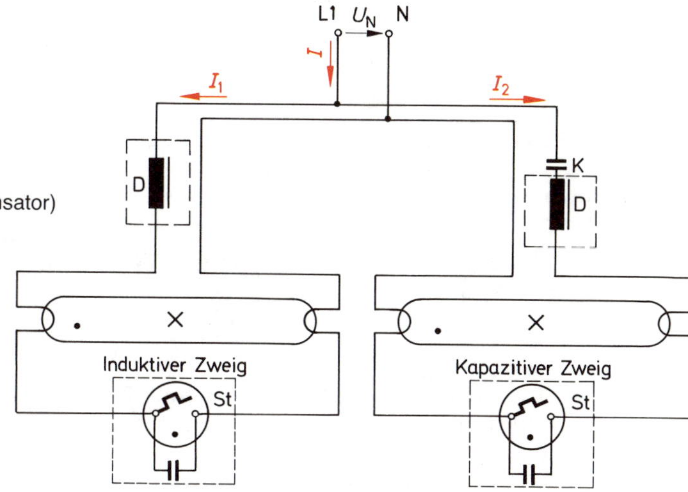

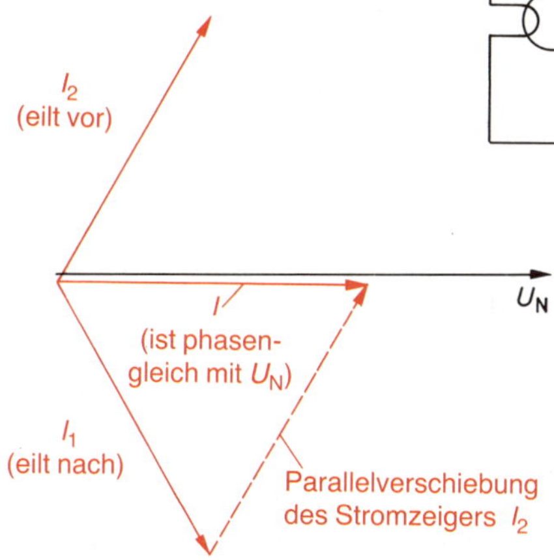

Bild 2.34 Zeigerdiagramm zur Duoschaltung

ausgelegt (420 V bis 440 V), da bei Reihenschaltungen von Induktivität und Kapazität Spannungsüberhöhungen auftreten können (siehe Band „Mathematische und elektrotechnische Grundlagen").
Der Lampenzweig ohne Kondensator ist der „induktive Zweig". In ihm eilt der Strom I_1 gegenüber der Netzspannung U_N um etwa 60° nach ($\cos\varphi = 0{,}5$ induktiv). Der Lampenzweig mit Kondensator ist der „kapazitive Zweig". Der Kondensator ist so ausgelegt, daß seine Wirkung gegenüber der des Vorschaltgerätes überwiegt. Deshalb eilt in diesem Zweig der Strom I_2 gegenüber der Netzspannung U_N um etwa 60° voraus ($\cos\varphi = 0{,}5$ kapazitiv). In der gemeinsamen Zuleitung beider Zweige fließt die Summe beider Ströme. Die Ströme addieren sich zum Gesamtstrom I. Aufgrund ihrer unterschiedlichen Phasenlage muß eine Addition jedoch geometrisch vollzogen werden. Dem Zeigerdiagramm Bild 2.34 sind dazu weitere Einzelheiten zu entnehmen. Es ist zu erkennen, daß der Gesamtstrom I die gleiche Phasenlage hat wie die Netzspannung U_N ($\cos\varphi = 1$ in der Zuleitung) und daß der Gesamtstrom genauso groß ist wie der Strom einer einzelnen L-Lampe. An eine Leitung lassen sich deshalb – Vollauslastung vorausgesetzt – etwa genauso viele Duoschaltungen (mit je zwei Lampen also) anschließen wie unkompensierte Einzellampen in Standardschaltung. Im einzelnen sind der Duoschaltung folgende Vorteile zuzuschreiben:

- $\cos\varphi \approx 1$ (keine Belastung des Netzes durch Blindleistung).
- Zur Kompensation von zwei L-Lampen wird nur ein Kondensator benötigt (Kondensatoren sind teuer).

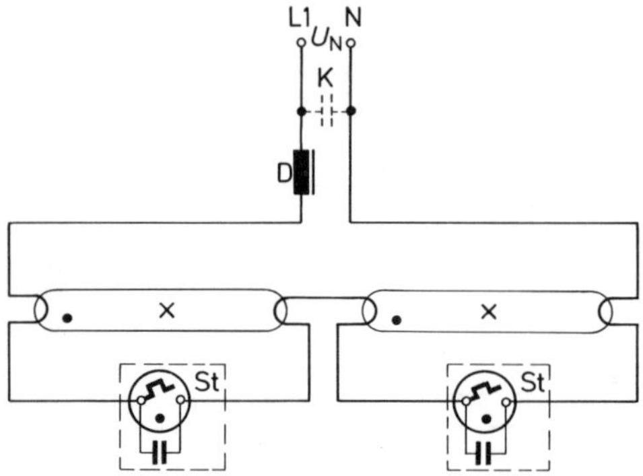

Bild 2.35 Tandemschaltung

K = Kompensationskondensator (nur in Ausnahmefällen verwenden)
D = Drossel
St = Starter (Glimmzünder mit Entstörkondensator)

- Der stroboskopische Effekt (Abschnitt 2.2.4.1) ist vermindert, da die beiden Lampen infolge der Phasenverschiebung ihrer Ströme zueinander nicht im gleichen Takt flimmern.
- Es gibt keine Probleme in Netzen mit Rundsteueranlagen. Drossel und Kondensator sind vom Hersteller so aufeinander abgestimmt, daß sie mit den in Frage kommenden Tonfrequenzen keinen Resonanzschwingkreis bilden.

In der Praxis kann man beobachten, daß innerhalb der Duoschaltung allgemein die L-Lampe im kapazitiven Zweig früher als die Lampe im induktiven Zweig ausfällt. Der Grund dafür ist in der Höhe des Vorheizstromes zu suchen. Bei geschlossenem Starterkontakt fließt im induktiven Zweig (Standardschaltung) ein Vorheizstrom, der etwa das 1,5fache des Nennstroms der Lampe beträgt. Im kapazitiven Zweig erreicht der Vorheizstrom dagegen etwa nur das 0,9fache des Lampennennstromes. Dadurch wird die L-Lampe hier verhältnismäßig kalt gestartet, was häufiger zum Flackern während des Einschaltvorganges führt und so die Lebenserwartung der Lampe mindert. Die Minderung beträgt ungefähr 70%. Die L-Lampenhersteller haben allerdings dafür gesorgt, daß die Lampe im kapazitiven Zweig dennoch die Lebensdauer von 7500 Stunden erreicht. Unter anderem wurden die Heizelektroden verstärkt. Dadurch erreichen L-Lampen in Standardschaltung meist eine erheblich längere Lebensdauer. Ein Auswechseln nach etwa 7500 Stunden ist jedoch trotzdem zu empfehlen, da nach dieser Zeit der Lichtstrom bereits erheblich abgenommen hat.
c) Die Tandemschaltung ist eine Reihenschaltung von zwei L-Lampen gleicher Leistung unter Verwendung von nur einem Vorschaltgerät (Bild 2.35). Die Schaltung ist am 230-V-Netz durchführbar mit Lampen folgender Leistungen: 4 W, 6 W, 8 W, 15 W, 18 W, 20 W und 22 W. Die Tandemschaltung mit diesen Lampen ist möglich, da (nur) deren Brennspannung so niedrig ist, daß eine Reihenschaltung am 230-V-Netz durchführbar ist. Außerdem stehen für diese Lampen die geeigneten Vorschaltgeräte zur Verfügung: Für zwei 4-W-Lampen wird das Vorschaltgerät der 8-W-Lampe verwendet; für zwei 20-W-Lampen wird das Vorschaltgerät der 40-W-Lampe verwendet usw.
Die Schaltung bietet folgende Vorteile:

- Einsparung eines Vorschaltgerätes beim Betrieb von zwei Lampen (Kosten- und Platzersparnis).
- Verminderung der Verlustleistung (ein Vorschaltgerät hat eine geringere Verlustleistung als zwei Vorschaltgeräte).

Bei der Tandemschaltung kann es hin und wieder zu Einschaltschwierigkeiten kom-

men. Häufig reicht es dann aus, einen der beiden Starter aus seiner Fassung zu nehmen und umgekehrt wieder einzusetzen. Es werden von den Herstellern Spezialstarter für die Tandemschaltung angeboten (Handelsbezeichnung: St 151, S2 usw.).
Duo- und Tandemschaltung lassen sich kombinieren, indem zwei Tandemzweige parallel geschaltet werden. Einem der beiden Zweige ist dann ein Reihen(Duo)-Kondensator zuzuordnen. Der Kondensator ist nach der Größe des Vorschaltgerätes auszuwählen.

d) Starterlose Schaltungen ermöglichen ein flackerfreies Einschalten von L-Lampen. Zwei Schaltungen werden insbesondere angewendet:

— Die Resonanz-Doppeldrossel-Schaltung (RD-Schaltung) und
— die Rapidstart-Schaltung (RS-Schaltung).

Die RD-Schaltung zeigt das Bild 2.36. Sie ist geeignet für den Betrieb von L-Lampen bei Umgebungstemperaturen von $-20\,°C$ bis $+50\,°C$. Zur Verwendung kommt eine Sonderausführung der L-Lampe mit Außenzündstreifen und einem eingebauten hochohmigen Widerstand (siehe auch Abschnitt 2.2.4.2.1). Der Einschaltvorgang läuft wie folgt ab: Nach Anlegen der Netzspannung bildet die Doppeldrossel DD mit dem Kondensator K einen Reihenschwingkreis, der in Resonanz ist bei der Netzfrequenz 50 Hz. Ein Reihenschwingkreis in Resonanz ist niederohmig. Im Idealfall — verlustfreie Bauelemente angenommen — ist der Blindwiderstand aus DD und K gleich Null. Dadurch fließt ein hoher Heizstrom über die Lampenelektroden. Zugleich entsteht eine Spannungsüberhöhung an K. Die Spannung an K ist größer als die Netzspannung (Spannungsüberhöhung im Reihenschwingkreis bei Resonanz).

Bild 2.36 Resonanz-Doppeldrossel-Schaltung (RD-Schaltung)

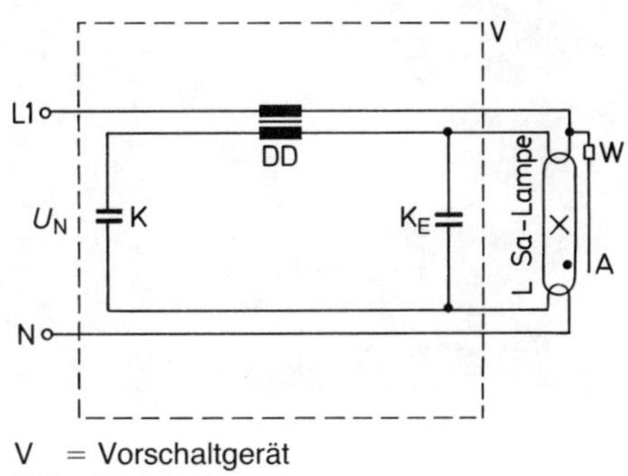

V = Vorschaltgerät
DD = Doppeldrossel
K = Reihenkondensator (in Reihenschaltung mit DD)
K_E = Entstörkondensator 10 nF
W = Hochohmwiderstand (im Sockel eingebaut)
A = Außenzündstreifen (Zündhilfe)

Das Aufheizen der Lampenelektroden sowie die erhöhte Spannung bewirken eine Zündung der L-Lampe. Der Vorgang wird durch die Zündhilfe (Außenzündstreifen) zusätzlich begünstigt.
Nach dem Zünden der L-Lampe sind der eine Teil der Wicklung der Doppeldrossel und der Kondensator K vom Hauptstrom abgetrennt, so daß der Resonanzzustand aufgehoben ist.

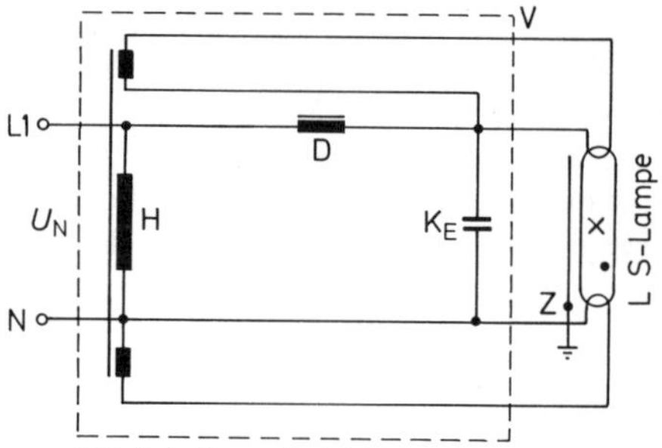

RS-Schaltung induktiv

V = Vorschaltgerät
D = Drossel
H = Heiztrafo
K_E = Entstörkondensator 10 nF
Z = Kapazitive Zündhilfe (Aluminium-Zündfolie oder Metall-Netzstrumpf)

Bild 2.37a) (links) Rapidstart-Schaltung (RS-Schaltung)

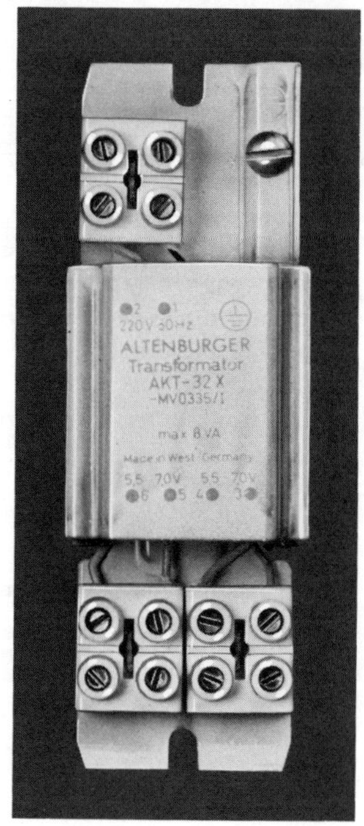

Bild 2.37b) (unten) Transformator für den Betrieb von L-Lampen in einer RS-Schaltung

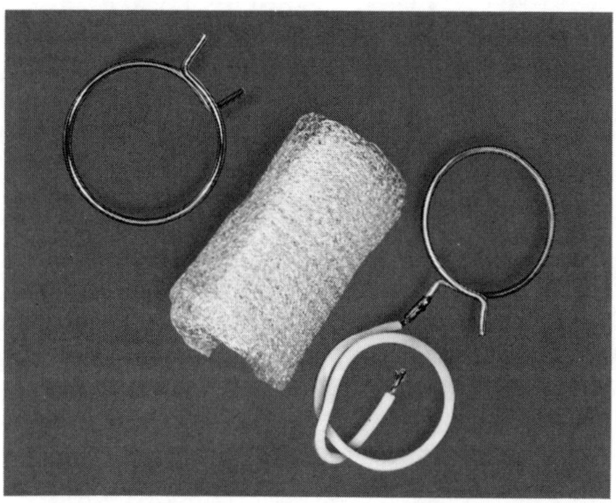

Bild 2.37c) (links unten) Metallnetzstrumpf und Befestigungsklammern zum Betrieb von L-Lampen mit 38 mm Rohrdurchmesser in einer RS-Schaltung

Der Kondensator K_E hat eine erheblich kleinere Kapazität (10 nF) als K. Er dient der Funkentstörung.

Die RS-Schaltung zeigt das Bild 2.37a). Sie ist geeignet für den Betrieb von L-Lampen bei Umgebungstemperaturen von +10 °C bis +40 °C. Neben der normalen Vorschaltdrossel, wie sie auch in der Standardschaltung eingesetzt wird, ist zunächst ein Spezialtrafo erforderlich (Bild 2.37b)). Der Transformator enthält eine Primärwicklung und zwei Sekundärwicklungen. Die Sekundärwicklungen liefern eine Spannung von etwa 7 V. Als Lampen kommen für diese Schaltung die in Abschnitt 2.2.4.2.1 beschriebenen L-Lampen mit Aluminium-Zündfolie in Frage. Die Aluminium-Zündfolie dient als Zündhilfe und wird mit dem Schutzleiter der Anlage verbunden.

Anstatt dieser Lampen-Sonderausführung lassen sich auch normale L-Lampen mit 38 mm (!) Rohrdurchmesser in dieser Schaltung betreiben. Die Lampen müssen eben-

falls eine Zündhilfe erhalten und werden deshalb in einen Metallnetzstrumpf (Bild 2.37c)) gesteckt. Der Metallnetzstrumpf wird mit den beiden – ebenfalls in Bild 2.37c) gezeigten – Klammern an den Lampenenden festgehalten. Die eine der beiden Klammern besitzt die erforderliche Verbindungsleitung zum Anschluß an den Schutzleiter.
Die Funktion der Schaltung ist folgende:
Nach dem Einschalten der Netzspannung fließt sofort über die beiden Heizwendel der Lampe ein Heizstrom. Dieser wird durch die Trafosekundärwicklungen erzeugt. Infolge der Heizwendelerwärmung wird die L-Lampe nunmehr mit Hilfe der Netzspannung — etwa 1 s nach dem Einschalten — gezündet. Die Zündung wird durch die kapazitive Wirkung der Zündhilfe erleichtert.
Die an der Lampe wirksame Spannung kann durch entsprechende Polung der Trafosekundärwicklungen geringfügig verändert werden, indem die in den Wicklungen erzeugte Spannung mit oder entgegen der Netzspannung geschaltet wird. Einschaltschwierigkeiten können u.U. durch Umpolen einer Wicklung oder beider Wicklungen an den Lampenanschlüssen behoben werden.
Nach dem Zünden der Lampe fließt der Heizstrom ununterbrochen weiter. Die Lebensdauer der Lampe wird dadurch nicht verkürzt. Im Gegenteil: Der Einschaltvorgang ist für die L-Lampe sehr schonend, so daß sogar mit einer geringfügig längeren Lebensdauer gegenüber der Standardschaltung gerechnet werden kann.
Neben diesen Vorzügen weist die Schaltung auch Nachteile auf:

— Der dauernd fließende Heizstrom bringt zusätzlich Energieverluste. Die Gesamtverlustleistung der Schaltung ist also höher als bei der Standardschaltung.

Bild 2.38 Zwei RS-Schaltungen (ein induktiver, ein kapazitiver Zweig) kombiniert zu einer Duoschaltung

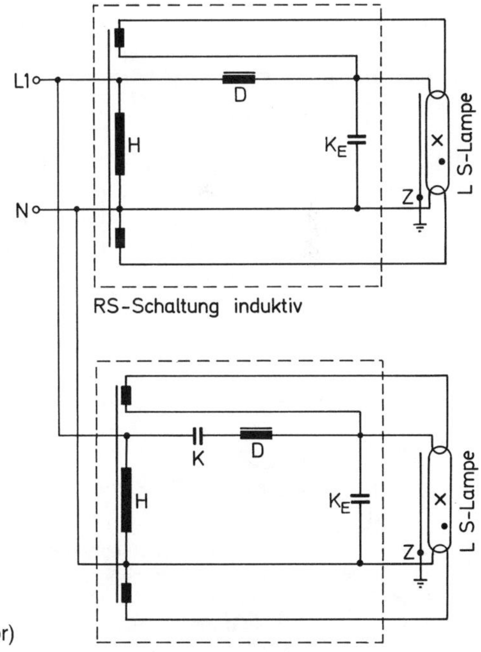

K = Kompensationskondensator (Reihenkondensator)
(Weitere Erklärungen siehe Bild 2.37a))

– Die geringe Spannung der Trafosekundärwicklungen (7 V) für den Heizstrom kann bei Korrosionserscheinungen an den Lampenanschlüssen leicht zu Einschaltstörungen infolge schlechter Kontaktgabe führen. Um diesen Nachteil zu mindern, bieten einige Leuchtenhersteller Leuchten mit Spezialfassungen an. Diese sind mit besonders gegen Korrosion geschützten Kontakten ausgestattet. Die Kontakte weisen zugleich einen erhöhten Kontaktdruck auf die Anschlußstifte der L-Lampe aus.

Die RS-Schaltung läßt sich auch als Duoschaltung installieren (Bild 2.38). Sie kombiniert dann ihre Vorteile mit denen der Duoschaltung.

e) Die Dimmerschaltung zur Helligkeitssteuerung von L-Lampen zeigt Bild 2.39. Die Schaltung ist eine Erweiterung der zuvor beschriebenen RS-Schaltung. Alle dazu aufgeführten Einzelheiten haben auch hier Gültigkeit. Die Schaltung ist erweitert um den Dimmer – der mit Hilfe elektronischer Bauteile arbeitenden Stelleinrichtung – und um eine Glühlampe. Die Glühlampe liegt parallel zur Reihenschaltung L-Lampe/ Vorschaltgerät. Sie dient als Grundlast. Fehlt diese Grundlast, kommt es leicht zu Flackererscheinungen, wenn der Dimmer auf geringe Helligkeit eingestellt ist. Außerdem soll die Glühlampe einen in den Dimmer zur Funkentstörung eingebauten Schwingkreis bedämpfen. Der Schwingkreis ist aus Gründen der Vereinfachung nicht dargestellt. Anstelle der Glühlampe, die z. B. eine Leistung von 25 W haben soll, kann auch ein entsprechender Widerstand vorgesehen werden.

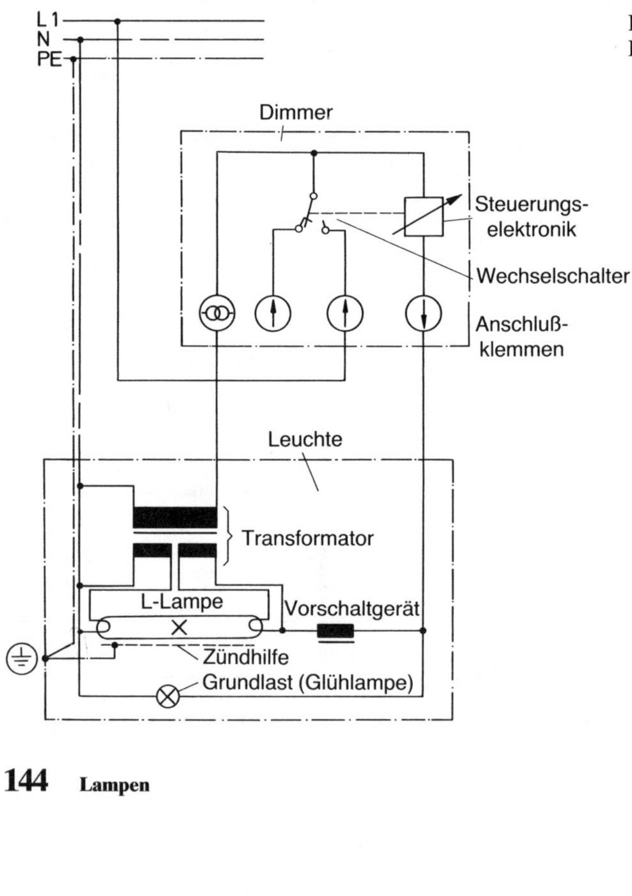

Bild 2.39
Dimmerschaltung für L-Lampen

Beim Aufbau der Dimmerschaltung ist zu beachten, daß an den mit ↓ bezeichneten Anschluß stets die Last (L-Lampe und Glühlampe) angeschlossen wird. Ein Vertauschen (z.B. L1 an Anschluß ↓, Last an Anschluß ↑) gewährleistet keinen ordnungsgemäßen Betrieb. Die L-Lampe wird sich wohl auf volle Helligkeit einstellen lassen; aber bei Betätigung des Dimmers wird sie abrupt erlöschen. Der Grund: Der Primärstrom des Transformators wird ebenfalls über den Dimmer geführt. Damit sinkt der Heizstrom für die beiden Lampenelektoden und verhindert das Wiederzünden, das im Grunde nach jedem Nulldurchgang des Lampenwechselstroms erneut notwendig wird.

f) Der Betrieb an sogenannten elektronischen Vorschaltgeräten (EVG) ist mit allen stabförmigen L-Lampen des Hersteller-Kernprogramms möglich. Seit einigen Jahren werden EVG von verschiedenen Herstellern mit z.T. voneinander abweichenden Konzeptionen angeboten. Die Geräte zünden die Lampe ohne Starter und wandeln Netz-Wechselstrom mit $f = 50$ Hz oder Gleichstrom in einen Betriebsstrom mit $f \approx 30$ kHz für die Lampe um. Ein Blockschaltbild dazu zeigt Bild 2.40.

Bild 2.40
Blockschaltbild eines elektronischen Vorschaltgeräts (EVG)

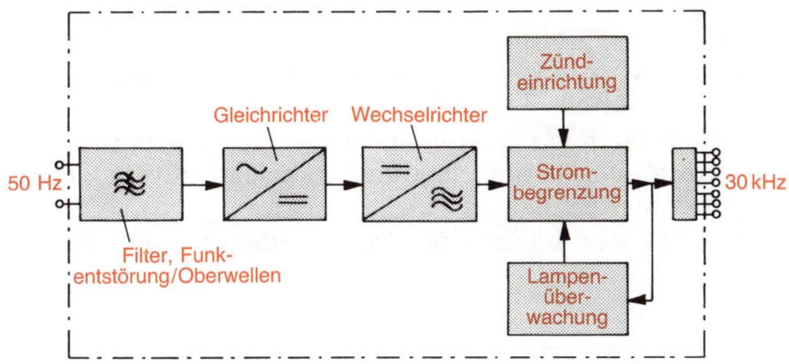

Gegenüber KVG und VVG besitzen die EVG eine verringerte Verlustleistung. Diese beträgt z.B. beim Betrieb mit einer L-Lampe mit Nennleistung 58 W nur noch etwa 5 W (zum Vergleich: KVG ca. 13 W, VVG ca. 8 W). Zugleich ist infolge des HF-Betriebs aber auch die Leistungsaufnahme der Leuchtstofflampe – bei fast unverändertem Lichtstrom – um etwa 10% verringert. Die Aufnahmeleistung einer L-Lampe mit 58 W beträgt dann nur noch etwa 50 W, die der L-Lampe mit 36 W etwa 32 W und die der L-Lampe mit 18 W etwa 16 W. Folgende Aussagen zum Betrieb von L-Lampen mit EVG gelten universell für alle angebotenen HF-Systeme:

- Steigerung der Lichtausbeute der Lampe gegenüber dem Betrieb mit herkömmlichem Vorschaltgerät um knapp 10%;
- günstigeres Startverhalten bei niedriger Umgebungstemperatur;
- flackerfreier Start;
- eine Kompensation ist nicht notwendig, da der Leistungsfaktor $\cos \varphi \geq 0{,}95$ ist;

- störendes Elektrodenflimmern an der Lampe ist infolge der hohen Betriebsfrequenz nicht mehr erkennbar;
- der stroboskopische Effekt tritt praktisch nicht mehr auf, da der Strom-Nulldurchgang infolge der hohen Frequenz so kurz ist, daß die Nachleuchtzeit des Leuchtstoffs die jeder Halbwelle nachfolgende Dunkelphase überdeckt und
- am Ende der Nutzbrenndauer werden die Lampen automatisch abgeschaltet (kein störendes Flackern).

EVG sind zum Betrieb mit einer oder zwei Lampen erhältlich. Bei der Verdrahtung zwischen EVG und Lampe ist der Aufdruck auf dem jeweiligen Vorschaltgerät zu beachten, da zum Teil Unterschiede auch innerhalb der Systeme der einzelnen Hersteller vorhanden sind. Die Bilder 2.41 a) und b) zeigen zwei Schaltungsbeispiele. Bei der Installation sind folgende Einzelheiten zu beachten:

- Werden die beiden über ein gemeinsames Vorschaltgerät versorgten L-Lampen in verschiedenen Leuchten betrieben (Mutter-Tochter-Betrieb), so sollte zur Verdrahtung zwischen den Leuchten eine abgeschirmte Leitung verwendet werden (Vermeidung von Funkstörungen).
- Die Abschirmung ist einseitig mit dem Schutzleiter zu verbinden (Brummschleifen vermeiden!).
- Auf die Abschirmung kann verzichtet werden, wenn Mutter- und Tochterleuchte in einer Achse liegen, funkentstört sind und weniger als 1 m Zwischenraum voneinander aufweisen.
- Die beim EVG ankommende Netzleitung und die zu den Lampen abgehenden Verdrahtungsleitungen sollten möglichst zuverlässig voneinander entkoppelt, d.h. getrennt voneinander gelegt werden.
- Die einfache Länge einer Verdrahtungsleitung sollte 3,5 m nicht überschreiten.

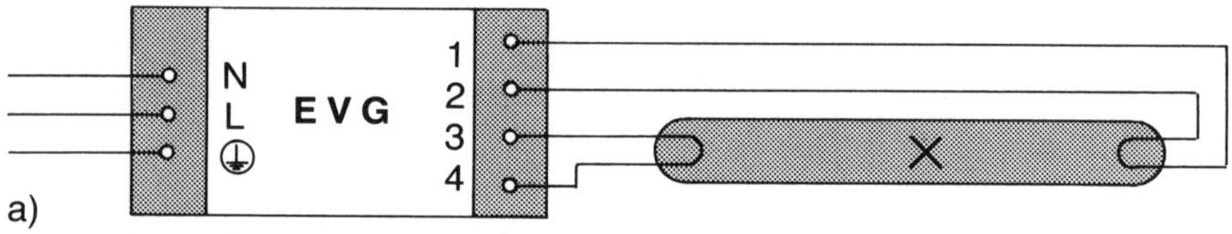

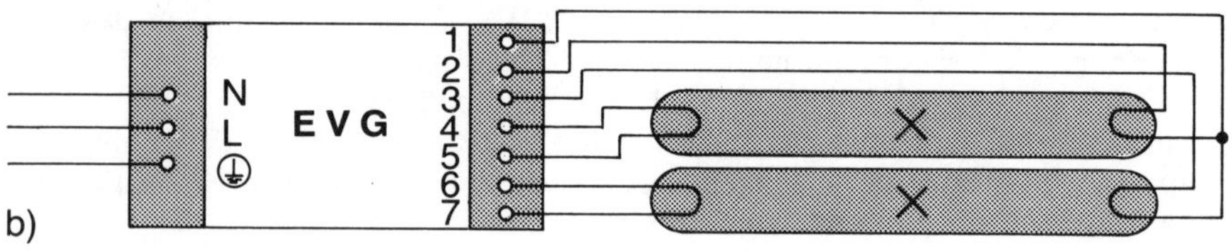

Bild 2.41 a) EVG mit 1 L-Lampe
b) EVG mit 2 L-Lampen

2.2.4.3 Quecksilberdampf-Hochdrucklampen

Quecksilberdampf-Hochdrucklampen (Handelsbezeichnungen: HQL, HPL, HSL usw.) sind gewissermaßen Verwandte der L-Lampen (Quecksilberdampf-Niederdrucklampen). Sie werden dort eingesetzt, wo ein größerer Abstand zwischen Lichtquelle und zu beleuchtender Fläche zu überbrücken ist: Zur Beleuchtung hoher Hallen, für die Straßenbeleuchtung usw. Aufgrund ihrer (meist) glühlampenähnlichen Form kommen sie einer punktförmigen Lichtquelle nahe und ihr Licht läßt sich deshalb besser bündeln. Ein Foto mit Einzelheiten zeigt Bild 2.42a. Die Zeichnung Bild 2.42b einer Quecksilberdampf-Hochdrucklampe verdeutlicht das Aufbauprinzip. Der Brenner enthält Quecksilber, das unter den darin herrschenden Druckverhältnissen bei Raumtemperatur flüssig ist. Außerdem ist im Brenner ein Hilfsgas (z.B. Argon) eingeschlossen, das insbesondere während der Einschaltphase benötigt wird. Der Brenner besteht aus Quarzglas, das hohe Temperaturen aushalten kann und dabei nur eine geringe Wärmedehnung aufweist. Der äußere Lampenkolben besteht aus Hartglas. Er ist evakuiert, um die Wärmeabstrahlung niedrig zu halten. Seine Innenwandung ist (meist) mit einem Leuchtstoff (Yttrium-Vanadat) beschichtet.
Wie alle anderen Entladungslampen auch, benötigen Quecksilberdampf-Hochdrucklampen ein Vorschaltgerät zur Stabilisierung des Stromes. Das Vorschaltgerät ist bei Wechselspannungen 230 V oder höher üblicherweise eine Drossel (Bild 2.43a). Bei Wechselspannungen unter 230 V verwendet man Streufeld-Spartransformatoren (Bild 2.43b).
Der Einschaltvorgang der Lampe soll anhand Bild 2.42b erläutert werden: Dem Bild ist zu entnehmen, daß an jeder Seite des Brenners eine Haupt- und eine Hilfselektrode angeordnet ist (manchmal ist nur 1 Hilfselektrode vorhanden). Die Hilfselektrode ist über einen Widerstand jeweils mit dem entgegengesetzten Netzanschlußleiter verbunden wie die auf der gleichen Seite befindliche Hauptelektrode. Im Brenner herrscht zunächst ein geringer Druck, den das Hilfsgas bewirkt. Unmittelbar nach dem Einschalten wird durch die Netzspannung eine Entladung zwischen den Haupt- und Hilfselektroden zu beiden Seiten des Brenners ausgelöst. Dadurch wird das Hilfsgas ionisiert. Anschließend breitet sich eine Entladung über die gesamte Brennerstrecke aus, und zwar vorwiegend zwischen den einander gegenüberliegenden Hauptelektroden. Die Entladung hat zu diesem Zeitpunkt einen großen Querschnitt, der den Brennerquerschnitt ganz ausfüllt. Es entsteht eine ausgeprägt bläuliche Strahlung.
Die Entladung führt zu einer Erwärmung. Dadurch wird das im Brenner befindliche flüssige Quecksilber verdampft. Als Folge steigt der Druck, wodurch der Querschnitt der Entladung stark eingeengt wird. Die dabei auftretende Strahlung wird mit zunehmendem Druck im Brenner immer weißblauer. Nach etwa 2 bis 3 min ist der Einschaltvorgang (Einbrennvorgang) abgeschlossen. Der Druck im Brenner hat den Betriebswert erreicht, und die Lampe strahlt ihre volle Helligkeit aus.
Wird die Lampe jetzt ausgeschaltet, so muß sie zunächst abkühlen, bevor sie erneut gezündet werden kann. Der Grund ist der hohe Betriebsdruck im Brenner, der keine Zündung mit Hilfe der verhältnismäßig geringen Netzspannung zuläßt.
Die Lichtfarbe der Quecksilberdampf-Hochdrucklampe wird durch den Leuchtstoff auf der Innenwandung des Lampenkolbens entscheidend mitbestimmt. Es sind Lampen mit mehr neutralweißer (nw) und mit mehr warmweißer (ww) Lichtfarbe erhältlich. Das Spektraldiagramm einer Lampe mit neutralweißer Lichtfarbe zeigt Bild 2.44. Die darin gekennzeichneten Strahlungslinien mit 405/8 nm, 435 nm, 546 nm und 577/79 nm ent-

a)

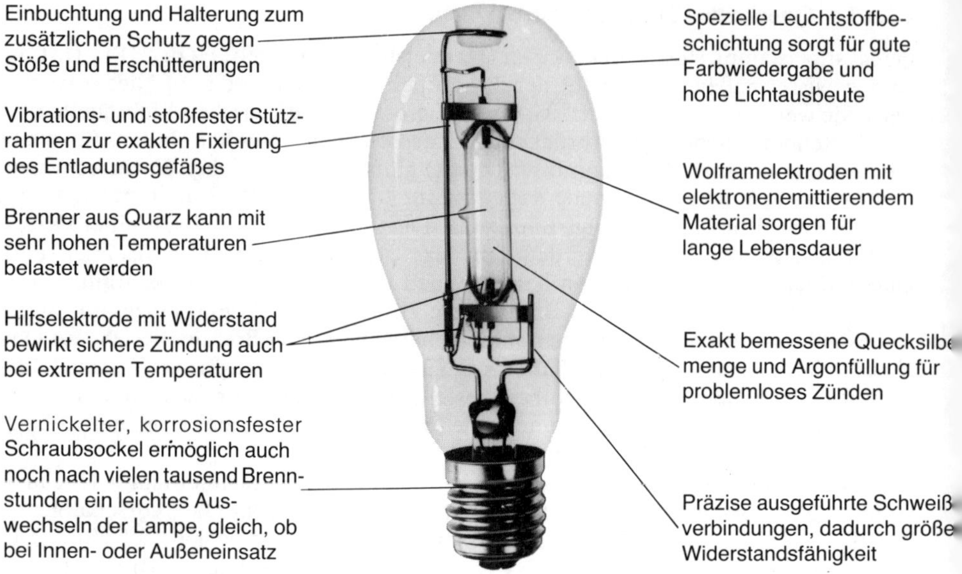

b)

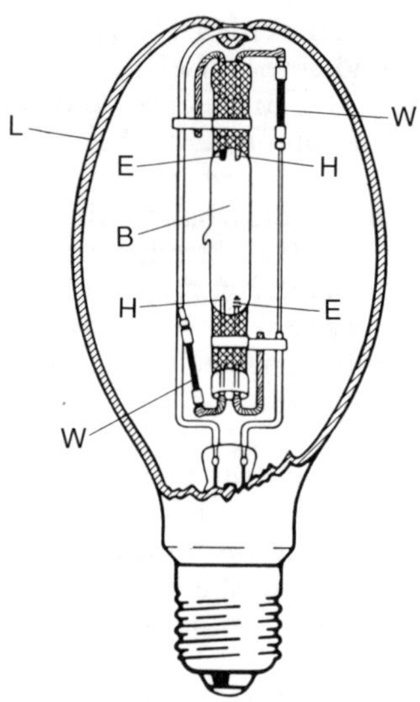

E Hauptelektroden
H Hilfselektroden
W Widerstände
B Brenner (Entladungsgefäß)
L äußerer Lampenkolben

Bild 2.42a und b
Einblick in eine Quecksilberdampf-Hochdrucklampe

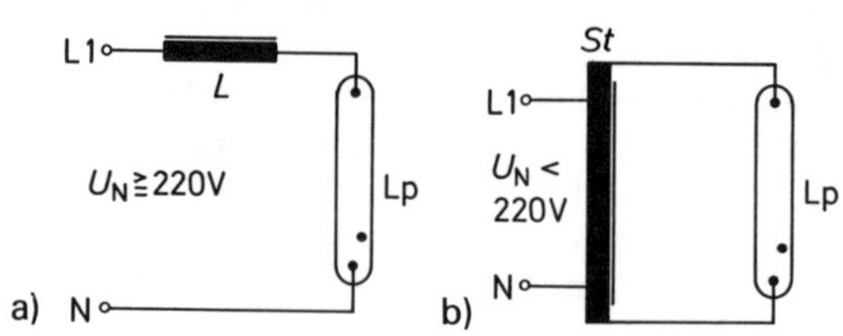

Bild 2.43 a) Schaltbild für eine Quecksilberdampf-Hochdrucklampe mit Vorschaltdrossel (für den Betrieb an Spannungen $U \geqq 230$ V), b) Schaltbild einer Quecksilberdampf-Hochdrucklampe mit Streufeldtransformator (für den Betrieb an Spannungen unter 230 V)

Bild 2.44 Spektraldiagramm einer Quecksilberdampf-Hochdrucklampe mit Leuchtstoff (Lichtfarbe: nw)

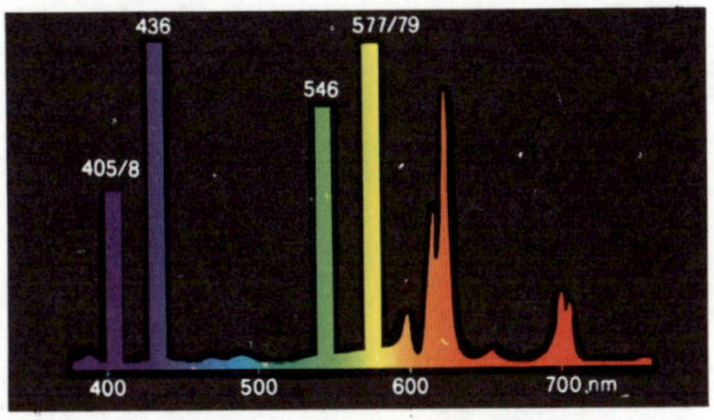

stehen direkt im Brenner durch die Quecksilberdampf-Entladung. Man findet diese Linien auch in den Spektraldiagrammen von L-Lampen (Bilder 2.25 bis 2.28). Die in Bild 2.44 nicht mit einer Wellenlänge gekennzeichneten Strahlungsanteile im rot-gelben und im roten Bereich erzeugt die Leuchtschicht, die insbesondere UV-Strahlung der Quecksilberdampf-Entladung in sichtbare Strahlung umwandelt.

Weitere technische Daten der Quecksilberdampf-Hochdrucklampen:

- Die Nutzbrenndauer wird mit 10000 Stunden angegeben.
- Die Farbwiedergabequalität der Lampen entspricht Stufe 3.
- Die Lichtausbeute beträgt ca. 40 lm/W bis 57 lm/W (jeweils ohne Berücksichtigung der Verlustleistung des Vorschaltgeräts) und liegt damit niedriger als bei L-Lampen.
- Der Lichtstrom ist praktisch unabhängig von der Umgebungstemperatur der Lampe.
- Der Leistungsfaktor cos φ liegt infolge des Vorschaltgeräts je nach Lampentyp zwischen 0,5 und 0,7. Es werden deshalb Kompensationskondensatoren für die einzelnen Lampen angeboten. Auch Duoschaltungen (wie bei L-Lampen) sind möglich durch Parallelschalten einer unkompensierten induktiven Schaltung und einer überkompensierten kapazitiven Schaltung.
- Der Einschaltstrom beträgt je nach Vorschaltgerätetyp etwa das 1- bis 2fache des Betriebsstroms.
- Eine besondere Einbaulage braucht bei diesem Lampentyp heute meist nicht mehr beachtet werden.
- Weitere Einzelheiten sind der Tabelle 2.6 zu entnehmen.

Beispiele für Sonderausführungen der Quecksilberdampf-Hochdrucklampe:

- Die Lampe besitzt einen besonders großen kugelförmigen Außenkolben, der durch eine goldbraune Filterschicht eine glühlampenähnliche Lichtfarbe (ww) bewirkt. Sie ist aufgrund ihrer großen Oberfläche praktisch blendungsfrei (geringe Leuchtdichte) und außerdem spritzwasserfest. Die Lampe ist gedacht zur Beleuchtung von Foyers, Hallen mit Publikumsverkehr und anderen Bereichen, in denen dekorative Beleuchtungsaufgaben gelöst werden sollen. Sie ist auch für besondere Bereiche der Außenbeleuchtung geeignet: Beleuchtung von Fußgängerzonen, Park- und Gartenanlagen.

Tabelle 2.6 Daten von Quecksilberdampf-Hochdrucklampen mit Leuchtstoff. Lichtfarbe: nw

Kurzzeichen [1] Leistung	Abmessungen		Lichtstrom	Sockel
	Durchmesser *d* mm	Länge *l* mm	lm	
HQL 50 W	55	130	2000	E 27
HQL 80 W	70	156	3800	E 27
HQL 125 W	75	170	6300	E 27 [2]
HQL 250 W	90	226	13500	E 40
HQL 400 W	120	290	23000	E 40
HQL 700 W	140	330	40000	E 40
HQL 1000 W	165	380	55000	E 40

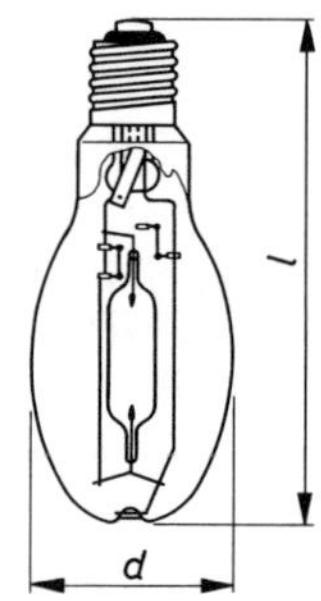

HQL-Lampe

[1] Typenbezeichnung der Fa. Osram,
[2] Lampe ist auch mit Sockel E 40 erhältlich.

Tabelle 2.7 Daten von Verbund-Mischlichtlampen mit Leuchtstoff

Kurzzeichen [1]	Nennleistung W	Lichtstrom lm	Durchmesser *d* (mm)	Länge *l* (mm)	Sockel
HWL 160 W 225 V	160	3100	75	177	E 27
HWL 160 W 235 V	160	3100	75	177	E 27
HWL 250 W 225 V	250	5600	90	226	E 40 [2]
HWL 250 W 235 V	250	5600	90	226	E 40 [2]
HWL 500 W 225 V	500	14000	120	275	E 40
HWL 500 W 235 V	500	14000	120	275	E 40
HWL 1000 W 225 V	1000	32500	160	315	E 40
HWL 1000 W 235 V	1000	32500	160	315	E 40

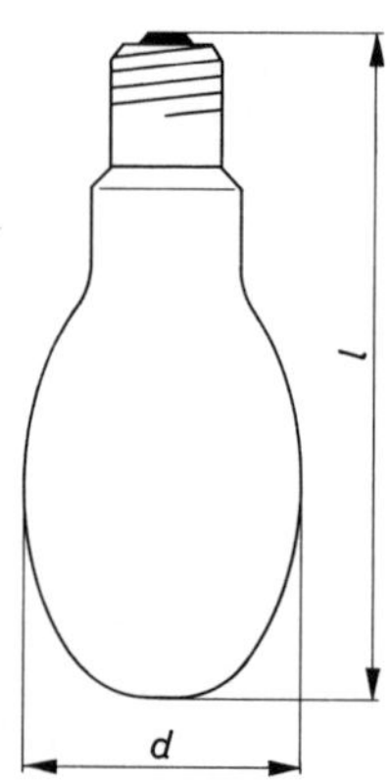

[1] Typenbezeichnung der Fa. Osram,
[2] Lampe ist auch mit Sockel E 27, Länge 235 mm, erhältlich.

— Eine andere Quecksilberdampf-Hochdrucklampe ist mit einem Reflektorkolben ausgestattet. Sie dient insbesondere der Akzentbeleuchtung (Anstrahlen von Objekten, dekoratives Setzen von Lichtpunkten usw.). Dieser Lampentyp ist mit mehr neutralweißer oder mit mehr warmweißer Lichtfarbe erhältlich. Die Lampe eignet sich auch hervorragend zur Anstrahlung von Pflanzen (UV- und Wärmestrahlung sind im Strahlungsbündel vorhanden).

2.2.4.4 Verbund-Mischlichtlampen

Verbund-Mischlichtlampen (Handelsbezeichnungen: HWL, ML, HSB-BW usw.) enthalten in einem (meist) glühlampenähnlichen evakuierten Glaskolben eine Glühwendel und einen Quecksilberdampf-Hochdruckbrenner, die miteinander in Reihe geschaltet sind (Bilder 2.45a und b). Die Glühwendel erfüllt eine Doppelaufgabe: Sie dient als Vorschaltgerät zur Strombegrenzung für die Entladungsstrecke und trägt mit rund 20% Lichtstromanteil als zusätzliche Lichtquelle zum Gesamtlichtstrom der Lampe bei. Ein weiteres Vorschaltgerät wird zum Betrieb nicht benötigt. Die Lampen können in Glühlampenleuchten entsprechender Leistung deshalb direkt gegen Glühlampen ausgetauscht werden.
Der äußere Glaskolben der Lampe ist auf seiner Innenseite mit Leuchtstoff (Yttrium-Vanadat) beschichtet, der wie bei Quecksilberdampf-Hochdrucklampen insbesondere mit roten Anteilen zum Gesamtspektrum der Lampe beiträgt. Bild 2.46 zeigt das Spektrum der Lampe. Man kann darin wiederum deutlich die typischen Quecksilberdampflinien erkennen. Das kontinuierlich von Violett zu Rot hin ansteigende Grundspektrum ist die Strahlung des Glühfadens. Die Spitzen im Rotbereich stammen vom Leuchtstoff.
Verbund-Mischlichtlampen werden mit neutralweißer Lichtfarbe hergestellt. Der Anwendungsbereich ist derselbe wie bei Quecksilberdampf-Hochdrucklampen — jedoch vor allem im Hinblick auf den Austausch gegen Glühlampen.
Der Einschaltvorgang läuft ebenso ab wie bei Quecksilberdampf-Hochdrucklampen (Abschnitt 2.2.4.3).

Weitere technische Daten der Verbund-Mischlichtlampen:

- Die Lebensdauer wird mit 5000 Stunden angegeben.
- Die Farbwiedergabequalität der Lampen entspricht meist Stufe 3.
- Die Lichtausbeute beträgt ca. 19 lm/W bis 32 lm/W und liegt damit über der von Glühlampen. Die Lichtausbeute ist jedoch kleiner als die der Quecksilberdampf-Hochdrucklampen.
- Der Lichtstrom ist weitestgehend unabhängig von der Umgebungstemperatur.
- Spannungsschwankungen wirken sich etwa genauso stark auf den Lichtstrom aus wie bei Glühlampen.
- Der Leistungsfaktor cos φ ist praktisch gleich 1.
- Bei Spannungsschwankungen über 10% ist die waagerechte Brennstellung zu vermeiden. Bei der 160-W-Lampe soll nur die senkrechte Brennstellung (Schraubsockel oben oder unten angeordnet) angewendet werden. Dabei darf die Lampe maximal 30° nach beiden Seiten aus der Senkrechten gekippt werden.

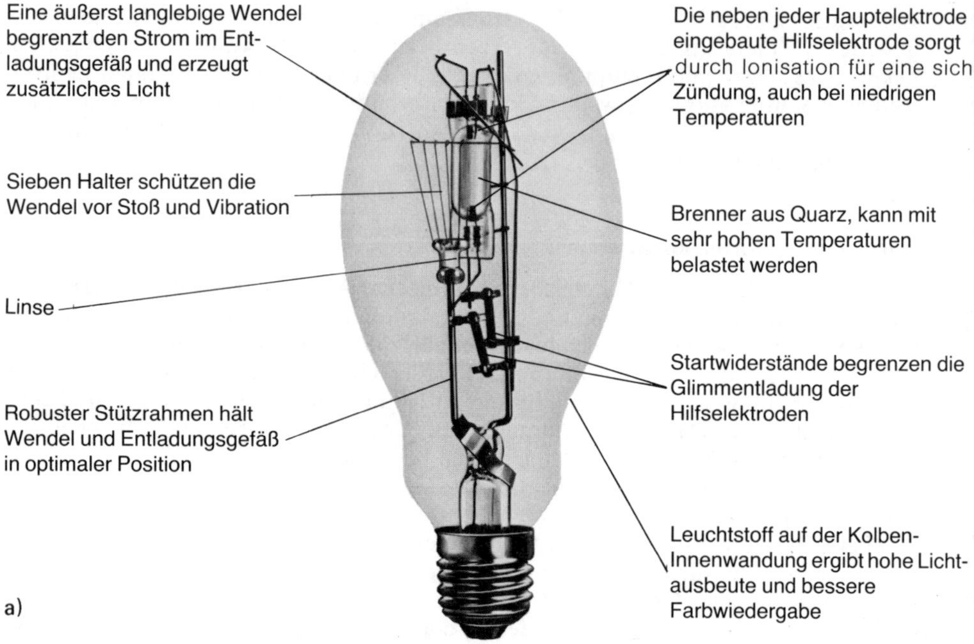

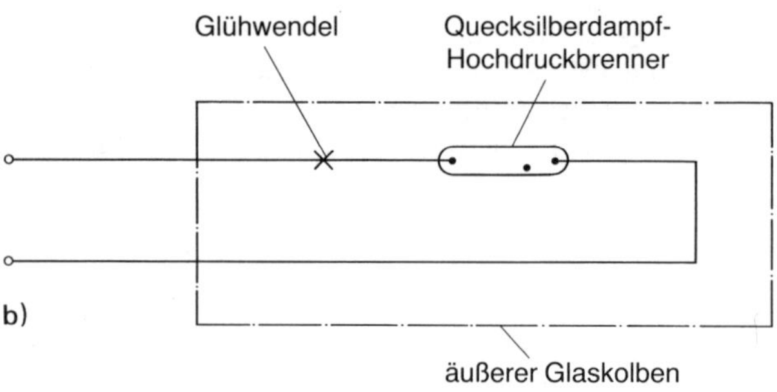

Bild 2.45
a) Einblick in eine Mischlichtlampe (Foto Sylvania),
b) Vereinfachtes Ersatzschaltbild einer Mischlichtlampe

- Nach dem Einschalten erreicht die Lampe praktisch sofort ihre volle Helligkeit, bedingt durch eine Überlastung der Glühwendel. Die Lichtfarbe ist dann zunächst sehr glühlampenähnlich (ww). Nach 2 bis 3 min ist der Einbrennvorgang für die Entladungsstrecke beendet. Die Glühwendel wird dann nur noch gering belastet und gibt weniger Licht ab. Der Brenner erzeugt nunmehr den größeren Lichtstromanteil. Die Lichtfarbe entspricht dann etwa der einer neutralweißen Quecksilberdampf-Hochdrucklampe.
- Weitere technische Daten können Tabelle 2.7 entnommen werden.

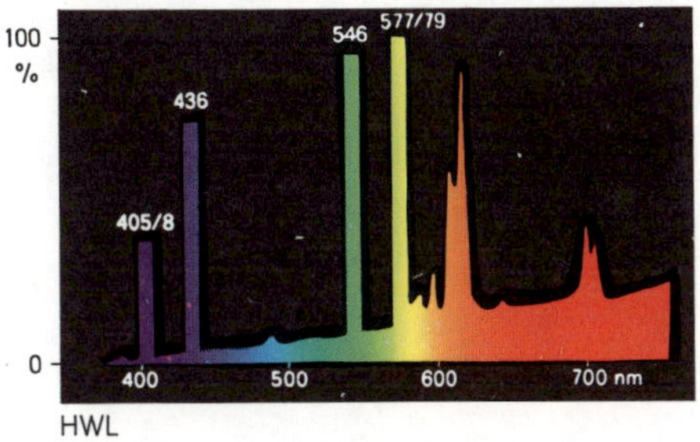

Bild 2.46 Spektraldiagramm einer Mischlichtlampe mit Leuchtstoff

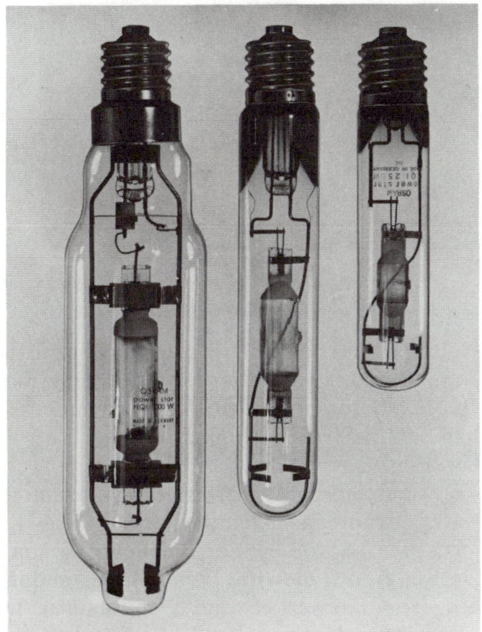

Bild 2.47 Drei Halogen-Metalldampflampen (250 W, 400 W und 1000 W) in Röhrenform mit klarem Glaskolben (Osram-Foto)

Beispiel für eine Sonderausführung der Verbund-Mischlichtlampe:
Die Lampe ist als Reflektorlampe ausgeführt. Die Kuppe des Lampenkolbens ist auf der Innenwandung mit Leuchtstoff beschichtet. Die Lampe erreicht die Farbwiedergabe Stufe 2 und wird z.Z. mit einer Leistung 160 W geliefert. Der Lichtstrom beträgt nur 2500 lm (15,6 lm/W). Infolge der Lichtbündelung durch den Reflektor läßt sich jedoch in Richtung des gebündelten Lichtstroms meist eine höhere Beleuchtungsstärke erreichen als mit anderen Mischlichtlampen gleicher Leistung, die in Reflektorleuchten eingebaut sind. Die Lampe ist sehr gut zur Anstrahlung von Pflanzen geeignet, da im Lichtbündel Wärme- und UV-Strahlung vorhanden ist.

2.2.4.5 Halogen-Metalldampflampen

Halogen-Metalldampflampen (Handelsbezeichnungen: HQI, HPI usw.) sind eine Weiterentwicklung der Quecksilberdampf-Hochdrucklampen. Bild 2.47 zeigt drei Lampen dieses Typs mit Leistungen 250 W, 400 W und 1000 W. Die Lampen sind erhältlich mit Leistungen 150 W bis 3500 W. Wie jede andere Entladungslampe auch, werden geeignete Vorschaltgeräte zum Betrieb benötigt. Für Lampen 2000 W und 3500 W sind die Vorschaltgeräte für eine Netzspannung 400 V ausgelegt.
Das Entladungsgefäß der Lampen enthält neben Quecksilber Zusätze verschiedener Halogene.
Damit erreicht man gegenüber Quecksilberdampf-Hochdrucklampen
- eine höhere Lichtausbeute (75 bis 95 lm/W ohne Berücksichtigung der Verlustleistung des Vorschaltgeräts) und
- eine (meist) bessere Farbwiedergabequalität (Stufe 1).

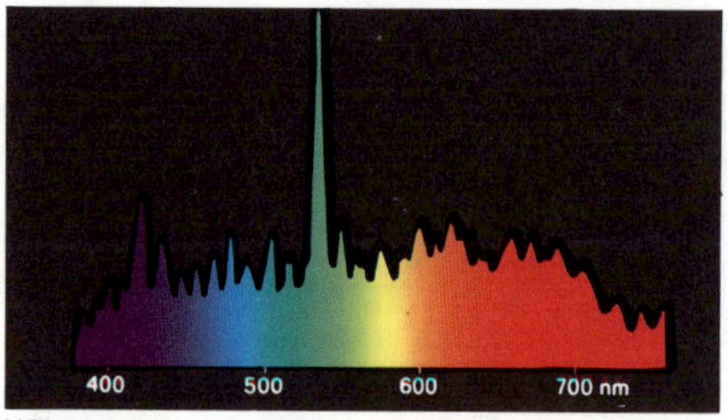

HQI

Bild 2.48 Spektraldiagramm einer Halogen-Metalldampflampe mit der Lichtfarbe Tageslichtweiß (tw) und sehr guter Farbwiedergabe (Stufe 1)

Halogen-Metalldampflampen gibt es — je nach Typ — mit den Farbwiedergabestufen 1, 2 und 3 und mit Lichtfarben Neutralweiß (nw) sowie Tageslichtweiß (tw). Wie bei den Quecksilberdampf-Hochdrucklampen wird auch bei diesem Lampentyp nach dem Einschalten die volle Helligkeit erst nach etwa 2 bis 3 min erreicht.
Das Einsatzgebiet der Lampen ist der Innen- und Außenbereich —, insbesondere dort, wo es auf eine gute Farbwiedergabequalität ankommt, z.B. bei der Beleuchtung von Verkaufsräumen, Schaufenstern, Messe- und Ausstellungshallen, Sportstätten (Farbfernsehen!) sowie bei der Beleuchtung von repräsentativen Straßen und Parkanlagen. Desweiteren finden die Lampen Anwendung in Flutlichtanlagen und bei der Anstrahlung von Bauwerken und Denkmälern. Die meist sehr gute Farbwiedergabe dieses Lampentyps läßt sich aus Bild 2.48 erkennen, das das Spektraldiagramm einer Halogen-Metalldampflampe mit der Lichtfarbe Tageslichtweiß (tw) zeigt.

Weitere technische Daten für Halogen-Metalldampflampen:

- Die Nutzbrenndauer wird mit 6000 Stunden angegeben.
- Der Lichtstrom ist fast unabhängig von der Umgebungstemperatur der Lampe.
- Der Leistungsfaktor cos φ liegt infolge des Vorschaltgerätes je nach Lampentyp zwischen 0,5 und 0,7. Es werden deshalb Kompensationskondensatoren für die verschiedenen Lampen angeboten.
- Der Einschaltstrom beträgt je nach Vorschaltgerätetyp etwa das 1- bis 2fache des Betriebsstroms.
- Bei den meisten Lampen dieser Art ist eine bestimmte Einbaulage zu beachten.
- Lampen mit der Farbwiedergabestufe 3 erreichen höchste Lichtausbeuten (bis 95 lm/W). Lampen mit besserer Farbwiedergabe haben geringere Lichtausbeuten.

Die unterschiedlichen Ausführungsformen:

Für die Halogen-Metalldampflampen werden — je nach Typ — unterschiedliche Schaltungen bzw. Vorschaltgeräte angeboten. Einige Lampentypen lassen sich an mehreren Vorschaltgeräten in unterschiedlichen Schaltungen betreiben.
Neben den Lampen mit einem Klarglaskolben, sind auch ellipsoidförmige Typen (glühlampenförmig) mit innenbeschichtetem Glaskolben erhältlich. Eine andere Art besitzt einen pilzförmigen Glaskolben mit Reflektor und Innenbeschichtung. Schließlich ist noch eine weitere Form der Lampe erhältlich, die auf der dem Schraubsockel gegenüberliegenden Seite den zweiten Anschluß hat. Diese Lampe kann mit Hilfe eines zusätzlichen Zündgeräts durch eine erhöhte Zündspannung nach dem Abschalten im

noch betriebswarmen Zustand erneut (sofort) gezündet werden. Diese Möglichkeit ist wichtig z.B. für die Einsatzbereitschaft aus einer Notstromversorgung nach Ausfall des Hauptnetzes.

2.2.4.6 Natriumdampflampen

Es sind zu unterscheiden:

- Natriumdampf-Niederdrucklampen und
- Natriumdampf-Hochdrucklampen.

Allen Natriumdampflampen gemeinsam ist die auffällig gelbe Lichtfarbe und die sehr hohe Lichtausbeute. Im Brenner der Lampen wird das Alkalimetall Natrium im dampfförmigen Zustand bei Stromdurchgang zum Leuchten angeregt. Natriumdampflampen dürfen nicht in explosionsgefährdeten Betriebsstätten eingesetzt werden, da das Natrium bei Beschädigung des Brenners unter Wärmeentwicklung mit dem Luftsauerstoff schlagartig reagiert.
Natriumdampf-Niederdrucklampen sind vor allem bekannt aus der öffentlichen Straßenbeleuchtung. Sie werden an Fußgängerüberquerungen, Straßenkreuzungen und an Schnellstraßen eingesetzt. In Arbeitsräumen ist der Einsatz dieser Lampen zur Allgemeinbeleuchtung nicht zulässig, denn das Licht enthält im wesentlichen nur Strahlung einer einzigen Wellenlänge (Lichtfarbe Gelb mit λ = 589 nm — siehe Bild 2.49); es ist also „monochromatisch" (einfarbig). Farbiges Sehen ist beim Licht dieser Lampen darum nicht möglich (Farbwiedergabe Stufe 4). Weiße und gelbe Flächen wirken gelb, andersfarbige Flächen wirken grau bis schwarz.
Der Einbrennvorgang – der Zeitabschnitt also, in dem nach dem Einschalten im wesentlichen der Nennlichtstrom erreicht wird – dauert relativ lange (10 bis 15 Minuten) und verlängert sich weiter mit abnehmender Umgebungstemperatur und zunehmendem Alter der Lampe.
Dennoch haben Natriumdampf-Niederdrucklampen gegenüber anderen Typen herausragende Eigenschaften, die für die genannten Einsatzbereiche von Bedeutung sind:

Bild 2.49 Spektraldiagramm einer Natriumdampf-Niederdrucklampe

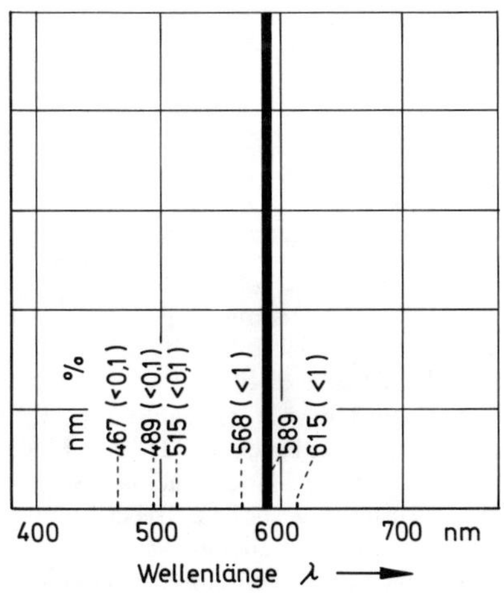

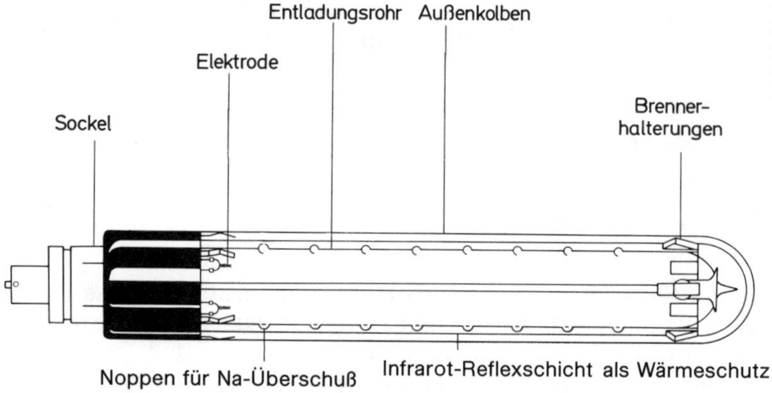

Bild 2.50
Einblick in eine Natriumdampf-Niederdrucklampe

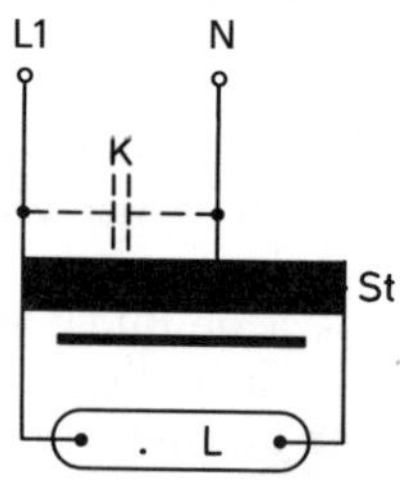

Bild 2.51 Schaltung für eine Natriumdampf-Niederdrucklampe mit Streufeld-Spartransformator
K = Kompensationskondensator
St = Streufeld-Spartransformator

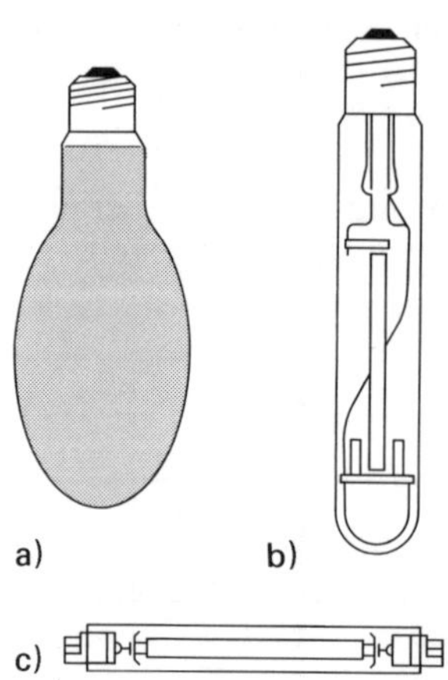

Bild 2.52 a) Natriumdampf-Hochdrucklampe, ellipsoidförmig, mit Leuchtstoff und Schraubsockel E 27 oder E 40,
b) Natriumdampf-Hochdrucklampe, röhrenförmig, mit Schraubsockel E 27 oder E 40,
c) Natriumdampf-Hochdrucklampe, röhrenförmig, zweiseitig gesockelt. Diese Lampe ist mit Hilfe eines zusätzlichen Zündgeräts bereits 1 min nach dem Abschalten wieder startbar

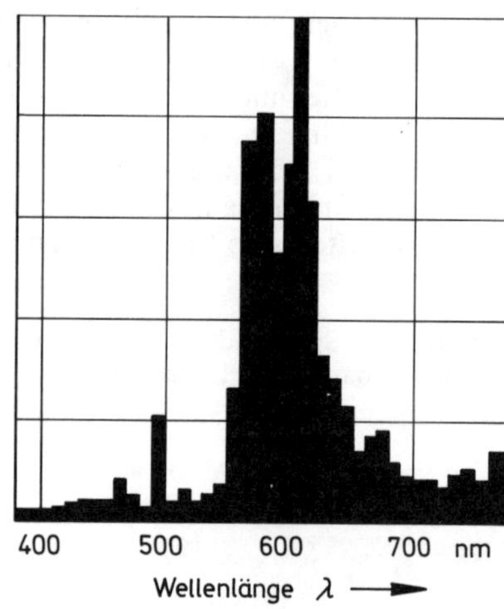

Bild 2.53 Spektraldiagramm einer Natriumdampf-Hochdrucklampe vom Typ nach Bild 2.52a)

– Sie haben die höchste Lichtausbeute gegenüber allen anderen Lampen (maximal 183 lm/W).
– Das menschliche Auge kann bei der gelben Lichtfarbe besonders leicht Helligkeitsunterschiede wahrnehmen und damit z.B. an den Umrissen Hindernisse auf der beleuchteten Straße gut erkennen.
– Das gelbe Licht durchdringt gut Dunst und Nebel und führt so zur Verbesserung der Sichtverhältnisse.

Natriumdampf-Niederdrucklampen haben einen langen U-förmig gebogenen Brenner (Bild 2.50), in dem die Entladung stattfindet. Er steckt in einem fest angeschmolzenem Schutzglas (Außenkolben), dessen Innenraum evakuiert wurde und dessen Innenwandung mit einer durchsichtigen, kaum erkennbaren Infrarot-Reflexschicht (Wärmereflexschicht) belegt ist. Dieser Aufbau vermindert die Wärmeabstrahlung der Lampe und begünstigt den Einbrennvorgang. Die Dauer bis zum Erreichen des vollen Lichtstromes beträgt ca. 8 bis 12 min und verlängert sich bei niedriger Umgebungstemperatur. Die mittlere Nutzbrenndauer wird mit 8000 Stunden angegeben.

Wie für jede andere Entladungslampe ist auch hier ein Vorschaltgerät erforderlich. Es stehen dafür verschiedene Schaltungen zur Verfügung. Bild 2.51 zeigt eine häufig verwendete Schaltung mit einem Streufeld-Spartransformator. Die dort vorgegebene Polung des Netzanschlusses ist einzuhalten, da anderenfalls die Trafo-Sekundärspannung gegen Erde unnötig hoch wird.

Von den Herstellern wird die waagerechte Gebrauchslage vorgeschrieben. Weitere Daten für Natriumdampf-Niederdrucklampen sind der Tabelle 2.8 zu entnehmen.

Natriumdampf-Hochdrucklampen haben einen kürzeren Brenner als Niederdrucklampen. Der Betriebsdruck im Brenner liegt mehrere bar über dem Luftdruck der Umwelt. Die Entladung in einer Natriumdampfatmosphäre mit höherem Druck erzeugt ein breiteres Band an Lichtfarben. Beim direkten Vergleich der Lichtfarben wirkt das Licht der Hochdrucklampe deshalb weißer als das der Niederdrucklampe. Mit dem Licht der Natriumdampf-Hochdrucklampe ist deshalb farbiges Sehen möglich. Dennoch ist die Farbwiedergabe nur Stufe 4. Besondere Ausführungen dieses Typs sind auch mit Farbwiedergabestufe 3 – allerdings zu Lasten der hohen Lichtausbeute – erhältlich. Die Einbrenndauer der Natriumdampf-Hochdrucklampen beträgt (aus dem kalten Zustand heraus) etwa 2 Minuten. Ihr Lichtstrom ist weitestgehend unabhängig von der Umgebungstemperatur.

Die Lichtausbeute der Natriumdampf-Hochdrucklampen erreicht maximal 130 lm/W. Der Brenner besteht nicht wie bei anderen Entladungslampen aus hitzebeständigem Glas, sondern aus Aluminiumoxid. Er ist im kalten Zustand undurchsichtig und hat ein weiß-graues Aussehen. Der Brenner steckt je nach Lampentyp in einem unterschiedlich geformten Glaskolben. Bei einigen Natriumdampf-Hochdrucklampen ist dieser Glaskolben ellipsoidförmig (Bild 2.52a) und auf seiner Innenwandung mit einer Leuchtschicht versehen. Andere Glaskolben sind röhrenförmig und bestehen aus klarem Glas (Bild 2.52b). Bild 2.52c schließlich zeigt eine zweiseitig gesockelte Lampe, die mit Hilfe eines zusätzlichen Zündgeräts durch einen Hochspannungszündimpuls im noch warmen Zustand sofort nach dem Abschalten erneut gezündet werden kann. Bild 2.53 zeigt das Spektraldiagramm einer Natriumdampf-Hochdrucklampe mit Leuchtstoff und einem Aufbau nach Bild 2.52a.

Die Nutzbrenndauer der Lampen wird mit 8000 Stunden angegeben.

Einsatzbereiche für Natriumdampf-Hochdrucklampen sind Außenbeleuchtungsanlagen im Straßenverkehr und auf Industriegeländen. In letzter Zeit werden diese Lampen

Tabelle 2.8 Daten von Natriumdampf-Niederdrucklampen

Kurzzeichen[1]	Abmessungen		Lichtstrom	Sockel
	Durchmesser Mittelwert *d* mm	Länge max. *l* mm	lm	
Natriumdampf-Niederdrucklampen Röhrenform, klar				
NA 18 W	53	216	1800	BY 22d
NA 35 W	52	310	4800	BY 22d
NA 55 W	52	425	8000	BY 22d
NA 90 W	66	528	13500	BY 22d
NA 135 W	66	775	22500	BY 22d
NA 180 W	66	1120	33000	BY 22d

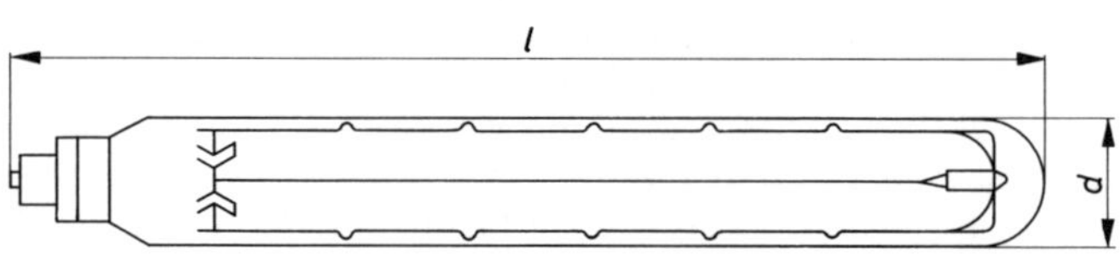

[1] Typenbezeichnung der Fa. Osram.

zunehmend auch zur Beleuchtung von Fußgängerzonen in den Städten installiert. Insbesondere in Straßenzügen mit Altbebauungen läßt sich durch die gelbweiße Lichtfarbe ein angenehmes Beleuchtungsklima schaffen, das etwas an die früher übliche Gasbeleuchtung erinnert. Weiße Gebäudefassaden lassen sich wirkungsvoll mit Natriumdampf-Hochdrucklampen anstrahlen. Vereinzelt werden auch Sport-Trainingsplätze mit diesen Lampen beleuchtet (Flutlicht). Für die Innenbeleuchtung sind Natriumdampf-Hochdrucklampen nur in Ausnahmefällen gestattet, z.B. in Lagerräumen, in bestimmten Bereichen der chemischen Industrie, in Hüttenwerken, in Bereichen der Metallbe- und -verarbeitung usw. Nähere Einzelheiten dazu sind in DIN 5035, Teil 2 aufgeführt. In diesen Fällen muß jedoch beachtet werden, daß an ortsfesten ständig besetzten Arbeitsplätzen auch innerhalb der Bereiche, in denen Natriumdampf-Hochdrucklampen zugelassen sind, eine bessere Farbwiedergabequalität verlangt wird (z.B. durch eine zusätzliche Arbeitsplatzbeleuchtung, etwa mit L-Lampen).
Natriumdampf-Hochdrucklampen gibt es mit Leistungen zwischen 50 W und 1000 W. Die Schaltungen sind ähnlich der von Quecksilberdampf-Hochdrucklampen.

2.2.4.7 Hochspannungsleuchtröhren, -leuchtstoffröhren und Hinweise zur Installation

Hochspannungsleuchtröhren und -leuchtstoffröhren werden bei uns fast ausschließlich für die Werbung in Form von Schriftzügen und Symbolen eingesetzt. Der Errichter solcher Anlagen muß VDE 0128, „Vorschriften für Leuchtröhrenanlagen von 1000 V und darüber" beachten.

Hochspannungsleuchtröhren sind keine Serienprodukte wie z.B. L-Lampen. Sie werden vielmehr durch darauf spezialisierte Betriebe in Einzelanfertigung aus industriell vorgefertigten Glasrohren nach Angaben des Auftraggebers gebogen und anschließend mit Elektroden versehen.

Ein aus Leuchtröhren hergestelltes Reklamefeld besteht aus mehreren Einzelrohren unterschiedlicher Länge, die miteinander in Reihe geschaltet sind. Die Gesamtlänge der Rohre je Reihe liegt im allgemeinen zwischen 5 m und 14 m und hängt ab von der Anzahl der Einzelelektroden (zwei Elektroden je Einzelröhre), der Art des im Rohr (Entladungsgefäß) verwendeten Gases und der Höhe der Spannung des als Vorschaltgerät verwendeten Streufeldtransformators. Je Transformator kann jeweils nur eine Röhrenreihe angeschlossen werden. Parallelschaltungen sind nicht möglich. Gegebenenfalls sind mehrere Transformatoren zu verwenden (Bild 2.54). Zur Anpassung an die Reliefkörper (Lampenträger) und zur Lösung unterschiedlicher Problemstellungen – wie beispielsweise das Erzielen durchgehend erscheinender Linienzüge – stehen verschiedene Elektrodenformen für die Lampen zur Verfügung (Bild 2.55).

Als Gasfüllungen werden heute vorwiegend verwendet:

- Neon, mit dem eine rötliche Entladung erzeugt wird, und
- Neon/Quecksilber, das eine bläuliche Entladung ergibt. Das Quecksilber erzeugt außerdem einen erheblichen Anteil nicht sichtbarer UV-Strahlung.

Die bei Stromdurchgang in den Lampen erzeugten Lichtfarben können durch Verwenden eingefärbter Glasrohre mehr oder weniger stark verändert werden. Zum Beispiel ergibt die blaue Neon/Quecksilber-Entladung in einem gelb eingefärbten Röhrenkolben

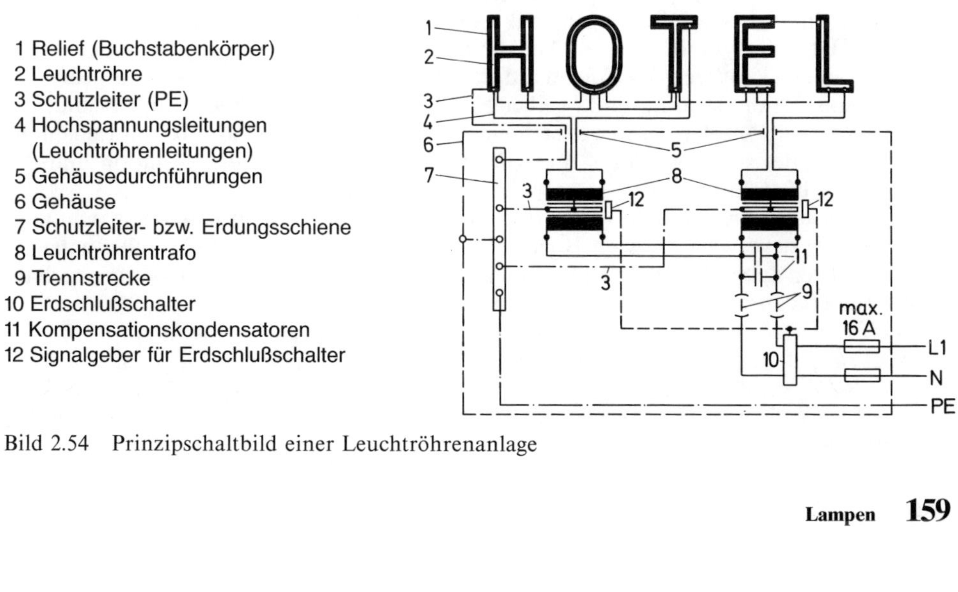

Bild 2.54 Prinzipschaltbild einer Leuchtröhrenanlage

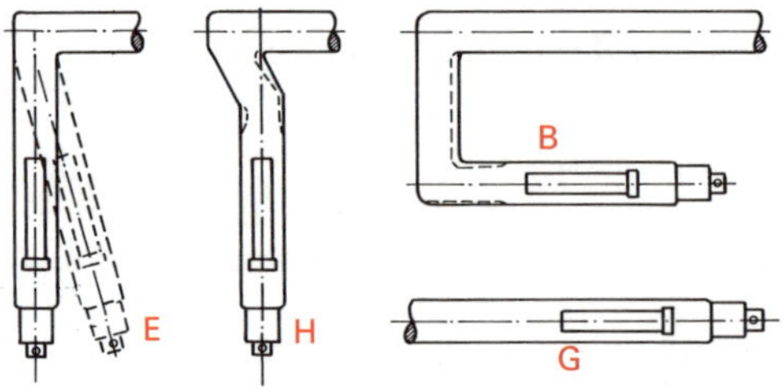

Bild 2.55 Elektrodenformen für Hochspannungsleuchtröhren

eine leicht grün wirkende Lichtfarbe. Weitere Lichtfarben können erzeugt werden, indem man die UV-Strahlung der Neon/Quecksilber-Entladung nutzt und sie mit Hilfe von Leuchtstoffen — wie bei L-Lampen — in sichtbare Strahlung umsetzt. Die so ausgestatteten Lampen werden dann als *Hochspannungsleuchtstoffröhren* bezeichnet.

Der Start der Lampen erfolgt mit Hilfe einer hohen Spannung. Eine Vorerwärmung der Elektroden wie bei L-Lampen erfolgt nicht. Zünd- und die Betriebsspannung wird von den bereits erwähnten Streufeldtransformatoren geliefert. Streufeldtransformatoren besitzen einen Eisenkern mit einem Luftspalt und liefern eine hohe Leerlaufspannung, die dem Zünden der Röhren dient. Nach dem Zünden verringert sich die Spannung erheblich, und zwar mit zunehmender Last. Da Laststrom und Betriebsspannung gegeneinander verlaufen, wird die bereits erwähnte Fähigkeit der Strombegrenzung gewährleistet. Im allgemeinen sinkt die Betriebsspannung auf etwa 70 % bis 50 % der Leerlaufspannung ab. Durch Verändern des Luftspalts kann der Betriebsstrom eingestellt werden. Die Nenn-Sekundärströme liegen zwischen 25 mA und 400 mA. Die Verstellung ist etwa zwischen –40 % und +50 % – bezogen auf den Nennwert des Sekundärstromes – möglich.

Ein höherer Strom wird häufig gegen Ende der Nutzbrenndauer eingestellt, um die Einsatzdauer der Lampen zu „strecken". Der Lichtstrom nimmt nämlich mit zunehmendem Alter der Lampe ab und kann auf diese Weise für kurze Zeit noch angehoben werden. Im allgemeinen kann man so eine Nutzbrenndauer von 7000 bis 10000 Stunden erreichen. Die Röhren werden anschließend keinesfalls vernichtet. Vielmehr werden meist nur die Elektroden durch neue ersetzt, der Leuchtstoff erneuert und neues Gas eingefüllt. Anschließend sind die Lampen wieder betriebsbereit. Leuchtröhrentransformatoren gibt es für verschiedene Leerlaufspannungen ab 1 kV bis maximal 7,5 kV.

Zur Beherrschung dieser hohen Spannungen sind besondere Leitungen erforderlich. Man verwendet Einader-Spezialleitungen, z. B. vom Typ NYL, NYLY oder NYLRZY. Das jeweilige Herstellersymbol und die Angabe der maximal zulässigen Spannungen gegen Erde sind in regelmäßigen Abständen auf den Außenmantel der Leitungen aufgedruckt. Die Außenisolation ist in auffällig gelber Farbe gehalten, und der Leiterquerschnitt ist stets $1 \times 1{,}5\ mm^2$ Kupfer. Ein zweiter Leiter – der sogenannte Beidraht – mit ebenfalls $1{,}5\ mm^2$ befindet sich bei NYLY und NYLRZY zwischen der Leiterisolation und der zusätzlichen Umhüllung. Die Einsatzbereiche der Leitungen:

- NYL besitzt eine einfache PVC-Isolation und ist nur bei besonders geschützter Verlegung zu verwenden, wie z. B. in belüfteten, schwitzwasserfreien Metallkanälen, in Stahlrohren nach DIN 49020 oder in anderen gleichwertigen Rohren sowie innerhalb der Reliefkörper und anderer Betriebsmittelkörper.
- NYLY besitzt eine doppelte PVC-Isolation und darf auch ungeschützt *auf Putz* in trockenen, feuchten und nassen Räumen sowie im Freien verlegt werden.
- NYLRZY ist mit einem Zinkmantel ausgestattet und darf ohne zusätzlichen Schutz *auf, in und unter Putz* in trockenen, feuchten und nassen Räumen sowie im Freien verlegt werden.

Nicht zulässig ist die Legung von Leitungen der Trafo-Sekundärseite von Leuchtröhrenanlagen in feuer- und explosionsgefährdeten Betriebsstätten und Lagerräumen. Dasselbe gilt auch für den Betrieb der gesamten Anlage innerhalb solcher Räume.
Wie in anderen elektrischen Anlagen, muß auch in Leuchtröhrenanlagen das Auftreten unzulässig hoher Berührungsspannungen verhindert werden. Das geschieht zunächst durch verschiedene Maßnahmen gegen direktes Berühren (z.B. Isolierung, Abdeckung usw.) und durch zusätzliche Maßnahmen zum Schutz bei indirektem Berühren, wie beispielsweise folgende Einzelheiten:

- Die zur Anlage gehörenden leitfähigen Konstruktionsteile (das Trafogehäuse, die Reliefkörper) sind gut leitend miteinander zu verbinden (Potentialausgleich). Der bei Leitungen des Typs NYLRZY unter dem Metallmantel mitgeführte Beidraht darf als Potentialausgleichsleiter für diesen Zweck verwendet werden. Wird er nicht für den Potentialausgleich benutzt, ist er jedoch an den Potentialausgleich mit anzuschließen.
- Wenn die Leuchtröhrenanlage einen Betriebserder besitzt, muß der Potentialausgleichsleiter mit dem Erder verbunden werden.
- Der Schutzleiter der Primärseite und der Potentialausgleich der Sekundärseite müssen miteinander verbunden sein.
- Bei Verwendung von Transformatoren mit Nennspannungen bis 3,75 kV Leerlaufspannung (Sekundärspannung) *kann* ein Außenleiter geerdet werden.
- Bei Verwendung von Transformatoren mit Nennspannungen über 3,75 kV (z.B. mit 7,5 kV) *muß* eine Mittelanzapfung an der Trafo-Sekundärwicklung vorhanden sein. Diese muß geerdet werden.
- Ein Erdschlußschutzschalter wird erforderlich, wenn der zu erwartende Erdschlußstrom $\geq$ 25 mA ist.

2.2.4.8 Entladungslampen für den Einsatz in Glühlampen-Anwendungsbereichen

Die Nachteile der Glühlampen sind geringe Lichtausbeute und geringe mittlere Lebensdauer. Deshalb wurden in den letzten Jahren eine Reihe einseitig gesockelter L-Lampen – sogenannte Kompakt-Leuchtstofflampen oder Energiesparlampen – entwikkelt, die Standard-Glühlampen in verschiedenen Anwendungsbereichen ablösen können. Diese Lampen sind jedoch keinesfalls wirtschaftlicher als stabförmige L-Lampen der Standardreihe. Da die Kompakt-L-Lampen – wie herkömmliche Leuchtstofflampen – ihr Licht innerhalb einer Gasentladung erzeugen, benötigen sie zum Betrieb stets ein Vorschaltgerät zur Begrenzung des Stromes. Zu unterscheiden sind Kompakt-L-Lampen mit eingebautem oder mit externem Vorschaltgerät.
Kompakt-Leuchtstofflampen mit eingebautem Vorschaltgerät besitzen einen Schraubsockel E 27. Sie können in entsprechende Fassungen anstelle von Glühlampen eingesetzt und direkt am 230-V-Netz betrieben werden. Ihre Abmessungen setzen einem universellen Einsatz allerdings Grenzen. Auch ist der Dimmbetrieb nicht möglich. Bild 2.56a) zeigt fünf unterschiedliche Ausführungsformen dieses Lampentyps. Die Lichtfarbe der Lampen wird einheitlich mit ww (2700 K) und die Farbwiedergabe mit Stufe 1b angegeben. Als Lebensdauer werden 6000 ... 7000 Brennstunden (bei mindestens 3 Stunden Einschaltdauer pro Ein-/Aus-Vorgang) genannt. Die rechte Lampe in der unteren Reihe des Bildes 2.56a) ist mit konventioneller Drossel und mit Starter ausgestattet. Die anderen Lampen besitzen ein elektronisches Vorschaltgerät und zünden deshalb weitestgehend flackerfrei.

Bild 2.56a)

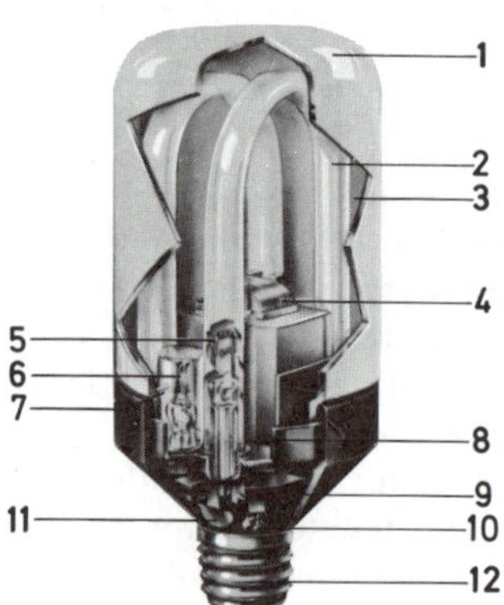

1 Außenkolben
2 Entladungsrohr
3 Leuchtschicht
4 Drossel
5 Elektrode
6 Starter-Bimetallstreifen
7 Starter
8 Montageplatte
9 Kolbenhalterung
10 Thermosicherung
11 Entstörkondensator
12 Sockel

Bild 2.56b)

Bild 2.56a) Verschiedene Kompakt-Leuchtstofflampen mit Schraubsockel (Werkfoto Osram),

Bild 2.56b) Einblick in eine Entladungslampe für den Einsatz in Glühlampen-Anwendungsbereichen (Werkfoto Philips),

Bild 2.56c) Drei stabförmige L-Lampen im Größenvergleich mit einer Glühlampe und einer herkömmlichen L-Lampe 26 mm Rohrdurchmesser (Werkfoto Philips)

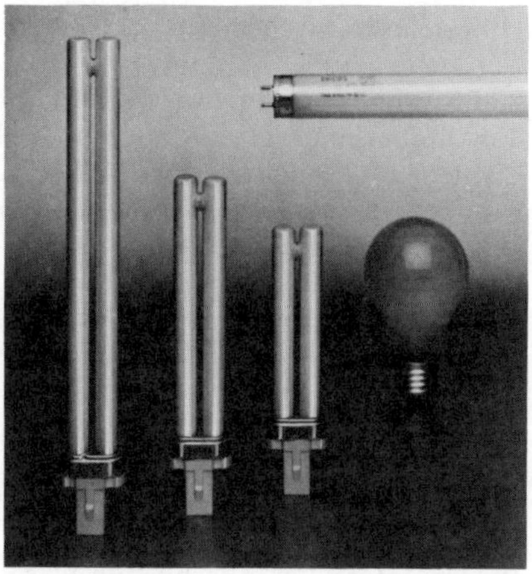

Bild 2.56c)

Die erste Lampe (oben links im Bild) besitzt einen Reflektor mit einem Öffnungswinkel von ca. 70 ... 80°. Sie ist mit Leistungen 11 W und 15 W erhältlich.
Die ringförmige Lampe wird mit Leistungen 18 W (1000 lm), 24 W (1450 lm) und 32 W (2000 lm) angeboten. Das elektronische Vorschaltgerät befindet sich im Mittelsteg der Lampe, an dem auch der Schraubsockel befestigt ist.
Die erste Lampe (links) in der unteren Reihe besitzt im Vergleich zu den anderen abgebildeten Typen die kleinsten Abmessungen. Sie wird in Leistungen 7 W (400 lm), 11 W (600 lm), 15 W (900 lm) und 20 W (1200 lm) hergestellt.
Die Großkolbenlampe (untere Reihe, Mitte) ist mit Leistungen 7 W (350 lm), 11 W (450 lm) und 15 W (700 lm) erhältlich.
Die Kompakt-L-Lampe, rechts außen in der unteren Reihe, ist der Urtyp der Kompakt-L-Lampen. Sie wird mit Leistungen 9 W (450 lm), 13 W (650 lm), 18 W (900 lm) und 25 W (1200 lm) hergestellt. Bild 2.56b) zeigt Einzelheiten aus dem Innenaufbau dieser Lampe.
Kompakt-L-Lampen mit externem Vorschaltgerät besitzen einen Stecksockel. Durch die Trennung vom Vorschaltgerät ist das Eigengewicht der Lampe geringer. Dieser Vorteil und die dadurch insgesamt schlankere Form geben dem Designer mehr Freiheit bei der Gestaltung der dazu passenden Leuchten.
Bild 2.56c) zeigt einen Typ mit zwei nebeneinanderliegenden, in Reihe geschalteten Entladungsrohren. Der Sockel besitzt zwei Anschlußstifte und enthält den integrierten Lampenstarter. Dieser Lampentyp ist deshalb nicht dimmbar. Das Vorschaltgerät ist meist eine konventionelle Drossel. Der Einschaltvorgang erfolgt dann nach kurzem Flackern, wie bei der herkömmlichen Starterschaltung. Die Lampe ist mit Leistungen 5 W (250 lm), 7 W (400 lm), 9 W (600 lm) sowie 11 W (900 lm) erhältlich. Eine Variante davon besitzt vier nebeneinanderliegende, in Reihe geschaltete Entladungsrohre. Sie wird mit Leistungen 10 W (600 lm), 13 W (900 lm), 18 W (1200 lm) und 26 W (1800 lm) angeboten. Beide Varianten sind in den Lichtfarben ww sowie nw und mit Farbwiedergabestufe 1b erhältlich. Für diese Lampen werden auch Adapter mit integriertem Vorschaltgerät angeboten, die in eine Fassung E 27 einschraubbar sind.
Der Lampentyp nach Bild 2.56c) (sowie die Variante mit 4 Rohren) ist auch mit einem Vierstift-Sockel (ohne integriertem Starter) erhältlich. Diese Lampen können auch mit

Hilfe elektronischer Hf-Vorschaltgeräte sowie an besonderen Dimmern betrieben werden.
Stabförmige L-Lampen erreichen bekanntlich bei ca. 20 °C ihren höchsten Lichtstrom. Sowohl bei niedriger als auch bei höherer Umgebungstemperatur nimmt der erzeugte Lichtstrom ab (siehe auch Bild 2.24). Dies Verhalten gilt grundsätzlich auch für Kompakt-L-Lampen. Insbesondere bei den Typen mit eingebautem Vorschaltgerät hat jedoch die Eigenerwärmung durch das Vorschaltgerät erheblichen Einfluß auf die Umgebungstemperatur der Lampe. Innerhalb von Außenanlagen (häufig niedrige Umgebungstemperatur) werden diese Lampen darum günstiger stehend (mit untenliegendem Sockel) und in Innenanlagen günstiger hängend (mit obenliegendem Sockel) betrieben.

2.3 Lichttechnische Größen und ihre Einheiten

In den folgenden Abschnitten werden die für Beleuchtungsplanungen erforderlichen lichttechnischen Größen möglichst verständlich erläutert. Da diese jedoch oft sehr abstrakt sind, wird bei mancher Beschreibung die letzte Exaktheit der Definition unter Umständen vernachlässigt. Für den Leser, der nicht gewillt ist, diese „Ungenauigkeiten" hinzunehmen, sind in den einzelnen Abschnitten auch die exakten — vor allem für die Physik interessanten — Definitionen zusätzlich eingefügt.

2.3.1 Lichtstrom Φ in Lumen (lm) und Lichtausbeute η in lm/W

Die grundsätzliche Beschreibung der Begriffe „Lichtstrom" und „Lichtausbeute" erfolgte bereits in Abschnitt 2.2.2. Für die Beleuchtungsplanung ist darüber hinaus zwischen Lampenlichtstrom Φ_0 und Nutzlichtstrom Φ_{Nutz} zu unterscheiden.
Lampenlichtstrom Φ_0 ist die Lichtleistung, die eine Lichtquelle nach allen Seiten hin abstrahlt (Bild 2.57a). Der Beleuchtungsplaner entnimmt den Lampenlichtstrom den Katalogangaben der Lampenhersteller.
Nutzlichtstrom Φ_{Nutz} ist diejenige Lichtleistung, die auf die zu beleuchtende Nutzebene (Arbeitsebene) trifft (Bild 2.57b). Der jeweils erforderliche Nutzlichtstrom wird mit Hilfe der Beleuchtungsstärke berechnet.

2.3.2 Beleuchtungsstärke *E* in Lux (lx) und deren Messung

Die Beleuchtungsstärke *E* ist ein Maß für die Dichte des (Nutz-)Lichtstroms Φ (in lm) auf einer beleuchteten Fläche *A* (in m²). Sie ist das Verhältnis zwischen dem Lichtstrom Φ_{Nutz} und der Größe der angestrahlten Fläche *A*:

$$E = \frac{\Phi_{\text{Nutz}}}{A} \quad \text{in } \frac{\text{lm}}{\text{m}^2} = \text{lx (Lux)}$$

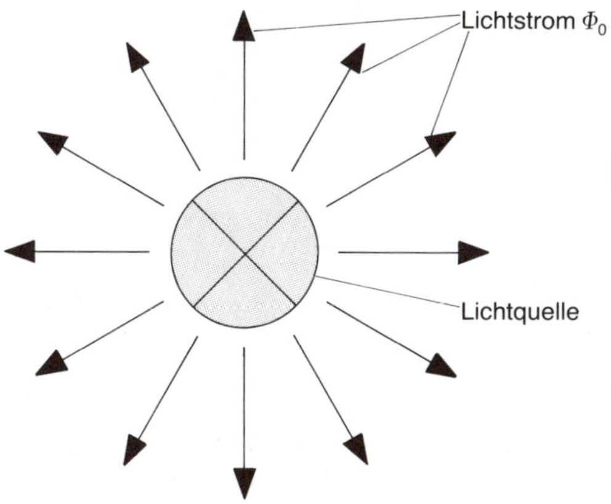

Bild 2.57a Lichtstrom Φ_0 einer Lichtquelle

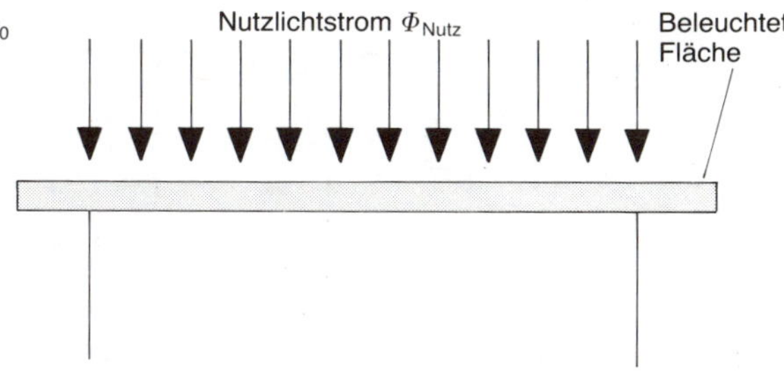

Bild 2.57b Nutzlichtstrom Φ_{Nutz} auf einer beleuchteten Fläche

> Die Einheit der Beleuchtungsstärke ist das Lux (lx). 1 lx liegt vor bei einer Lichtstromdichte von 1 lm je m^2.

Je höher die Beleuchtungsstärke ist, desto größer ist das jeweils herrschende Beleuchtungsniveau.

Für den Praktiker ist die Beleuchtungsstärke der bekannteste Begriff aus der Beleuchtungstechnik. Der Grund: Es ist die einzige Größe aus diesem Fachbereich, die er selbst hinreichend präzise meßtechnisch bestimmen kann. Die Messung erfolgt mit dem *Beleuchtungsstärkemesser* (oder nicht ganz korrekt: Luxmeter). Das vereinfachte Schaltbild eines solchen Meßgeräts zeigt Bild 2.58a. Der Meßfühler enthält ein Selen-Fotoelement, also eine Energiequelle, die eine elektrische Spannung erzeugt, sobald sie dem Licht ausgesetzt wird. Selen-Fotoelemente haben in etwa dieselbe Empfindlichkeit wie das menschliche Auge. Die Farben Grün und Gelb werden als hell registriert, wohingegen die Farben Rot und Violett an den Enden des Spektrums bei gleicher Intensität als dunkler bewertet werden. Selen-Fotoelemente erzeugen eine Spannung von maximal etwa 0,3 V. Werden sie im Kurzschluß betrieben, steigt ihr Kurzschlußstrom fast proportional mit steigender Beleuchtungsstärke an. Der Kurzschluß wird beim Beleuchtungsstärkemesser über ein Galvanometer (= sehr empfindliches Drehspulmeßwerk) gebildet. Da das Anzeigeinstrument in Lux geeicht ist, läßt sich die vorhandene Beleuchtungsstärke sofort direkt auf der Skala ablesen.

Bei Qualitätsgeräten sind Fühler und Anzeigeinstrument getrennte Einheiten, die über eine Leitung miteinander verbunden sind. Dadurch läßt sich verhindern, daß der Meßfühler beim Ablesen durch den Körper des Messenden beschattet wird.

Die Messung der Beleuchtungsstärke erfolgt, indem man den Meßfühler parallel zur Fläche anordnet, auf der die Beleuchtungsstärke bestimmt werden soll (Bild 2.58b).

Ein einzelner Meßwert ist häufig nicht aussagefähig genug. Um z.B. das Beleuchtungsniveau eines Arbeitsraums zu bestimmen, führt man an möglichst vielen gleichmäßig im Raum verteilten Punkten innerhalb des Arbeitsbereiches Messungen durch und ermittelt aus den Einzelmessungen die *mittlere Beleuchtungsstärke* $\bar{E}$:

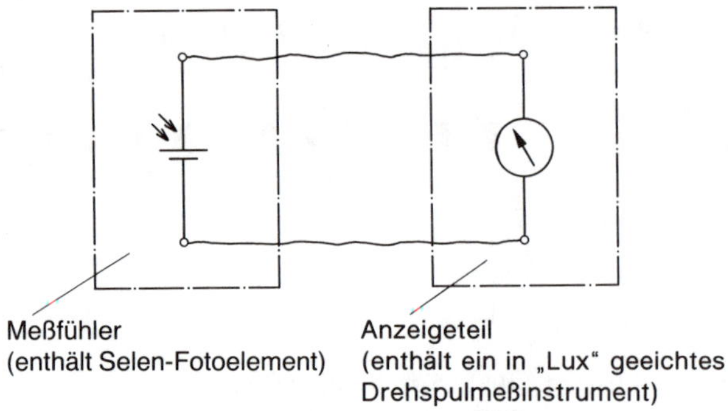

Bild 2.58a Prinzipschaltbild des Beleuchtungsstärkemessers

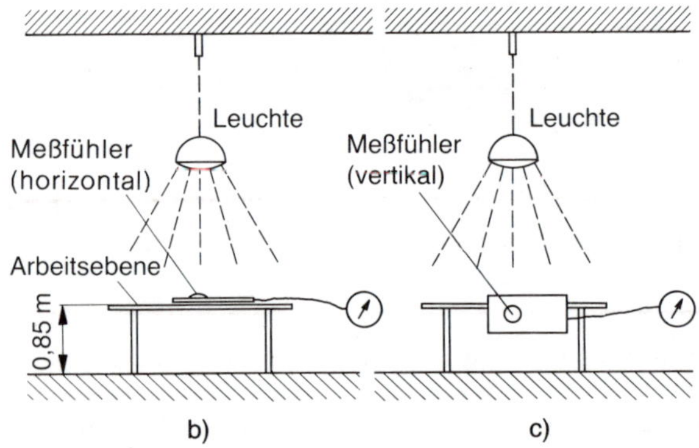

Bild 2.58 b) Messung der horizontalen Beleuchtungsstärke, c) Messung der vertikalen Beleuchtungsstärke

$$\bar{E} = \frac{E_1 + E_2 + E_3 + \cdots}{n}$$

E_1, E_2, E_3 Beleuchtungsstärke an den einzelnen Meßpunkten in lx
n Anzahl der Einzelmessungen

Aus der mittleren Beleuchtungsstärke $\bar{E}$ (auch horizontale Beleuchtungsstärke genannt) kann der auf der Nutzebene (Arbeitsebene) vorhandene Nutzlichtstrom Φ_{Nutz} bestimmt werden.

Beispiel: In einem Büroraum wurde eine mittlere Beleuchtungsstärke $\bar{E} = 600$ lx ermittelt. Der Raum hat eine Grundfläche $A = 7$ m · 11 m. Wie groß ist der Nutzlichtstrom in Höhe der Arbeitsebene?

Lösung:

$$\Phi_{Nutz} = \bar{E} \cdot A = 600 \text{ lx} \cdot 7 \text{ m} \cdot 11 \text{ m} = \mathbf{46\,200 \text{ lm}}$$

Aus den Einzelmeßwerten zur Bestimmung von $\bar{E}$ kann auch auf die *Gleichmäßigkeit der Beleuchtungsstärke* geschlossen werden. DIN 5035 Teil 1 schreibt vor, daß in der einer bestimmten Tätigkeit dienenden Raumzone (z.B. auf einer Werkbank, auf einem

Schreibtisch) die Gleichmäßigkeit $E_{min} : \bar{E} = 1 : 1{,}5$ in etwa eingehalten werden soll. Dabei ist E_{min} die niedrigste Beleuchtungsstärke innerhalb des Arbeitsbereichs.
Beispiel: Innerhalb des Arbeitsbereichs wurde eine mittlere Beleuchtungsstärke $\bar{E}$ = 600 lx festgestellt. Wie groß darf E_{min} an der dunkelsten Stelle des Arbeitsbereichs sein, damit die nach DIN 5035 Teil 1 empfohlene Gleichmäßigkeit der Beleuchtungsstärke gerade noch eingehalten wird?

Lösung:

$$\frac{E_{min}}{\bar{E}} = \frac{1}{1{,}5} \rightarrow E_{min} = \frac{\bar{E}}{1{,}5} = \frac{600\ \text{lx}}{1{,}5} = \mathbf{400\ lx}$$

Die Nennbeleuchtungsstärke E_n ist der Nennwert der mittleren Beleuchtungsstärke im eingerichteten Raum oder in der einer bestimmten Tätigkeit dienenden eingerichteten Raumzone, für den die Beleuchtungsanlage auszulegen ist. Die Nennbeleuchtungsstärke bezieht sich im allgemeinen auf die horizontale Arbeitsfläche in 0,85 m Höhe über dem Fußboden, wenn nicht eine andere Bezugsebene vorgegeben ist, in der sich die wesentlichen Sehobjekte befinden. Bei Verkehrswegen in Gebäuden bezieht sich die Nennbeleuchtungsstärke jeweils auf deren Mittellinie in 0,2 m über dem Fußboden.
Der Unterschied zwischen Nennbeleuchtungsstärke E_n und mittlerer Beleuchtungsstärke $\bar{E}$ ist darin zu sehen, daß es sich bei E_n um einen Rechenwert handelt, der bei der Projektierung einer Beleuchtungsanlage zugrunde gelegt wird. Dagegen ist $\bar{E}$ die tatsächlich vorhandene mittlere Beleuchtungsstärke, die man meßtechnisch und durch Rechnung aus der zuvor genannten Formel bestimmt. Bei einer Neuanlage liegt $\bar{E}$ stets über dem angenommenen Wert E_n, da man aus Gründen der Alterung und Verschmutzung für Neuanlagen stets einen Sicherheitsaufschlag berücksichtigt (siehe auch Abschnitt 2.3.9).
Die für Arbeitsstätten geforderten Mindestwerte der Nennbeleuchtungsstärke E_n sind DIN 5035 Teil 2 zu entnehmen. Auszüge aus dieser Norm enthält die Tabelle 2.9.
Bei Außenbeleuchtungsanlagen und bei der Beleuchtung großer Hallen muß oftmals zusätzlich auf eine ausreichende *vertikale Beleuchtungsstärke* E_v geachtet werden. Zur Messung der vertikalen Beleuchtungsstärke wird der Meßfühler des Beleuchtungsstärkemessers vertikal zum Fußboden gehalten (Bild 2.58b). Eine zu geringe vertikale Beleuchtungsstärke führt im Extremfall dazu, daß man von im beleuchteten Bereich befindlichen Objekten nur Umrisse erkennen kann. Bild 2.59 verdeutlicht die Wirkung einer zu geringen bzw. einer ausreichenden vertikalen Beleuchtungsstärke E_v.

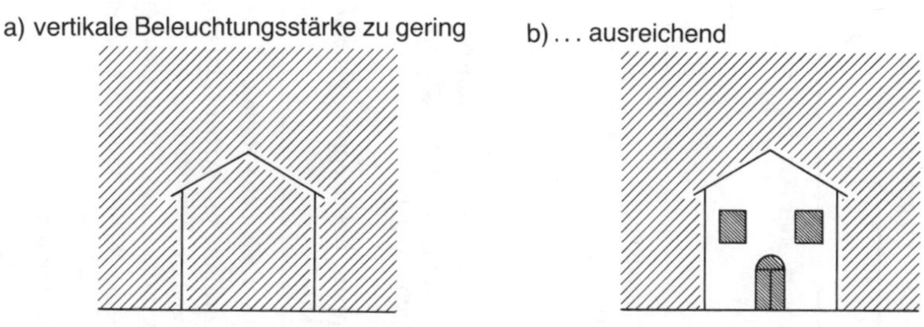

Bild 2.59 Wirkung von zu geringer und ausreichender vertikaler Beleuchtungsstärke an einer Hausfassade

Tabelle 2.9 Daten und Hinweise zur Planung von Beleuchtungsanlagen für Arbeitsstätten (nach DIN 5035)

1	2	3	4	5	6
Raumart oder Art der Tätigkeit	Nenn-beleuchtungs-stärke E_n	Lichtfarbe der Lampen	Farb-wiedergabe-stufe der Lampen	Güteklasse zur Blen-dungsbe-grenzung	Zusatzhinweise
Verkehrswege					
für Personen	50 lx	ww, nw	3	3	Zur Anpassung an benachbarte Räume gilt jedoch:
für Personen und Fahrzeuge sowie Verladerampen und Transport-einrichtungen im Bereich von Verkehrswegen	100 lx	ww, nw	3	3	$E_n \geqq 0{,}1 \cdot E_{n1}$ (E_{n1} = Nennbe-leuchtungsstärke im benachbarten Raum)
Treppen, Fahrtreppen, geneigte Verkehrswege	100 lx	ww, nw	3	2	
Büros u. ähnliche Räume					
Büroräume mit Arbeitsplätzen, die alle im Fensterbereich angeordnet sind, Sitzungszimmer	300 lx	nw, ww	2	1	
sonstige Büros, Unterrichtsräume, Übungsräume	500 lx	nw, ww	2	1	
Großraumbüros					
– hohe Reflexionsgrade	750 lx	nw, ww	2	1	hohe Reflexionsgrade $\varrho_{Decke} \geqq 0{,}7$
– mittlere Reflexionsgrade	1000 lx	nw, ww	2	1	$\varrho_{Wand} \geqq 0{,}5$
Technisches Zeichnen	750 lx	nw, ww	2	1	E_n bezieht sich auf die Mitte des Zeichenbretts
Empfangsräume u. Räume mit Publikum	200 lx	ww, nw	2	1	

Räume der Schmuck- u. Uhrenindustrie					
Herstellung von Schmuck	1000 lx	nw, tw, ww	2	1	Einzelplatz-beleuchtung wird empfohlen
Bearbeitung von Edelsteinen	1500 lx	nw, tw, ww	1	1	
Optiker- u. Uhrmacherwerkstätten	1500 lx	nw, tw, ww	2	1	
Einrichtungen der Holzbe- und -verarbeitung					
Dämpfgruben	100 lx	ww, nw	3	3	Natriumdampf-Hochdrucklampen sind hier zulässig
Sägegatter	200 lx	ww, nw	3	2	
Hobeln, Leimen, Zusammenbau	200 lx	ww, nw	2	2	
Arbeiten an Maschinen zur Holzbearbeitung, Feinbearbeitung an Holzteilen, Holzveredelung	500 lx	nw, ww	2	1	
Auswählen von Furnierhölzern, Polieren, Lackieren, Herstellen von Intarsienarbeiten, Modelltischlern	500 lx	nw, ww	1	1	
Fehlerkontrolle	750 lx	nw, ww	1	1	
Groß- und Einzelhandel					
Verkaufsräume	300 lx	nw, ww	2	1	
Kassenplätze	500 lx	nw, ww	2	1	

Fortsetzung Tabelle 2.9

1	2	3	4	5	6
Raumart oder Art der Tätigkeit	Nenn-beleuchtungs-stärke E_n	Lichtfarbe der Lampen	Farb-wiedergabe-stufe der Lampen	Güteklasse zur Blen-dungsbe-grenzung	Zusatzhinweise
Beispiele aus verschiedenen Branchen von Handwerk und Gewerbe					
Entrosten oder Anstreichen von Stahlbauteilen, Vormontieren von Heiz- und Lüftungsanlagen	200 lx	nw, nw	3	2	
Schlosser-, Klempner-, Kfz-Werkstätten	300 lx	nw, ww	3	2	
Reparaturwerkstätten für Apparate, Radio- und Fernsehgeräte	500 lx	nw, ww	2	1	
Beispiele aus dem Dienstleistungsbereich					
Hotels/Gaststätten					
Empfang, Speiseräume	200 lx	ww	1	1	
Buffet, Sitzungsräume, Räume in SB-Gaststätten	300 lx	ww, nw	2	1	
Wäscherei/chem. Reinigungen					
Waschen, Bügeln, Sortieren	300 lx	nw, ww	2	1	Einzelplatz-beleuchtung wird empfohlen (gilt für beide Zeilen)
Fleckenentfernung, Kontrolle	1000 lx	nw, ww	2	1	
Friseur	500 lx	nw, ww	1	1	
Kosmetik	750 lx	nw, ww	1	1	

In nicht allzu großflächigen Innenräumen stellt sich die erforderliche vertikale Beleuchtungsstärke E_v praktisch immer von selbst ein, wenn die nötige horizontale Beleuchtungsstärke (mittlere Beleuchtungsstärke) vorhanden ist. Ursache ist die Reflexion der Lichtstrahlung an den Wänden. In großen Hallen und in Außenbeleuchtungsanlagen müssen Leuchten mit schräg zur beleuchteten Fläche austretender Lichtstrahlung für eine ausreichende vertikale Beleuchtungsstärke sorgen. Die vertikale Beleuchtungsstärke sollte mindestens 30% des Werts der horizontalen Beleuchtungsstärke betragen. In diesem Zusammenhang wird auch manchmal der Begriff der *zylindrischen Beleuchtungsstärke* E_z verwendet. Hierbei handelt es sich um den Mittelwert der vertikalen Beleuchtungsstärke an einem bestimmten Punkt innerhalb des Raums (also gebildet aus der Summe der vertikalen Beleuchtungsstärken nach jeder Richtung).
Die vertikale Beleuchtungsstärke ist abhängig von der Richtung schräg einfallender Strahlungsanteile der Beleuchtungsanlage. Ausreichende Sichtverhältnisse von allen Seiten sind nur zu erwarten, wenn die vertikale Beleuchtungsstärke, bezogen auf alle Richtungen, berücksichtigt wird. Ein Maß dafür ist die *zylindrische Beleuchtungsstärke* E_z. Man versteht darunter den an einem Punkt vorhandenen arithmetischen Mittelwert der vertikalen Beleuchtungsstärken E_v.

2.3.3 Lichtstärke *I* in Candela (cd) und Lichtstärkeverteilungskurven

> Die Lichtstärke I (cd) ist ein Maß für die von einer Lichtquelle in eine bestimmte Richtung abgestrahlte Lichtstromdichte.

Eine ideale punktförmige Lichtquelle sendet in alle Richtungen dieselbe Lichtstromdichte (Lichtstärke) aus (Bild 2.60). Die Lichtquellen, die dem Beleuchtungsplaner

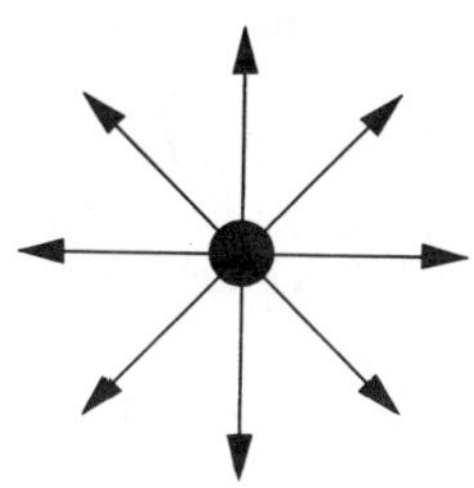

Bild 2.60
Punktförmige Lichtquelle

in der Praxis zur Verfügung stehen, sind jedoch nicht punktförmig. Ihre Lichtstromdichte (Lichtstärke) ist ungleichmäßig verteilt. Es ist deshalb notwendig, die Lichtstärke stets unter Bezugnahme auf den entsprechenden Austrittswinkel (Ausstrahlungswinkel γ) zur Lichtquelle anzugeben. Hersteller von Lampen und Leuchten bilden darum in ihren Lieferlisten sogenannte Lichtstärkeverteilungskurven (LVK) ab. Diesen Lichtstärkeverteilungskurven kann die unter verschiedenen Ausstrahlungswinkeln auftretende Lichtstärke entnommen werden. Bild 2.61 zeigt die LVK einer Glühlampe. Häufig beziehen sich LVKn jeweils auf eine 1000-lm-Lampe. Erzeugt die Lampe einen größeren oder kleineren Lichtstrom, muß entsprechend umgerechnet werden.
Beispiel: Eine Glühlampe 40 W für eine Netzspannung 220 V erzeugt einen Lichtstrom 430 lm. Für diese Lampe gilt die LVK nach Bild 2.61. Es sind jeweils die Lichtstärken in cd zu bestimmen für die Ausstrahlungswinkel $\gamma = 0°$ und $40°$.

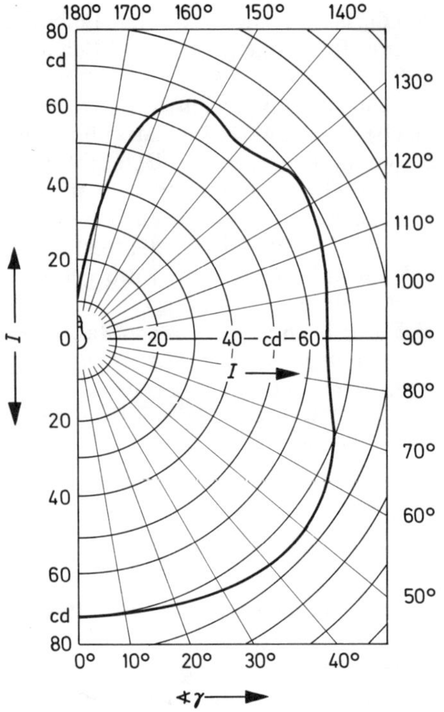

Bild 2.61
Lichtstärkeverteilungskurve (LVK) einer 1000-lm-Glühlampe

Lösung: Aus dem Diagramm Bild 2.61 werden die folgenden Werte entnommen.
Für den Winkel $\gamma = 0°$: $I_{0°} = 70$ cd.
Für den Winkel $\gamma = 40°$: $I_{40°} = 75$ cd.

Die gefundenen Werte gelten für eine 1000-lm-Lampe. Umgerechnet auf eine Lampe mit $\Phi_0 = 430$ lm ergeben sich folgende Werte:

$$I_{0°} = \frac{70\ \text{cd} \cdot 430\ \text{lm}}{1000\ \text{lm}} = \mathbf{30{,}1\ cd} \quad \text{und}$$

$$I_{40°} = \frac{75\ \text{cd} \cdot 430\ \text{lm}}{1000\ \text{lm}} = \mathbf{32{,}3\ cd}$$

Zur Einheit der Lichtstärke sei noch folgendes vermerkt: Die Candela (cd) ist eine der Basiseinheiten des SI-Systems. Von dieser Einheit sind alle anderen Einheiten lichttechnischer Größen abgeleitet. Die exakte, für die Physik beschriebene Definition lautet: *1 Candela ist die Lichtstärke, mit der ($^1/_{600000}$) m² der Oberfläche eines Schwarzen Strahlers bei der Temperatur des beim Druck 101 325 N/m² erstarrenden Platins senkrecht zu seiner Oberfläche leuchtet (festgelegt anläßlich der 13. Generalkonferenz für Maß und Gewicht, 1967).*

Dem Praktiker werden vermutlich eine der beiden folgenden Beschreibungen leichter einleuchten:

- Wenn man eine punktförmige Lichtquelle mit der Lichtstärke 1 cd im Zentrum einer Kugel mit 1 m Radius anordnet, trifft auf jeden Quadratmeter der Kugeloberfläche (Bild 2.62) der Lichtstrom 1 lm. Der in Bild 2.62 farbig angelegte Raumausschnitt stellt die Einheit 1 sr (sprich: 1 Steradiant) des sogenannten Raumwinkels Ω (Omega) dar. In diesem Raumwinkel breitet sich der Lichtstrom 1 lm unter der genannten Voraussetzung gleichmäßig aus. Aus einer Kugel lassen sich genau 12,56 solcher in Bild 2.62 dargestellter Raumwinkel herausschneiden. Eine 1-cd-Lichtquelle erzeugt folglich einen Gesamtlichtstrom $\Phi_0 = 1 \text{ cd} \cdot 12{,}56 \text{ sr} = 12{,}56 \text{ lm}$.
- 1 cd liegt vor, wenn in 1 m Entfernung von der Lichtquelle die Beleuchtungsstärke 1 lx gemessen wird.

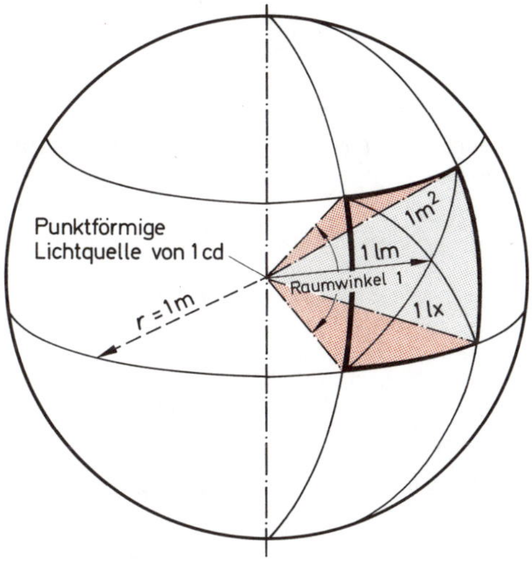

Bild 2.62 Darstellung der Einheitskugel (r = 1 m) mit dem Raumwinkel 1 sr. Im Zentrum ist eine punktförmige Lichtquelle mit I = 1 cd angeordnet. Durch den Raumwinkel 1 sr tritt der Lichtstrom 1 lm. Die Beleuchtungsstärke an der Kugelinnenwandung beträgt 1 lx

Aus der LVK einer Lichtquelle läßt sich direkt die Beleuchtungsstärke auf einer beleuchteten Fläche für jede Entfernung von der Lichtquelle errechnen. Dabei sind folgende Zusammenhänge zu beachten:

a) Die Fläche befindet sich im reflexionsfreien Raum und erhält nur direkte Strahlung (trifft z.B. bei Außenbeleuchtung bzw. bei Beleuchtung in großen Hallen zu).
b) Die Beleuchtungsstärke nimmt mit dem Quadrat des Abstands von der Lichtquelle ab, weil die bestrahlte Fläche sich jeweils mit dem Quadrat der Entfernung von der Lichtquelle vergrößert. Ein Lichtbündel verteilt sich deshalb auf eine immer größer werdende Fläche, je weiter es von der Lichtquelle entfernt ist. Bild 2.63 verdeutlicht diese Erscheinung. Mit dieser Grundlage läßt sich für die Beleuchtungsstärke auf einer *rechtwinklig zur Strahlung* angeordneten Fläche A folgende Formel aufstellen:

$$E = \frac{I}{h^2}$$

E Beleuchtungsstärke in lx
I Lichtstärke in cd
h Abstand in m zwischen Lichtquelle und bestrahlter Fläche

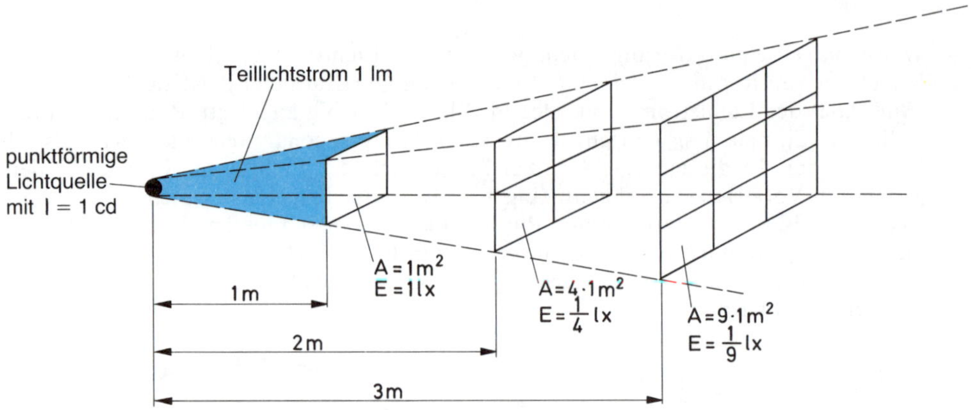

Bild 2.63 Durch Verteilung des Lichtstroms auf eine immer größer werdende Fläche nimmt die Beleuchtungsstärke mit dem Quadrat des Abstandes von der Lichtquelle ab

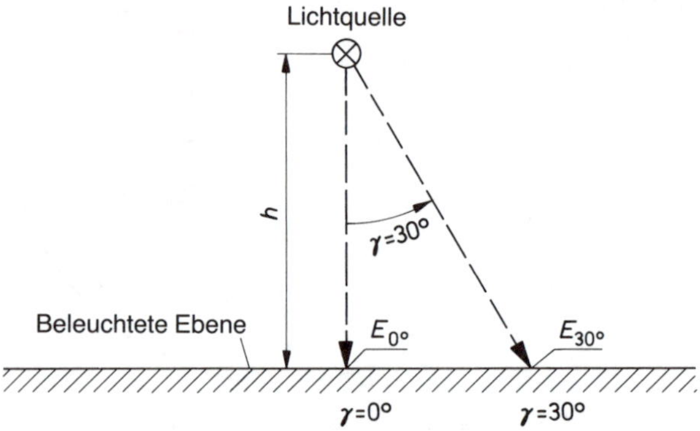

Bild 2.64 Darstellung der Größen Abstand h, Ausstrahlungswinkel γ und Beleuchtungsstärke E_γ

c) Für eine *rechtwinklig zum Ausstrahlungswinkel* $\gamma = 0°$ angeordnete Fläche, die auch von schräg anfallender Strahlung getroffen wird (Bild 2.64), gilt allgemein für die horizontale Beleuchtungsstärke E folgende abgewandelte Formel:

$$E = \frac{I_\gamma}{h^2} \cdot (\cos \gamma)^3 \quad \text{in lx}$$

I_γ Lichtstärke in cd unter dem jeweiligen Ausstrahlungswinkel γ
h vertikaler Abstand in m zwischen Lichtquelle und beleuchteter Ebene
$\cos \gamma$ Kosinus des Ausstrahlungswinkels γ

Beispiel: Bild 2.65 zeigt die LVK einer Quecksilberdampf-Hochdrucklampe 400 W mit Reflektor. Die Lampe wird in einer Höhe $h = 6$ m über einer horizontalen Ebene aufgehängt. Wie hoch ist jeweils die Beleuchtungsstärke auf der Ebene, bezogen auf die Ausstrahlungswinkel $\gamma = 0°, 10°, 20°, 30°, 40°$ und $50°$? Reflexionen durch seitliche Begrenzungsflächen sind nicht zu erwarten. Eine Umrechnung der LVK-Werte ist nicht erforderlich, da die Angaben sich bereits auf die 400-W-Lampe beziehen.

Bild 2.65 Lichtstärkeverteilungskurve einer 400-W-Quecksilberdampf-Hochdrucklampe mit Reflektor

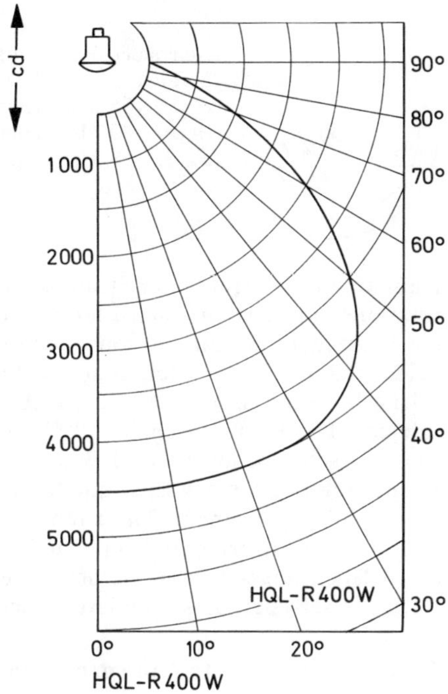

Lösungen: Der LVK Bild 2.65 werden die Lichtstärken für den jeweiligen Winkel γ entnommen. Es sind:

$$I_{0°} = 4500 \text{ cd}; \; I_{10°} = 4500 \text{ cd}; \; I_{20°} = 4500 \text{ cd};$$

$$I_{30°} = 4400 \text{ cd}; \; I_{40°} = 4250 \text{ cd}; \; I_{50°} = 3500 \text{ cd}.$$

$$E_\gamma = \frac{I_\gamma}{h^2} \cdot (\cos \gamma)^3$$

$$E_{0°} = \frac{4500 \text{ cd}}{(6 \text{ m})^2} \cdot (1)^3 = 125 \text{ lx}$$

$$E_{10°} = \frac{4500 \text{ cd}}{(6 \text{ m})^2} \cdot (0{,}985)^3 = 119 \text{ lx}$$

$$E_{20°} = \frac{4500 \text{ cd}}{(6 \text{ m})^2} \cdot (0{,}94)^3 = 104 \text{ lx}$$

$$E_{30°} = \frac{4400 \text{ cd}}{(6 \text{ m})^2} \cdot (0{,}867)^3 = 79{,}7 \text{ lx}$$

$$E_{40°} = \frac{4250 \text{ cd}}{(6 \text{ m})^2} \cdot (0{,}767)^3 = 53{,}3 \text{ lx}$$

$$E_{50°} = \frac{3500 \text{ cd}}{(6 \text{ m})^2} \cdot (0{,}643)^3 = 25{,}8 \text{ lx}$$

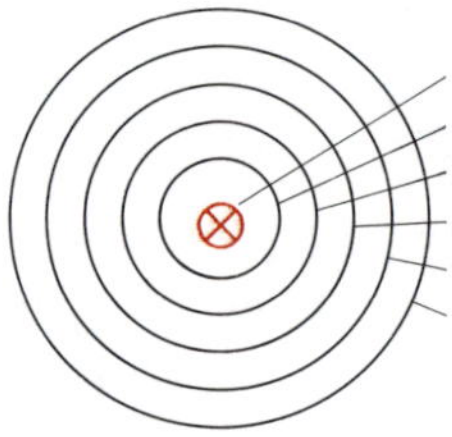

Bild 2.66 Darstellung von Isoluxlinien zum Rechenbeispiel

Da man die Verteilung der Strahlung um die Reflektorlampe herum als einigermaßen rotationssymmetrisch (nach allen Seiten gleich verteilt) betrachten kann, lassen sich um die Lichtquelle herum — von oben betrachtet — Kreislinien ziehen, die Punkte der beleuchteten Fläche miteinander verbinden, auf denen jeweils dieselbe Beleuchtungsstärke herrscht (Bild 2.66). Solche Linien werden als *Isoluxlinien* (iso = griechisch „gleich"; lux = lateinisch „licht") bezeichnet.
In der beschriebenen Weise läßt sich die Beleuchtungsstärke *E* auf einer horizontalen Ebene unterhalb einer Lichtquelle punktweise bestimmen. Fällt das Licht mehrerer Lichtquellen auf einem Punkt der beleuchteten Fläche zusammen, so sind an dieser Stelle die einzeln errechneten Beleuchtungsstärkewerte zu addieren. Für die Berechnung der Beleuchtungsstärke in kleinen Innenräumen kommen wegen der dort auftretenden Reflexionserscheinungen andere Rechenverfahren in Betracht (siehe Abschnitt 2.4).

2.3.4 Leuchtdichte *L* in cd/m^2 und deren Messung

Die Leuchtdichte *L* (in Candela je Quadratmeter) ist ein Maß zur Beurteilung der Helligkeit einer leuchtenden oder angeleuchteten Fläche.

Zum Vergleich: Die Beleuchtungsstärke E (lx) bewertet die Strahlungsdichte, die auf eine beleuchtete Fläche auftrifft. Die Leuchtdichte *L* bewertet dagegen die Strahlungsdichte, die von der Fläche ausgeht.
Die Einheit ist wie folgt definiert:
1 Candela je Quadratmeter ist gleich dem 600 000. Teil der Leuchtdichte eines Schwarzen Strahlers bei der Temperatur des beim Druck 101 325 N/m^2 erstarrenden Platins.
Je größer die Leuchtdichte *L* im Blickfeld eines Menschen ist, desto größer ist die Gefahr der direkten Blendung. Deshalb ist es wichtig, die Leuchtdichte von Lichtquellen möglichst klein zu halten. Die Leuchtdichte einer Lichtquelle läßt sich verringern, indem man die sichtbare Oberfläche, durch die das Licht austritt, vergrößert (Bild 2.67). Der Abstand A zwischen 2 Lichtstrahlen auf der Lichtaustrittsfläche symbolisiert in den Bildern 2.67a und b den Einfluß auf die Leuchtdichte.
Glühlampen mit mattiertem Glaskolben dienen diesem Zweck: Bei klarem Glaskolben (und ungeschützter Lampe) blickt der Betrachter auf den Glühfaden. Aufgrund der kleinen Glühfadenoberfläche wird eine hohe Leuchtdichte wirksam. Bei mattiertem Glaskolben bleibt der Glühfaden weitestgehend unsichtbar. Für den Betrachter tritt das Licht aus der größeren Glaskolbenoberfläche hervor. Bei sonst unveränderter Lichtstärke verringert sich dadurch die Leuchtdichte. L-Lampen besitzen aufgrund ihrer großen Oberfläche eine geringere Leuchtdichte als Glühlampen oder Hochdrucklampen bei gleichem Lichtstrom. Die Leuchtdichte einiger Lichtquellen ist in Tabelle 2.10 aufgeführt. Leuchtenhersteller geben die Leuchtdichten in ihren Lieferlisten an.

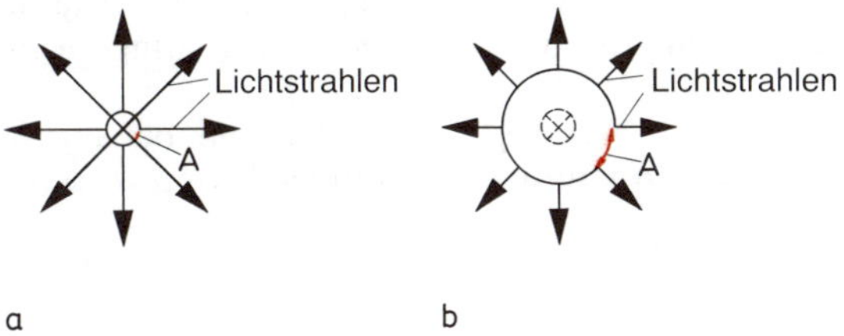

Bild 2.67 Prinzip der Verminderung der Leuchtdichte durch Vergrößerung der für den Betrachter sichtbaren Lichtaustrittsfläche,
a) Lichtquelle mit hoher Leuchtdichte,
b) Lichtquelle mit geringer Leuchtdichte

Tabelle 2.10 Leuchtdichten verschiedener Lampen

Lampenart	Größenordnung der Leuchtdichte
Glühlampen mit Klarglaskolben	über $500 \cdot 10^3$ cd/m^2
L-Lampen	ab $20 \cdot 10^3$ cd/m^2 und höher
Hochdruck-Entladungslampen mit Leuchtstoff oder lichtstreuendem Kolben	ab $20 \cdot 10^3$ cd/m^2 bis etwa $500 \cdot 10^3$ cd/m^2
Natriumdampf-Niederdrucklampen	ab $20 \cdot 10^3$ cd/m^2 bis etwa $500 \cdot 10^3$ cd/m^2

Der Praktiker kann die Leuchtdichte von Lichtquellen mit Hilfe einiger Beleuchtungsstärkemesser ermitteln. Für diese Messung ist ein zusätzlicher Aufstecktubus für den Lichtfühler erforderlich (Bild 2.68). Bei der Durchführung einer solchen Messung sind folgende Einzelheiten zu beachten:

- Die Messung erfolgt nahe an der Lichtquelle, deren Leuchtdichte bestimmt werden soll.
- Die Öffnung des Aufstecktubus ist so nahe an die Lichtquelle heranzubringen, daß das „Auge" des Meßfühlers nur die zu bewertende Lichtaustrittsfläche „sieht".
- Der Meßfühler wird so gehalten, daß der Meßtubus im „Blickstrahl" des Betrachters liegt, für dessen Aufenthaltsort die Leuchtdichte ermittelt werden soll (Bild 2.69).

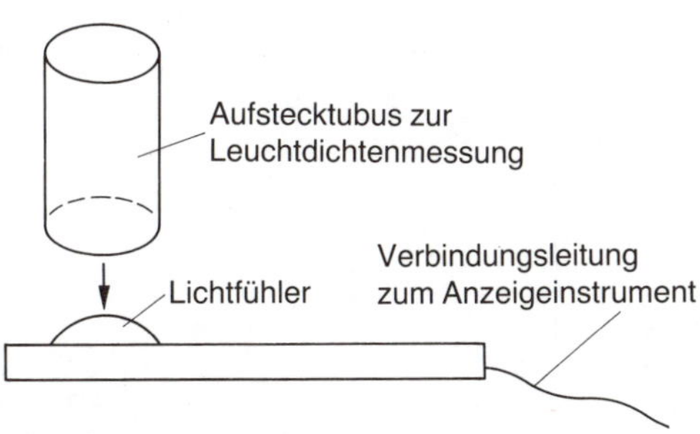

Bild 2.68 Lichtfühler mit Aufstecktubus zur Bestimmung der Leuchtdichte

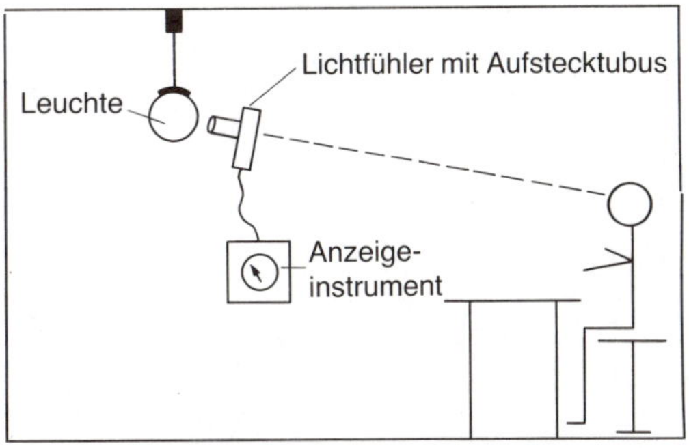

Bild 2.69 Messung der Leuchtdichte an einer Lichtquelle

Mit Hilfe eines Umrechnungsfaktors (Betriebsanleitung des Meßgeräts beachten!) kann der angezeigte Luxwert in einen entsprechenden Wert mit der Einheit cd/m^2 umgerechnet werden.
Auf welche Werte die Leuchtdichte L in Arbeitsstätten begrenzt bleiben soll, behandelt DIN 5035, Teile 1 und 2. Das Arbeiten mit den dort aufgeführten Einzelheiten wird im folgenden Text erklärt.

2.3.4.1 Güteklassen der Blendungsbegrenzung

Nach DIN 5035 Teil 1 und Teil 2 werden 3 Güteklassen unterschieden. Sie bedeuten im einzelnen:

Güteklasse 1 → Hohe Anforderung an die Begrenzung zur Direktblendung.
Güteklasse 2 → Mittlere Anforderung an die Begrenzung zur Direktblendung.
Güteklasse 3 → Geringe Anforderung an die Begrenzung zur Direktblendung.

Welche Güteklasse für Arbeitsstätten angewendet werden muß, ist in Tabellen der DIN 5035 Teil 2 festgelegt (siehe auch Tabelle 2.9 Spalte 5 in diesem Buch).

2.3.4.2 Bestimmung der zulässigen Leuchtdichte

Die maximal zulässige Leuchtdichte hängt neben der Güteklasse vom Winkel ab, mit der ein Lichtstrahl in das Gesichtsfeld eines Menschen trifft. Die Leuchtdichte muß um so kleiner sein, je direkter die Lampe in das Blickfeld eines Menschen gerückt ist. Dem Bild 2.70 sind nähere Einzelheiten zu entnehmen: Die Leuchte (a) stört nicht. Sie liegt im unkritischen Bereich; das heißt in einem Teil des Raumes, der von dem dargestellten Arbeitsplatz aus nicht einzusehen ist. Als „unkritisch" bezeichnet man den Bereich, der von einem Betrachter aus gesehen oberhalb von dessem 45°-Blickwinkel liegt. Die Leuchte (b) befindet sich an der Grenze zwischen dem unkritischen und dem kritischen Bereich des Betrachters. Bei ihr muß auf jeden Fall auf eine Begrenzung der Blendung geachtet werden. Die Gefahr der Blendung durch die weiteren Leuchten wird von Leuchte (b) bis Leuchte (f) hin immer größer. Bei der Wandleuchte (f) ist die *zulässige Leuchtdichte L* am kleinsten.

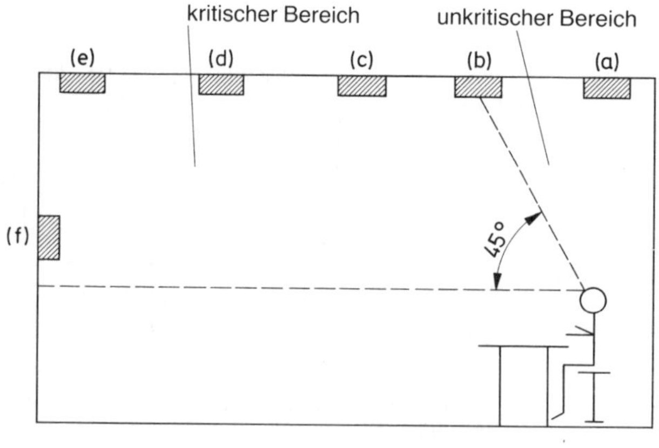

Bild 2.70 Darstellung des für die Begrenzung der Leuchtdichte kritischen und unkritischen Bereiches anhand eines Arbeitsplatzes

Da in der Praxis meist gleiche Leuchtentypen zur Allgemeinbeleuchtung innerhalb eines Raumes installiert sind, braucht die Leuchtdichte nur für die von einem Arbeitsplatz am weitesten entfernte Leuchte ermittelt zu werden. Liegt deren Leuchtdichte unterhalb des höchstzulässigen Leuchtdichtewertes, ist auch durch näherliegende Leuchten der Allgemeinbeleuchtungsanlage keine Direktblendung zu erwarten.
Die jeweils höchstzulässige Leuchtdichte ist den Diagrammen von Bild 2.71 oder Bild 2.72 zu entnehmen.

Die Leuchtdichtegrenzkurven nach Bild 2.71 gelten
- für langgestreckte Leuchten, die parallel zur Blickrichtung angeordnet sind,
- für Leuchten ohne leuchtende Seitenteile und
- für Leuchten, deren leuchtende Seitenteile nicht höher als 30 mm sind.

Hinweise:
a) Eine Leuchte gilt als langgestreckt, wenn das Verhältnis der kürzeren zur längeren Seite kleiner oder gleich 1 : 2 ist.
b) Die Anordnung der beiden zuletzt aufgeführten Leuchtentypen kann parallel oder quer zur Blickrichtung sein.

Die Leuchtdichtegrenzkurven nach Bild 2.72 gelten
- für langgestreckte Leuchten mit leuchtenden Seitenteilen, die höher als 30 mm sind bei Anordnung quer zur Blickrichtung und
- für nicht langgestreckte, quadratische und runde Leuchten mit leuchtenden Seitenteilen, die höher als 30 mm sind bei Anordnung quer oder parallel zur Blickrichtung und
- für freistrahlende Leuchten bei Anordnung quer zur Blickrichtung.

Hinweis:
Ergänzen sich die gesehenen leuchtenden Flächen mehrerer Leuchten perspektivisch zu einer durchgehend leuchtenden Decke, so ist für diesen Teil der Beleuchtungsanlage die Blendungsbegrenzung für leuchtende Decken anzunehmen.
Die Leuchtdichte leuchtender Decken soll bei hohen Ansprüchen an die Beleuchtungsgüte (Güteklasse 1) oberhalb eines Ausstrahlungswinkels γ von 45° nicht mehr als 500 cd/m^2 betragen.
Mit den Leuchtdichtegrenzkurven-Diagrammen wird wie folgt gearbeitet:
- Nach Festlegung der Leuchtenart (langgestreckt, quadratisch, rund, mit oder ohne leuchtende Seitenteile) und nach Festlegung der Leuchtenanordnung (parallel oder quer zur Blickrichtung) ist das in Frage kommende Diagramm (Bild 2.71 oder Bild 2.72) ermittelt.
- Nach Festlegen der Güteklasse und der Nennbeleuchtungsstärke gemäß DIN 5035 Teil 2 (oder Tabelle 2.9 in diesem Buch) ist die Kennlinie bestimmt, mit der zu arbeiten ist. Es kommt jeweils nur 1 Kennlinie (Grenzkurve) aus der Kennlinienschar der beiden Bilder in Frage.
- Anschließend ist der Ausstrahlungswinkel γ derjenigen Leuchte in bezug auf den jeweiligen Arbeitsplatz zu bestimmen, die am leichtesten zur Direktblendung führt. Der Ausstrahlungswinkel γ ist in Bild 2.73 dargestellt. Am einfachsten läßt er sich meist mit Hilfe seines Tangens – dem Verhältnis a/h_s (siehe Bild) – ermitteln. Sowohl der Ausstrahlungswinkel γ als auch der zugehörende Tangens γ lassen sich direkt aus den Diagrammen auf den beiden senkrechten Skalen (Ordinaten) ablesen. Eine waagerechte Linie von hier aus gezogen bis zur jeweils vorher festgelegten

Leuchtdichte - Grenzkurven A

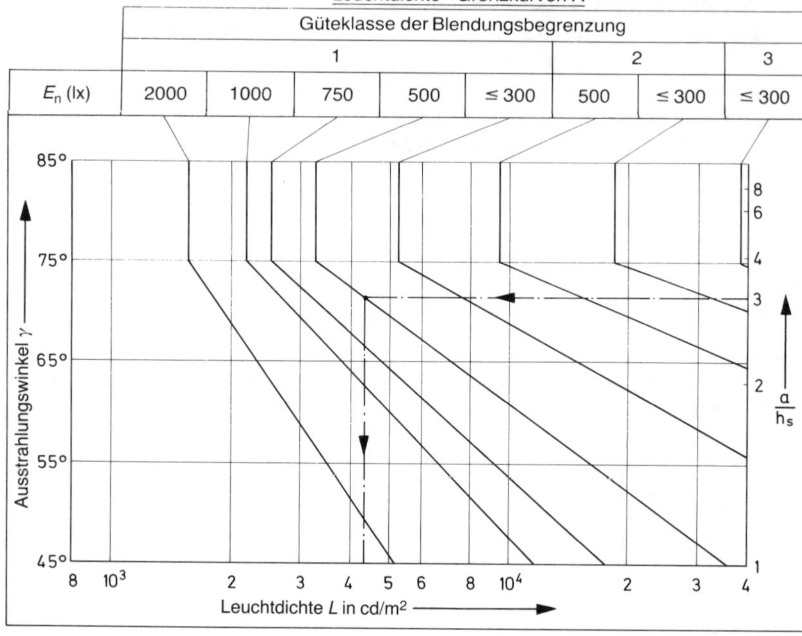

* gerechnet für E_n = 250 lx

Leuchtdichte - Grenzkurven B

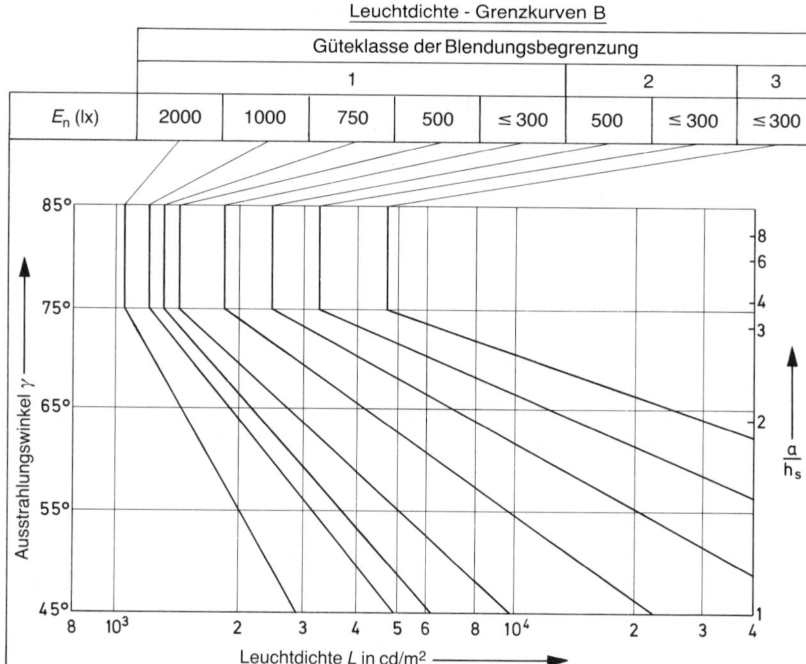

* gerechnet für E_n = 250 lx

Bild 2.71 (linke Seite oben) Leuchtdichte-Grenzkurven A, gültig für langgestreckte Leuchten, die parallel zur Blickrichtung montiert sind und Leuchten ohne leuchtende Seitenteile (nach DIN 5035 Teil 1)

Bild 2.72 (linke Seite unten) Leuchtdichte-Grenzkurven B, gültig für quer zur Blickrichtung angeordnete langgestreckte, quadratische und runde Leuchten, z. B. freistrahlende Leuchten und Wannenleuchten (nach DIN 5035 Teil 1)

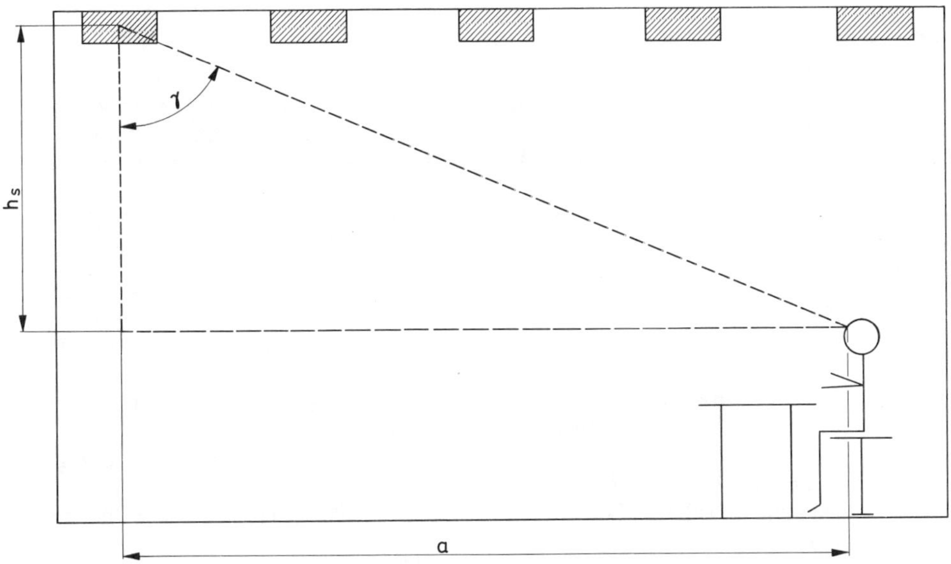

Bild 2.73 Einzelheiten zur Ermittlung des Ausstrahlungswinkels γ

Kennlinie, ergibt auf dieser dann den Punkt, unter dem senkrecht unten auf der Leuchtdichteachse (Abszisse) die maximal zulässige Leuchtdichte abgelesen werden kann.

Beispiel:
Welche höchstzulässige Leuchtdichte darf auftreten, wenn für die von einem Arbeitsplatz am weitesten entfernt liegende Deckenleuchte folgende Daten vorliegen:
Senkrechter Abstand zwischen der Ebene in Augenhöhe und dem Mittelpunkt der Lampenanordnung $h_s = 2{,}20$ m.
Abstand $a = 6{,}60$ m.
Die Leuchte ist langgestreckt und parallel zur Blickrichtung angeordnet. Die Blendungsbegrenzung soll entsprechend Güteklasse 1 erfolgen. Die Nennbeleuchtungsstärke der Anlage beträgt $E_n = 500$ lx.

Lösung:
- Für langgestreckte parallel zur Blickrichtung angeordnete Leuchten gilt das Diagramm Bild 2.71.
- Für Güteklasse 1 und $E_n = 500$ lx gilt die vierte Kurve von links aus Bild 2.71

– Das Verhältnis $a/h_s = 6{,}60 \text{ m}/2{,}20 \text{ m}$ ergibt den $\tan \gamma = 3$ für den Ausstrahlungswinkel und eine maximal zulässige Leuchtdichte (verfolge die Strich-Punkt-Strich-Linie in Bild 2.71) $L \approx 4{,}4 \cdot 10^3 \text{ cd/m}^2$.

Hinweise:
Für die Festlegung von h_s wird für die Augenhöhe sitzender Menschen 1,20 m, für die Augenhöhe stehender Menschen 1,65 m über dem Fußboden angenommen.

2.3.5 Leuchten

Leuchten sind die Träger der Lichtquellen (Lampen). Sie dienen dem elektrischen und mechanischen Schutz. Sie sollen den Menschen vor direkter Blendung schützen und sollen den Lichtstrom gezielt lenken. Außerdem sollen sie der Beleuchtungsanlage ein ansprechendes Aussehen verleihen.
Nach der Verteilung (Lenkung) des Lichtstroms unterscheidet man nach DIN 5040 fünf Grundtypen von Leuchten. Sie werden durch die Buchstaben A bis E klassifiziert:

Typ A → Direkt strahlende Leuchten, die mindestens 90% des Lichtstroms nach unten lenken.
Typ B → Vorwiegend direkt strahlende Leuchten, die mindestens 60% des Lichtstroms nach unten lenken.
Typ C → Direkt-indirekt strahlende Leuchten, die etwa 50% des Lichtstroms nach oben und etwa 50% des Lichtstroms nach unten lenken.
Typ D → Vorwiegend indirekt strahlende Leuchten, die mindestens 60% des Lichtstroms nach oben lenken.
Typ E → Indirekt strahlende Leuchten, die mindestens 90% des Lichtstroms nach oben lenken.

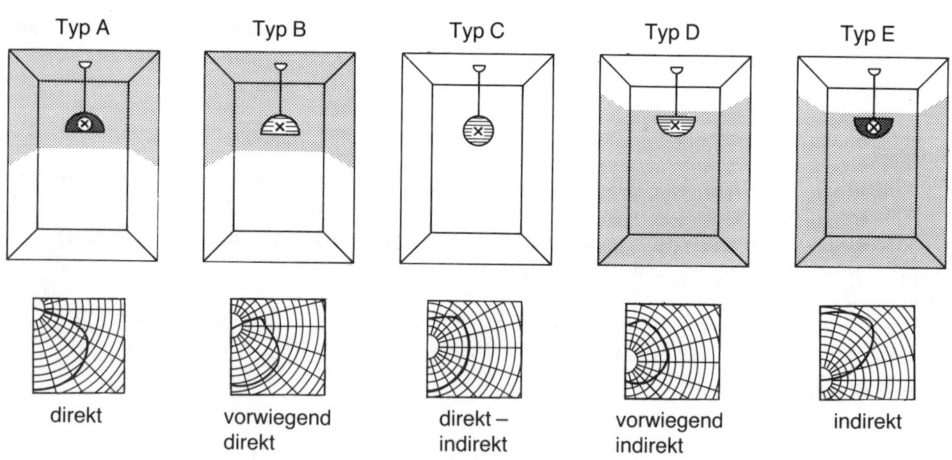

Bild 2.74 Wirkung der Leuchtentypen A bis E innerhalb eines Raumes und Darstellung ihrer Lichtstärkeverteilungskurven

Bild 2.74 zeigt die Wirkung dieser 5 Grundtypen in einem Raum sowie die entsprechenden zugehörenden grundsätzlichen LVKn (Lichtstärkeverteilungskurven). Nach DIN 5040 werden Leuchten noch weiter differenziert. So werden sie neben dem Kennbuchstaben weiter durch Ziffern unterschieden, z. B. Typ A 60; B 21 usw. Auf Einzelheiten dazu soll im Rahmen dieses Buches nicht weiter eingegangen werden.
Die LVK einer Leuchte bzw. ihre Klassifizierung ist den Lieferlisten der Hersteller zu entnehmen. Allgemein sind Angaben zur Lichtverteilung nur für Leuchten zu erhalten, die hauptsächlich dem Einsatz in Arbeitsstätten u.ä. dienen.
Ein paar typische Anwendungsbeispiele
für Leuchten des Typs A: Anstrahlung von Gebäuden und anderen Objekten, Ausleuchtung hoher Hallen, Straßenbeleuchtung;
für Leuchten des Typs B: Allgemeinbeleuchtung in Büro, Verwaltungsräumen und Werkstätten;
für Leuchten des Typs C (mit seitlicher Abdeckung und mit ca. 55 cm langer Pendelaufhängung): Allgemeinbeleuchtung in Räumen bis etwa 3 m Höhe mit Bildschirmarbeitsplätzen («BAP»);
für Leuchten des Typs E: Allgemeinbeleuchtung in Räumen über etwa 3 m Höhe mit BAP.

2.3.5.1 Leuchtenwirkungsgrad η_L und Leuchtenbetriebswirkungsgrad η_{LB}

> Der Leuchtenwirkungsgrad η_L (auch optischer Wirkungsgrad genannt) ist das Verhältnis zwischen dem aus der Leuchte austretenden Lichtstrom Φ_L zu dem Lichtstrom Φ_0, den die in der Leuchte eingesetzten Lampen erzeugen.

$$\eta_L = \frac{\Phi_L}{\Phi_0}$$

Der Leuchtenwirkungsgrad η_L ist den Herstellerlisten zu entnehmen. Seine Kenntnis ist für die Berechnung des erforderlichen Gesamtlichtstroms für Beleuchtungsanlagen wichtig.
In vielen Fällen muß zusätzlich beachtet werden, daß der Lichtstrom von Lampen temperaturabhängig ist. Das gilt im besonderen Maße für L-Lampen (siehe Bild 2.24). Anstelle des einfachen Leuchtenwirkungsgrades η_L tritt dann der *Leuchtenbetriebswirkungsgrad* η_{LB}:

$$\eta_{LB} = \eta_L \cdot v(\vartheta)$$

$v(\vartheta)$ ist ein Verminderungsfaktor mit einem Betrag ≤ 1 (z.B. 0,9; 0,8 usw.), der das Verhältnis zwischen dem erzeugten Lichtstrom der Lampe bei der auftretenden Betriebstemperatur zum Nennlichtstrom angibt (siehe auch Diagramm in Abschnitt 2.2.4.2).
Die Betriebstemperatur der Lampe hängt neben ihrer Leistung von verschiedenen Einflußgrößen am Einbauort ab, z.B. vom Aufbau der Leuchte, von der Anzahl der in der Leuchte eingesetzten Lampen, von der Art des Untergrundes, auf dem die Leuchte montiert wurde (auf wärmedämmendem oder auf gut wärmeleitendem Material) ab. Die zu erwartende Betriebstemperatur ist deshalb meist nicht leicht abzuschätzen. Mit genü-

gender Genauigkeit kann aber in vielen Fällen bei L-Lampen-Leuchten mit folgenden Leuchtenbetriebswirkungsgraden η_{LB} gerechnet werden:

Für freistrahlende Leuchten	ca. 0,9
Für offene Reflektor- oder Deckeneinbauleuchten	ca. 0,7
Für Reflektor- oder Deckeneinbauleuchten mit Rastern	ca. 0,6
Für Decken-Aufbauleuchten mit Kunststoffglas-Abdeckung	ca. 0,6
Für Decken-Einbauleuchten mit Kunststoffglas-Abdeckung	ca. 0,5

2.3.6 Reflexionsgrad ϱ

Reflexionen treten an beleuchteten Flächen auf. Die Reflexionseigenschaften der Begrenzungsflächen eines Raumes (Decke, Wände, Fußboden bzw. Arbeitsebene) beeinflussen den Raumwirkungsgrad (Abschnitt 2.3.7) einer Beleuchtungsanlage.
Unter dem Reflexionsgrad ϱ versteht man das Verhältnis zwischen dem von einer Fläche zurückgestrahlten Lichtstrom und dem Lichtstrom, der auf die Fläche auftrifft (Bild 2.75).

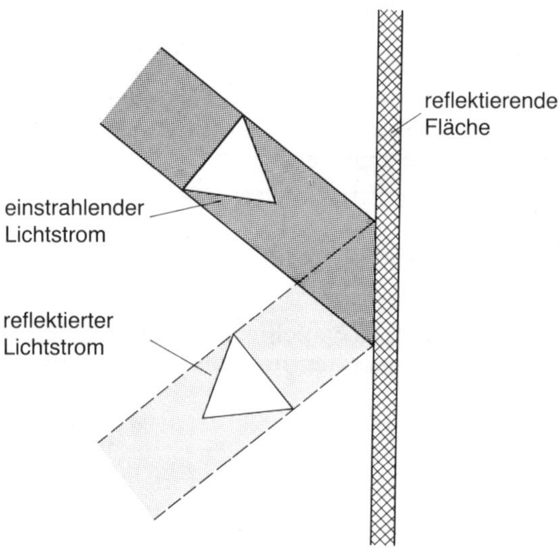

Bild 2.75
Wirkung eines Reflexionsgrades $\varrho < 1$

Ein Reflexionsgrad $\varrho = 1$ ergibt sich, wenn der gesamte Lichtstrom von der Fläche reflektiert wird. Eine Spiegelfläche kommt diesem Idealwert am nächsten. Sie erreicht etwa einen Reflexionsgrad von $\varrho = 0,88$. Glatte weiße Flächen haben einen Reflektionsgrad um 0,8. Ein Reflektionsgrad $\varrho = 0$ ergibt sich, wenn der gesamte Lichtstrom von einer Fläche absorbiert (verschluckt) wird. Eine schwarze Fläche kommt diesem Wert sehr nahe. Fensterscheiben wirken, wenn es dunkel wird, ähnlich wie eine dunkle Fläche. Die Tabellen 2.11 und 2.12 geben Hinweise auf die Reflexionsgrade verschiedener Farben und Baustoffe. Bei der Planung von Beleuchtungsanlagen genügt es meist,

Tabelle 2.11 Reflexionsgrade verschiedener Farben

Farbe	Reflexionsgrad ϱ
Gelb	0,4 bis 0,6
Grün	0,15 bis 0,55
Blau	0,1 bis 0,5
Rot	0,1 bis 0,5
Braun	0,1 bis 0,4
Grau	0,15 bis 0,6
Schwarz	0,05 bis 0,1
Weiß	0,7 bis 0,8
gebrochenes Weiß	0,6 bis 0,65

Tabelle 2.12 Reflexionsgrade verschiedener Materialien

Material	Reflexionsgrad ϱ
Sichtbeton:	
je nach Ausführung	0,25 bis 0,45
Sichtmauerwerk:	
rote Ziegel	0,15 bis 0,3
gelbe Ziegel	0,3 bis 0,45
Kalksandstein	0,5 bis 0,55
Holzflächen:	
dunkel	0,1 bis 0,2
mittel	0,2 bis 0,3
hell	0,4 bis 0,5
Bodenbeläge:	
dunkel	0,1 bis 0,15
mittel	0,15 bis 0,25
hell	0,25 bis 0,4
Fenster	0,05 bis 0,1

wenn die Reflexionsgrade anhand einer solchen Tabelle abgeschätzt werden. Man unterscheidet für die Planung der Beleuchtungsanlage von Innenräumen

– den Reflexionsgrad der Decke ϱ_{Decke},
– den Reflexionsgrad der Wände ϱ_{Wand} und
– den Reflexionsgrad der Nutzebene (Arbeitsebene) ϱ_{Nutz}.

Die Wände eines Raumes werden häufig verschiedenfarbig ausgeführt. Für die Bestimmung des Raumwirkungsgrades muß dann ein mittlerer Reflexionsgrad $\bar{\varrho}$ bestimmt werden. Dafür gilt die Formel

$$\bar{\varrho} = \frac{\varrho_{j1} \cdot A_{j1} + \varrho_{j2} \cdot A_{j2} + \varrho_{j3} \cdot A_{j3} + \ldots}{A_{j1} + A_{j2} + A_{j3} + \ldots} = \frac{\Sigma(\varrho_j \cdot A_j)}{\Sigma A_j}$$

A_j Größen der Teilflächen im m^2
ϱ_j Reflexionsgrade der jeweiligen Teilflächen

Beispiel: Ein Raum mit einer Höhe $H = 3{,}2$ m enthält zwei lange Wände mit je 6 m Länge und zwei kurze Wände mit je 3,6 m Länge. Der Reflexionsgrad der langen Wände wurde mit 0,7 und der der beiden kurzen Wände mit 0,4 ermittelt. Wie groß ist der mittlere Reflexionsgrad der Gesamtwandfläche?

Lösung:
Fläche der langen Wände $A_{j1} = 2 \cdot (6\,\text{m} \cdot 3{,}2\,\text{m}) = 38{,}4\,\text{m}^2$
Fläche der kurzen Wände $A_{j2} = 2 \cdot (3{,}6\,\text{m} \cdot 3{,}2\,\text{m}) = 23\,\text{m}^2$

$$\bar{\varrho} = \varrho_{\text{Wand}} = \frac{\varrho_{j1} \cdot A_{j1} + \varrho_{j2} \cdot A_{j2}}{A_{j1} + A_{j2}} = \frac{0{,}7 \cdot 38{,}4\,\text{m}^2 + 0{,}4 \cdot 23\,\text{m}^2}{38{,}4\,\text{m}^2 + 23\,\text{m}^2} = \mathbf{0{,}588}$$

2.3.7 Raumwirkungsgrad η_R

> Unter dem Raumwirkungsgrad η_R versteht man das Verhältnis des in der Höhe der Nutzebene (Arbeitsebene) vorhandenen Nutzlichtstroms Φ_{Nutz} zu dem Gesamtlichtstrom Φ_L, den die im Raum installierten Leuchten abstrahlen.

$$\eta_R = \frac{\Phi_{\text{Nutz}}}{\Phi_L}$$

Beispiel: Die mittlere Beleuchtungsstärke in einem Raum wurde mit $\bar{E} = 570$ lx gemessen. Der Raum hat eine Gesamtfläche von $A = 96\,\text{m}^2$. Im Raum wurden 26 L-Lampen installiert, die je einen Lichtstrom $\Phi_0 = 5400$ lm erzeugen. Die Lampen sind in Leuchten untergebracht, für die der Hersteller einen Leuchtenbetriebswirkungsgrad $\eta_{LB} = 0{,}6$ bei den auftretenden Betriebsbedingungen angibt. Wie groß ist der Raumwirkungsgrad?
Lösung:

$$\Phi_{\text{Nutz}} = \bar{E} \cdot A = 570\,\text{lx} \cdot 96\,\text{m}^2 = 54\,700\,\text{lm}$$

$$\Sigma\Phi_0 = n \cdot \Phi_0 = 26 \cdot 5400\,\text{lm} = 140\,000\,\text{lm}$$

$$\Phi_L = \Sigma\Phi_0 \cdot \eta_{LB} = 140\,000\,\text{lm} \cdot 0{,}6 = 84\,000\,\text{lm}$$

$$\eta_R = \frac{\Phi_{\text{Nutz}}}{\Phi_L} = \frac{54\,700\,\text{lm}}{84\,000\,\text{lm}} = 0{,}651$$

Der Raumwirkungsgrad wird häufig auch in Prozenten angegeben. Im vorliegenden Falle ist dann $\eta_R = 65{,}1\%$.
Für eine Raumbeleuchtungsplanung ist es notwendig, den Raumwirkungsgrad η_R im voraus zu bestimmen. Auf die Messung der Beleuchtungsstärke $\bar{E}$ kann dann zwangsläufig nicht zurückgegriffen werden. Auch eine direkte Bestimmung auf rechnerischem Wege ist mit einfachen Mitteln nicht möglich. Deshalb hat die LiTG (Lichttechnische Gesellschaft e.V., Karlsruhe) Tabellen veröffentlicht, aus denen der Raumwirkungsgrad nach Festlegung bestimmter lichttechnischer Gegebenheiten ablesbar ist. Die Tabellen sind festgehalten in dem Schriftwerk „Projektierung von Beleuchtungsanlagen für Innenräume“ (erschienen bei Willi Wehmeier KG, Berlin). In Anlehnung an dies Tabellarium wurde die Tabelle 2.13 erstellt.

Tabelle 2.13 Raumwirkungsgrade η_R

Beschreibung des Leuchtentyps				Raumwirkungsgrad η_R										
Leuchtentyp nach DIN 5040	Leuchtenbeispiel	Beschreibung	LVK	Decke ϱ_1	0,8	0,8	0,7	0,7	0,5	0,5	0,3	0,3	0,1	0
				Wand ϱ_2	0,5	0,5	0,5	0,3	0,5	0,3	0,3	0,1	0,5	0
				Nutzfläche ϱ_3	0,3	0,1	0,2	0,1	0,3	0,1	0,1	0,1	0,2	0
				k	η_R									
A 50	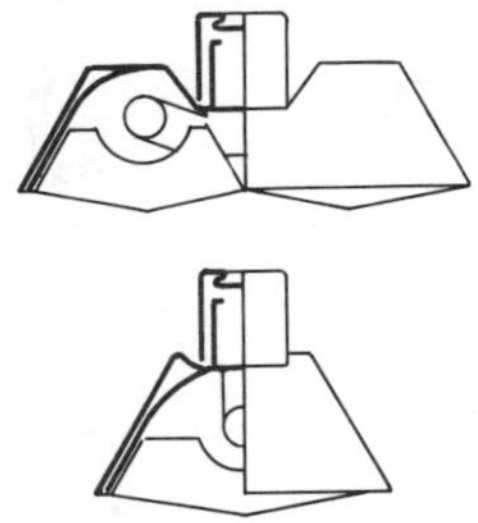	Spiegelraster, eng strahlend	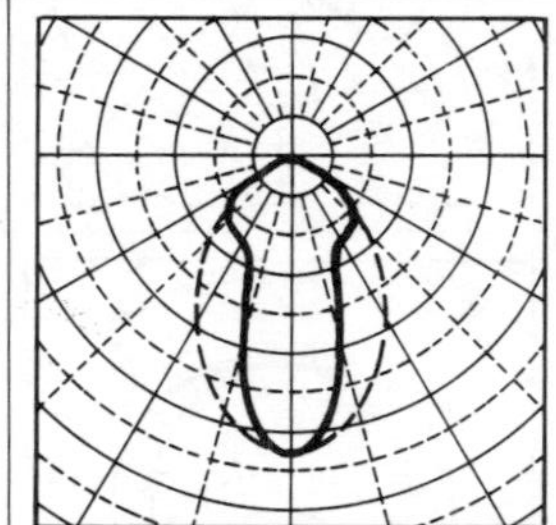	0,6	0,59	0,56	0,57	0,49	0,57	0,49	0,48	0,44	0,53	0,43
				0,8	0,70	0,65	0,67	0,59	0,67	0,58	0,58	0,54	0,62	0,52
				1,0	0,78	0,72	0,74	0,65	0,74	0,65	0,64	0,60	0,68	0,58
				1,25	0,86	0,79	0,81	0,73	0,82	0,72	0,71	0,68	0,75	0,66
				1,5	0,93	0,84	0,87	0,78	0,87	0,77	0,76	0,73	0,80	0,71
				2,0	1,00	0,89	0,93	0,84	0,93	0,83	0,82	0,79	0,84	0,77
				2,5	1,06	0,93	0,97	0,89	0,98	0,87	0,86	0,84	0,88	0,81
				3,0	1,10	0,96	1,01	0,92	1,02	0,91	0,89	0,88	0,91	0,85
				4,0	1,14	0,99	1,04	0,95	1,05	0,94	0,92	0,91	0,93	0,88
				5,0	1,17	1,01	1,06	0,98	1,07	0,96	0,94	0,93	0,95	0,90
A 50	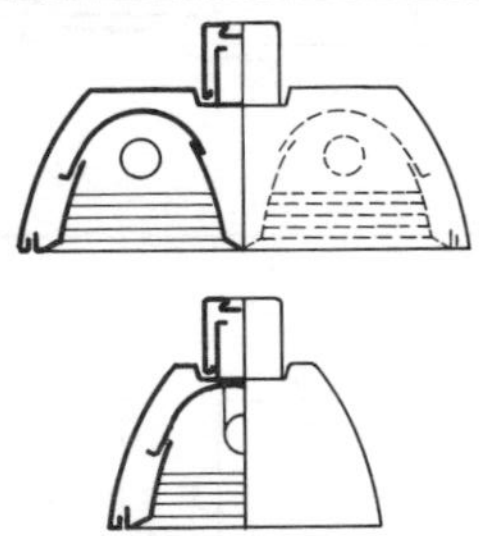	Spiegelraster, breit strahlend (auch BAP-Typ)	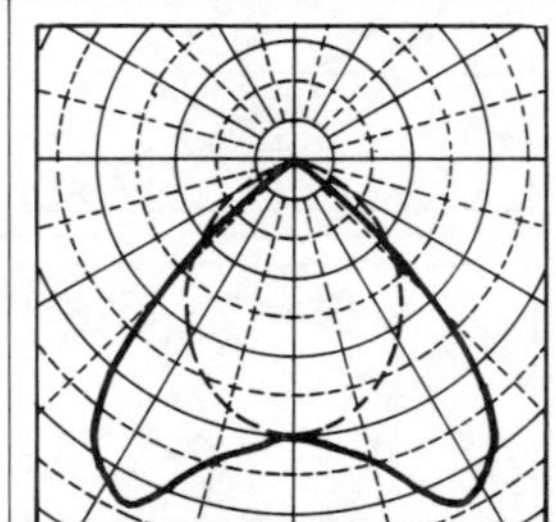	0,6	0,55	0,52	0,53	0,45	0,52	0,44	0,44	0,40	0,49	0,38
				0,8	0,68	0,64	0,65	0,57	0,65	0,57	0,56	0,52	0,61	0,50
				1,0	0,77	0,71	0,73	0,65	0,73	0,64	0,63	0,60	0,68	0,58
				1,25	0,87	0,80	0,82	0,74	0,82	0,73	0,72	0,68	0,75	0,67
				1,5	0,94	0,85	0,88	0,79	0,88	0,78	0,77	0,74	0,81	0,72
				2,0	1,01	0,90	0,94	0,85	0,94	0,84	0,83	0,80	0,85	0,78
				2,5	1,07	0,94	0,99	0,90	0,99	0,89	0,87	0,85	0,89	0,83
				3,0	1,11	0,98	1,02	0,94	1,03	0,92	0,91	0,89	0,92	0,87
				4,0	1,15	1,00	1,05	0,96	1,06	0,95	0,93	0,92	0,94	0,89
				5,0	1,19	1,02	1,07	0,99	1,08	0,97	0,95	0,94	0,96	0,92
A 40	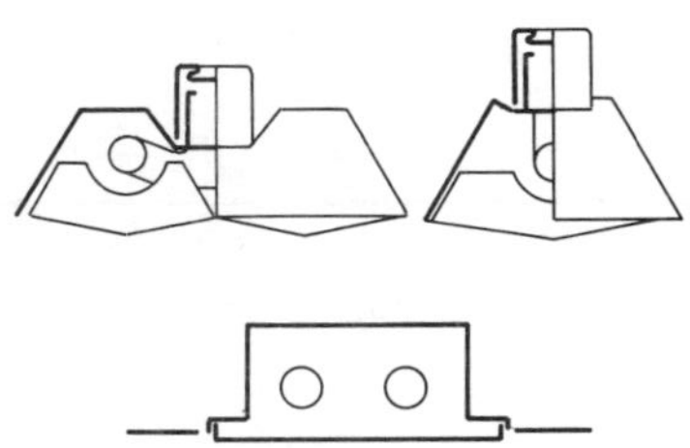	Raster, weißer Reflektor Wanne, nur unten durchscheinend	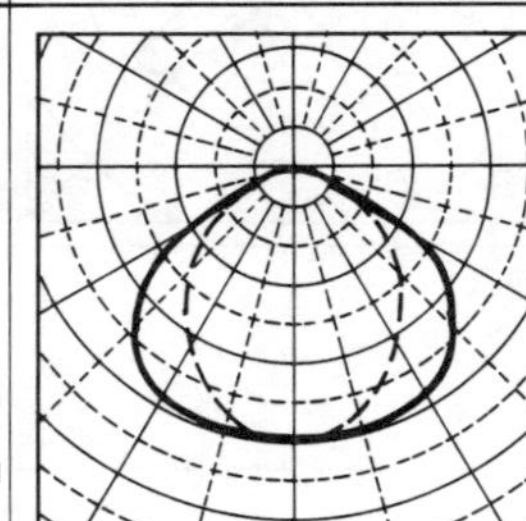	0,6	0,49	0,47	0,47	0,39	0,47	0,38	0,38	0,33	0,43	0,31
				0,8	0,61	0,57	0,58	0,49	0,58	0,48	0,48	0,43	0,53	0,41
				1,0	0,70	0,65	0,66	0,57	0,66	0,56	0,55	0,51	0,60	0,48
				1,25	0,80	0,73	0,75	0,66	0,75	0,65	0,64	0,60	0,68	0,57
				1,5	0,87	0,79	0,81	0,72	0,81	0,71	0,70	0,66	0,73	0,64
				2,0	0,95	0,85	0,88	0,79	0,88	0,78	0,77	0,73	0,80	0,71
				2,5	1,02	0,90	0,94	0,85	0,94	0,83	0,82	0,79	0,84	0,77
				3,0	1,07	0,94	0,98	0,89	0,98	0,87	0,86	0,84	0,88	0,81
				4,0	1,12	0,97	1,02	0,93	1,02	0,91	0,89	0,87	0,91	0,85
				5,0	1,16	0,99	1,05	0,96	1,05	0,94	0,92	0,90	0,93	0,88

Fortsetzung Tabelle 2.13

Beschreibung des Leuchtentyps				Raumwirkungsgrad η_R										
Leuchtentyp nach DIN 5040	Leuchtenbeispiel	Beschreibung	LVK	Decke ϱ_1	0,8	0,8	0,7	0,7	0,5	0,5	0,3	0,3	0,1	0
				Wand ϱ_2	0,5	0,5	0,5	0,3	0,5	0,3	0,3	0,1	0,5	0
				Nutzfläche ϱ_3	0,3	0,1	0,2	0,1	0,3	0,1	0,1	0,1	0,2	0
				k	η_R									
B 41	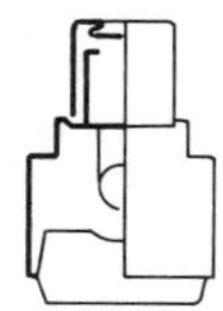	Raster, auch oben beidseitig der Montageschiene durchscheinend	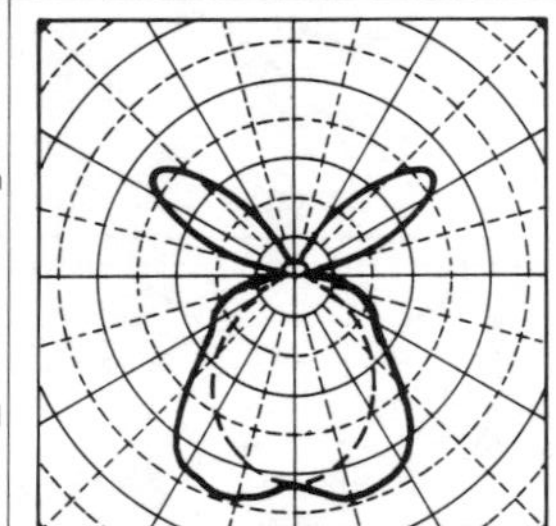	0,6	0,44	0,42	0,40	0,33	0,37	0,30	0,27	0,24	0,29	0,20
				0,8	0,54	0,51	0,50	0,42	0,45	0,38	0,34	0,31	0,35	0,25
				1,0	0,62	0,58	0,57	0,48	0,52	0,44	0,39	0,36	0,39	0,30
				1,25	0,71	0,65	0,64	0,55	0,58	0,50	0,45	0,42	0,44	0,35
				1,5	0,77	0,70	0,69	0,60	0,63	0,55	0,49	0,46	0,47	0,38
				2,0	0,85	0,76	0,76	0,67	0,69	0,61	0,54	0,52	0,51	0,43
				2,5	0,91	0,81	0,81	0,72	0,74	0,65	0,58	0,56	0,54	0,46
				3,0	0,96	0,84	0,84	0,76	0,77	0,68	0,61	0,59	0,57	0,49
				4,0	1,01	0,87	0,88	0,80	0,81	0,72	0,64	0,62	0,59	0,51
				5,0	1,05	0,90	0,91	0,83	0,84	0,74	0,66	0,65	0,60	0,54
B 31	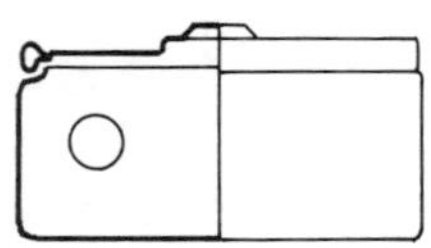	Wanne, zwei- und mehrlampig unten und an der Seite durchscheinend	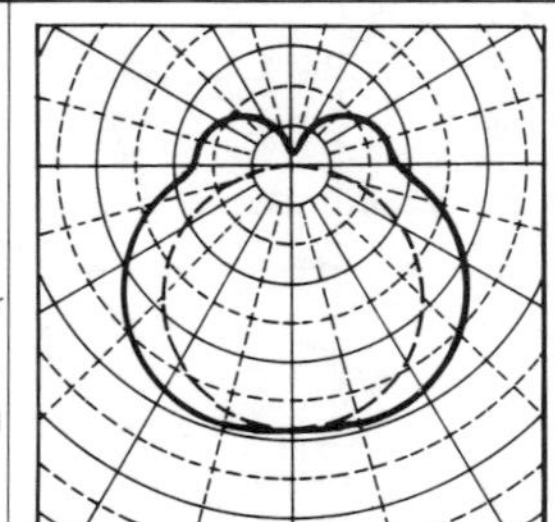	0,6	0,40	0,38	0,38	0,29	0,35	0,27	0,26	0,21	0,29	0,18
				0,8	0,50	0,47	0,47	0,38	0,44	0,35	0,33	0,28	0,36	0,24
				1,0	0,58	0,54	0,54	0,44	0,50	0,41	0,38	0,34	0,41	0,29
				1,25	0,67	0,61	0,61	0,51	0,58	0,48	0,45	0,40	0,46	0,35
				1,5	0,73	0,67	0,67	0,57	0,63	0,53	0,49	0,45	0,50	0,39
				2,0	0,82	0,73	0,74	0,64	0,70	0,60	0,56	0,52	0,56	0,45
				2,5	0,88	0,78	0,80	0,70	0,75	0,65	0,60	0,57	0,60	0,50
				3,0	0,94	0,82	0,84	0,74	0,80	0,69	0,64	0,61	0,63	0,54
				4,0	1,00	0,86	0,88	0,79	0,84	0,74	0,68	0,66	0,66	0,58
				5,0	1,04	0,89	0,92	0,82	0,88	0,77	0,71	0,69	0,69	0,61
B 21	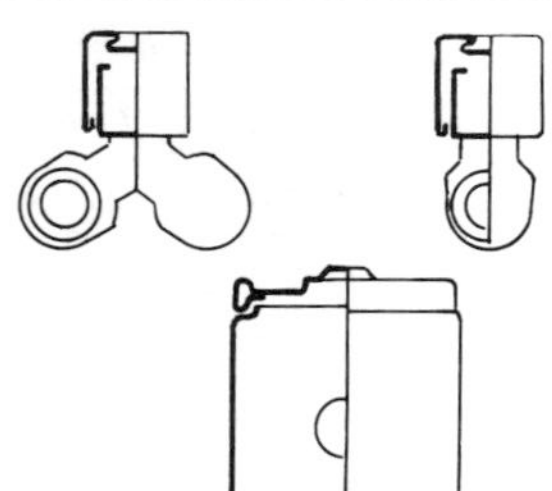	Lichtbänder Wanne, einlampig unten und an der Seite durchscheinend	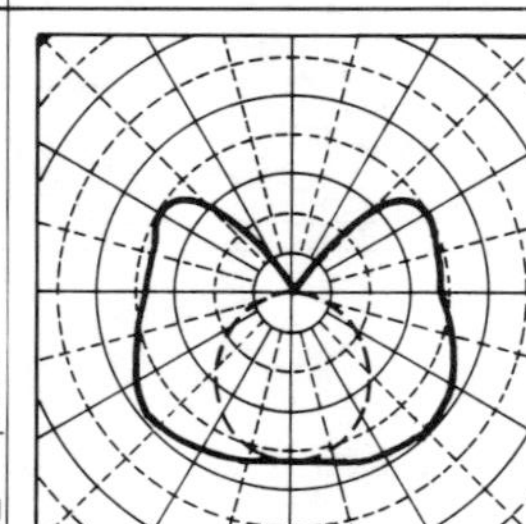	0,6	0,37	0,35	0,34	0,26	0,31	0,23	0,21	0,17	0,23	0,12
				0,8	0,47	0,44	0,43	0,33	0,38	0,30	0,27	0,22	0,28	0,17
				1,0	0,54	0,50	0,49	0,40	0,44	0,35	0,31	0,27	0,32	0,21
				1,25	0,62	0,57	0,56	0,46	0,51	0,41	0,37	0,33	0,37	0,26
				1,5	0,69	0,62	0,61	0,51	0,56	0,46	0,41	0,37	0,40	0,29
				2,0	0,77	0,69	0,68	0,59	0,62	0,52	0,47	0,43	0,45	0,34
				2,5	0,84	0,75	0,74	0,64	0,67	0,57	0,51	0,48	0,49	0,38
				3,0	0,89	0,78	0,78	0,68	0,71	0,61	0,55	0,51	0,52	0,42
				4,0	0,95	0,82	0,83	0,73	0,76	0,66	0,59	0,56	0,55	0,45
				5,0	0,99	0,85	0,86	0,77	0,79	0,69	0,62	0,59	0,57	0,48

Fortsetzung Tabelle 2.13

Beschreibung des Leuchtentyps				Raumwirkungsgrad η_R										
Leuchtentyp nach DIN 5040	Leuchtenbeispiel	Beschreibung	LVK	Decke ϱ_1	0,8	0,8	0,7	0,7	0,5	0,5	0,3	0,3	0,1	0
				Wand ϱ_2	0,5	0,5	0,5	0,3	0,5	0,3	0,3	0,1	0,5	0
				Nutzfläche ϱ_3	0,3	0,1	0,2	0,1	0,3	0,1	0,1	0,1	0,2	0
				k	η_R									
C 43	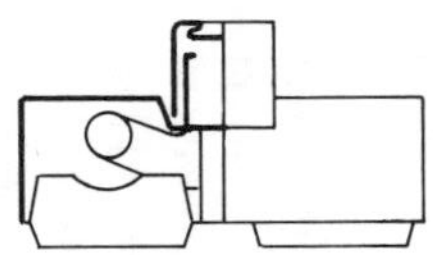	Raster, oben und unten offen	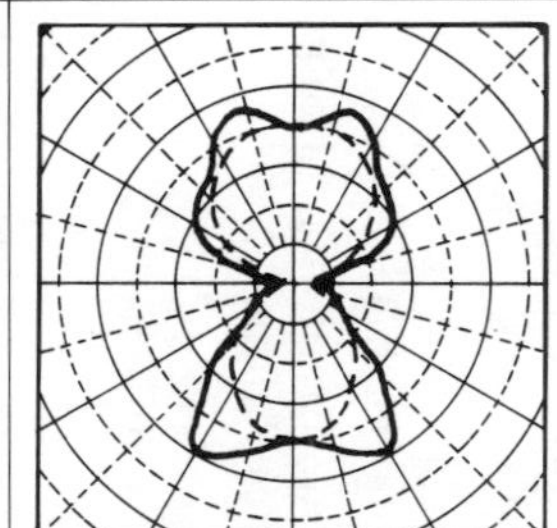	0,6	0,41	0,39	0,37	0,30	0,32	0,26	0,22	0,19	0,21	0,14
				0,8	0,52	0,48	0,46	0,39	0,40	0,33	0,28	0,25	0,26	0,18
				1,0	0,59	0,55	0,53	0,45	0,45	0,38	0,32	0,29	0,29	0,21
				1,25	0,67	0,62	0,59	0,51	0,51	0,44	0,37	0,34	0,33	0,25
				1,5	0,73	0,66	0,64	0,56	0,56	0,48	0,40	0,38	0,35	0,27
				2,0	0,81	0,73	0,71	0,62	0,61	0,53	0,44	0,42	0,38	0,30
				2,5	0,87	0,77	0,75	0,67	0,65	0,57	0,47	0,46	0,40	0,32
				3,0	0,91	0,80	0,78	0,70	0,68	0,60	0,50	0,48	0,42	0,34
				4,0	0,96	0,83	0,82	0,74	0,71	0,63	0,52	0,51	0,43	0,36
				5,0	1,00	0,86	0,85	0,77	0,74	0,65	0,54	0,53	0,44	0,37
E 13	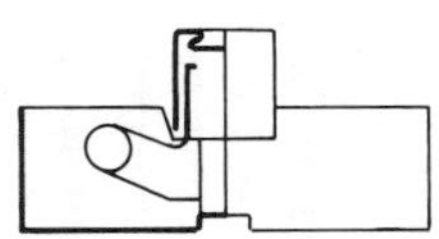	Lichtbänder, nur nach oben offen	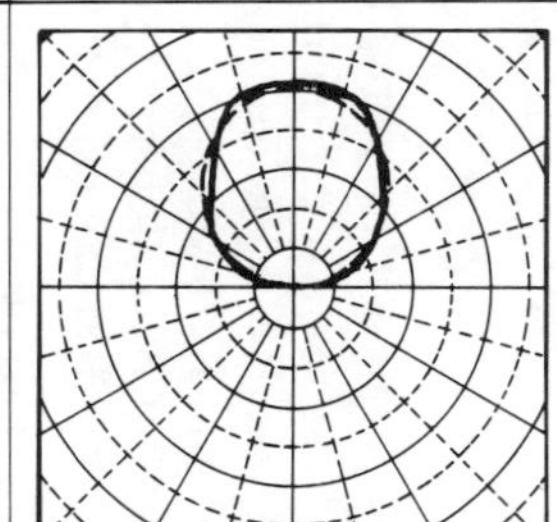	0,6	0,18	0,17	0,15	0,10	0,12	0,07	0,05	0,03	0,05	0
				0,8	0,25	0,24	0,21	0,15	0,16	0,11	0,07	0,05	0,06	0
				1,0	0,32	0,30	0,27	0,25	0,20	0,14	0,09	0,07	0,07	0
				1,25	0,39	0,37	0,33	0,25	0,25	0,18	0,12	0,09	0,07	0
				1,5	0,46	0,42	0,38	0,30	0,28	0,22	0,13	0,11	0,08	0
				2,0	0,55	0,50	0,45	0,37	0,33	0,26	0,16	0,14	0,08	0
				2,5	0,62	0,56	0,51	0,42	0,37	0,30	0,18	0,16	0,09	0
				3,0	0,67	0,60	0,55	0,46	0,40	0,33	0,20	0,18	0,09	0
				4,0	0,74	0,66	0,60	0,52	0,44	0,37	0,22	0,20	0,10	0
				5,0	0,79	0,69	0,64	0,56	0,46	0,39	0,24	0,22	0,10	0

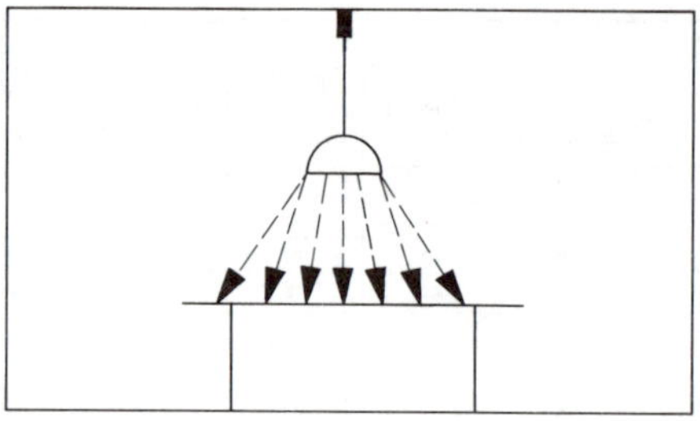

a)

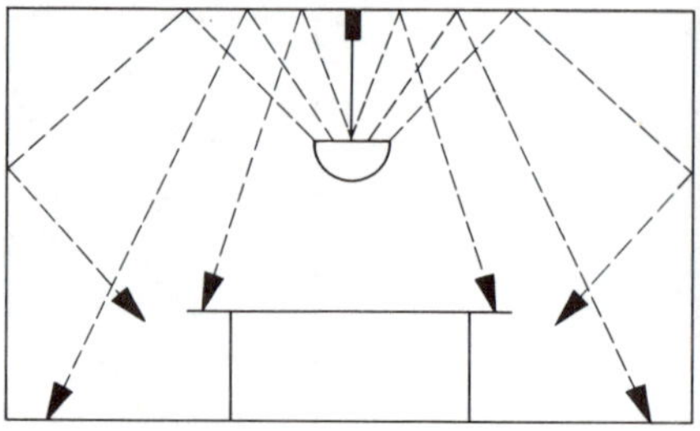

b)

Bild 2.76 a) Hohe Beleuchtungsstärke auf der Arbeitsebene durch direkt strahlende Leuchte bedeutet hoher Raumwirkungsgrad
b) Niedrige Beleuchtungsstärke auf der Arbeitsebene durch indirekt strahlende Leuchte bedeutet kleiner Raumwirkungsgrad

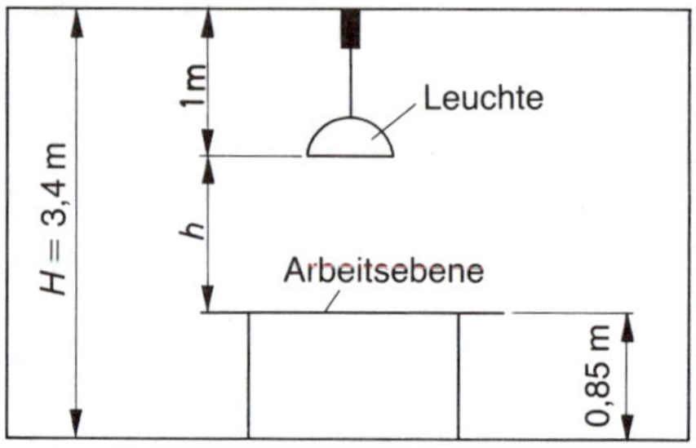

Bild 2.77 Erläuterungen zum Rechenbeispiel

Der Raumwirkungsgrad hängt nach Tabelle 2.13 ab

- von der Art der im Raum installierten Leuchten (Typ A bis E),
- von den Abmessungen des Raumes,
- vom Reflexionsgrad ϱ_{Decke},
- vom Reflexionsgrad ϱ_{Wand} und
- vom Reflexionsgrad ϱ_{Nutz}.

In welcher Form der verwendete Leuchtentyp den Raumwirkungsgrad beeinflußt, zeigen die Bilder 2.76a und b anhand von zwei extremen Beispielen. In beiden Beispielen befinden sich in den Leuchten gleich helle Lampen. In Bild 2.76a wird der Lichtstrom direkt auf die Nutzebene gestrahlt. Lichtstromverluste zwischen Leuchte und Nutzebene sind praktisch nicht vorhanden. Auf der Arbeitsebene wird eine verhältnismäßig hohe horizontale Beleuchtungsstärke $\bar{E}$ erreicht. Folglich ist der Raumwirkungsgrad hoch.
Der Lichtstrom in Bild 2.76b kann die Arbeitsebene nicht direkt, sondern erst nach Reflexion an Decke, Wand und (z.T.) Fußboden erreichen, da die Leuchte indirekt strahlt (Typ E). An den genannten Flächen treten Lichtstromverluste auf, da deren Reflexionsgrade kleiner als 1 sind. Man erreicht auf der Arbeitsebene nur eine geringe Beleuchtungsstärke. Das entspricht einem kleineren Raumwirkungsgrad.
Die Raumabmessungen werden bei der Bestimmung des Raumwirkungsgrades mit Hilfe des *Raumindex k* (auch Raumfaktor genannt) erfaßt. Dieser wird mit Hilfe folgender Formel ermittelt:

$$k = \frac{a \cdot b}{h\,(a + b)}$$

a und *b* Länge und Breite der Grundfläche des Raumes in m
h Aufhängehöhe der Leuchten *über der Nutzebene* in m

Beispiel: Ein Raum hat die Abmessungen $a = 6$ m, $b = 4{,}2$ m und eine Höhe $H = 3{,}4$ m. Die Nutzebene befindet sich in 0,85 m über dem Fußboden. Die Leuchten sind an 1 m langen Pendeln aufgehängt (Bild 2.77). Wie groß ist der Raumindex k?
Lösung:

$$h = 3{,}4\ \text{m} - 0{,}85\ \text{m} - 1\ \text{m} = 1{,}55\ \text{m}$$

$$k = \frac{a \cdot b}{h \cdot (a + b)} = \frac{6\ \text{m} \cdot 4{,}2\ \text{m}}{1{,}55\ \text{m} \cdot (6\ \text{m} + 4{,}2\ \text{m})} = \mathbf{1{,}59}$$

2.3.7.1 Ermitteln des Raumwirkungsgrades η_R mit Hilfe von Raumwirkungsgradtabellen

Um den Raumwirkungsgrad aus der Tabelle 2.13 ablesen zu können, müssen 5 Daten der Beleuchtungsanlage bekannt sein:

- Der verwendete Leuchtentyp (z.B. laut Herstellerliste),
- der Raumindex k,
- der Reflexionsgrad ϱ_{Decke},
- der Reflexionsgrad ϱ_{Wand} und
- der Reflexionsgrad ϱ_{Nutz}.

Anhand eines Beispiels soll das Vorgehen erläutert werden.

Beispiel: In einem Raum sollen Deckenaufbauleuchten für L-Lampen installiert werden, deren Lichtverteilung dem des Typs B 31 entspricht. Vom Raum sind folgende Daten bekannt: $k = 1{,}5$; $\varrho_{\text{Decke}} = 0{,}8$; $\varrho_{\text{Wand}} = 0{,}5$; $\varrho_{\text{Nutz}} = 0{,}3$.
Aus der Tabelle 2.13 ist der Raumwirkungsgrad η_R zu bestimmen.
Lösung:

a) Durch den vorgegebenen Leuchtentyp B 31 ist der Abschnitt in der Tabelle festgelegt, aus dem der Raumwirkungsgrad herauszusuchen ist. Es kommen nur Werte in Frage, die rechts neben der Leuchtenbezeichnung B 31 in Tabelle 2.13 aufgeführt sind. Diese Angabe ist allgemein der Leuchtenhersteller-Lieferliste zu entnehmen. Fehlt dort die Angabe, dann ist die vom Hersteller vorgegebene Lichtstärkeverteilungskurve (LVK) mit den Kurven der Tabelle 2.13 zu vergleichen. Die Zuordnung erfolgt dann zu dem Leuchtentyp, zu dessen LVK die größte Ähnlichkeit gegeben ist.
b) Der Raumindex $k = 1{,}5$ legt die Ablesereihe innerhalb des Tabellenabschnittes fest. Es kommen nur Werte in Frage, die rechts neben $k = 1{,}5$ aufgeführt sind. Im vorliegenden Beispiel reichen die Angaben (in der Tabelle von links nach rechts gelesen) von 0,73 bis 0,39. Die endgültige Festlegung erfolgt beim nächsten Schritt.
c) Im oberen Bereich der Tabelle (im Kopf) wird jetzt die Spalte herausgesucht, in der (von oben nach unten gelesen) die Reflexionsgrade $\varrho_{\text{Decke}} = 0{,}8$; $\varrho_{\text{Wand}} = 0{,}5$ und $\varrho_{\text{Nutz}} = 0{,}3$ untereinander stehen. Im vorliegenden Beispiel trifft das für die 1. Spalte von links zu. Verfolgt man die Spalte bis zu der unter Punkt b) festgelegten Reihe, so findet man dort den endgültig in Frage kommenden Raumwirkungsgrad $\eta_R = 0{,}73$.

Ist von einer ausgewählten Leuchte die genaue Bezeichnung des Leuchtentyps nicht bekannt, so kann mit Hilfe der LVK, der Leuchtenbeschreibungen und/oder der

Leuchtenbeispiele in Tabelle 2.13 der Raumwirkungsgrad für den jeweils «ähnlichsten» Leuchtentyp bestimmt werden.
Liegt der gefundene Raumindex zwischen zwei der in der Tabelle vorgegebenen Werte oder ist die tatsächliche Reflexionsgrad-Kombination in der Tabelle nicht aufgeführt, so wählt man den Raumwirkungsgrad mit Hilfe der der Praxis am nächsten kommenden Zahlenwerte aus. Der Fehler ist meist so gering, daß er für das Endergebnis meist keine entscheidende Rolle spielt. Genauigkeits-«Fanatiker» können sich dem tatsächlichen Wert auch durch Interpolieren nähern. Da das Verfahren für die Praxis wenig Bedeutung hat, soll hierauf nicht weiter eingegangen werden. Computer-Programme zur Beleuchtungsplanung, die von verschiedenen Leuchtenherstellern angeboten werden, liefern für jede Zahlenwerte-Kombination den entsprechenden Raumwirkungsgrad. Der Nachteil dieser Programme ist jedoch, daß sie meist auf ein bestimmtes Leuchten-Programm des jeweiligen Herstellers abgestimmt sind.
Liegt der errechnete Raumindex wesentlich unter $k = 0{,}6$, so handelt es sich um einen kleinen, außergewöhnlich hohen Raum. Liegt der errechnete Raumindex dagegen wesentlich über $k = 5$, handelt es sich um einen Raum mit großer Grundfläche. In beiden Fällen ist es sinnvoll, andere Berechnungsverfahren anzuwenden (z.B. die punktweise Bestimmung der Beleuchtungsstärke anhand der Leuchten-LVK – siehe auch Abschnitt 2.2.3) oder man ermittelt die Beleuchtungsstärke durch Messung, indem man einen Teil des Raums mit Hilfe geeigneter Leuchten probeweise ausleuchtet.
Mit Hilfe der Reflexionsgrad-Kombination 0 – 0 – 0 für Decke, Wand und Nutzebene erhält man den «Raumwirkungsgrad» für den ungünstigsten Fall. Diese Berechnung kann dann sinnvoll sein, wenn für eine zu planende Beleuchtungsanlage die tatsächlichen Reflexionsgrade noch nicht bekannt sind und die eingesetzten Werte auf Annahmen beruhen. Mit Hilfe der oben genannten Reflexionsgrad-Kombination kann dann die maximal denkbare Abweichung der Lampen- und Leuchtenzahl eingegrenzt werden. Außerdem lassen sich hiermit hinreichend genau auch kleinere Anlagen der Außenbeleuchtung (z. B. Fabrikhöfe, Parkplätze) planen.
Beim Arbeiten mit den Raumwirkungsgradtabellen fällt auf, daß dort Raumwirkungsgrade auch über $\eta_R = 1$ aufgeführt sind. Dieses ist damit zu erklären, daß einzelne Lichtstrahlen durch Reflexion mehrmals die Nutzebene treffen, bevor sie vollkommen von den Raumbegrenzungsflächen absorbiert worden sind. Das menschliche Auge registriert in jedem Augenblick auf der Arbeitsfläche die Summe aus Direktlichtstrom durch die Leuchten plus Reflexlichtstrom, der von den Umschließungsflächen kommt. Diese Summe kann größer sein als der im selben Augenblick von den installierten Leuchten abgestrahlte Lichtstrom.

2.3.8 Beleuchtungswirkungsgrad η_B

Als Beleuchtungswirkungsgrad η_B bezeichnet man den Gesamtwirkungsgrad einer Beleuchtungsanlage. Er ist das Produkt aus Leuchtenbetriebswirkungsgrad η_{LB} und Raumwirkungsgrad η_R :

$$\eta_B = \eta_{LB} \cdot \eta_R$$

2.3.9 Planungsfaktor p und Verminderungsfaktor v

Der Planungsfaktor p ist ein Zuschlagsfaktor bei der Berechnung des für eine Beleuchtungsanlage erforderlichen Lichtstromes Φ. Mit ihm wird die unvermeidbare Alterung und Verschmutzung von Lampen, Leuchten und Farben der Raumumschließungsflächen berücksichtigt. Im allgemeinen wird er mit $p = 1{,}25$ eingesetzt. Das bedeutet, daß bei einem erforderlichen Lichtstrom von 10 000 lm endgültig $\Phi = 10\,000\ \text{lm} \cdot 1{,}25 = 12\,500\ \text{lm}$ installiert werden, damit auch nach Alterung und allgemeiner Verschmutzung der Anlage eine ausreichende Beleuchtungsstärke gewährleistet ist.
Wird eine erhöhte oder starke Verschmutzung erwartet, können auch höhere Werte angesetzt werden. Der Tabelle 2.14 können Richtwerte entnommen werden.
Anstatt mit dem Planungsfaktor p wird häufig mit dem Verminderungsfaktor v gerechnet, der ebenfalls in der Tabelle aufgeführt ist. Der Verminderungsfaktor v ist der Kehrwert des Planungsfaktors p:

$$v = \frac{1}{p}$$

Intensität der zu erwartenden Verschmutzung	Planungsfaktor p
normale Verschmutzung	1,25
erhöhte Verschmutzung	1,5
starke Verschmutzung	1,75

Tabelle 2.14
Planungsfaktor zur Berücksichtigung unterschiedlicher Verschmutzung und Alterung von Lampen, Leuchten und Räumen

2.4 Projektierung von Beleuchtungsanlagen

2.4.1 Projektierung der Innenraumbeleuchtung für Arbeitsstätten

Bei der Planung einer Beleuchtungsanlage sind u.a. folgende Einzelheiten zu klären:

- Auswahl der Lichtfarbe (tw, nw, ww), der Farbwiedergabeeigenschaft und des Lampentyps.
- Auswahl des Leuchtentyps.
- Festlegung der erforderlichen Nennbeleuchtungsstärke nach DIN 5035 Teil 2.
- Festlegung der Farbe (bzw. der Reflexionsgrade) der Raumumschließungsflächen und der Arbeitsebene (Nutzebene).
- Bestimmung der erforderlichen Lampen- und Leuchtenzahl.
- Anordnung der Leuchten nach unterschiedlichen Gesichtspunkten unter Berücksichtigung der Vermeidung von Direkt- und Reflexblendung.

2.4.1.1 Auswahl der Lichtfarbe, der Farbwiedergabe und des Lampentyps

a) Lichtfarbe: Die für verschiedene Arbeitsstätten jeweils zweckmäßige Lichtfarbe ist in DIN 5035 Teil 2 aufgelistet. Einen Auszug aus der Norm zeigt Tabelle 2.9. Lichtfarbenhinweise sind dort der Spalte 3 zu entnehmen. Grundlagenkenntnisse zu den verschie-

denen weißen Lichtfarben (ww, nw, tw) vermittelt Abschnitt 2.1.3. Anwendungshinweise für die Praxis werden in diesem Abschnitt behandelt.
Lampen mit warmweißer (ww) Lichtfarbe kommen insbesondere für Räume in Frage, die der Entspannung dienen. Sie sind aber zum Beispiel auch geeignet für Empfangs- und Sitzungsräume. Also überall dort, wo eine gewisse private Atmosphäre erwünscht ist. Dabei sollte jedoch berücksichtigt werden, daß das warmweiße Licht ungeeignet ist zur Mischung mit Tageslicht (Außenlicht). Eine solche Mischung führt zu unangenehmen Zwielichtwirkungen.

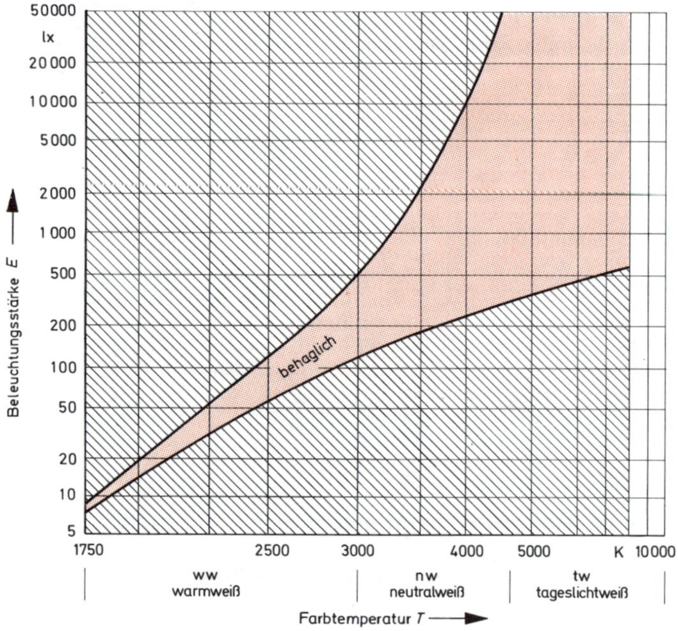

Bild 2.78 Behaglichkeitskurve nach Kruithof. Behaglichkeitsbereich der Beleuchtungsstärke *E* in Abhängigkeit von der Farbtemperatur *T* des Lichts

In den meisten Arbeitsstätten sind Lampen mit den Lichtfarben Neutralweiß (nw) oder Tageslichtweiß (tw) zweckmäßig. Beide Lichtfarben lassen sich problemlos mit Außenlicht kombinieren. Die Lichtfarbe tw wirkt jedoch nur angenehm bei höheren Nennbeleuchtungsstärken (über ca. 500 lx). Diese Erkenntnis liegt der Kruithofschen Behaglichkeitskurve (Bild 2.78) zugrunde: Je tageslichtähnlicher die gewählte Lichtfarbe der Beleuchtung ist, desto höher muß die Beleuchtungsstärke sein, damit ein angenehmes Lichtklima gewährleistet ist. Tageslichtweiße Beleuchtung wirkt bei niedriger Beleuchtungsstärke kalt und fahl (Gewitterstimmung). Mit Lampen der Lichtfarbe nw läßt sich auch bei niedrigerer Beleuchtungsstärke noch ein angenehmes Lichtklima erreichen. Unter 150 lx sind jedoch Lampen der Lichtfarbe ww zu bevorzugen.
Hohe Beleuchtungsstärken bei warmweißer Lichtfarbe lassen Räume u.U. unnatürlich bunt erscheinen.

b) Farbwiedergabeeigenschaft. Für Arbeitsstätten kommen Lampen mit einer Farbwiedergabestufe 1, 2 oder 3 in Frage (Abschnitt 2.1.4). Je größer die Ansprüche sind, die an die korrekte Beurteilung von Farben gestellt werden, desto höher muß die Stufe der Farbwiedergabequalität (also nach Stufe 1 hin) sein. Hinweise zu diesem Themenkomplex sind auch den Abschnitten 2.2.3 und 2.2.4 zu entnehmen, in denen Eigenschaften der Lampentypen beschrieben sind. Lampen mit Farbwiedergabestufe 4 sind in Arbeitsstätten nur in einigen Ausnahmefällen zulässig. Dabei ist DIN 5035 Teil 2 zu beachten (siehe auch Tabelle 2.9, Spalte 6). Für diese Ausnahmefälle sind z.B. Natriumdampf-Hochdrucklampen zulässig, keinesfalls jedoch Natriumdampf-Niederdrucklampen, bei denen bekanntlich ein Erkennen von Farben überhaupt nicht möglich ist.
Die Forderung nach möglichst guter Farbwiedergabequalität ist nicht nur in der Zumutbarkeit für den am Arbeitsplatz tätigen Menschen begründet. Sie ist auch darin begründet, daß Sicherheitsfarben (Kennzeichnung der Not-Aus-Taster an Maschinen, allgemeine Sicherheitsschilder usw.) im Gefahrenfall spontan erkannt werden müssen.
c) Auswahl des Lampentyps. In Arbeitsstätten werden heute allgemein L-Lampen bevorzugt. Sie haben eine hohe Lichtausbeute, meist eine gute bis sehr gute Farbwiedergabequalität und bereiten wenig Probleme bei der Begrenzung der Direktblendung. Dennoch sind Blendungsprobleme gerade in neuerer Zeit wieder etwas häufiger zu erwarten, da die neue L-Lampengeneration mit dem dünneren Rohrdurchmesser und der sehr hohen Lichtausbeute eine erhöhte Leuchtdichte aufweist.
Wenn die Entscheidung zugunsten von L-Lampen gefallen ist, muß geklärt werden, welchem Leistungstyp der Vorzug zu geben ist. Allgemein sollte man aus dem Kernprogramm der Hersteller die L-Lampe mit der höchsten Leistung (also 58 W) auswählen, sofern nicht räumliche Beschränkungen vorliegen. Bei diesem Lampentyp kommt man mit der geringsten Lampen- und Leuchtenzahl und dem geringstem Installationsaufwand aus.
Bei Aufhängehöhen über etwa 5 m sollten auch punktförmigere Lichtquellen wie Glühlampen, Halogen-Glühlampen, Quecksilberdampf-Hochdrucklampen, Mischlichtlampen oder Halogen-Metalldampflampen in die Planung einbezogen werden. Deren Licht läßt sich gezielter bündeln und damit dann leichter auf die Nutzebene lenken.
Punktförmigere Lampen können auch als Akzentbeleuchtung eine L-Lampen-Allgemeinbeleuchtung wirkungsvoll beleben. Als Beispiel sei eine Empfangshalle angeführt, die mit L-Lampen der Lichtfarbe ww ausgeleuchtet werden kann, sofern sie nicht tageslichtorientiert ausgestattet ist. In dieser Halle könnten Blumenkübel oder andere Blickfänger an verschiedenen Punkten aufgestellt werden, die durch Lampen mit möglichst tageslichtweißer Lichtfarbe angestrahlt werden. Als Lampen kämen z.B. Halogen-Glühlampen oder Halogen-Metalldampflampen in Frage. Auch Reflektor-Mischlichtlampen und Quecksilberdampf-Hochdrucklampen mit Reflektor sind dafür bestens geeignet. Weitere Einzelheiten zu Lampen sind dem Abschnitt 2.2 zu entnehmen.

2.4.1.2 Auswahl des Leuchtentyps

Die zur Auswahl stehenden Leuchten-Grundtypen und deren Daten sind in Abschnitt 2.3.5 beschrieben.
Eine Vorentscheidung für den zu verwendenden Leuchtentyp ist bereits getroffen, wenn die gewünschte Lampenart festgelegt ist (L-Lampe, Glühlampe usw.). Für die Allgemeinbeleuchtung in Arbeitsstätten kommen insbesondere Leuchten in Frage, deren Lichtstärkeverteilung dem Typ A (direkt strahlend) oder dem Typ B (vorwiegend direkt strahlend) nahekommt.

Für die Beleuchtung hoher Räume entscheidet man sich häufig für Leuchten des Typs A. Leuchten des Typs A kommen außerdem in Frage für die Akzentbeleuchtung und die Arbeitsplatz(einzel)-Beleuchtung.
Für die Allgemeinbeleuchtung in Räumen über 2,5 m Höhe mit Bildschirmarbeitsplätzen haben sich besonders Leuchten des Typs C (BAP-Leuchten mit seitlicher Abdeckung und ca. 55 cm langem Pendel) bewährt. Bei Raumhöhen über etwa 3 m sind jedoch in diesem Fall Leuchten des Typs E günstiger.

2.4.1.3 Festlegung der erforderlichen Nennbeleuchtungsstärke

Die für verschiedene Arbeitsstätten bzw. Tätigkeiten erforderliche Nennbeleuchtungsstärke E_n ist DIN 5035 Teil 2 zu entnehmen (siehe auch Tabelle 2.9, Spalte 2). Die Nennbeleuchtungsstärke E_n ist der Rechenwert, nach dem die Allgemeinbeleuchtung einer Arbeitsstätte auszulegen ist. Von diesem Wert darf abgewichen werden, wenn zusätzlich zur Allgemeinbeleuchtung eine Einzelplatzbeleuchtung vorgesehen wird. Ganz verzichtet werden darf jedoch in Arbeitsstätten auf eine Allgemeinbeleuchtung nicht.
Eine zusätzliche Einzelplatzbeleuchtung ist sinnvoll:

a) wenn an den Arbeitsplätzen eine Beleuchtungsstärke ab 1000 lx gefordert ist. Die Allgemeinbeleuchtung sollte dann jedoch für mindestens 500 lx ausgelegt sein.
b) wenn einzelne Arbeitsplätze eine höhere Beleuchtungsstärke als die übrigen Arbeitsplätze erfordern.
c) in Großraumbüros. Die Allgemeinbeleuchtung ist dabei jedoch mindestens für das 0,6fache der Nennbeleuchtungsstärke nach DIN 5035 Teil 2 zu projektieren.

2.4.1.4 Festlegung der Farben der Raumumschließungsflächen und der Arbeitsebene

Die Farben und das Material der Raumumschließungsflächen (Decke, Wände, Fußboden) und der Nutzebene (Arbeitsebene) beeinflussen durch ihre Reflexionsgrade (Abschnitt 2.3.6) den Wirkungsgrad der Beleuchtungsanlage. Um eine ausreichende Aufhellung zu erhalten, sollten etwa folgende mittlere Reflexionsgrade mindestens angestrebt werden:
$\varrho_{Decke} = 0{,}7$; $\varrho_{Wand} = 0{,}5$; $\varrho_{Fußboden} = 0{,}2$. Für die Oberflächen von Arbeitstischen sind Reflexionsgrade $\varrho_{Nutz} = 0{,}2$ bis $0{,}5$ zu empfehlen.
Die Reflexionsgrade verschiedener Farben und Materialien können mit Hilfe der in den Tabellen 2.11 und 2.12 aufgeführten Werte abgeschätzt werden.

2.4.1.5 Bestimmung der erforderlichen Lampen- und Leuchtenzahl nach dem Wirkungsgradverfahren

Die Ermittlung der Lampenzahl erfordert das Berechnen des zu installierenden *Gesamtlichtstroms* Φ_{ges}. Dabei gilt folgende Formel:

$$\Phi_{ges} = \frac{E_n \cdot A \cdot p}{\eta_{LB} \cdot \eta_R} \quad \text{in lm}$$

Oder eingesetzt $\eta_B = \eta_{LB} \cdot \eta_R$:

$$\Phi_{ges} = \frac{E_n \cdot A \cdot p}{\eta_B} \quad \text{in lm}$$

E_n Nennbeleuchtungsstärke in lx (Abschnitt 2.3.2 und Tabelle 2.9)
A Raumgrundfläche in m²
η_{LB} Leuchtenbetriebswirkungsgrad (Abschnitt 2.3.5.1)
η_R Raumwirkungsgrad (Abschnitt 2.3.7.1 und Tabelle 2.13)
η_B Beleuchtungswirkungsgrad (Abschnitt 2.3.8)
p Planungsfaktor (Abschnitt 2.3.9 und Tabelle 2.14)

Aus der Herstellerliste ist dann der vom gewählten Lampentyp erzeugte *Lichtstrom* Φ_0 zu entnehmen (siehe auch Tabellen 2.2 bis 2.8). *Die Zahl der erforderlichen Lampen* n_{La} ist dann:

$$n_{La} = \frac{\Phi_{ges}}{\Phi_0}$$

Dieser Wert ist gegebenenfalls noch zu berichtigen, und zwar:

- bei Anwendung der Duoschaltung (Abschnitt 2.2.4.2.2) auf die nächstliegende durch 2 teilbare Zahl,
- bei symmetrischer Verteilung der Lampen auf die drei Leiter des Drehstromnetzes auf die nächstliegende durch 3 teilbare Zahl oder
- bei symmetrischer Verteilung der Lampen auf das Drehstromnetz *und* Anwendung der Duoschaltung auf die nächstliegende durch 6 teilbare Zahl.

Die *Zahl der erforderlichen Leuchten n* wird damit schließlich:

$$n = \frac{n_{La}}{z}$$

z Zahl der Lampen in einer Leuchte.

2.4.1.6 Berechnungsbeispiel nach dem Wirkungsgradverfahren

Anhand dieses Beispiels soll die Bestimmung von Gesamtlichtstrom Φ_{ges}, Leuchtenzahl n und Lampenzahl n_{La} mit Hilfe praktischer Zahlenwerte gezeigt werden. Um dem Fachmann einen Leitfaden an die Hand zu geben, wurde eine „Programmtabelle zur Beleuchtungsplanung für Innenräume“ ausgearbeitet, die hinten im Anhang dieses Buches als Faltblatt zu finden ist. Am Ende dieses Abschnitts ist die Tabelle — mit den hier verwendeten Daten versehen — abgebildet.

Das Beispiel: Für eine Schlossereiwerkstatt ist die erforderliche Leuchtenzahl n und Lampenzahl n_{La} zu bestimmen. Die Abmessungen der Werkstatt sind Bild 2.79 zu entnehmen. Der Maßstab ist unten links im Bild angegeben. Die Raumhöhe beträgt H = 3,4 m. Des weiteren sind vorgegeben:

Lampentyp L 58 W/21 (L-Lampe), Leuchtentyp Kandem-Prismenleuchte AP 60 (Deckenaufbauleuchte mit Kunststoffglasabdeckung) mit einer LVK ähnlich Typ A 40 und z = 1 Lampe (je Leuchte). Die Leuchte hat eine Länge von 1,57 m. Die Reflexionsgrade der Raumumschließungsflächen sind ebenfalls Bild 2.79 zu entnehmen. Da die erfor-

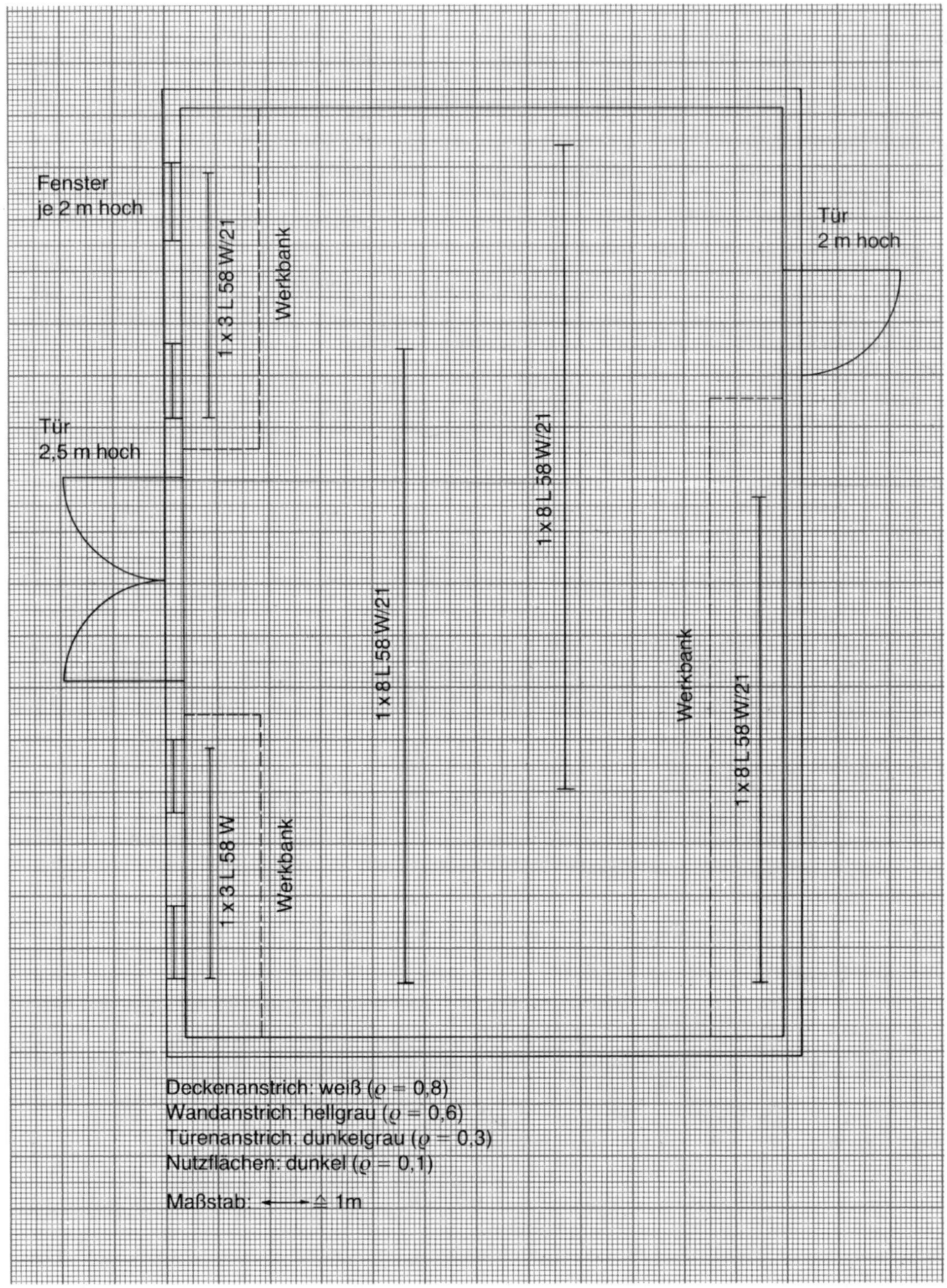

Bild 2.79 Grundriß einer Schlosserei und Installationsvorschlag für die Leuchtenanordnung zum Rechenbeispiel Abschnitt 2.4.1.6

derliche Beleuchtungsstärke auch bei Außen-Dunkelheit noch gegeben sein soll, sind die Fensterflächen mit $\varrho = 0{,}1$ in Ansatz zu bringen. k-Faktor und Reflexionsgrade sind – falls erforderlich – der Einfachheit halber auf den nächstliegenden Tabellenwert zu runden.
Lösung:
Erforderliche Nennbeleuchtungsstärke $E_n = 300$ lx (nach Tabelle 2.9).
Leuchten-Betriebswirkungsgrad $\eta_{LB} = 0{,}6$ (Annahme, da es sich um eine Deckenaufbauleuchte mit Kunststoffglasabdeckung handelt – siehe Abschnitt 2.3.5.1).
Höhe der Arbeitsebene über dem Fußboden 0,85 m (da keine näheren Angaben vorhanden).

Raumlänge $a = 18$ m,
Raumbreite $b = 12$ m (jeweils aus Bild 2.79 ermittelt).
Raumfläche $A = \mathrm{a} \cdot \mathrm{b} = 18\ \mathrm{m} \cdot 12\ \mathrm{m} = 216\ \mathrm{m}^2$

Aufhängehöhe der Leuchten über der Arbeitsebene (Abschnitt 2.3.7):

$$h = H - 0{,}85\ \mathrm{m} = 3{,}4\ \mathrm{m} - 0{,}85\ \mathrm{m} = 2{,}55\ \mathrm{m}$$

Bestimmung des Raumindex (Abschnitt 2.3.7):

$$k = \frac{a \cdot b}{h \cdot (a + b)} = \frac{18\ \mathrm{m} \cdot 12\ \mathrm{m}}{2{,}55\ \mathrm{m} \cdot (18\ \mathrm{m} + 12\ \mathrm{m})} = 2{,}82; \text{ gewählt: } k = 3$$

Der Wert mußte gerundet werden, da zwischen $k = 2{,}5$ und $k = 3$ in der Raumwirkungsgradtabelle 2.13 keine weiteren Werte ablesbar sind.

Bestimmung eines mittleren Reflexionsgrades $\bar{\varrho}$ (= ϱ_{Wand}) *für die Wände* (Abschnitt 2.3.6):
Es werden alle Teilflächen (Wände, Fenster, Türen) gesondert berücksichtigt.

Fläche der 2 kurzen Wände $A_{j1} = 2 \cdot 12\ \mathrm{m} \cdot 3{,}4\ \mathrm{m} = 81{,}6\ \mathrm{m}^2$
Fläche der großen Tür $A_{j2} = 4\ \mathrm{m} \cdot 2{,}5\ \mathrm{m} = 10\ \mathrm{m}^2$
Fläche der kleinen Tür $A_{j3} = 2\ \mathrm{m} \cdot 2\ \mathrm{m} = 4\ \mathrm{m}^2$
4 Fensterflächen $A_{j4} = 4 \cdot 2\ \mathrm{m} \cdot 1{,}5\ \mathrm{m} = 12\ \mathrm{m}^2$
Fläche einer langen Wand abzüglich der Türfläche A_{j3}
$\rightarrow A_{j5} = 18\ \mathrm{m} \cdot 3{,}4\ \mathrm{m} - 4\ \mathrm{m}^2 = 57{,}2\ \mathrm{m}^2$
Fläche einer langen Wand abzüglich Türfläche A_{j2} und Fensterfläche A_{j4}
$\rightarrow A_{j6} = 18\ \mathrm{m} \cdot 3{,}4\ \mathrm{m} - 10\ \mathrm{m}^2 - 12\ \mathrm{m}^2 = 39{,}2\ \mathrm{m}^2$

$$\bar{\varrho} = \varrho_{\mathrm{Wand}} = \frac{A_{j1} \cdot \varrho_{j1} + A_{j2} \cdot \varrho_{j2} + \ldots}{A_{j1} + A_{j2} + \ldots}$$

$$\varrho_{\mathrm{Wand}} = \frac{81{,}6\ \mathrm{m}^2 \cdot 0{,}6 + 10\ \mathrm{m}^2 \cdot 0{,}3 + 4\ \mathrm{m}^2 \cdot 0{,}3 + 12\ \mathrm{m}^2 \cdot 0{,}1 + 57{,}2\ \mathrm{m}^2 \cdot 0{,}6 + 39{,}2\ \mathrm{m}^2 \cdot 0{,}6}{81{,}6\ \mathrm{m}^2 + 10\ \mathrm{m}^2 + 4\ \mathrm{m}^2 + 12\ \mathrm{m}^2 + 57{,}2\ \mathrm{m}^2 + 39{,}2\ \mathrm{m}^2}$$

$$\varrho_{\mathrm{Wand}} = 0{,}55; \quad \text{gewählt: } \varrho_{\mathrm{Wand}} = 0{,}5$$

Auch dieser Wert mußte gerundet werden. Zwischen $\varrho_{\mathrm{Wand}} = 0{,}5$ und $0{,}8$ sind in der Raumwirkungsgradtabelle 2.13 keine weiteren Werte ablesbar.
Mit den Daten Leuchtentyp *A* 40; $k = 3$; $\varrho_{\mathrm{Decke}} = 0{,}8$; $\varrho_{\mathrm{Wand}} = 0{,}5$ und $\varrho_{\mathrm{Nutz}} = 0{,}1$ kann nunmehr aus Tabelle 2.13 der *Raumwirkungsgrad* bestimmt werden: Man erhält $\eta_R = 0{,}94$ (siehe auch Abschnitt 2.3.7.1).

Errechnung des *Beleuchtungswirkungsgrades* (Abschnitt 2.3.8):

$$\eta_B = \eta_{LB} \cdot \eta_R = 0{,}6 \cdot 0{,}94 = 0{,}564$$

Auswahl des *Planungsfaktors* (Abschnitt 2.3.9) aus Tabelle 2.13: $p = 1{,}25$ (normale Verschmutzung).

Bestimmung des *Gesamtlichtstromes:*

$$\Phi_{ges} = \frac{E \cdot A \cdot p}{\eta_B} = \frac{300\ \text{lx} \cdot 216\ \text{m}^2 \cdot 1{,}25}{0{,}564} = 144\,000\ \text{lm}$$

Feststellung des *Lampenlichtstromes:*

$\Phi_0 = 5400$ lm (nach Herstellerlisten – siehe auch Tabelle 2.5).

Bestimmung der erforderlichen *Lampenzahl:*

$$n_{La} = \frac{\Phi_{ges}}{\Phi_0} = \frac{144\,000\ \text{lm}}{5400\ \text{lm}} = 26{,}6$$

Gewählt n_{La} = **30 Lampen** Typ L 58 W/21

Erforderliche *Leuchtenzahl:*

$$n = \frac{n_{La}}{z} = \frac{30}{1} = \textbf{30 Leuchten}$$

30 Lampen lassen sich symmetrisch auf die 3 Außenleiter des Drehstromnetzes verteilen, denn die Zahl ist durch 3 teilbar. Außerdem ist der Aufbau von Duoschaltungen zur Kompensation möglich, da die Zahl zugleich durch 2 teilbar ist. In jeder zweiten Leuchte sollte deshalb eine kapazitive Lampenschaltung eingerichtet werden (siehe auch Abschnitt 2.2.4.2.2a).
Bild 2.79 ist ein Vorschlag für die Verteilung der Lampen innerhalb des Raumes zu entnehmen. Die Tabelle 2.15 zeigt die bereits erwähnte ausgefüllte Programmtabelle unter Verwendung der diesem Beispiel zugrunde liegenden Daten.

2.4.1.7 Anordnung von Leuchten in Innenräumen

Allgemeingültige Hinweise für die richtige Anordnung von Leuchten sind schwer zu geben, zumal verschiedene Regeln unter Umständen einander widersprechen. Der Planer muß vor Ort entscheiden, welchem Gesichtspunkt er den Vorzug geben soll. Die in jeder Hinsicht optimale Beleuchtungsanlage ist kaum zu erreichen. Auch die Natur kann keine optimale Lösung anbieten: Sonnenschein und zugleich aus allen Richtungen blendfreie Beleuchtung lassen sich nicht miteinander kombinieren. Die folgenden Hinweise sollen dem Planer jedoch Orientierungshilfen geben.

- L-Lampenleuchten sollten möglichst parallel zur Hauptblickrichtung innerhalb eines Raumes installiert werden. Die Direktblendung ist dann am geringsten.
- Abweichend von dem soeben Gesagten sind L-Lampenleuchten in schmalen Gängen jedoch günstiger rechtwinklig zur Hauptblickrichtung anzubringen. Anderenfalls wären die Verluste infolge der Lichtabsorption der Wände zu groß.

Bild 2.80 a) Ungünstige Leuchtenanordnung am Arbeitsplatz, b) Günstige Leuchtenanordnung am Arbeitsplatz

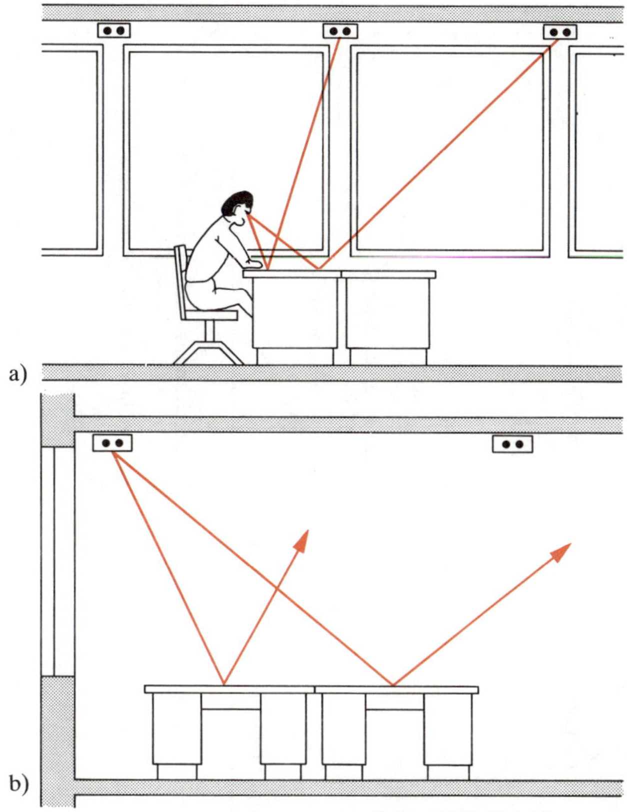

Bild 2.81 a) Ungünstige Beleuchtung einer Tafel, b) Zwei Alternativvorschläge (1 und 2) für eine geeignetere Beleuchtung der Tafel

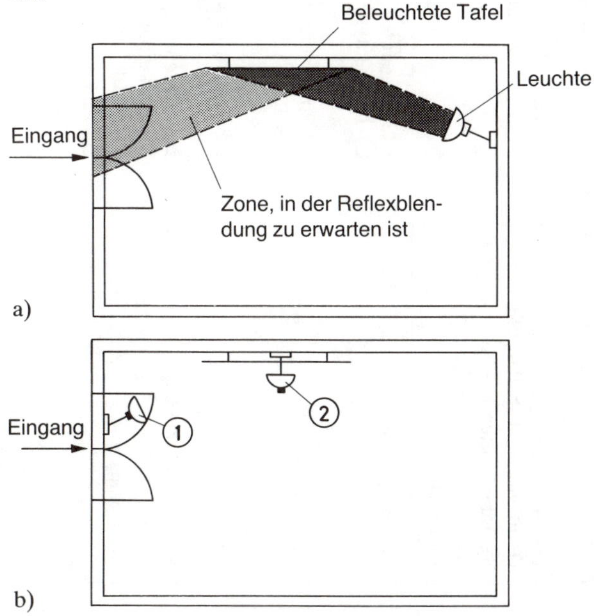

Tabelle 2.15 Ausgefüllte Programmtabelle zur Beleuchtungsplanung für Innenräume mit den Daten zum Beispiel aus Abschnitt 2.4.1.6

Daten zu beziehen aus ...		
Daten zu beziehen aus ... (Hinweise zu Tabellen, Bildern und Textabschnitten beziehen sich auf das Buch „Hausgeräte-, Beleuchtungs- und Klimatechnik“)	**Objekt:** Von-Meier-Straße 26 Waldheim	**Raum:** Schlosserwerkstatt
a) Lampenlisten der Hersteller b) Tabellen 2.2 bis 2.8	**1 Lampendaten** 1.1 Lampentyp (z.B. L-Lampe L 58 W/21): L 58 W/21 1.2 Stromaufnahme einer Lampe: $I = 0{,}67$ A 1.3 Lichtstrom einer Lampe: $\Phi_0 = 5400$ lm	1.4 Lampenleistung a) ohne Vorschaltgerät: $P_0 = 58$ W b) mit Vorschaltgerät: $P = 71$ W
a) Leuchtenkataloge der Hersteller b) Abschnitte 2.3.5 und 2.3.5.1 c) Tabelle 2.13	**2 Leuchtentyp:** Deckenaufbauleuchte mit Kunststoffglas-abdeckung 2.1 Lichtstärkeverteilung: Ähnlich Typ A 40 2.2 Zahl der Lampen je Leuchte: $z = 1$	2.3 Bezeichnung nach Herstellerliste: Kandem-Prismenleuchte AP 60 2.4 Leuchtenbetriebswirkungsgrad: $\eta_{LB} = 0{,}6$
a) DIN 5035, Teil 2 b) Tabelle 2.9	**3 Nennbeleuchtungsstärke:** $E_n = 300$ lx	
	4 Raumabmessungen; Raumlänge: $a = 18$ m; Raumbreite: $b = 12$ m; Raumhöhe: $H = 3{,}4$ m. 4.1 Raumfläche: $A = a \cdot b = 18\text{ m} \cdot 12\text{ m} = 216\text{ m}^2$ 4.2 Aufhängehöhe (Abstand zwischen den Leuchten und der Nutzebene): $h = H - 0{,}85\text{ m} = 3{,}4\text{ m} - 0{,}85\text{ m} = 2{,}55\text{ m}$	
Abschnitt 2.3.7	**5 Raumindex:** $k = \frac{a \cdot b}{h(a+b)} = \frac{18\text{ m} \cdot 12\text{ m}}{2{,}55\text{ m}\,(18\text{ m} + 12\text{ m})} = 2{,}82$ Gewählt: $k = 3$	

Fortsetzung *Tabelle 2.15*

a) Tabellen 2.11 und 2.12 für die Reflexionsgrade

6 Raumwirkungsgradbestimmung

6.1 Reflexionsgrade

6.1.1 Reflexionsgrad ϱ_{Wand}

Teilflächenbezeichnung (z.B. Wand/Türseite)	Länge (l) m	Höhe (H) m	Fläche (A_1) m^2	Refl.-grad ϱ_j	$A_j \cdot \varrho_j$ m^2
2 kurze Wände	2 × 12	3,4	81,6	0,6	49
Große Tür	4	2,5	10	0,3	3,0
Kleine Tür	2	2	4	0,3	1,2
4 Fensterflächen	4 · 2	1,5	12	0,1	1,2
1 lange Wand minus 4 m^2 (Tür)	18	3,4	57,2	0,6	34,3
1 lange Wand minus 22 m^2 (Tür/Fenster)	18	3,4	39,2	0,6	23,5
		ΣA_j =	204	$\Sigma(A_j \cdot \varrho_j)$ =	112,2

Mittlerer Reflexionsgrad der Wände:

$$\overline{\varrho}_m = \varrho_{Wand} = \frac{\Sigma(A_j \cdot \varrho_j)}{\Sigma A_j} = \frac{112{,}2\ m^2}{204\ m^2} = 0{,}55$$

Gewählt $\varrho_{Wand} = 0{,}5$

b) Tabelle 2.13 für den Raumwirkungsgrad (Weitere Angaben siehe Broschüre „Projektierung von Beleuchtungsanlagen für Innenräume" der LiTG, Karlsruhe)

6.1.2 $\varrho_{Decke} = 0{,}8$

6.1.3 $\varrho_{Nutz} = 0{,}1$

6.2 Raumwirkungsgrad: $\eta_R = 0{,}94$

6.3 Beleuchtungswirkungsgrad: $\eta_B = \eta_{LB} \cdot \eta_R = 0{,}6 \cdot 0{,}94 = 0{,}564$

Tabelle 2.14

7 Planungsfaktor: $p = 1{,}25$

8 Gesamtlichtstrom: $\Phi_{ges} = \frac{E_n \cdot A \cdot p}{\eta_B} = \frac{300\ lx \cdot 216\ m^2 \cdot 1{,}25}{0{,}564} = 144000\ lm$

Hinweis für Entladungslampen: Die Zahl n_{La} muß durch 2 teilbar sein bei der Anwendung von Duoschaltungen, durch 3 teilbar sein bei Drehstromschaltung und durch 6 teilbar sein bei Kombination Duo=/Drehstromschaltung. Allgemeiner Hinweis: Die Lampenzahl n_{La} muß ein ganzes Vielfaches der Zahl z sein.

9 Lampenzahl: $n_{La} = \frac{\Phi_{ges}}{\Phi_0} = \frac{144000\ lm}{5400\ lm} = 26{,}6$

Gewählt $n_{La} = 30$

10 Leuchtenzahl: $n = \frac{n_{La}}{z} = \frac{30}{1} = 30$

Gewählt $n = 30$

11 Gesamtanschlußleistung:

$P_{ges} = n_{La} \cdot P = 30 \cdot 71\ W = 2{,}13\ kW$

- Sind tageslichtorientierte Arbeitsplätze vorhanden, ist die erste Leuchtenreihe möglichst nahe an die Fensterwand zu rücken. Damit verhindert man, daß sich die Lichtrichtung für diese Arbeitsplätze z.B. bei untergehender Sonne oder bei wechselnder Bewölkung während des Arbeitstages verändert.
- Lampen sollen keine harten Schatten auf der Nutzebene (Arbeitsebene) erzeugen. Allerdings ist eine völlig schattenfreie Beleuchtung ebenfalls unerwünscht. Zu geringe Schattenbildung erschwert das allgemeine Erkennen von Gegenständen. Eine ausgewogene Schattenwirkung ist dann vorhanden, wenn in einer Höhe von 1,20 m über dem Fußboden das Verhältnis $E_z : E_h \geq 0{,}3$ ist.

  Hinweise:

  E_z = zylindrische Beleuchtungsstärke (Abschnitt 2.3.2)
  E_h = horizontale Beleuchtungsstärke.

- Leuchten sollten so angebracht werden, daß man innerhalb des Arbeitsbereiches auf der Nutzebene eine Gleichmäßigkeit $E_{min} : \bar{E} \approx 1 : 1{,}5$ erhält (siehe auch Abschnitt 2.3.2).

  Hinweise:

  E_{min} = horizontale Beleuchtungsstärke an der dunkelsten Stelle.
  $\bar{E}$ = mittlere Beleuchtungsstärke (Abschnitt 2.3.2).

- Leuchten über Arbeitsplätzen sollten so angeordnet sein, daß ihr Licht von links auf die Arbeitsebene trifft. Dabei ist zu beachten, daß keine Reflexblendung entsteht. Reflexblendung wird vor allem durch Beachtung folgender Einzelheiten vermieden:

  a) durch einen Belag bzw. eine Farbe für die Arbeitsfläche mit einem möglichst geringen Reflexionsgrad. Günstig sind Werte von $\varrho = 0{,}2$ bis 0,5.
  b) durch Auswahl eines Belages bzw. einer Farbe für die Arbeitsfläche, der (die) nicht spiegelt.
  c) durch Beachtung des physikalischen Gesetzes, daß der Winkel, unter dem eine Strahlung reflektiert wird, gleich dem Einstrahlungswinkel entspricht, unter dem die Strahlung auf die beleuchtete Ebene fällt. Es muß also beachtet werden, daß der am Arbeitsplatz tätige Mensch nicht von einem so reflektierten Lichtstrahl getroffen werden kann. Bild 2.80a zeigt eine falsch angeordnete Leuchte als Beispiel. Bild 2.80b zeigt eine richtig angeordnete Leuchte.

- Für Leuchten, die irgendwelche Tafeln, Bilder und sonstige Flächen anstrahlen sollen, ist die eben genannte Regel ebenfalls zu beachten. Anderenfalls wird die Sehleistung des Betrachters vermindert. Die Bilder 2.81a und b zeigen auch für diesen Fall ein schlechtes und ein gutes Beispiel.

2.4.2 Projektierung von Beleuchtungsanlagen für große Räume und für Bereiche im Freien

Bei Außenbeleuchtungsanlagen fehlt die Reflexionswirkung der Begrenzungsflächen. Dasselbe trifft im allgemeinen auch für Beleuchtungsanlagen großer Räume (z.B. Hallen) zu. Das Wirkungsgradverfahren nach Abschnitt 2.4.1 ist deshalb bei solchen Anlagen nur bedingt geeignet für die Projektierung. Ein Raum ist für die Anwendung des

Wirkungsgradverfahrens dann zu groß, wenn der errechnete Raumindex k (Abschnitt 2.3.7) größer ist als etwa 5. Aufgrund des Fehlens der Reflexionswirkung der Begrenzungsflächen ist die Beleuchtungsstärke auf der Nutzebene bei vergleichbarer Leuchtendichte praktisch stets geringer als in kleinen Räumen.
Bei der Projektierung müssen darum andere Bestimmungsverfahren angewendet werden. In der Regel wird der Planer mit Hilfe der Lichtstärkeverteilungskurven, die der Leuchtenhersteller angibt, die erreichbare Beleuchtungsstärke errechnen (Abschnitt 2.3.3). Vielfach geben die Hersteller in ihren Lieferlisten in „Lux" geeichte Lichtverteilungskurven an, aus denen dann die Beleuchtungsstärke ohne Rechnung abgelesen werden kann. Diese Lichtverteilungskurven beziehen sich aber stets nur auf eine bestimmte Aufhängehöhe für die Leuchte.

2.5 Zusammenfassung der Größen, Einheiten und Formeln

Größe und Formelzeichen	Einheit (Kurzz.)	Formel/Ermittlung
Lichtstrom Φ[1]	Lumen (lm)	$\Phi_{ges} = \frac{E_n \cdot A \cdot p}{\eta_B}$
Lichtausbeute η	$\frac{\text{Lumen}}{\text{Watt}} \left(\frac{\text{lm}}{\text{W}}\right)$	$\eta = \frac{\Phi_0}{P}$
Beleuchtungsstärke E[2]	Lux (lx)	$E = \frac{I_\gamma}{h^2} \cdot (\cos\gamma)^3$ $\bar{E} = \frac{\Phi_{Nutz}}{A}$
Lichtstärke I	Candela (cd)	Ermittlung aus LVK
Leuchtdichte L	$\frac{\text{Candela}}{\text{m}^2} \left(\frac{\text{cd}}{\text{m}^2}\right)$	Ermittlung durch Messung
Leuchtenwirkungsgrad η_L	–	$\eta_L = \frac{\Phi_L}{\Phi_0}$
Leuchtenbetriebswirkungsgrad η_{LB}	–	$\eta_{LB} = \eta_L \cdot v(\vartheta)$
Raumwirkungsgrad η_R	–	$\eta_R = \frac{\Phi_{Nutz}}{\Phi_L}$
Beleuchtungswirkungsgrad η_B	–	$\eta_B = \eta_{LB} \cdot \eta_R$
Raumindex k	–	$k = \frac{a \cdot b}{h(a+b)}$

1 Φ_0 = Lampenlichtstrom; Φ_L = Lichtstrom der Leuchte; Φ_{Nutz} = Nutzlichtstrom (Lichtstrom auf der beleuchteten Fläche); Φ_{ges} = Gesamtlichtstrom der installierten Lampen.

2 $\bar{E}$ = mittlere Beleuchtungsstärke auf der beleuchteten Fläche; E_n = Nennbeleuchtungsstärke (z.B. nach DIN 5035), die Grundlage der Berechnung ist.

3 Elektrische Klimatechnik

Im Zusammenhang mit diesem Kapitel interessieren verschiedentlich die Grundlagen der Wärmetechnik, wie Wärmeleitung, -konvektion, -strahlung, -inhalt sowie die Begriffe Temperatur, Schmelzwärme, Verdampfungswärme und spezifische Wärme.
Sie werden alle im Band „Mathematische und elektrotechnische Grundlagen" (siehe Vorwort) behandelt.

3.1 Luftfeuchtigkeit und Taupunkt

3.1.1 Physikalische Zusammenhänge

Wasser verdunstet in geringem Maße auch schon unterhalb einer Siedetemperatur. Die Luft enthält daher eine gewisse Feuchtigkeitsmenge. Die maximale Wassermenge, die 1 m³ Luft aufnehmen kann, heißt **Sättigungsmenge.** Wird sie erreicht, so bilden sich Tropfen (Nebel). Die Sättigungsmenge ist von der Lufttemperatur abhängig (Tabelle 3.1).

Tabelle 3.1 Feuchtigkeits-Sättigungsmenge in Abhängigkeit von der Temperatur der Luft

Temperatur in °C	−20	−15	−10	−5	0	+5	+10	+15	+20	+25	+30	+40
Sättigungsmenge in g/m³	0,88	1,38	2,14	3,24	4,84	6,8	9,4	12,8	17,3	23	30,4	51,2

Angenommen, die Luft eines Wohnzimmers enthält bei 20 °C eine Feuchtigkeitsmenge von 10 g/m³, so ist die Sättigungsmenge (17,3 g/m³ bei 20 °C) nur zu rd. 58% erreicht worden.
Das ist die relative Luftfeuchtigkeit.

$$\text{relative Luftfeuchtigkeit} = \frac{\text{tatsächliche Luftfeuchtigkeit}}{\text{maximal mögliche Luftfeuchtigkeit vor der Tropfenbildung}} \cdot 100\,\%$$

mit Fachausdrücken:

$$\text{relative Luftfeuchtigkeit} = \frac{\text{absolute Luftfeuchtigkeit}}{\text{Sättigungsmenge}} \cdot 100\,\%$$

Die relative Luftfeuchtigkeit hat auf das Behaglichkeitsempfinden einen wesentlichen Einfluß. Liegt sie unter 35 %, so empfindet man die Luft als zu trocken, und nimmt sie Werte über 65 % an, so empfindet man sie bei warmem Wetter als schwül und bei niedrigen Temperaturen als

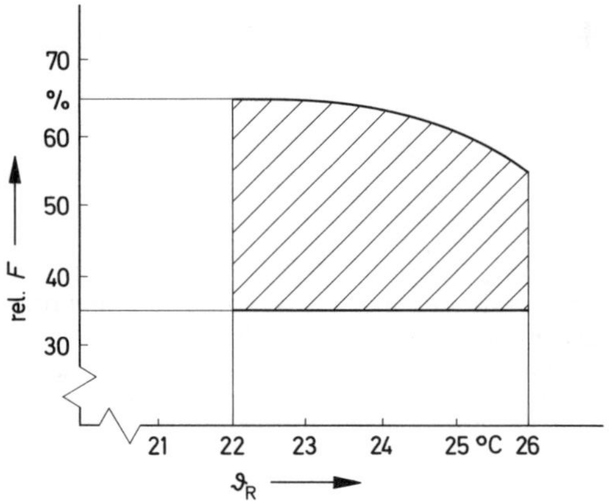

Bild 3.1
Relative Luftfeuchtigkeit und Raumtemperatur nach DIN 1946.
Der schraffierte Bereich gilt als behaglich

naßkalt (vergleiche Bild 3.1). Empfohlen wird eine relative Luftfeuchtigkeit um 55%. Zur Messung der relativen Luftfeuchtigkeit verwendet man Hygrometer*.
Wird die Luft des bereits erwähnten Wohnzimmers (10 g/m³ Wassergehalt) auf 10 °C abgekühlt, werden sich bereits Wassertropfen bilden, da laut Tabelle 3.1 bei 10 °C eine Sättigungsmenge von 9,4 g/m³ gilt, d.h., ein Teil der Luftfeuchtigkeit wird kondensieren.
In Räumen tritt am häufigsten eine örtliche Abkühlung der Luft an den Fenstern auf. Wegen der geringeren Sättigungsmenge der kälteren Luft beschlagen die Fenster.

Die Temperatur, bei der die Sättigungsmenge erreicht wird, sich also Tau bildet, heißt Taupunkt.

3.1.2 Auswirkungen der Zusammenhänge „Luftfeuchtigkeit – Taupunkt" in der praktischen Anwendung

3.1.2.1 Wandtemperaturen – Schwitzwasserbildung

Beispiel:
In einem Zimmer ist bei einer Raumtemperatur von 20 °C eine relative Luftfeuchtigkeit von 60% vorhanden. Welche Temperaturen müssen die Wandinnenflächen mindestens besitzen, damit sich keine Feuchtigkeit an der Wand bildet?

Lösung:
Nach der Tabelle 3.1 beträgt die Sättigungsmenge 17,3 g/m³ bei 20 °C. Da die relative Luftfeuchtigkeit mit 60% angegeben wurde, beträgt der tatsächliche Wassergehalt 0,60 · 17,3 g/m³ = 10,4 g/m³. Nach der Tabelle 3.1 ist 10,4 g/m³ die Sättigungsmenge bei rd. 12 °C.

* Hygro ... = Bestimmungswort für Wortzusammensetzungen mit der Bedeutung „Feuchtigkeit".

Ergebnis:
Die Wandinnenflächen müssen also in diesem Beispiel mindestens eine Temperatur von 12 °C erreichen, da sich sonst Tauwasser bilden wird. Der Taupunkt beträgt hier 12 °C.
Um 12 °C Innentemperatur erreichen zu können, muß eine relativ gute Wärmedämmung vorgesehen werden und die Fenster sollten Doppelglasscheiben enthalten.

3.1.2.2 Dampfdiffusion – Dampfsperre

Die meisten herkömmlichen Baumaterialien lassen ein bauphysikalisch notwendiges Diffundieren der Luft durch die Bauteile zu. D.h. es dringt die Raum- oder Außenluft mit ihrer Feuchtigkeit in die Wand ein. Normalerweise trocknet die Wand durch die natürliche Diffusion stets wieder aus. Wird jedoch nachträglich ein dampfdichter Außenanstrich vorgenommen, so bilden sich Blasen an der Fassade, und bei Frost springt der Putz teilweise ab.
Ein weiterer Störfall kann sich einstellen, wenn eine dicke Wärmedämmung an der Innenseite angebracht wird. Dadurch bleibt die innere Oberfläche der Steinwand sehr kalt (Bild 3.2), sie liegt unterhalb des Taupunktes. Die Luftfeuchtigkeit schlägt sich an der Klebestelle nieder und zieht u.U. in die Isolierung, deren Dämmwirkung dadurch stark abnimmt, da Feuchtigkeit ein besserer Wärmeleiter ist.
Durch eine innen aufgebrachte Dampfsperre kann verhindert werden, daß die Luftfeuchtigkeit in die Wand zieht und es zu der ungewollten Durchfeuchtung auf Grund der Taupunktunterschreitung kommt.
Als Dampfsperre eignen sich u.a. Kunststoff- oder Aluminiumfolien aber auch bestimmte isolierende Anstriche. Diese Dampfsperre wäre besonders wichtig für relativ feuchte Räume wie Badezimmer, Duschräume und Waschmaschinenräume.
Eine andere Möglichkeit bietet das hinterlüftete Verblendmauerwerk (Bild 3.46), in dem das eventuelle Kondenswasser durch eine natürliche Belüftung (Luftzug in der Hohlschicht) abgebaut wird.
In vielen Fällen wird zu einer nachträglichen Ausschäumung der Wandhohlschicht geraten. Hierbei muß aber unbedingt gewährleistet werden, daß das ausschäumende Material wie eine Dampfsperre wirkt (fast keinen Dampf hindurchläßt) oder aber eine Luftzirkulation zum Austrocknen zuläßt, wie z. B. Schüttungen mit kleinen Kugeln aus Mineralkörnung.

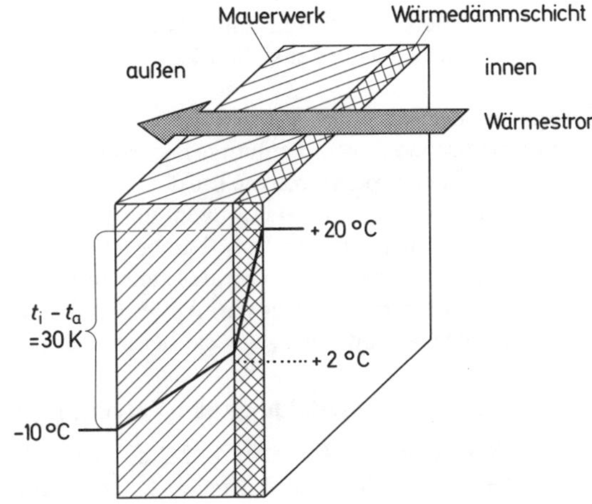

Bild 3.2
Temperaturverlauf in einer Außenwand mit innenliegender Wärmedämmung

3.1.2.3 Relative Luftfeuchtigkeit in beheizten Räumen

Bei einer Außentemperatur von 0 °C kann nach Tabelle 3.1 die Luft nur maximal 4,84 g Wasserdampf je m^3 aufnehmen. Wird diese Luft auf 20 °C erwärmt, so ändert sich der absolute Wasserdampfgehalt nicht, es bleiben 4,84 g/m^3. Die relative Luftfeuchtigkeit beträgt somit im Zimmer nur

$$\frac{4{,}84\,\mathrm{g/m^3}}{17{,}3\,\mathrm{g/m^3}} \cdot 100\,\% = 28\,\%.$$

(17,3 g/m^3 ist die Sättigungsmenge bei 20 °C laut Tabelle 3.1)
Diese relative Luftfeuchtigkeit wird jedoch als zu trocken empfunden. Die Raumluft muß künstlich mit Wasserdampf angereichert werden. In Wohnungen wird dieser Dampf häufig durch die Küche, das Badezimmer, die Verdunstung durch Blumen usw. erzeugt. Eine beliebte Möglichkeit stellen die Verdunster an den Warmwasserradiatoren dar. Für E-Heizungen muß eine entsprechende Möglichkeit geschaffen werden. Hier könnte eine hübsche Wasserschale auf dem Speicherheizgerät für Abhilfe sorgen.
Am zuverlässigsten halten Luftbefeuchter die gesunden Grenzen zwischen 45 % und 65 % ein. Man unterscheidet zwischen Zerstäubungs-, Verdunstungs- und Dampfluftbefeuchtern. Sie weisen folgende Merkmale auf:
Zerstäuber schleudern über die Flügel eines elektrisch angetriebenen Lüfters kleine Wasserteilchen in die Luft. Dadurch erreicht man eine hohe Befeuchtungsleistung. Nachteilig wirkt sich das gleichzeitige Verschleudern der im Wasser enthaltenen Salz- und Kalkteilchen aus. Sie setzen sich als weiße Staubschicht im Raum auf den Möbeln und Fußböden ab.
Verdunster saugen über eine als Docht ausgebildete Matte das Wasser in den Luftstrom des Lüfters. Dabei verdunstet das Wasser. Die Salzteilchen bleiben überwiegend im Gerät. Die Verdunstungswärme wird der Raumluft entzogen. Dadurch ist das Gerät nur für gut beheizte Räume geeignet.
Diese Geräte müssen regelmäßig gereinigt werden und besitzen nur eine geringe Verdunstungsleistung.
Verdampfer enthalten eine elektrische Heizung, die das Wasser verdampft. Die Raumluft enthält bei diesen Geräten keinerlei Salz- oder Kalkteilchen und ist somit am günstigsten befeuchtet. Nachteilig sind die Energiekosten und die erforderliche regelmäßige Entkalkung der Geräte.

Alle Verdunsterarten gibt es als einzeln aufstellbare Geräte mit normalem Steckeranschluß und als fest montierte Einheiten mit Hygrostat und ständigem Wasseranschluß, damit eine Nachfüllung des Wassers entfallen kann.

Zusammenfassung
Die physikalischen Zusammenhänge lassen erkennen, daß unabhängig von der Heizungsart bei niedrigen Außentemperaturen die Luftfeuchtigkeit im Zimmer künstlich gesteigert werden muß. Je größer die Differenz zwischen Außen- und Innentemperatur ist, um so niedriger ist die relative Luftfeuchtigkeit der warmen Luft. Daher ist der Austrocknungseffekt der Atmungsorgane im Bereich des Heizkörpers bzw. -gerätes stets am größten. Der gleiche unangenehme Effekt tritt bei klarem, kalten Frostwetter ein. Außerdem begünstigt eine zu geringe relative Luftfeuchte elektrostatische Aufladungen, wie sie bei modernen Fußbodenbelägen häufig zu finden sind.

3.1.2.4 Kondenswasserbildung und Vereisung bei Klimaanlagen

In den Klimageräten (Abschnitt 3.2.2) wird die Raumluft an Wärmetauschern, den Verdunstern, abgekühlt. Die Wärmetauscher haben, je nach Gerät, Oberflächentemperaturen

zwischen +3 °C und +6 °C. Diese Temperatur liegt fast immer unterhalb des Taupunktes der Raumluft. Somit bildet sich an den Wärmetauschern Wasser, welches abgeleitet werden muß. Arbeiten die Klimageräte im Winter als Wärmepumpe (Abschnitt 3.4.4), dann wird der Außenluft Wärme über einen Wärmetauscher entzogen, d.h., die Außenluft muß den Wärmetauscher kühlen. Da hierbei der gleiche Effekt der Kondenswasserbildung eintritt, die Temperatur aber unterhalb des Gefrierpunktes liegt, vereist der Wärmetauscher.
Die gleiche Eigenschaft zeigen alle Kühl- und Gefrierschränke. Dieses physikalisch bedingte Ergebnis hat zum Einbau der Abtauautomatik im Kühlschrank geführt.

3.1.2.5 Luftentfeuchtungsanlagen

In vielen Fällen muß die relative Luftfeuchtigkeit gesenkt werden, wenn z.B. eine Kondensation der Luftfeuchtigkeit an den Wänden oder Decken vermieden werden soll. Letzteres gilt besonders für Hallenschwimmbäder, da durch die große Wasseroberfläche eine hohe Verdunstung eintritt.
Hier bietet sich folgende Möglichkeit an: Die feuchte Luft wird über einen kühlen Wärmetauscher geblasen. Dabei kondensiert die Luftfeuchtigkeit, weil die Oberflächentemperatur des Wärmetauschers unterhalb des Taupunktes liegt.
Die somit entfeuchtete, wieder trockene Luft wird anschließend erhitzt, damit die Raumtemperatur erhalten bleibt.
Verwendet man für den Vorgang eine Wärmepumpe (Abschnitt 3.4.4), so handelt es sich um ein Verfahren mit relativ geringen Betriebskosten, da die dem abgekühlten Wasser entzogene Energie zum Wiedererwärmen der Luft mitverwendet wird.
Die Trocknung von Luft kann auch durch Adsorptionsstoffe (Stoffe, die Wasser adsorbieren, z.B. Kieselstein) erfolgen. Das wird jedoch überwiegend in reinen Lufttrocknungsanlagen, die nicht in Verbindung mit Klimaanlagen betrieben werden, durchgeführt.

3.2 Raumklimatisierung

3.2.1 Begriffe

Klimaanlagen sind nach DIN 1946 Anlagen, die während des ganzen Jahres die Temperatur und die Luftfeuchtigkeit im Raum auf einen vorgegebenen Wert halten.
Sie besitzen somit Einrichtungen zum Heizen, Kühlen, Be- und Entfeuchten und Reinigen der Zu- und Raumluft.
Raumklimageräte haben nach DIN 8957 u.U. nur einen Teil der Möglichkeiten von Klimaanlagen. Sie sollen in einem Raum Luftzustände herstellen, die für den Aufenthalt von Menschen geeignet sind.
Luftfeuchtigkeit und Taupunkt (siehe Abschnitt 3.1)
Bei der **latenten**[1] **Kühlung** wird Wärme dem Wasserdampf der Luft entzogen, wenn die Raumluft abgekühlt wird und dabei Wasserdampf kondensiert.

---

[1] latent = versteckt, verborgen, gebunden

Wird 1 kg Wasser verdampft, benötigt man für die Zustandsänderung „Wasser und Dampf" 2,26 MJ bzw. 0,628 kWh. Bei der Kondensation des Wasserdampfes wird diese Wärmemenge von 2,26 MJ dem Wasserdampf entzogen und muß über das Klimagerät abgeführt werden. Dieser Vorgang führt nicht zu einer Senkung der Raumtemperatur.

Bei der **sensiblen**[1] **Kühlung** hat die abgeführte Wärme eine Temperatursenkung der Raumluft zur Folge. Es handelt sich um die Wärme, die der trockenen Luft entzogen wird.

In der Wärmetechnik erscheinen die beiden Begriffe wieder entsprechend:

latente Wärme	≙	Wärme, die zum Verdunsten benötigt wird ohne die Temperatur zu verändern (versteckte Wärme)
sensible Wärme	≙	Wärme, die zur Temperaturerhöhung der trockenen Luft erforderlich ist (fühlbare Wärme)

Kühllast ist die rechnerisch ermittelte Kühlleistung für einen Raum. Sie wird in Watt angegeben (nach dem bisherigen Maßsystem in kcal/h).

Kühlleistung ist die Leistung des Gerätes.

3.2.2 Geräte zur Lüftung und Klimatisierung einzelner Räume

3.2.2.1 Funktion der Kühlgeräte

Die Kühlgeräte, fälschlicherweise oft Klimageräte genannt, entsprechen in ihrem Aufbau dem Kompressorkühlschrank. Eine ausführliche Beschreibung der Funktion des Kältemaschinen- oder auch Wärmepumpenkreislaufes befindet sich im Abschnitt 1.4.2.

Hierauf aufbauend besteht das Kühlgerät aus folgenden grundsätzlichen Bauteilen (Bild 3.3).

a) Das Kältemittel gelangt über den Druckminderer mit niedrigem Druck in den Verdampfer. Da dieser durch die vorbeigeführte warme Raumluft eine Temperatur besitzt, die oberhalb der Verdampfungstemperatur des Kältemittels liegt, verdampft es. Die hierfür erforderliche Wärmemenge wird der vorbeigeführten Raumluft entzogen, die somit abkühlt.

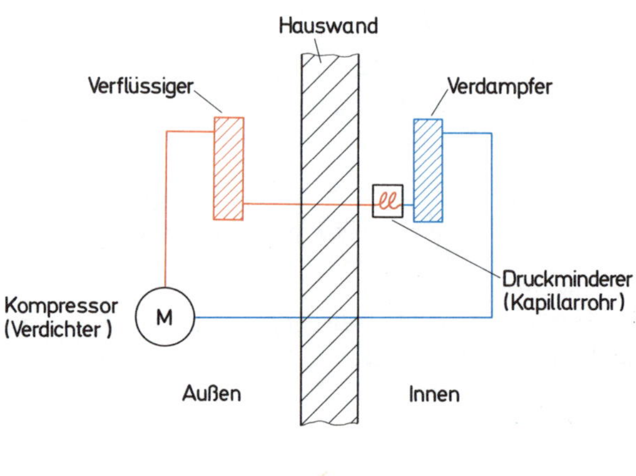

Bild 3.3
Prinzipdarstellung eines Kühlgerätes

[1] sensibel = empfindlich, fein*fühlig*

b) Der Kompressor saugt den Dampf ab, verdichtet ihn und erhöht seine Temperatur. Unter hohem Druck und bei einer Temperatur, die über der Umgebungstemperatur des Verflüssigers liegt, kondensiert der Dampf im Verflüssiger. Bei dieser Verflüssigung (Kondensation) des Dampfes wird die vorher zur Verdampfung benötigte Wärmemenge wieder abgegeben. In der Kältemaschine nimmt sie durch den Kondensator geführte Außenluft diese Wärmemenge auf.

Dem Kompressor fällt lediglich die Aufgabe zu, für einen Druckunterschied im Verdampfer und im Kondensator (Verflüssiger) zu sorgen. Die Kältemaschine transportiert somit Wärme aus dem Raum zur Außenluft. Die elektrische Energie ist nur für diesen Transport erforderlich. Das am Verdampfer entstehende Kondenswasser der Raumluft wird in einer Tropfschale aufgefangen und entweder nach außen abgeleitet oder mit dem Außenlüfter verschleudert bzw. dann am Verflüssiger (äußeren Wärmetauscher) verdunstet.

3.2.2.2 Bauformen der Kühlgeräte

Grundsätzlich sind als Raumkühlgeräte 2 Bauformen auf dem Markt.
Kompaktkühlgeräte werden in die Außenwand bzw. in ein Fenster eingebaut. Der äußere und der innere Luftkreislauf werden durch eine geeignete Wärmedämmung im Gerät voneinander getrennt. Diese Wärmedämmung soll dabei die Wand im Bild 3.3 ersetzen.
Nachteilig wirkt sich bei diesen Geräten der höhere Geräuschpegel aus, da der Kompressor im Raum arbeitet. Außerdem muß ein Mauerdurchbruch bzw. eine Fensterfläche vorhanden sein.
Splittkühlgeräte entsprechen in ihrem Aufbau dem Bild 3.3. Die Geräte können beliebig montiert werden. Es ist hierbei möglich, den äußeren Teil (Verflüssiger mit Kompressor) an der Außenwand, auf dem Dach, im Bodenraum oder Keller zu befestigen.
Vorteilhaft sind die geringen Geräusche und die vielseitigen Aufstellungsmöglichkeiten. Zur einfacheren Montage gibt es Geräte mit gefüllten Druckleitungen, die mit Spezialverschlüssen montiert werden. Damit entfällt eine nachträgliche Kältemittelfüllung am Aufstellungsort.

Kühlgeräte mit Frischluftzufuhr und Staubfilter
Durch geeignete Bauformen ist es möglich, der über den Verdampfer geführten Luft Frischluft von außen beizumischen. Wird dem Verdampfer ein Filter vorgesetzt, so kann die Raumluft weitgehend staubfrei das Gerät verlassen.
Dabei nimmt der Filter die groben Staubteilchen auf und die feuchte Oberfläche des Verdampfers (siehe Abschnitt 3.1.2.4) die restlichen feinen Staubteilchen.

3.2.2.3 Aufbau der kombinierten Kühl- und Heizgeräte

Diese Geräte unterscheiden sich von den reinen Kühlgeräten im wesentlichen nur durch ein relativ kompliziertes Umschaltventil. Mit ihm wird eine Umkehrung des Kältekreislaufs erreicht. Der Verdampfer wird zum Verflüssiger und umgekehrt (Bild 3.4a und b).
Mit diesen Wärmepumpengeräten kann nach Herstellerangaben bei einer Außentemperatur bis herab auf $+5°C$ geheizt werden. Sinkt die Temperatur weiter, bildet sich Eis am Verdampfer und die Außenluft, der die Wärme entzogen werden soll, kann nicht mehr durch den Wärmetauscher geblasen werden. Durch einen Druckdifferenzschalter wird eine Abtauautomatik eingeschaltet. Sie betreibt die Wärmepumpe vorübergehend umgekehrt, bis das Eis abgetaut ist. Unter normalen Betriebsbedingungen wird ein Klimagerät stündlich 3 bis 4 min lang enteist.

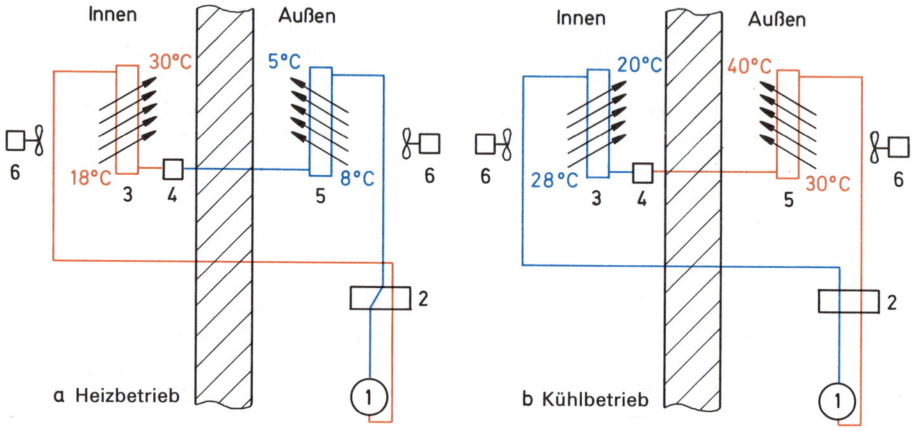

Bild 3.4 Wärmepunpe im Heiz- und Kühlbetrieb 1 Verdichter (Kompressor) 2 Umschaltventil von Kühl- auf Heizbetrieb 3 Wärmetauscher innen: Verflüssiger im Heizbetrieb, Verdampfer im Kühlbetrieb 4 Druckminderer (häufig Kapillarrohr) 5 Wärmetauscher außen: Verdampfer im Heizbetrieb, Verflüssiger im Kühlbetrieb 6 Gebläse

Bei Temperaturen der Außenluft unter 5 °C würde jedoch die Abtauautomatik so häufig einschalten, daß ein Heizbetrieb nicht mehr sinnvoll ist.

3.2.2.3.1 Kühl- und Heizgeräte mit Zusatzheizung

Im Winter kann ein Raum nur mit einer zusätzlichen Heizung temperiert werden. Dazu bieten sich drei Möglichkeiten an:

a) Zusätzliche extra Heizgeräte, wie Speicherheizung oder Warmwasserheizung;
b) Klimageräte mit Wärmepumpe und eingebauter elektrischer Direktheizung. Diese Geräte stoßen häufig auf Zulassungsgrenzen beim EVU, da Direktheizungen mit hoher Leistung die Tagesspitzen stark belasten:
c) Klimageräte mit Wärmepumpe und eingebauter Pumpenwarmwasserheizung (PWW). Bei diesen Geräten kann die Wärmepumpe direkt eingebaut sein oder über den gleichen Wärmetauscher kaltes Wasser im Kühlbetrieb von einer Zentralkühlanlage liefern. Die PWW kann durch eine Elektro-Zentralwarmwasserheizung (Speicherheizung) oder auch durch Öl-, Gas- bzw. Kokskessel gespeist werden.

3.2.2.4 Bauformen und Anordnung der Raum-Klimageräte

Die Raumluft soll entsprechend Bild 3.5 bewegt werden. Da die gekühlte Luft schwerer als die Raumluft ist, muß sie möglichst von der Decke aus eingeblasen werden. Das hat zu der Fertigung der Fensterklimageräte geführt, die auch häufig oberhalb der Eingangstür montiert werden (Bild 3.6). Diese Geräte werden fast ausschließlich als Kompaktgeräte gebaut und sind dadurch lauter als Splittgeräte.
Die **Klimatruhen** lassen sich sowohl als Kompakt- als auch als Splittgerät (Bild 3.7) ausführen. Die Splittgeräte erzeugen im Raum lediglich das Lüftergeräusch der Gebläse für den Wärmetauscher. Sie wirken wesentlich geräuschärmer und komfortabler.

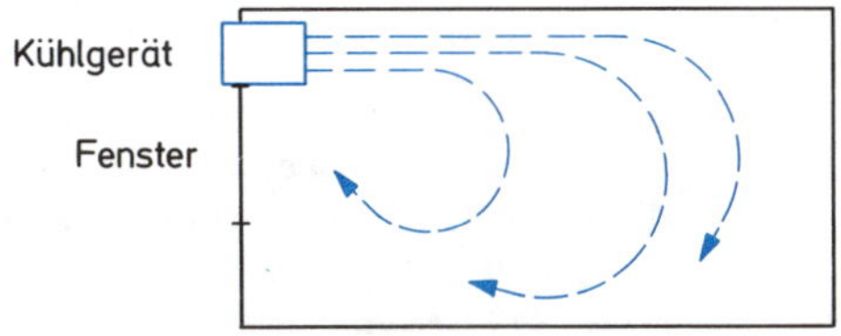

Bild 3.5
Anzustrebende Luftbewegung bei Kühlung eines Raumes

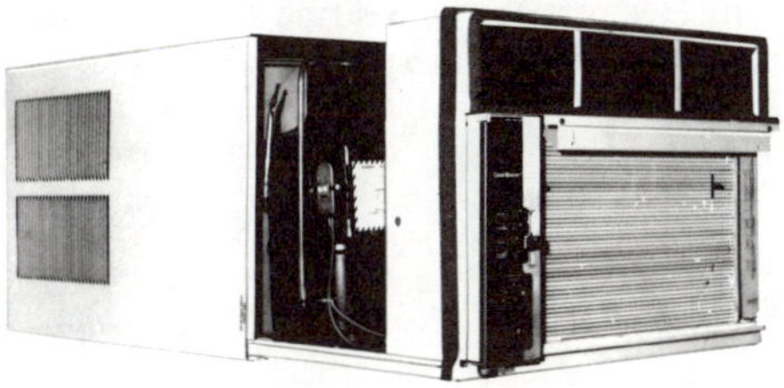

Bild 3.6
Kompaktklimagerät im geöffneten Zustand in Einschubtechnik (Novatherm)

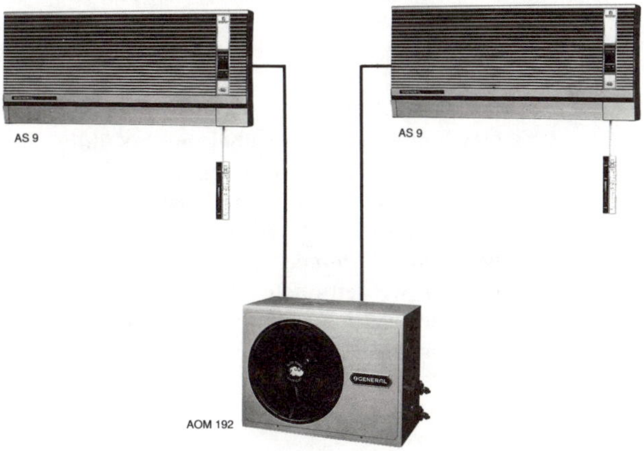

Bild 3.7
Splittgerät mit einem Außenteil (AOM 192) und zwei Innenteilen als Wandgeräte (AS 9), die sich auch in zwei verschiedenen Räumen aufstellen lassen (Novatherm)

Werden Geräte mit **Frischluftzufuhr** verwendet, so muß für eine geeignete Abluftmöglichkeit gesorgt werden. Im einfachsten Fall kann es ein Abluftventilator an der gegenüberliegenden Wand sein. Dabei ist darauf zu achten, daß die Abluftmenge im richtigen Verhältnis zur Zuluft liegt (Abschnitt 3.3 „Lüftungstechnik“).
Im Zuge der Energiesparmaßnahmen wären Ablüfter mit Wärmerückgewinnung jedoch zu empfehlen.

3.2.3 Großklimaanlagen

Neben den Raumklimageräten werden auf dem Markt Klimaschränke und Großanlagen angeboten. Beide erfordern bei der Installation ein Kanalsystem für die Zu- und Abluft. Ihre grundsätzliche Funktion entspricht der der Raumklimageräte mit einer zusätzlichen Ausstattung zur geregelten Luftent- und Befeuchtung.
Zur Beheizung bzw. Klimatisierung von Bädern werden zunehmend Wärmepumpenanlagen verwendet. Während bei den Raumklimageräten im Heizbetrieb die Wärme der Außenluft entzogen wird, wählt man bei den Schwimmbadheizungen als Wärmespender

a) die Abluft,
b) das Abwasser der Duschanlagen,
c) Grundwasser,
d) Fließwasser.

Da hierbei das Einfrieren des äußeren Wärmetauschers, des Verdampfers, nicht eintritt, lassen sich sehr hohe Leistungsziffern erreichen:

$$\left(\varepsilon = \frac{W_{\text{Nutz}}}{W_{\text{aufwand}}} > 3\right).$$

3.2.4 Sonderausführungen

Die bisher beschriebenen Kühlanlagen kühlten den Verdampfer mit der Außenluft und werden daher als Luft-Luft-Gerät bezeichnet. Für größere Leistungen wird eine Kühlung mit Frischwasser empfohlen. Hierbei ergeben sich drei Möglichkeiten:

a) Das Kühlwasser wird nach dem Verdampfer in den Abfluß geleitet. Das Verfahren kann teuer werden, wenn als Frischwasser normales Leitungswasser verwendet wird
(rd. 1,5 m^3/h bei einer Kühlleistung von 50 MJ/h = 14 kW).
b) Das Kühlwasser wird über einen Kühlturm geleitet und dem Kreislauf wieder zugeführt. Hierbei entstehen hohe Investitionskosten.
c) Das Kühlwasser wird gesammelt und als erwärmtes Wasser dem normalen Haushalt zugeführt. Auch in diesem Fall entstehen Investitionskosten für den Behälter, die Pumpe usw.

In größeren Anlagen werden auch Klimatruhen mit einfachen Wärmetauschern eingesetzt. Diese Wärmetauscher werden im Winter mit warmen und im Sommer mit kaltem Wasser gespeist. Die Kältemaschine befindet sich dann zentral im Bereich der Heizung.

3.2.5 Kühllastberechnung

Die Raumklimageräte sollen die Raumtemperatur nach oben begrenzen. Sie müssen somit die im Zimmer anfallende Wärmemenge über ihre Wärmepumpe (Kühlmaschine) nach außen abführen können. Diese Wärmequellen sind:

a) Sonneneinstrahlung durch Fenster
b) Wärmeleitung durch die Wände und Fenster
c) Verlustwärme der im Raum befindlichen Lampen und Geräte
d) Die von Personen abgegebene Wärmemenge
e) Bei Frischluftzuführung die in der warmen Außenluft enthaltene, überflüssige Wärme

3.2.5.1 Berechnung der Kühllast nach der HEA-Tabelle

Diese aufgeführten Einflüsse werden von der Hauptberatungsstelle für Elektrizitätsanwendung E.V. in Frankfurt in einem Berechnungsschema zusammengefaßt (Tabelle 3.2). Es entspricht dem Berechnungsverfahren der meisten Firmen und hat sich gut bewährt.
Die zur Zeit der Drucklegung dieses Buches vorliegende Form verwendete noch die Einheit kcal/h für die Kühllast. Da sie zukünftig nicht mehr gestattet ist, werden sämtliche Faktoren auf die Einheit W umgerechnet. Dabei gilt:

$$1\,\text{W} = 0{,}860\,\text{kcal/h} \quad \text{bzw.} \quad 1\,\text{kcal/h} = 1{,}16\,\text{W}$$

Die Faktoren wurden auf $10\,\text{W/m}^2$ gerundet, da keine unmögliche Genauigkeit vorgetäuscht werden soll.

Erläuterungen zur Berechnungstabelle
Einen wesentlichen Einfluß auf die Kühllastberechnung hat die Sonneneinstrahlung. Sie ist sehr stark von der Himmelsrichtung abhängig und tritt nie gleichzeitig an entgegengesetzt liegenden Fenstern auf.

Beispiel:
Wenn das Ostfenster mit 600 W und das Westfenster mit 700 W eingesetzt werden muß, wird nur eines, das mit der höheren Strahlungsleistung, berücksichtigt.
Im Gegensatz hierzu wird die Wärmeleitung und diffuse Sonnenstrahlung für die Summe aller Fenster eingesetzt.
Entsprechend wurden beide Rechengänge getrennt in Zeile 1 und 2.

Zeile 1: Hier wird nur direkte Sonnenstrahlung nach Himmelsrichtung getrennt berechnet. Als Fensterfläche wird das Gesamtmaß einschließlich Rahmen eingesetzt. Liegen die Fenster in verschiedenen Himmelsrichtungen (z.B. S und W), wird nur der größere Wert berücksichtigt. Bei benachbarten Himmelsrichtungen (z.B. S und SW) wird die Summe eingesetzt. Scheiben über $2\,\text{m}^2$ Fläche werden mit 10% vergrößertem Faktor berechnet, da der eingerechnete Rahmenanteil (15%) geringer wird.

Zeile 2: Hier wird die Wärmeleitung und diffuse Sonnenstrahlung durch alle Fenster und Außentüren ermittelt. Dabei spielt es keine Rolle, ob die Außentür verglast oder unverglast ist, lediglich der Faktor ändert sich zwischen $130\,\text{W/m}^2$ und $70\,\text{W/m}^2$.

Zeile 3: Die Außen- und Innenwände übertragen die Wärme durch Wärmeleitung. Sie ist von der Wärmedurchgangszahl (*k*-Zahl siehe Abschnitt 3.6.1) und der Wanddicke abhängig. Zunächst muß die *k*-Zahl durch die Wanddicke dividiert werden, danach wird der Umrechnungsfaktor ermittelt.

Beispiel: *k*-Wert $1{,}2\,\dfrac{\text{W}}{\text{m}^2 \cdot \text{K}}$; Wanddicke 0,36 m

$$\frac{k}{d} = \frac{1{,}2\,\dfrac{\text{W}}{\text{m}^2 \cdot \text{K}}}{0{,}36\,\text{m}} = 3{,}33\,\frac{\text{W}}{\text{m}^3 \cdot \text{K}}$$

Dieses Verhältnis ist <10, somit werden Nordwandflächen mit 0 und alle übrigen Wandflächen mit 10 multipliziert.

Zeile 4: Hier wird die Fußbodenfläche nur mit 10 multipliziert, wenn der darunterliegende Raum der Sonneneinstrahlung ausgesetzt ist und nicht klimatisiert wird. Im Erdgeschoß über einem Keller oder Kriechkeller ergibt sich in jedem Fall eine Kühllast von 0 W.

Zeile 5: Es ist die Deckenfläche abzüglich einer eventuellen Oberlichtfläche einzusetzen. Oberlichter werden in der Zeile 1 berücksichtigt.

Zeile 6: Damit sind Durchgänge ohne Tür zu anderen Räumen gemeint. Diese Rechnung ist auch für eine ständig geöffnete Tür durchzuführen.
Der Faktor 120 W/m^2 gilt nur, wenn das Gerät nicht direkt in dem Durchgang bläst und der Raum $<2\,m^2$ ist.
In allen anderen Fällen muß der angrenzende Raum auch klimatisiert werden.

Zeile 7: Hier müssen alle Geräte eingesetzt werden, die während der maximalen Wärmeeinstrahlung ebenfalls Wärme abgeben.
Z.B. Lampen und Kochgeräte, falls sie mittags eingeschaltet werden.
Bei Kühlgeräten (Gefriertruhen usw.) in Verkaufsräumen sollte man die Anschlußleistung des Kompressormotors einsetzen. Zwar kann ein Gleichzeitigkeitsfaktor u.U. berücksichtigt werden. Beim Einsatz der vollen Leistung ist jedoch eine Sicherheit enthalten, die u.U. die Neubeschickung der Kühltruhe mit frischer Ware berücksichtigt.
Die Trennung in sensible und latente (Abschnitt 3.2.1) Kühllast ist z.B. für Speisen in Kantinen, für Verbrennungsvorgänge in Labors und für Kochvorgänge erforderlich.

Zeile 8: Von Personen wird die Wärme zum Teil als Strahlung und Wärmeleitung an die Raumluft abgegeben (sensible Wärme) und zum Teil über die feuchte Atemluft als latente Wärme.
Entsprechend ihrer Tätigkeit ist die Personenzahl mit den vorgegebenen Faktoren zu multiplizieren.

Zeile 9: Die einzusetzende Luftmenge pro Stunde ergibt sich aus der Personenzahl und den Richtwerten für Raucherlaubnis bzw. -verbot.
Z.B. 5 Personen mit Raucherlaubnis

$$5 \times 35\,m^3/h = 175\,m^3/h$$

Diese Zahl ist jeweils mit 1,4 bzw. 1,9 zu multiplizieren. Dabei wird eine mittlere Luftfeuchtigkeit der Außenluft angenommen. Eigentlich müßte die latente Kühllast mit der Luftfeuchtigkeit verändert werden. Der Anteil an der gesamten Kühllast ist in der Regel aber gering, so daß eine übermäßige Exaktheit nicht sinnvoll erscheint.

Zusammenfassung der Kühllastberechnung
In der Regel wird die Sonneneinstrahlung durch die Fenster den größten Anteil der Kühllast stellen. Es ist daher stets ein außenliegender Sonnenschutz zu empfehlen.
Die Trennung ab Zeile 7 in sensible und latente Kühllast ist sinnvoll. Nach DIN 8957 sollen die sensible und gesamte Kühlleistung bei Geräten angegeben werden. Liegen die Daten nicht getrennt vor, wird das Gerät nach der Gesamtleistung bestimmt.

Auswahl des Kühlgeräts
Die Leistung des Kühlgeräts muß gleich oder größer der errechneten, gesamten Kühllast

0	Raum Länge: 6 m, Breite: 4 m, Höhe: 3,5 m, Fläche 24 m², Volumen: 84 m³												
	Baubezogene Kühllast												
1	Sonnenstrahlung durch Fenster				ungeschützt			geschützt			W	W	Kühllast sensibel W
		Breite	Höhe	m²	einfach-verglast	doppel-verglast	Glasbau-steine	Innen-jalousie	Markise	Außen-jalousie	ungeschützt	geschützt	
	N				0	0	0	0	0	0			
	NO				90	80	0	0	0	0			
	O				290	240	50	130	10	0			
	SO				310	280	80	160	10	0			
	S	3	1,2	3,6	350	290	130	220	30	10		36	
	SW				360	330	150	260	60	10			
	W	1,5	1,2	1,8	410	370	150	260	60	10	~ 670		
	NW				290	280	105	170	20	10			
											Maximalwert einsetzen:		670
	Horizontal				580	530	260						
2	Diffusstrahlung und Wärmeleitung												
	Alle Fenster und Außentüren			m²	einfach-verglast	doppel-verglast	Glasbau-steine u. Tür ohne Glas	W					
	3 Fenster	4,5	1,2	5,4	130	100	70	540					
													540
3	Wände (einschl. Fensterflächen)			m²	< 10 k/d	> 20	W						
	N und Innenwände			35	0	20	350						
	Alle übrigen Außenwände			35	10	50	350						700
4	Fußboden über nicht klimat., der Sonne ausgesetzten Räumen			m²									
					10								0
5	Decke				Flachdach		Decke unt. Steildach		Decke zu nicht klimat. Räumen				
				m²	nicht gedämmt	5 cm gedämmt	nicht gedämmt	2 cm gedämmt					
				24	60	20	30	20	10				240
6	Offene Durchgänge zu nicht klimatisierten Räumen			1,8	120								220
	Sonstige Kühllast										Kühllast latent W		
7	Beleuchtung u. el. Geräte												970
	Sonstige Wärmequellen												
8	Personen			Anzahl	Körperliche Tätigkeit leicht	mittel	schwer						
				4	80	80	80	sensibel					320
				4	50	150	270	latent			600		
9	Außenluft			m³/h									
	Empf. Werte: Rauchverbot 25 m³/h · Pers.			140	1,4	sensibler Anteil							200
	Raucherlaubnis 35 m³/h · Pers.			140	1,9	latenter Anteil					270		
								Summe Kühllast latent			870		
								Summe Kühllast sensibel					3860
									Gesamt-Kühllast		4730 W		

Tabelle 3.2 Kühllastberechnung.
Die blauen Zahlen beziehen sich auf das Beispiel im Abschnitt 3.2.5.2. Mit ▭ gekennzeichnete Tabellenwerte wurden in dem verwendeten Beispiel benötigt.

sein. Die sensible und gesamte Kühlleistung sollte möglichst mit den entsprechenden Kühllasten übereinstimmen, da nur dann die gewünschte Behaglichkeit erreicht werden kann.
Geräte mit großer latenter Kühlleistung verfügen meist über eine größere Wärmetauscherfläche, an der dann der vorbeiströmenden Luft die Luftfeuchtigkeit besser entzogen werden kann (Abschnitt 3.1.2.3). Das ist meistens erforderlich, da eine Senkung der Temperatur bei gleicher, absoluter Wasserdampfmenge zu einer höheren relativen Luftfeuchtigkeit führen würde (Abschnitt 3.1).
Für die richtige Auswahl des Geräts ist die umgewälzte Luftmenge des Kühlgeräts mit von Bedeutung.
Der Luftstrom des Geräts dividiert durch das Raumvolumen ergibt die Luftwechselzahl. Trägt z.B. das Gerät die Angabe 600 m^3/h und hat der Raum 75 m^3 Inhalt, dann ist die Luftwechselzahl

$$\frac{600\,m^3/h}{75\,m^3} = 8\frac{1}{h}$$

Luftwechselzahlen über 10 erfordern eine sehr gute Luftführung, damit keine Zugerscheinungen eintreten.

3.2.5.2 Beispiel zur Kühllastberechnung

Kühllastberechnung eines Schreibbüros
Angaben vom Architekten:
Bauzeichnung: Bild 3.8
Raumhöhe: 3,5 m

Im Abschnitt 3.6.1 werden die Begriffe Wärmedurchgangskoeffizient k Wärmedurchgangswiderstand R erklärt

Außenwände: 2schalig mit hinterlüfteter Klinkerschale 350 mm dick

$$k = 1{,}28\ W/(m^2 \cdot K)$$

Innenwände: Vollziegel 115 mm, $k = 1{,}7\ W/(m^2 \cdot K)$

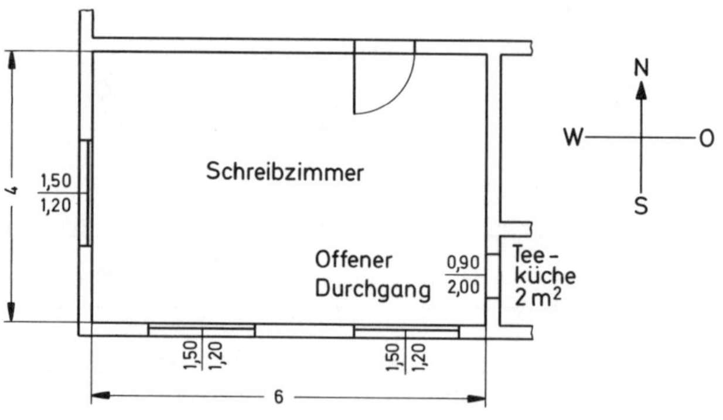

Bild 3.8
Schreibzimmer für 4 Personen

Decke: Stahlbeton mit schwimmendem Estrich in der Oberwohnung; Oberwohnung nicht klimatisiert.
Fußboden: Kellerdecke, Massivdecke 200 mm dick mit schwimmendem Estrich;
Kellerraum unbeheizt und keine Sonneneinstrahlung möglich.
Fenster: Doppelverglast, 12 mm Scheibenabstand.
Die beiden nach Süden liegenden Fenster sind durch eine Außensonnenschutzanlage beschattet.
Raumbesetzung: 4 Schreibdamen an elektrischen Maschinen

Innere Wärmequellen:

4 elektrische Schreibmaschinen mit je 50 W
4 Diktiergeräte mit je 60 W
10 Leuchtstofflampen mit je 40 W
1 Kühlschrank 100 W

Angaben zur Berechnung in Tabelle 3.2
Zeile 1: Die 2 Südfenster haben die Gesamtbreite von 3 m, ihre Fläche wird mit dem Faktor 10 W/m^2 multipliziert, da beide Fenster mit Außenjalousien geschützt sind.
Das Westfenster ist ohne Sonnenschutz und wird mit 370 W/m^2 multipliziert.
Da die Kühllast des Westfensters größer ist, wird nur dieser Wert eingesetzt.

Zeile 2: Da es sich um doppelverglaste Scheiben handelt, gilt der Faktor 100 W/m^2

Zeile 3: Innenwandfläche: $(6 + 4)\,\text{m} \cdot 3{,}5\,\text{m} = 35\,\text{m}^2$

$$\frac{k}{d} = \frac{1{,}7\,\text{W/m}^2 \cdot \text{K}}{0{,}115\,\text{m}} = 14{,}8\ \text{W/(m}^3 \cdot \text{K)}$$

Da dieser Wert zwischen 10 und 20 liegt, soll mit einem angenommenen, mittleren Faktor 10 W/m^2 multipliziert werden.

Außenwände: $(6 + 4)\,\text{m} \cdot 3{,}5\,\text{m} = 35\,\text{m}^2$

$$\frac{k}{d} = \frac{1{,}28\,\text{W/m}^2 \cdot \text{K}}{0{,}35 \cdot \text{m}} = 3{,}65\ \text{W/(m}^3 \cdot \text{K)}$$

Da $k/d < 10$, gilt der Faktor 10 W/m^2.
Die Summe beider Flächen (700 W) wird rechts eingesetzt.

Zeile 4: entfällt, da der Keller nicht der Sonne ausgesetzt ist.

Zeile 5: Es handelt sich um eine Decke zur nichtklimatisierten Oberwohnung. Daher gilt der Faktor 10 W/m^2.

Zeile 6: Da die Teeküche nicht größer als 2 m^2 ist und ein Klimagerät nicht auf den offenen Durchgang blasen wird, kann der Wert 120 W/m^2 eingesetzt werden.

Zeile 7: Folgende Leistungen sind im Raum installiert:

elektrische Schreibmaschinen	4 × 50 W	= 200 W
Diktiergeräte	4 × 60 W	= 240 W
Leuchtstofflampen 40 W mit Drossel je 48 W	10 × 48 W	= 480 W
Kühlschrank mit 50% maximaler Einschaltdauer	100 W × 0,5	= 50 W
Summe		970 W

Die Kühllast fällt ausschließlich als sensible Last an.

Zeile 8: 4 Schreibdamen mit mittlerer Tätigkeit ergeben:
4 × 80 W = 320 W sensible Kühllast und
4 × 150 W = 600 W latente Kühllast

Zeile 9: Da alle 4 Damen rauchen, muß mit einem Frischluftanteil von $35\,m^3/h \times 4 = 140\,m^3/h$ gerechnet werden.
Die Luftmenge wird mit beiden Zahlen (1,4 und 1,9) multipliziert, da die Frischluft stets Feuchtigkeit enthält.

Auswahl der Kühlgeräte
Es empfiehlt sich der Einbau von 2 Geräten mit je 2500 W Kühlleistung. Dabei sollten Geräte ausgewählt werden, die möglichst eine sensible Kühlleistung von rd. 2000 W haben. Für alle Geräte wird eine Luftleistung angegeben (z. B. 400 m^3/h). Die Leistung dividiert durch das Raumvolumen ergibt die Luftwechselzahl

$$\text{hier:} \quad \frac{2 \cdot 400\,m^3/h}{84\,m^3} = 9{,}5\,\frac{1}{h}$$

Eine Luftwechselzahl von 9,5 1/h liegt bereits an der Grenze des Zulässigen, damit nicht über Zugerscheinungen geklagt wird. Zweckmäßig ist der Einbau von 2 Klimatruhen als Splittgeräte an der langen Südwand. Nach Möglichkeit sollte der Verflüssigerteil hierbei nicht außen an der Südwand stehen, sondern sonnengeschützt untergebracht werden; u.U. bietet sich hierfür der darunterliegende, belüftete Keller an.

3.3 Lüftungstechnik

Die gesamte Abhandlung beschränkt sich auf die Belüftung einzelner Räume. Lüftungsanlagen für ganze Gebäude erfordern eine Kanalverlegung und größere Planungserfahrung.

3.3.1 Lüftungsarten

Für viele Räume wird ein Luftwechsel gewünscht oder gar gefordert. Dazu bieten sich zwei Möglichkeiten an.

1. Natürlicher Luftwechsel durch Fenster und Kamine (statische Lüftung)
2. Erzwungener Luftwechsel durch elektrisch getriebene Lüfter (dynamische Lüftung)

Die natürliche Lüftung ist zwar preiswert, aber witterungsabhängig. Da hier der Wichteunterschied der Innen- und Außenluft bzw. der Windabfall die Luftbewegung verursacht, ist ein konstanter Lüftungseffekt während eines gesamten Jahres nicht zu erwarten.
Die **Zwangslüftung** ermöglicht eine exakte Dimensionierung des Luftwechsels und ist dadurch meistens energiesparsamer als natürliche Lüftungsanlagen, die nicht gesteuert werden können. Die Zwangslüftung wird in folgende Lüftungsarten unterteilt:

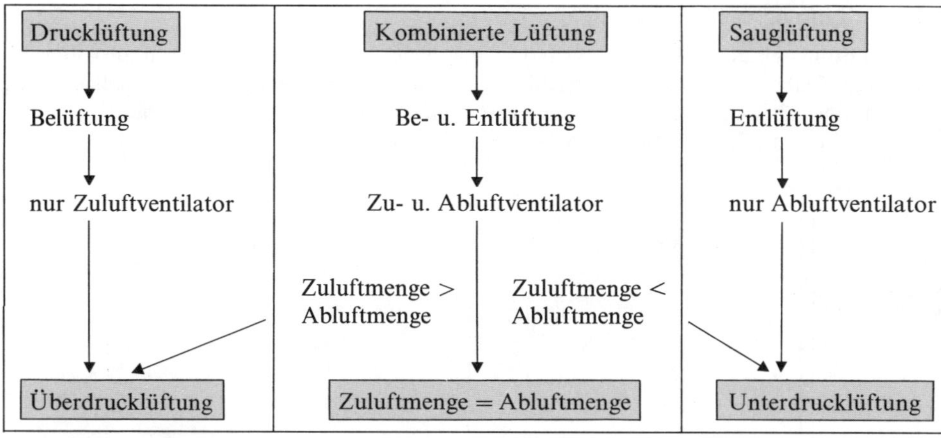

Merkmale und Anwendung:

Die Luft wird von außen in den Raum gedrückt u. durch Öffnungen, Fugen oder Türöffnungen hinausgedrückt. Dadurch kann aus den Nebenräumen keine Luft eintreten. Der Raum kann staub- und geruchsfrei gehalten werden. Anwendung: In Räumen mit geringen Luftwechsel, z.B. Werkstätten, Verkaufsräumen, Büroräumen, Schalträumen usw.	Durch die kombinierten Anlagen wird eine Vorwärmung der Luft ermöglicht. Mit dieser Anordnung lassen sich auch große Räume einwandfrei be- oder entlüften. Anwendung: Alle größeren Objekte und in anspruchsvollen Fällen, in denen ein zugfreier Luftaustausch erforderlich ist.	Die verbrauchte Luft wird abgesaugt u. frische strömt durch Öffnungen u. Fugen hinein. Die im Raum entstehenden Gerüche oder Schadstoffe können nicht in andere Räume eindringen, da stets ein Unterdruck herrscht. Dabei können jedoch Staub u. Gerüche von anderen Räumen eindringen. Bei hohem Luftwechsel treten häufig Zugerscheinungen auf, wenn die eindringende Luft nicht vorgewärmt wird. Anwendung: Kleine Räume wie WC, Küche, Labors, Akkuladeräume, Trafostationen usw.

Achtung: Befindet sich bei einer Unterdrucklüftung ein Kamin (Schornstein) im Raum, besteht die Möglichkeit, daß die Abgase in den Raum gezogen werden. Um dieser Gefahr zu begegnen, ist es u.U. sinnvoller, die den zu entlüftenden Raum umschließenden Zimmer mit einer Überdrucklüftung zu versorgen.

3.3.2 Lüftung: Zuluft – Abluft

Zur Belüftung eines Raumes ist grundsätzlich eine Lufteintritts- und Luftaustrittsstelle notwendig. Dabei ist es zunächst gleichgültig, ob die Luftbewegung durch natürlichen Sog (statisch) oder aber durch einen elektrisch getriebenen Lüfter (dynamisch) erfolgt. Die Zuluft- und Abluftstellen müssen sinnvoll zueinander angeordnet werden (Bild 3.9 und 3.10).

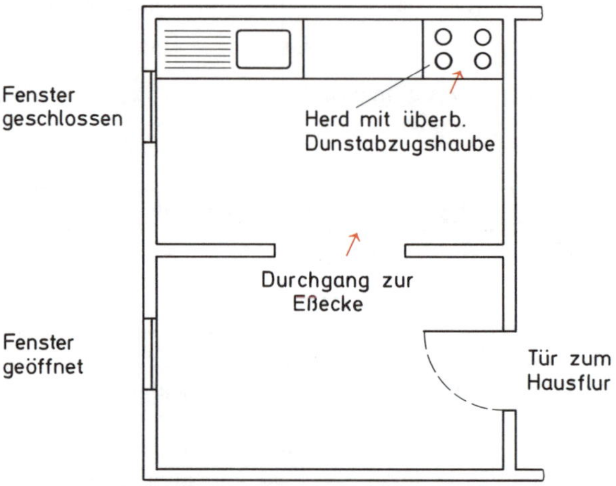

Bild 3.9
Entlüftung einer Küche mit Eßecke

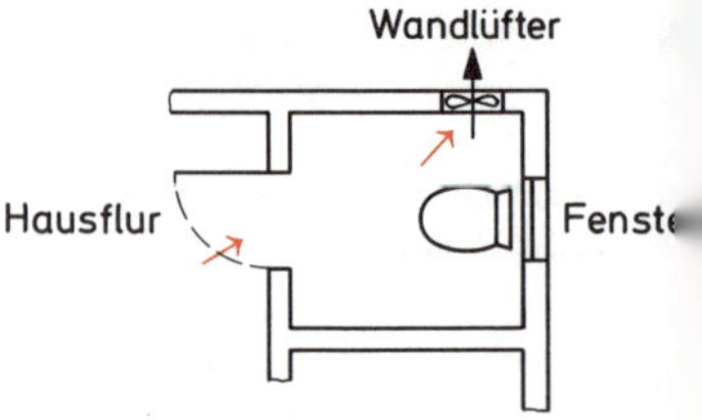

Bild 3.10
Entlüftung einer Toilette

Entlüftung einer Küche mit Eßecke:
richtig: Küchenfenster geschlossen.
Fenster oder Tür der Eßecke geöffnet, damit durch den Durchgang zur Eßecke keine Gerüche in die Eßecke dringen können.
falsch: Küchenfenster offen, da direkte Luftzirkulation vom Küchenfenster zur Lüftungshaube.

Entlüftung einer Toilette:
richtig: Fenster geschlossen und Luftspalt in der Tür, damit die Luft aus dem Flur durch die Toilette nach außen bewegt wird. Dabei wird in diesem Fall sicher genügend Luft vom Flur zuströmen können. Wenn nicht, muß eine Zuluftöffnung im Flur vorgesehen werden.
falsch: Fenster geöffnet, da direkte Luftzirkulation Fenster – Lüfter und ein Eindringen der Gerüche in den Hausflur kaum verhindert wird.

Soll lediglich das **Ein**dringen von Staub- und Geruchsstoffen verhindert werden, genügt eine Überdrucklüftung ohne besondere Ablufteinrichtung. Für den erforderlichen Luftwechsel (Atemluft der im Raum arbeitenden Personen) genügt u.U. die Fugendurchlässigkeit der Fenster und Türen. Ist ein hoher Luftwechsel erforderlich, so sollten auch bei der Überdrucklüftung die Lufteintritts- und Luftaustrittsstellen an entgegengesetzten Wänden angeordnet werden.
Die Höhe der Luftein- und Luftaustrittsstellen über dem Fußboden ist abhängig von dem Belüftungszweck.
In Aufenthaltsräumen wird die Abluftöffnung stets in Deckennähe oder in der Decke vorzusehen sein, da die verbrauchte, mit Zigarettenrauch angereicherte Luft aufsteigt.

Die Zuluftöffnung kann sowohl unter der Decke als auch im Bereich des Fußbodens eingebaut werden. Durch Verstellung der Austrittsschutzgitter ist die Strömungsrichtung beeinflußbar. Bei Laderäumen für Bleiakkumulatoren soll die Lufteintrittsöffnung möglichst in Bodennähe sein. Die Luftaustrittsöffnungen müssen oben und unten angeordnet werden, da sich oben das Wasserstoffgas bildet und unten der Säurenebel konzentriert (Abschnitt 3.3.4.2).

3.3.2.1 Vorwärmung der Zuluft

In Aufenthaltsräumen muß die Zuluft vorgeheizt werden. Dafür sind auf dem Markt Lüftungstruhen erhältlich, die elektrisch heizen oder an eine Warmwasserheizung angeschlossen werden können und den Heizkörper in diesem Raum ersetzen. Diese Truhen arbeiten mit Um- und Außenluft und haben ein eigenes Gebläse.

Die im Abschnitt 3.2.2.3 beschriebenen Klimageräte eignen sich gut als Zuluftgeräte.

Die Zuluft sollte um 2° C höher als die Raumtemperatur erwärmt werden, damit Zugerscheinungen vermieden werden.

Für den Wohnungsbau und auch für Einzelräume in Geschäftshäusern werden zunehmend kombinierte Ab- und Zuluftgeräte mit Wärmerückgewinnung angeboten. Sie lassen sich häufig in Verbindung mit anderen Fenstern einbauen und dienen gleichzeitig als Geräuschdämmung gegen Außenlärm. Sie ersetzen jedoch keine Klimaanlage mit gezielter Zulufttemperatur- und -feuchtigkeitsregelung.

Bild 3.11
Belüftung einer Gastwirtschaft

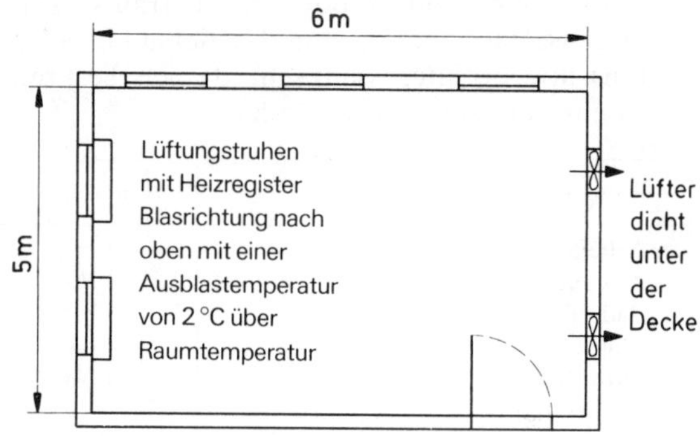

Beispiel:

Belüftung einer Gastwirtschaft (Bild 3.11):

richtig: Lüftungstruhen und Lüfter eingeschaltet.

falsch: a) nur Lüfter eingeschaltet bei geschlossenen Fenstern
b) Lüfter eingeschaltet mit geöffneten Fenstern an der 6-m-Wand.

Die Belüftung einer Gastwirtschaft kann in der im Bild 3.11 gezeigten Form durchgeführt werden.

Um die Geräusche so niedrig wie möglich zu halten und eine möglichst zugfreie gleichmäßige Entlüftung zu ermöglichen, sind mindestens 2 Ablüfter einzubauen.

Werden besonders hohe Ansprüche an die Zugfreiheit und den Geräuschpegel gestellt, sollten jeweils unter der Decke Zu- bzw. Abluftkanäle installiert werden.

Diese Installation wird jedoch wesentlich kostspieliger und erfordert in Nebenräumen Platz für die Zu- und Abluftgeräte.

3.3.3 Luftgeschwindigkeit, Luftwechselzahl

Eine wesentliche Einflußgröße für die Behaglichkeit einer Lüftungsanlage ist die Luftgeschwindigkeit im Raum.

$$\text{Luftgeschwindigkeit} = \frac{\text{Luftumwälzmenge}}{\text{Raumquerschnitt in Luftblasrichtung}}$$

Im Nahbereich der Luftaustrittsöffnung kann nicht der gesamte Raumquerschnitt angenommen werden. Dadurch erhöht sich hier die Luftgeschwindigkeit. Die Zuluft- bzw. Abluftöffnung darf sich somit nicht in der Nähe eines Arbeitsplatzes befinden.
Nach Bild 3.12 darf die Luftgeschwindigkeit bei höheren Temperaturen zunehmen. Muß ein Raum (z.B. Gastwirtschaft) stark belüftet werden, ist eine Aufheizung der Frischluft unerläßlich.
Als Richtwerte für Be- und Entlüftungsanlagen haben sich die **Luftwechselzahlen** bewährt. Sie geben die Häufigkeit des erforderlichen kompletten Luftwechsels eines Raumes pro Stunde an (Tabelle 3.3). Bei kleinen Räumen ist der jeweils höhere Wert zu wählen.
Luftwechselzahlen über 10 führen in den meisten Fällen zu Zugerscheinungen. Sind höhere Werte erforderlich, muß eine gute Vorwärmung erfolgen.
Lochdecken oder ähnliche Luftauslässe erlauben Luftwechselzahlen bis 20fach und mehr.
Empfehlungswert ist der Einbau eines stufenlosen Drehzahlstellers in Form eines elektronischen Stellers oder eines Trafos. Dann kann der Lüfter für die höchste Luftwechselzahl bemessen und beliebig betrieben werden. Das dürfte auch wegen des Geräuschpegels interessant sein, da sich die Frequenz und Lautstärke des Lüftergeräusches mit der Drehzahl verändert.

Raumart	Luftwechselzahl in l/h
Arbeitsräume	3 bis 7
Akkumulatorenräume	4 bis 8
Baderäume	5 bis 10
Bügelräume	8 bis 12
Büroräume	4 bis 8
Gaststätten:	
Raucher	6 bis 12
Nichtraucher	4 bis 8
Kantinen	6 bis 8
Küchen:	
Wohnungen	8 bis 20
Gasthaus	10 bis 25
Schulen	3 bis 7
Schwimmhallen	3 bis 5
Toiletten:	
Wohnungen	2 bis 3
Bürogebäude	3 bis 5
Schulen	5 bis 8
Fabriken	8 bis 10
Trockenräume	20 bis 40
Werkstätten ohne besondere Luftverschlechterung	3 bis 6
Wohnung	0,7 bis 0,8

Tabelle 3.3 Erforderliche Luftwechselzahlen (Häufigkeit je Stunde mit kompletten Luftwechsel des Raumes)

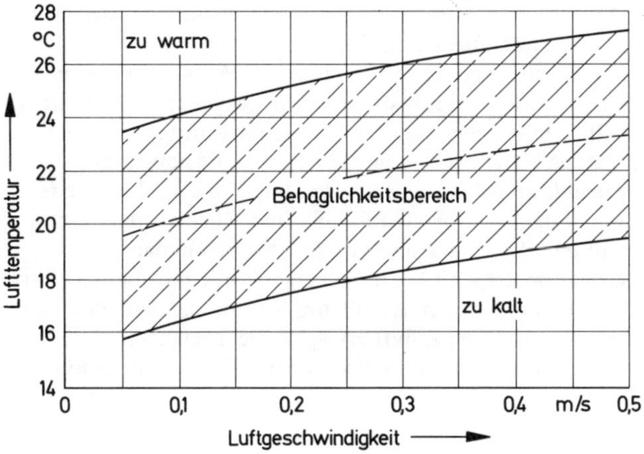

Bild 3.12
Luftgeschwindigkeit und Lufttemperatur

Beispiel:
Eine Gaststätte hat eine Grundfläche von 50 m² bei einer Raumhöhe von 3 m. Da sich in dem Raum mehrere Spielautomaten und eine Musiktruhe befinden und diese ständig in Betrieb sind, werden keine außergewöhnlichen Ansprüche an den Geräuschpegel der Entlüftungsanlage gestellt. Welche Gesamtleistung müssen die 2 Zuluftgeräte und die Ablüfter haben, wenn der Raum im Unterdruck gefahren werden soll, weil in die anschließenden Wohnräume kein Rauch eindringen darf?

Gegeben:

$$V = A \cdot h = 50\,\text{m}^2 \cdot 3\,\text{m} = 150\,\text{m}^3$$

Lösung:
Luftwechsel laut Tabelle 3.3 für Raucher 12fach, erforderliche Luftleistung (Luftmenge/Stunde)

$$V = 12\ 1/\text{h} \cdot 150\ \text{m}^3 = 1800\ \text{m}^3/\text{h}$$

In diesem Ort muß die Luftmenge von —15 °C auf +22 °C erwärmt werden, damit kein Zug eintritt. Dafür ist folgende Heizleistung erforderlich (Abschnitt 3.6.2.2):

$$Q_L = V_L \cdot c_p \cdot (\vartheta_i - \vartheta_a)$$

$$= 1800\frac{\text{m}^3}{\text{h}} \cdot 0{,}36\frac{\text{W h}}{\text{m}^3 \cdot \text{K}} \cdot 37\,\text{K}$$

$$= 23976\,\text{W}$$

$$Q_L \approx 24\,\text{kW}$$

$$c_p = 1300\frac{\text{kJ}}{\text{m}^3 \cdot \text{K}} = 0{,}36\frac{\text{Wh}}{\text{m}^3 \cdot \text{K}}$$

$$\vartheta_i - \vartheta_a = 22°\text{C} - (-15°\text{C}) = 37\,\text{K}$$

$$1\ \text{J} = 1\ \text{Ws}$$

Da es sich hier um eine sehr hohe Leistung handelt, sollte man prüfen, ob der 12fache Luftwechsel auch bei einer Außentemperatur von −15 °C erforderlich ist. Diese Temperatur tritt nur an wenigen Tagen im Jahr ein. Man sollte, je nach Nutzungsgrad der Gaststätte, von einer mittleren Jahrestemperatur ausgehen und dafür die Truhen bemessen. Während der kalten Jahreszeit muß ein geringerer Luftwechsel ausreichen.
Daraus bieten sich folgende Alternativlösungen an:
Einbauempfehlung 1: 2 Truhen mit je 6 kW, die an eine Pumpenwarmwasserheizung mit der Wassertemperatur 90/70 (Vor- und Rücklauftemperatur des Wassers) angeschlossen werden und eine Lüfterleistung von je 900 m^3/h haben.
Einbauempfehlung 2: Ein Klimagerät mit eingebauter Wärmepumpe mit einer Heizleistung von 12 kW, welches der Abluft die Wärme entzieht und dadurch mit einer guten Leistungszahl (größer als 3) die Zuluft erwärmt. Bei geeigneter Kanalführung kann das Gerät im Winter die Zuluft erwärmen und im Sommer kühlen. Beim Kühlen der Zuluft wird die Abluft erwärmt.

3.3.4 Ventilatoren

3.3.4.1 Bauarten

In der Lüftungstechnik werden an Ventilatoren die unterschiedlichsten Forderungen gestellt.
Z.B.
- kleinste Abmessungen bei großer Luftleistung
- niedrige Herstellungskosten
- hohe Pressung (Druckdifferenz)
- kleinste Geräuschbildung und hoher Wirkungsgrad
- gut regulierbar und günstig einbaubar

Man unterscheidet:

Axialventilator Bild 3.13

Die Luft durchströmt den Ventilator in axialer Richtung. Er fördert große Luftmengen bei niedrigen Druckdifferenzen. Wegen der großen Umfangsgeschwindigkeit der Flügelspitzen ist er relativ laut. Axialventilatoren mit höheren Drücken werden in der Herstellung teuer, da sie gewöhnlich aus mehreren in Reihe geschalteten Stufen bestehen.
Vorteilhaft ist die Einbaumöglichkeit in Luftkanäle, da die Strömungsrichtung (Kanalrichtung) längst der Motorachse verläuft.

Radialventilator Bild 3.14

Der Luftstrom verläuft von innen nach außen. Durch Leitbleche erfolgt häufig ein tangentialer Auswurf. Daher stammt die teilweise gebrauchte Bezeichnung *Tangential*lüfter.
Der Radiallüfter kann schon in einfacher Ausführung höhere Drücke als der Axiallüfter erreichen, ist geräuscharmer und hat bei gleicher Luftleistung einen kleineren Durchmesser als Axiallüfter. Diese Gründe führten zum Beispiel zum Einsatz in Speicherheizgeräten der Bauart III, Dunstabzugshauben usw.
Da der Motor bei Radiallüftern im allgemeinen außerhalb des Luftstromes sitzt, ist er vorteilhaft bei aggressiven oder explosiven Luftbeimengungen, hohen Lufttemperaturen (Heißluftherd) usw.

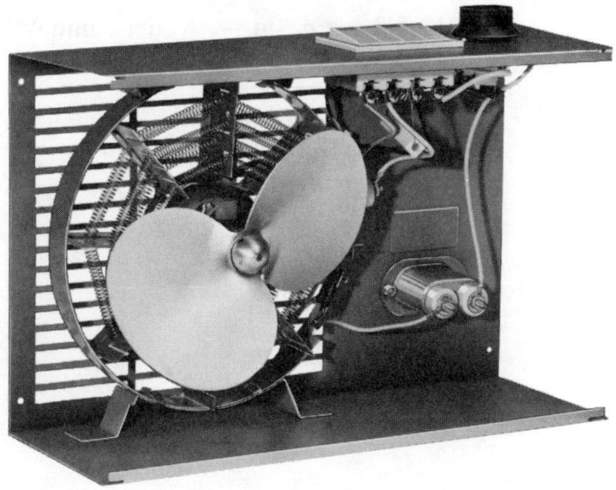

Bild 3.13 Axiallüfter

Bild 3.14 Radiallüfter

Bei beiden Bauarten gibt es Ausführungen mit kleinen und großen Luftleistungen (Volumenströmen), niedrigen und höheren Druckdifferenzen. Die Grenzen der Leistungsdaten verlaufen ineinander. Obwohl grundsätzlich der Radialventilator höhere Drücke als der Axialventilator ermöglicht, findet man auch innerhalb der Axialventilatorenlisten die Bezeichnung „Hochdruckventilator".
Ein Radialventilator würde bei gleicher Pressung möglicherweise als „Niederdruckventilator" bezeichnet werden. So ist z.B. eine Druckdifferenz von 200 N/m² (20 mmWS) für einen Axialventilator ein großer Betrag, für einen Radialventilator gleicher Baugröße und Drehzahl jedoch nicht.

Zusammenhang zwischen

3.3.4.2 Drehzahl – Volumenstrom – Druck – Leistung

Die Leistungsdaten eines Lüfters sind stark drehzahlabhängig.
Es gelten folgende Zusammenhänge:

Volumenstrom (Luftmenge) V in $\frac{m^3}{h}$ oder $\frac{m^3}{min}$ oder $\frac{m^3}{s}$

$$\boxed{\frac{V_1}{V_2} = \frac{n_1}{n_2}}$$

Druckerhöhung p in $\frac{\mathrm{N}}{\mathrm{m}^2}$ oder mmWS $\left(10\,\frac{\mathrm{N}}{\mathrm{m}^2} = 1\,\mathrm{mmWS}\right)$

$$\boxed{\frac{p_1}{p_2} = \left(\frac{n_1}{n_2}\right)^2}$$

Leistung P des Lüfters in W oder kW

$$\boxed{\frac{P_1}{P_2} = \left(\frac{n_1}{n_2}\right)^3}$$

$n =$ Drehzahl des Ventilators in $\frac{1}{\mathrm{min}}$ oder $\frac{1}{\mathrm{s}}$

Index 1: ursprünglicher Wert vor der Drehzahlveränderung
Index 2: neuer Wert nach der Drehzahlveränderung

Beispiel:
Würde die Drehzahl eines Ventilators von $2800\,\frac{1}{\mathrm{min}}$ auf $1400\,\frac{1}{\mathrm{min}}$ verändert werden, so ergeben sich folgende Verhältnisse:

$$\frac{n_2}{n_1} = \frac{1400\,\frac{1}{\mathrm{min}}}{2800\,\frac{1}{\mathrm{min}}} = \frac{1}{2}$$

Somit sind:

neuer Volumenstrom $\quad V_2 = V_1 \cdot \frac{1}{2} = \frac{V_1}{2}$

neuer Druck $\quad p_2 = p_1 \cdot \left(\frac{1}{2}\right)^2 = \frac{p_1}{4}$

neue Leistung an der Welle oder auch Leistung des Motors $\quad P_2 = P_1 \cdot \left(\frac{1}{2}\right)^3 = \frac{P_1}{8}$

Die Drehzahlsenkung führt also zu einer erheblichen Leistungsminderung. Die tatsächlichen Werte werden jedoch noch durch die Einbaugegebenheiten (frei blasend oder nicht) beeinflußt.

Achtung:
Eine Drehzahlerhöhung kann jedoch zu einer unerwartet hohen Überlastung des Motors führen.

Beispiel 1: Eine Drehzahlverdoppelung ergibt die 8fache Leistung,

denn es ist: $P_2 = P_1 \cdot \left(\frac{2}{1}\right)^3 = P_1 \cdot 2^3 = P_1 \cdot 8$

Beispiel 2: Die Drehzahl eines Motors wird um 20% gesteigert $n_2 = 1{,}2 \cdot n_1$. Um wieviel Prozent steigt die Leistung des Lüfters?

$$P_2 = P_1 \cdot \left(\frac{n_2}{n_1}\right)^3 = P_1 \cdot \left(\frac{1{,}2 \cdot n_1}{n_1}\right)^3 = P_1 \cdot (1{,}2)^3 = P_1 \cdot 1{,}73$$

Eine Drehzahsteigerung um 20% ergibt also eine Leistungssteigerung um 73%.

Achtung: 20% Drehzahlsteigerung erfährt ein 50-Hz-Induktionsmotor am 60-Hz-Netz. In diesem Fall muß entweder der gleiche Ventilator einen größeren Motor oder der gleiche Motor einen entsprechend kleineren Ventilator erhalten.

3.3.4.3 Drehzahländerungsmöglichkeiten

Ist eine Regulierbarkeit des Ventilators erwünscht, so bieten sich je nach Leistung unter anderem folgende Möglichkeiten an:

1. Polumschaltbare Motoren eventuell mit zusätzlichem Intervallbetrieb
2. Stelltransformatoren oder Transformatoren mit mehreren Anzapfungen
3. Elektronische Spannungsregler bzw. Motorsteller wie
   - Phasenanschnitt- oder Schwingungspaketsteuerung
   - Stromrichtergeräte mit Gleichstrommotoren
   - Frequenzumrichter

Bleibt die Verstellung im Bereich *unterhalb* der Nenndrehzahl, so besteht für den Motor wegen der im Abschnitt 3.3.4.2 gebrachten Zusammenhänge keine Gefahr.
In vielen Fällen, z.B. Entlüftung von Viehställen oder Belüftung von Trafo- oder Schalträumen, wird als Einflußgröße auf den Regler die Lufttemperatur im zu belüftenden Raum gewählt. Eine Regelung kann dann sowohl über den Intervallbetrieb als auch über die Drehzahl erfolgen. Besser ist jedoch die Drehzahlregulierung, da hiermit eine gleichmäßigere zugfreiere Bedingung zu erreichen ist, und die Geräuschbelästigung kleiner bleibt.

3.3.5 Spezielle Entlüftungsanlagen

3.3.5.1 Dunstabzugshauben für Wohnküchen (Bild 3.15)

In der Küche haben sich Dunstabzugshauben bewährt. Sie sollten stets an einen Abluftkanal angeschlossen werden. Dabei dürfen bestimmte Rohrquerschnitte und -längen nicht überschritten werden (rd. 3 bis 5 m Länge bei 100 mm Rohrdurchmesser). Die Rohre sollten eine Möglichkeit zur Reinigung bieten. Bei waagerechter Anordnung sollten sie 2 cm bis 3 cm Gefälle pro Meter nach außen aufweisen, damit eventuelles Fett und Kondenswasser ablaufen kann. Zur Vermeidung einer übermäßigen Verschmutzung der Rohre und Haube (Brandgefahr) muß die Filtermatte regelmäßig gereinigt bzw. ausgewechselt werden.
Dunstabzugshauben erzeugen einen Unterdruck in der Küche. Die nachströmende Luft (Zuluft) sollte möglichst bei geschlossenem Küchenfenster durch die Küchentür einströmen, damit die Gerüche nicht in die Wohnung eindringen können. Natürlich muß die Zuluft an einer geeigneten Stelle in die Küche strömen können (Abschnitt 3.3.2, Bild 3.9). Bei einer 7 m^2 großen Küche mit 2,5 m Raumhöhe und einem 10fachen Luftwechsel pro Stunde muß der Ablüfter eine Luftleitung von $7\ m^2 \times 2{,}5\ m \times 10\ 1/h = 175\ m^3/h$ aufweisen. Die handelsüblichen Dunstabzugshauben besitzen etwa 300 m^3/h. Obwohl noch Rohrleitungsverluste auftreten, können diese Hauben eine durchschnittliche Küche mit größter Motorleistung befriedigend belüften.
Achtung: Da Dunstabzugshauben einen Unterdruck erzeugen, dürfen sie nicht in Räumen betrieben werden, in denen sich gleichzeitig raumluftabhängige Feuerstätten

Bild 3.15
Einschiebbare Dunstabzugshaube für normale Küchen (Bauknecht)

(z. B. Gasthermen für Warmwasser oder Heizung) befinden. Der Unterdruck könnte zur Ansammlung von Abgasen der Thermen führen und somit Lebensgefahr bedeuten. Es sind auch schon tödliche Unfälle eingetreten, wenn sich die Feuerstätten in Nebenräumen mit nicht ausreichender Belüftung befinden, und der durch die Dunstabzugshauben erzeugte Unterdruck einen zu hohen Wert annimmt. In jedem Fall ist für eine ausreichende Belüftung des Raumes zu sorgen, damit der Unterdruck nicht unzulässig hohe Werte annehmen kann. Zur Zeit der Drucklegung dieser Auflage lagen keine eindeutigen Richtwerte vor.

Die **Umlufthauben** haben nur eine begrenzte Wirksamkeit. Sie können die Schmutzstoffe ausfiltern und die Gerüche durch Aktivkohle-Filter adsorbieren.

Einige Geräte arbeiten mit Ozonerzeuger in Form einer UV-Lampe. Hier führen zu lange Einschaltzeiten zu eigener Geruchsbildung und teilweise zu einer Reizung der Atmungsorgane. Da es sich hier um ein Umluftgerät handelt, müssen die Türen zur Wohnung geschlossen bleiben.

Die Umluftgeräte können keinen Wasserdampf beseitigen und stellen lediglich einen fragwürdigen Kompromiß dar. Falls ein Abluftanschluß ermöglicht werden kann, ist die Dunstabzugshaube vorzuziehen.

3.3.5.2 Laderäume für Akkumulatoren

In VDE 0510 § 6 ist eine Be- und Entlüftung von Akkumulatorenladeräumen vorgeschrieben. Dabei ist eine natürliche (statische) Lüftung in vielen Fällen ausreichend und anzustreben.

Bei Batterien auf Schiffen und in Schränken ist eine natürliche Belüftung nur bis zu einer Ladeleistung von 2 kW zulässig.

Ist bei normalen Anlagen ein ausreichender Luftwechsel nicht gewährleistet, muß auch hier eine Zwangslüftung eingebaut werden. Sie soll die Luft in Bodennähe eintreten lassen und auf der gegenüberliegenden Seite in Boden- und Deckennähe absaugen (Bodennähe nur bei Bleiakkumulatoren, wegen eventueller Säuredämpfe).

Für Akkumulatorenladeräume kommt stets nur eine Unterdrucklüftung in Frage, damit eventuelle Säuredämpfe nicht in andere Räume eindringen können. Bei gemischten Anlagen (Saug- und Drucklüftung) muß gewährleistet sein, daß nie der Drucklüfter allein läuft. Die Lüftungsanlage muß spätestens mit Beginn der Ladung eingeschaltet werden.

Lüftermotoren für Sauglüfter müssen explosionsgeschützt sein und Laufräder aus einem Werkstoff besitzen, der sich nicht elektrostatisch auflädt, damit kein Funken durch Entladung des Flügels entstehen kann.

Die Luftleistung wird laut VDE 0510 § 6 nach folgenden Formeln berechnet:

bei Landanlagen u. Fahrzeugen $Q = 55 \cdot n \cdot I$
bei Schiffsanlagen $Q = 110 \cdot n \cdot I$

Darin bedeuten: Q Luftmenge in dm^3/h
n Anzahl der Akku-Zellen
I Strom, der die Entwicklung des Wasserstoffes verursacht.

Dieser Strom I wird in VDE 0510 § 6 Tafel 4 in Abhängigkeit vom Ladeverfahren angegeben Tabelle 3.4).

Tabelle 3.4 Auszug aus Tafel 4 VDE 0510 § 6
Stromstärke I, die die Entwicklung von Wasserstoff bei der Akku-Ladung verursacht

Ladeverfahren bzw. Batterieeinsatz	Batterien in Landanlagen u. in Landfahrzeugen
bei Ladeeinrichtungen, deren Ladeschlußstrom durch die Kennlinie der Ladeeinrichtung festgelegt wird	I = Ladeschlußstrom des Ladegerätes
bei Ladeeinrichtungen, deren Ladeschlußstrom so begrenzt ist, daß die Gasungsspannung der Batterie nicht überschritten wird	Bleibatterien: I = 2 A je 100 Ah Nennkapazität, Stahlbatterien: I = 4 A je 100 Ah Nennkapazität, Silber-Zink-Batterien: I = 1 A je 100 Ah Nennkapazität
bei Erhaltungsladen einer Batterie und bei gelegentlichem Aufladen von Batterien, sofern die Gasungsspannung nicht überschritten wird	I = 1 A je 100 Ah Nennkapazität

Beispiel: 1. Eine 220-V-Batterie einer Fabrik mit 120 Zellen wird mit einem Ladegerät geladen, das einen Ladeschlußstrom von 6 A ermöglicht (der Ladeschlußstrom führt zu einer verstärkten Gasung).
Welcher Luftbedarf ist vorhanden?

Lösung: $$Q = 55\frac{dm^3}{Ah} \cdot 120 \cdot 6\,A = 39\,600\frac{dm^3}{h} \approx 40\,\frac{m^3}{h}$$

2. Es soll eine 200-Ah-Batterie mit 33 Zellen in Reihe in Erhaltungsladung betrieben werden.

Wie groß ist der Luftbedarf?

Lösung: Nach VDE 0510 Tafel 4 beträgt der Strom I 1 A je 100 Ah, hier also 2 A.

Somit gilt: $$Q = 55\frac{dm^3}{Ah} \cdot 33 \cdot 2\,A = 3630\,\frac{dm^3}{h} = 3{,}63\frac{m^3}{h}$$

3.4 Elektrische Heizungstechnik

3.4.1 Physiologische Gesichtspunkte bei der Raumheizung

Die Raumlufttemperatur ist nicht das einzige Kriterium für eine gute Klimatisierung. Ein 20°C temperiertes Zimmer kann unbehaglich sein, wenn die Wände zu kalt, die Luft zu trocken oder die Luftbewegung zu intensiv ist.
Der Mensch gibt selbst 80 und 300 Watt an den Raum ab. Die Höhe dieser Heizleistung ist zum größten Teil von der Art der Tätigkeit der entsprechenden Person abhängig. Bei Bürotätigkeit liegt sie im Mittel zum 120 W. Die Wärmeabgabe erfolgt im Durchschnitt auf folgenden Wegen:

45% durch Strahlung,
32% durch Konvektion,
20% durch Verdunstung,
3% durch Atmung.

Werden diese Verhältnisse wesentlich verschoben, so kann das zu einer Unbehaglichkeit führen, die in der Regel als Kältegefühl empfunden wird. Eine Störung tritt z.B. bei folgenden Veränderungen auf:

a) *Zugluft* führt zu stärkerer Verdunstung,
b) *trockene Luft* führt zu stärkerer Verdunstung,
c) *leichte Kleidung* führt zu stärkerer Konvektion und Strahlung.

Die Raumheizung gibt ihre Wärme durch Konvektion und Strahlung ab. Es kann eine Raumtemperatur unter 20°C durchaus als angenehm empfunden werden, wenn von allen Seiten eine Wärmestrahlung vorhanden ist (Bild 3.16). Dieses läßt sich z.B. mit einer Flächenheizung erreichen, bei der alle Raumwände Heizmatten enthalten. Sie würde tatsächlich die angenehmste Heizungsart darstellen, da hierbei Zugerscheinungen kaum auftreten können. In der Praxis wird sie sich vorläufig zwar nicht durchsetzen lassen. Einen brauchbaren Kompromiß stellt jedoch die Fußbodenheizung dar. Bild 3.17 zeigt die Luftbewegung in Räumen mit unterschiedlicher

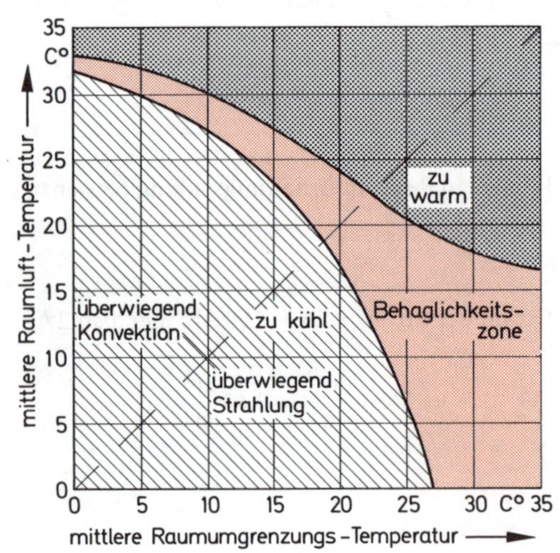

Bild 3.16
Behaglichkeitszone in Abhängigkeit von Luft- und Wandtemperatur

Bild 3.17

a) Heizgerät an der fensterabgewandten Seite

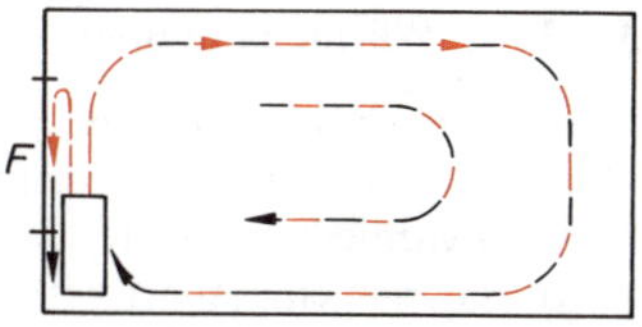

b) Heizgerät unter dem Fenster

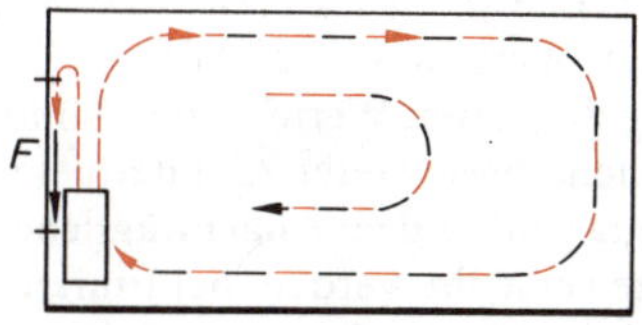

c) Heizgerät unter dem Fenster und Fußbodenheizung

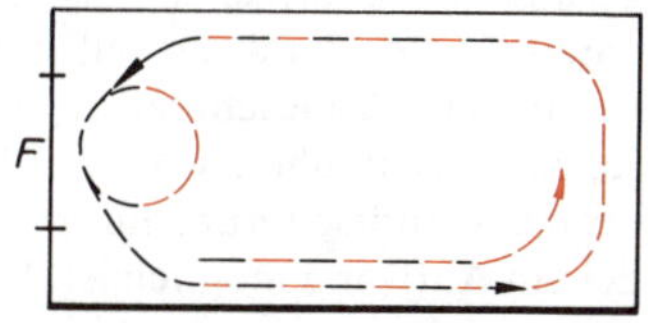

d) Fußbodenheizung allein

Heizungsart. Die Aufstellung von Heizkörpern an der dem Fenster gegenüberliegenden Wand (Bild 3.17a) scheidet aus, da die kalte Luft am Fußboden zwangsläufig zu kalten Füßen führt. Derartig beheizte Räume weisen stets ein großes Temperaturgefälle zwischen der Luft an der Innen- zu der an der Fensterwand auf.

Die Aufstellung eines Heizgerätes unter dem Fenster (Bild 3.17b) stellt dagegen einen brauchbaren Kompromiß dar. Die am Fußboden streichende Luft ist noch erwärmt. Die stärkere Abkühlung in der Nähe des Heizgerätes wird durch die Wärmestrahlung in dieser Gegend teilweise ausgeglichen.

Die Kombination aus Fußbodenheizung und Heizgerät unter dem Fenster (Bild 3.17c) ergibt eine gute Lösung, die noch zu einer gleichmäßigeren Temperatur und damit weniger Luftbewegung führt. In Neubauten ist diese kombinierte Heizungsart relativ leicht realisierbar. Die Leistung des unter dem Fenster installierten Heizgerätes kann natürlich geringer bemessen werden als bei fehlender Fußbodenheizung.

Eine Fußbodenheizung allein führt wieder zu einer Kaltluftströmung im Fußbereich (Bild 3.17d), wenn keine verstärkte Heizleistung im Fensterbereich vorhanden ist.

Hat ein Raum mehrere Außenwände, so können zwei Wege zur Erzielung einer ausreichenden Behaglichkeit beschritten werden: entweder wird vor jeder Außenwand ein Heizgerät aufgestellt oder die Wände werden durch eine gute Wärmedämmung so isoliert, daß ihre Oberflächen annähernd Raumtemperatur annehmen. Die Wärmedämmung ist dabei vorzuziehen, da sie

a) eine gleichmäßigere Temperatur über die gesamte Wandfläche ergibt,
b) Heizkosten senkt,
c) im Sommer den Raum kühl hält und
d) gleichzeitig gegen Geräusche isoliert.

Hat ein Raum mehrere Fenster, so sollten auch entsprechend Geräte aufgestellt werden. Die geringen Mehrkosten sind durch die erheblich höhere Behaglichkeit gerechtfertigt.

3.4.2 Wärmedämmung

Die Wärmeschutzverordnung zum Energieeinsparungsgesetz fordert für
„Gebäude mit normalen Innentemperaturen"
Mindestwärmedämmwerte, damit unabhängig von der Energieart (elektrisch, Öl, Gas usw.) Wärmeenergie eingespart wird.
Darin wird u.a. gefordert:
Für **außenliegende Fenster und Fenstertüren** *mindestens* Isolier- oder Doppelverglasung mit einem Wärmedurchgangskoeffizienten von 3,1 W/(m^2·K) (Abschnitt 3.6.1 und Tabelle 3.19).
Bei **Außenwänden** gelten maximale mittlere Wärmedurchgangskoeffizienten ($k_{m,max}$) für die gesamten Wandflächen einschließlich Fenster; $k_{m,W+F}$ = 1,20 W/(m^2·K) mit 25% Fensteranteil. Die Außenwand selbst darf den Wert k_W = 0,57 W/(m^2·K) nicht überschreiten.
Die in der Wärmeschutzverordnung geforderten Werte stellen Mindestwerte dar. Ein vorausschauender Bauherr wird sich bemühen, diese weiter zu unterbieten, zumal die Mehrkosten bei der Wandisolierung nur geringfügig sind und eine nachträgliche Änderung nur mit erheblichem Aufwand möglich ist. Es sollte versucht werden, bei Einfamilienhäusern eine spezifische Heizleistung von 60 bis 70 W/m^2 Wohnfläche zu erreichen. Für Fußbodenheizungen werden maximal 90 W/m^2 als unabdingbar vorausgesetzt, damit die Oberflächentemperatur des Fußbodens auf keinen Fall am kältesten Tag des Jahres 28 °C übersteigen muß.
Häufig wird für die Wärmedämmung eine Wirtschaftlichkeitsberechnung gefordert. Sie berücksichtigt die Energieeinsparungen im Verhältnis zum Kapitaldienst für diese Wärmedämmung. Der Verfasser warnt vor allzu genauen Rechnungen auf diesem Sektor, weil die Energiepreisentwicklung nicht überschaubar ist. 1972 lag die optimale Dicke einer zusätzlichen Isolierung durch Schaumstoffmaterial für Ölheizungen bei 3 cm und für Elektrospeicherheizungen bei 6 cm.
Wegen der gestiegenen Energiepreise wurde eine 6 cm dicke Isolierung bereits 1980 überall für sinnvoll erachtet. Seit 1982 werden in vielen Fällen 10 bis 12 cm Isolierung empfohlen. Diese Dicken sind jedoch von der Steinart und -dicke abhängig.

3.4.2.1 Anordnung der Wärmedämmschicht

Grundsätzlich ist es gleichgültig, ob die Wärmedämmung an der Außenseite, in der Mitte oder an der Innenseite einer Wand angebracht wird. Die Dämmwirkung ist in allen Fällen gleich.
Wird die *Wärmedämmschicht außen angebracht*, so dient die Wand als Wärmespeicher. Das wirkt sich dann vorteilhaft aus, wenn viel gelüftet wird. Die frische Luft erwärmt sich schnell und außerdem wird die Wärmestrahlung der Wand als angenehm empfunden. Nachteilig ist diese Anordnung für kurzzeitig benutzte Räume, die rasch aufgeheizt sein sollen.
Die *Wärmedämmschicht an der Innenseite* einer Wand ermöglicht das schnelle Aufheizen eines Raumes, da die Wand selbst kalt bleibt, obwohl die Temperatur der Oberfläche hoch ist. Das wirkt sich besonders günstig bei selten und kurzzeitig benutzten Räumen aus. Einen weiteren Anwendungsfall bietet ein kombinierter Wohn- und Schlafraum, der zur Schlafenszeit eine geringere Temperatur haben soll als am Abend.
Für *normale Wohnräume* sollte stets die Außenwärmedämmung angewandt werden.
In diesem Zusammenhang sollte die **Dampfdiffusion und Dampfsperre** beachtet werden (siehe Abschnitt 3.1.2.2).

3.4.3 Elektrische Heizeinrichtungen

Eine grobe Unterteilung der elektrischen Heizeinrichtungen kann nach folgenden Gesichtspunkten vorgenommen werden.

Tabelle 3.5 Elektrische Heizungsarten

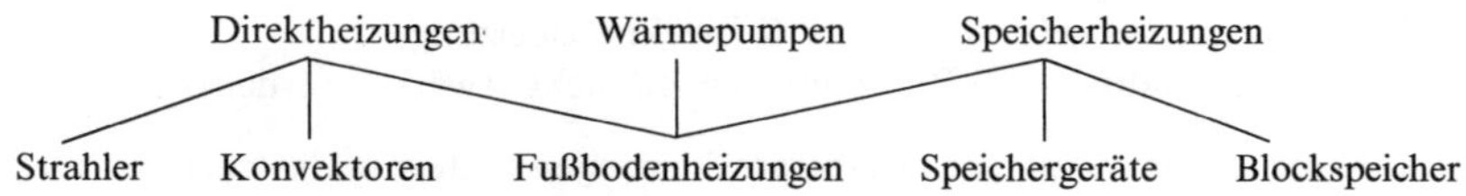

Die Fußbodenheizung paßt in alle Oberbegriffe hinein.

3.4.3.1 Heizstrahler

Funktion:
Wird beim Übertragen von Wärmeenergie zwischen zwei Körpern die dazwischenliegende Schicht nicht wesentlich erwärmt, so spricht man von Wärmestrahlung. Dabei kühlt sich die Strahlungsquelle ab, und der bestrahlte Körper erwärmt sich, weil sich die Strahlungsenergie in Wärme umwandelt. Damit der Heizstrahler seine Temperatur beibehält, muß ihm ständig elektrische Energie zugeführt werden.
Die Wärmestrahlen gehören zu den elektromagnetischen Wellen und liegen mit den Frequenzen zwischen $3 \cdot 10^{12}$ Hz und $375 \cdot 10^{12}$ Hz unmittelbar vor dem sichtbaren Licht ($375 \cdot 10^{12}$ Hz bis $750 \cdot 10^{12}$ Hz). Die Temperatur der Heizwendeln oder Heizschlangen beträgt etwa 250 bis 600°C.

Bauformen:
Grundsätzlich bestehen die meisten Strahler aus dem Heizstab mit einem dahinterliegenden Spiegel. Die geometrischen Abmessungen und die Form des Metallspiegels führen zu den Begriffen:

Langfeldstrahler oder Linienstrahler und
Flächenstrahler oder Industriestrahler

Die Industrie hat weitere Anwendungsgebiete erschlossen wie z.B. Kirchenstrahler, Ampelstrahler (Kombination aus Leuchte und Infrarotstrahler).

Anwendung
Da sich die Luft nicht nennenswert erwärmt, ist der Strahler für folgende Aufgaben besonders geeignet:

a) in großen Räumen, die nur regional beheizt werden sollen (Arbeitsplatz in einer Werkhalle),
b) in allen Räumen mit häufig wechselnder Luft (Verkaufshallen, Toiletten),
c) im Freien (Verkaufsstände auf dem Wochenmarkt, Balkonheizungen),
d) wenn eine schnelle Heizwirkung erforderlich ist (kurzzeitig benutzte Räume, wie Bad in den Morgenstunden während der Übergangszeit),
e) Räume mit nichtisolierten Außenwänden,
f) Räume, die im Vergleich zur Fläche sehr hoch sind.

Vorteile der Strahlungsheizung
Die genannten Anwendungsfälle ergeben bereits eine Anzahl von Vorteilen der Strahler gegenüber der sonst möglichen Konvektionsheizung. Darüber hinaus sollte noch folgendes erwähnt werden:

Keine Staubaufwirbelung wie bei der Konvektionsheizung.
Kein Sauerstoffverbrauch wie bei Ofenheizung.

Leichte Regulierbarkeit mit sehr kurzer Zeitkonstante.
Geringe Wartung.
Energieersparnis gegenüber einer Konvektionsheizung
(Raumumwandung und Raumluft müssen nicht erwärmt werden).

Die Projektierung größerer Anlagen mit Infrarotheizungen sollte grundsätzlich nur von Firmen mit entsprechender Erfahrung vorgenommen werden, damit die im Heizbereich tätige Person nicht einseitig zu stark erwärmt wird.

3.4.3.2 Konvektordirektheizgeräte

Funktion:
Wird Luft erwärmt, so dehnt sie sich aus, erhält damit eine geringere Wichte und steigt nach oben. Die sich danach langsam abkühlende Luft sinkt am anderen Raumende wieder. Dadurch entsteht im beheizten Raum eine Luftströmung entsprechend Bild 3.17a bis c.

Bauformen und Anwendungen
Konvektordirektheizgeräte[1] gibt es in transportabler und in ortsfester Ausführung. Die transportablen Geräte werden im allgemeinen nur bis zu einer Leistung von etwa 2 kW gebaut, da größere Geräte u.U. beim EVU genehmigungspflichtig wären und eventuell einer besonderen Grundgebühr bedürfen.
Die Geräte lassen sich in folgende drei Gruppen unterteilen:
a) *Konvektorheizgeräte ohne Lüfter* (Bild 3.18) lassen sich flach bauen. Die Luftumwälzung erfolgt aufgrund ihrer Kaminwirkung. Sie werden mit Thermostat bevorzugt in kleinen Räumen, wie Badestuben, Toiletten usw., eingesetzt. Verbreitet finden sie auch als Frostschutzgeräte Anwendung. Konvektorheizgeräte ohne Lüfter sollten möglichst tief montiert werden, damit die kälteste Luft mit in den Warmluftkreislauf einbezogen wird.
Da sie geräuschlos arbeiten, werden transportable Geräte gern in der Übergangszeit verwendet.

[1] Konvektion (lateinisch) = Strömung, Mitführung von Energie.

Bild 3.18
Konvektionsheizgerät
ohne Lüfter
(Vaillant)

Bild 3.19
Konvektionsheizgerät mit Lüfter
(Vaillant)

In der Badestube ist die geringe Luftbewegung dieser Geräte von Bedeutung, denn eine Zugluft führt zu erhöhter Verdunstung an der nassen Haut. Die dabei dem Körper zusätzlich entzogene Verdunstungswärme kühlt den Körper ab. (Vergleich: Ein angefeuchteter Finger ist an der windzugewandten Seite stets kälter als ein trockener Finger.)

b) *Konvektionsheizgeräte mit Lüfter* (Bild 3.19) werden als bewegliche Geräte bevorzugt, weil der Lüfter die warme Luft schneller verteilt und damit den Eindruck eines „größeren" Heizgerätes erweckt. Sie sind besonders gut zur schnellen Raumlufterwärmung geeignet. Bei anderen Geräten muß die erwärmte Luft immer erst den Kreislauf (Decke – Wand – Fußboden) im Zimmer antreten. Dabei kühlt sie aber in kalten Räumen stets ab, bevor sie bei den Personen angelangt ist.

Konvektionsheizgeräte gibt es mit Axial- und Radiallüftern (Abschnitt 3.3.4.1).

Der Tangentiallüfter hat wegen seines kleineren Durchmessers geringere Umfangsgeschwindigkeit und erzeugt deshalb niedrigere Luftgeräusche.

c) *Elektroradiatorheizungen* als Direktheizgeräte werden ebenfalls angeboten. Sie können wegen ihrer vergrößerten Oberfläche mit geringeren Temperaturen (80 bis 100 °C) arbeiten. Eingesetzt werden sie vorteilhaft in feuergefährdeten bzw. als Sonderausführung in explosionsgefährdeten Räumen.

Bild 3.20 Rohrheizkörper
(Schultze-Kältewehr)

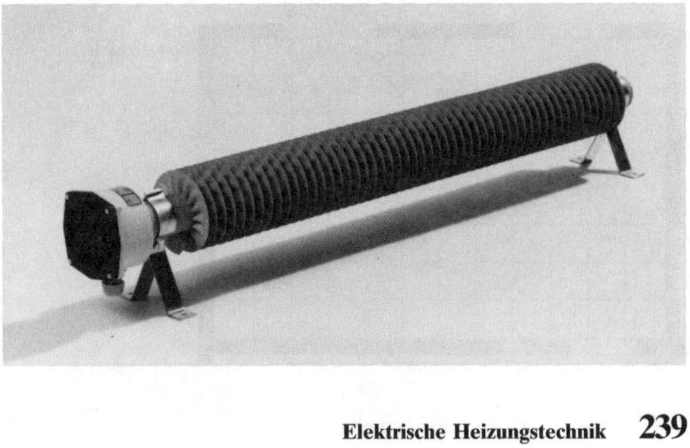

Als Zusatzheizgeräte in Wohnungen sind sie wegen relativ großer Trägheit weniger geeignet. Es muß stets erst die Flüssigkeit (Öl oder Wasser) erwärmt werden.
In die gleiche Gruppe gehören die Rohrheizkörper (Bild 3.20). Sie werden ausschließlich fest montiert und dienen als Direktheizungen in Arbeits- und Lagerräumen, Garagen, Kranführerkabinen usw. Die thermische Trägheit dieser Geräte ist geringer als bei transportablen Geräten.

3.4.3.3 Fußbodenheizung

Die Fußbodenoberflächentemperatur sollte aus Gründen der Behaglichkeit 28 ° C nicht übersteigen. Untersuchungen haben ergeben, daß eine spezifische Heizleistung von ca. 90 W/m^2 Fußbodenoberfläche möglich ist, wenn die Fußbodenoberfläche maximal 28 ° C warm und die Raumluft eine Temperatur von 20 ° C hat.
Berücksichtigt wird dabei die gesamte Grundfläche eines Raumes abzüglich eventueller Einbauschränke. Im Badezimmer sollte jedoch der Wannenbereich mit einbezogen werden.
Wird eine Fußbodenheizung geplant, so muß zunächst der Wärmebedarf des ungünstigsten Raumes ermittelt werden. Dabei bleibt der Fußboden zunächst unberücksichtigt, da er eine höhere Temperatur als die Raumluft hat. Bei höheren Werten als 90 W/m^2, wird vom Einbau der alleinigen Fußbodenheizung abgeraten. In diesem Falle sollte eine zusätzliche Heizung im Fensterbereich installiert werden.
Grundlage für die Planung und Bemessung einer Fußbodenheizung ist DIN 44576 Teil 1 bis 4.

3.4.3.3.1 Elektrische Fußbodenheizung

Die elektrische Fußbodenheizung ist in erster Linie als Speicherheizung zu betrachten. Da die Oberflächentemperatur aus gesundheitlichen Gründen nicht über 28 ° C ansteigen darf und die Heizung andererseits unter 20 ° C ihren Heizzweck nicht mehr erfüllen kann, muß die Fußbodenheizung während der Tageszeiten Nachladung erhalten.
Um den Kaltlufteinfall im Fensterbereich aufzufangen, sollte dort eine höhere Heizleistung je Flächeneinheit installiert werden (Bild 3.21). Den gleichen Zweck erreicht man, wenn nur im Fensterbereich während des Tages nachgeheizt wird.
Wirken die Thermostaten nur auf den Fensterbereich, so läßt sich eine günstige Regelung der Raumtemperatur erzielen. Dabei muß allerdings der höhere Tarif während des Tages in Anspruch genommen werden. Man rechnet mit etwa 10 bis 20% des Energiebedarfs während der Hochtarifzeit.

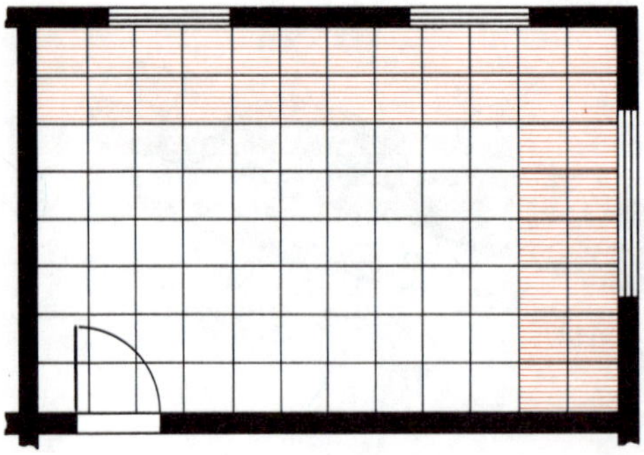

Bild 3.21 Fußbodenheizung mit verstärkter Heizleistung im Außenwandbereich

Bild 3.22a)
Verlegen von Heizmatten auf der Baustelle (Kabelmetall)

Durch im Fußboden versenkte Rohrheizkörper oder Heizschlangen auf der Fensterbank bzw. in der Fensterwand versuchen einige Firmen dem Kaltlufteinfall zu begegnen.
Ein weiterer Schutz gegen den Kaltlufteinfall, verbunden mit einer guten Regelbarkeit, ist die Aufstellung zusätzlicher Speicher- oder Direktheizgeräte unter dem Fenster.

Aufbau der elektrischen Fußbodenheizung
Die Heizung wird entweder in Mattenform (Bild 3.22a) oder als Heizschlange von der Rolle verlegt (Bild 3.22b). Die letztere Methode hat die Möglichkeit einer individuellen Verteilbarkeit der Heizleistung als Vorteil. Aber auch Heizmatten gibt es mit unterschiedlichen Leistungen je m^2 Bodenfläche, so daß eine Abstufung möglich ist.
Bild 3.23 zeigt einen Fußbodenquerschnitt. Wichtig ist eine gute Isolierung nach unten. Wird die Heizschlange zwischen den Speicherplatten verlegt, ergibt sich eine größere Trägheit während der Tagesnachheizung, als wenn nur unterhalb des Heizkabels die eigentlichen Speicherplatten liegen.

Bild 3.22b) Verlegen von Heizleitungen auf der Baustelle (Siemens)

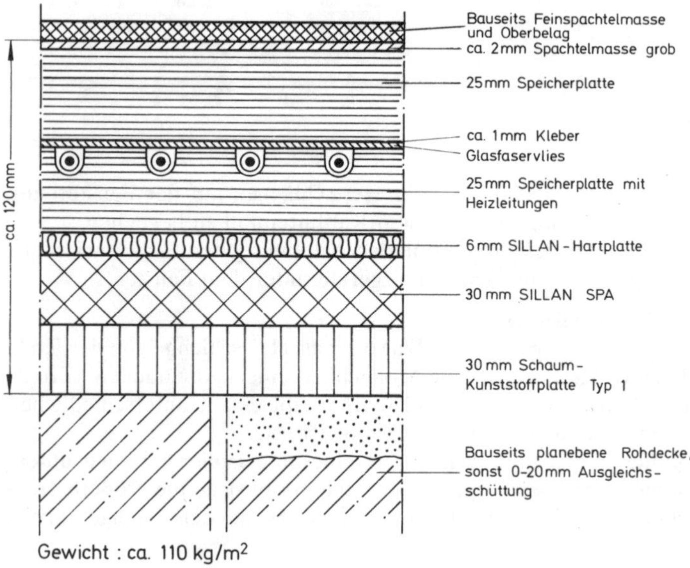

Bild 3.23 Fußbodenquerschnitt bei einer elektrischen Fußboden-Speicherheizung

Bild 3.24
a) Warmwasser-Fußbodenheizung (Vor- und Rücklauf liegen nebeneinander

b) Fußbodenheizung als Liefereinheit Rohr- und Isolation

c) Heizkreisverteiler für Warmwasser-Fußbodenheizung

Die Lebensdauer der verlegten Heizkabel ist nahezu unbegrenzt, weil sie mit relativ geringer Temperatur (etwa 60 °C) betrieben werden. Bei einigen Systemen ist das Auswechseln einzelner Schleifen möglich. Der Fußboden braucht nur an zwei Stellen geöffnet zu werden. Die Heizmatten sind nicht austauschbar, aber meistens sehr haltbar, z.B. durch Metallumhüllung, geschützt.
Im Fußboden eingebaute Fühler verhindern eine übermäßige Erwärmung des Fußbodens auf über 28 °C. Architektonisch bietet die Fußbodenheizung große Vorteile, da der Platz für Heizkörper eingespart wird. Bei der Planung muß beachtet werden, ob durch bis zum Fußboden geschlossene Schränke ein Wärmestau entstehen kann. Gegebenenfalls müssen diese Stellen unbeheizt bleiben.

3.4.3.3.2 Warmwasser-Fußbodenheizung

Grundsätzlich ist es möglich, die Warmwasser-Fußbodenheizungen als **Hoch-** und als **Nieder**temperaturanlagen auszuführen.
Hier soll nur die Niedertemperaturanlage mit Vorlauftemperaturen bis ca. 45 °C angesprochen werden, da sie mehrere Vorzüge aufweist.

a) Sehr günstig für Wärmepumpenbetrieb geeignet (Abschnitt 3.4.4).
b) Geringere Beanspruchung der im Fußboden verlegten Kunststoffrohre.
c) Keinen nennenswerten Wärmestau unter Möbeln, da die maximale Vorlauftemperatur nicht überschritten werden kann.
d) Gleichmäßigere Erwärmung des Fußbodens und damit weniger Temperaturspannungen durch die Materialausdehnung bei Erwärmung.

Verlegen der Fußbodenniedertemperaturheizung ist ohne Löt- und Schweißarbeiten möglich und damit ohne weiteres auch für Elektroinstallateure möglich (Bild 3.24a).
Es gibt neben dem Velegen von handelsüblichen Kunststoffrohren auch fertige Systeme, die einschließlich der Wärmedämmung geliefert werden (Bild 3.24b). Grundsätzlich unterscheidet man zwischen dem *„Naßbetonverfahren“* bei dem die Rohre direkt mit in den Estrich eingebettet werden und dem *„Trockenverfahren“* bei dem die Rohre in Wärmeleitblechen oder Isoliermaterialien verlegt sind.

Verlegehinweise:
Für eine spezifische Heizleistung von 90 W/m² und 40 bis 45 °C Vorlauftemperatur müssen erfahrungsgemäß ca. 7 m Rohr pro 1 m² Wohnfläche verlegt werden. Abweichungen von diesem Wert sind bei verschiedenen Rohrdurchmessern und Systemen möglich. Im Fenster- und kühlen Außenwandbereich sollte es auf 9 m Rohr pro 1 m² Wohnfläche gesteigert werden. Die Rohre sollten so verlegt werden, daß stets ein Vorlauf- und ein Rücklaufrohr nebeneinanderliegen. Die einzelnen Heizkreise innerhalb einer Anlage müssen etwa gleich lang sein, damit die Durchflußgeschwindigkeit des Wassers annähernd gleich ist. Eine genaue Einregulierung kann noch über den Heizkreisverteiler vorgenommen werden (Bild 3.24c).

3.4.3.4 Speicherheizgeräte

Die Speicherheizgeräte werden in zwei verschiedenen Bauformen hergestellt.
Geräte mit nicht steuerbarer Wärmeabgabe bestehen aus einem Speicherkern mit eingebautem Heizleiter und einer Wärmeisolation mit äußerer Verkleidung (Bild 3.25).

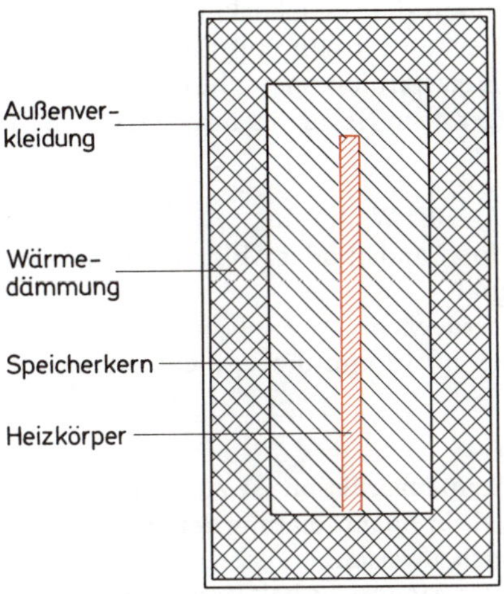

Bild 3.25 Speicherheizgerät mit nicht steuerbarer Wärmeabgabe

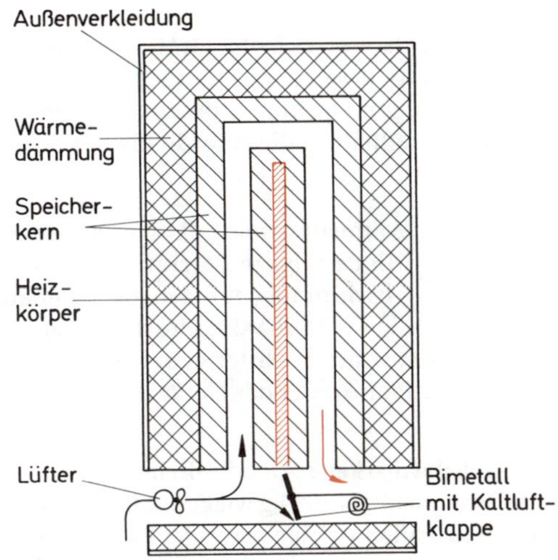

Bild 3.26 Speicherheizgerät mit steuerbarer Wärmeabgabe

Die Geräte dieser Bauart geben ihre Wärme nur über die Oberfläche ohne eine Luftbewegung durch den Speicherkern ab. Man spricht daher von einer „statischen Entladung“.
Diese Geräte eignen sich besonders für Flur und Treppenhäuser, da sie ohne Thermostat arbeiten und sich somit unabhängig vom eventuellen Luftwechsel durch geöffnete Türen entladen.
Geräte mit steuerbarer Wärmeabgabe besitzen einen Marktanteil von über 95%.
Ihren Aufbau zeigt Bild 3.26. Die durch den Lüfter hineingeblasene kalte Luft wird durch die maximal auf 600°C warmen Speichersteine erwärmt und unten wieder herausgedrückt. Damit die Luftaustrittstemperatur nicht zu hoch liegt, öffnet ein Bimetall eine Kaltluftklappe, und die Kaltluft mischt sich mit der heißen Luft. Die austretende Luft verteilt sich nach einigen Zentimetern bereits so stark, daß keine Belästigung mehr auftreten kann.
Früher hatten fast alle Geräte dieser Bauart 2 Lüfterstufen. Die große Lüfterdrehzahl soll eine schnelle Raumerwärmung nach Unterbrechungen ermöglichen, die kleine Lüfterdrehzahl dient zur eigentlichen Raumtemperaturregelung.
Da sich die schnelle Lüfterstufe in den meisten Fällen als überflüssig erwiesen hat, fällt sie meistens heute fort. Einige Geräte besitzen einen veränderlichen Vorwiderstand zur Drehzahleinstellung. Diese Einstellung wird jedoch einmalig von dem aufstellenden Monteur vorgenommen.
Besitzt ein Gerät 2 Lüfterstufen, muß auch ein Raumthermostat mit Folgekontakt eingebaut werden. Bei großer Differenz (mehr als 2K) zwischen Raumluft und eingestellter Temperatur schaltet er die schnelle Lüfterstufe ein, bei kleiner Temperaturdifferenz die normale Lüfterdrehzahl. Da in allen Geräten Tangentiallüfter eingebaut sind, ist eine Belästigung durch die Lüftergeräusche kaum vorhanden.
Die Montage der Geräte ist relativ einfach. Das Gerät wird ohne Speicherkerne angeliefert und gleich am endgültigen Ort aufgestellt. Nachdem die Frontplatte und die

zugehörige Isolierschicht entfernt worden sind, können die Speicherkerne einzeln im Gerät gestapelt werden. Die Geräte sind bei den meisten Firmen vollständig verdrahtet. Bei einigen Geräten müssen lediglich noch die Heizspiralen angeschlossen werden. Optisch vorteilhaft ist die Anordnung der Speicherheizgeräte in Heizgerätenischen. Dabei ist zu beachten:

- Wärmedämmung der Nischenaußenwand $k = 0{,}4\ \mathrm{W/(m^2 \cdot K)}$,
- Mindestabstand Gerät – Wand 4 cm, bei Holzwänden oder Möbeln 10 cm oder Abschirmung durch nichtbrennbares Material,
- die Fensterbank sollte das Heizgerät voll überdecken,
- nur bei hochflorigen Textilbelägen ist eine ca. 10 mm dicke, nicht brennbare Platte unter das Gerät zu legen.

Deckenbelastbarkeit: Auf die Belastbarkeit einer Deckenkonstruktion ist zu achten, wenn das Gerät mehr als 300 kg wiegt (ca. 6 kW) und es parallel zur Spannrichtung der Decke steht. In diesen Fällen ist eine statische Belastbarkeit u. U. nachzuweisen.
Als Speicherkerne werden gesinterte Steine mit einem hohen Magnesitgehalt verwendet. Es sind feuerfeste Steine mit einer spezifischen Wärme von

$$c = 1130 \frac{\mathrm{J}}{\mathrm{kg \cdot K}}.$$

Fast alle Geräte mit regelbarer Wärmeabgabe können mit einer Zusatzheizung versehen werden. Sie ist z. B. für kühle Sommerabende gedacht, an denen kurzzeitig der Raum leicht erwärmt werden soll.

3.4.3.5 Elektro-Zentralheizung

Als Elektro-Zentralheizung werden zwei Gruppen unterschieden:

Warmluftzentralheizung,
Warmwasserzentralheizung.

Die **Warmluftzentralheizung** besteht im Prinzip aus einem Speichergerät und einer zusätzlichen Einrichtung zur Leitung der Warmluft an die gewünschten Räume.
Die Speicheranlage muß die erforderliche Energie für die gesamte Anlage innerhalb der Aufladezeit von 8 Stunden speichern können. Dafür werden Blockspeicheranlagen verwendet.
Die Gebläse sind leistungsfähiger. Außerdem müssen die Blöcke sehr gut wärmeisoliert sein, da am Aufstellungsort (z. B. Keller) keine Wärme abgegeben werden soll. Die Anwendung dieser Zentralwarmluftanlage erfolgt bevorzugt in Turnhallen, Kirchen, Lagerhallen und ähnlichen Räumen.
Die **Warmwasserzentralheizung** ist besonders interessant für die Umstellung bestehender Anlagen auf elektrische Energie. Es ist grundsätzlich ein Rohrnetz mit den üblichen Heizkörpern vorhanden, welches von der Wärmequelle versorgt wird.

Warmwasserspeicheranlagen nutzen die hohe spezifische Wärme

$$c = 4187 \frac{\text{J}}{\text{kg K}}$$

des Wassers für Speicherzwecke. Es wird während der Schwachlasttarifzeit die für den ganzen Tag erforderliche Wärmemenge im Wasser gespeichert.
Dieses erwärmte Wasser steht unter Druck bis etwa 4 bar (≈ 3 atü), um die Siedetemperatur über 100 °C anzuheben. Einige Anlagen arbeiten mit Temperaturen von 140 °C, um eine höhere Speicherkapazität zu erhalten.
Die meisten Firmen verwenden als Speicher 750 bis 1000 l fassende Druckgefäße, die zu einer Batterie zusammengeschaltet werden. Dadurch können diese Anlagen auch nachträglich in jeden Keller transportiert werden.

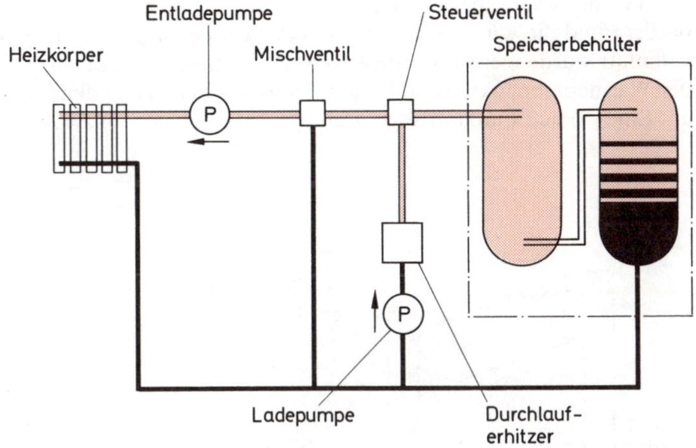

Bild 3.27
Warmwasserspeicheranlage mit Durchlauferhitzer

Die Aufheizung erfolgt entweder durch eingebaute Tauchheizkörper, wie bei Badewasserspeichern, oder über einen getrennten Durchlauferhitzer. Bild 3.27 zeigt die Wasserkreisläufe für eine Anlage mit Durchlauferhitzer. In dieser Ausführung kann, wenn der Durchlauferhitzer in den Heizkörperkreislauf geschaltet wird, bei Beginn der Schwachlasttarifzeit sofort geheizt werden. Auch an unerwartet kühlen Sommerabenden, wenn vorher keine Aufladung der Anlage erfolgte, ist kurzzeitig eine Heizwirkung zu erreichen.
Warmwasserzentralheizungen mit Blockspeichern, z.B. aus Magnesitsteinen oder Gußeisen, werden von einigen Firmen angeboten.
Das Volumen dieser Anlage ist etwas geringer, da mit Magnesitstein und Gußeisen je Volumeneinheit (1 m³) mehr Wärme gespeichert werden kann als im Wasser. Da der Dampfdruck bei Erwärmung des Wassers auf z.B. 500 °C zu hoch werden würde, muß die Wärme über Heißluft in Wärmetauschern dem Wasser zugeführt werden.

3.4.4 Wärmepumpen

3.4.4.1 Arbeitsweise einer Wärmepumpe

Im allgemeinen kann Wärme nur von Medien hoher Temperatur auf Medien mit niedriger Temperatur übertragen werden (Bild 3.28).
Dazu findet man im täglichen Leben genügend Beispiele:

- der 70 °C warme Heizkörper gibt Wärme an den 20 °C warmen Raum ab.
- Die Kochplatte ist stets heißer als der Kochtopf bzw. das Kochgut.
- Der Transistor leitet seine Wärme über den etwas kühleren Kühlkörper an die noch kühlere Umgebung ab.

Eine Wärmepumpe ist jedoch in der Lage, einem Medium mit geringer Temperatur Wärmeenergie zu entziehen und diese einem Medium mit höherer Temperatur zuzuführen.
Während der Vorgang im Bild 3.28 selbsttätig verläuft, muß für den Transport der Wärme im Bild 3.29 zusätzlich Energie aufgebracht werden. Im allgemeinen handelt es sich dabei um elektrische Energie.
Der beschriebene Vorgang ist vom Kühlschrank her bekannt. Dort steht allerdings im Vordergrund die Kühlung der Speisen (Wärmeentzug), und die geringfügige Erwärmung der Raumluft wurde meist als lästige Nebenerscheinung angesehen.
Der Wärmepumpenkreislauf besteht im wesentlichen aus den im Bild 3.30 gezeigten Bauteilen. Eine genaue Funktionsbeschreibung befindet sich im Abschnitt 1.4.2.

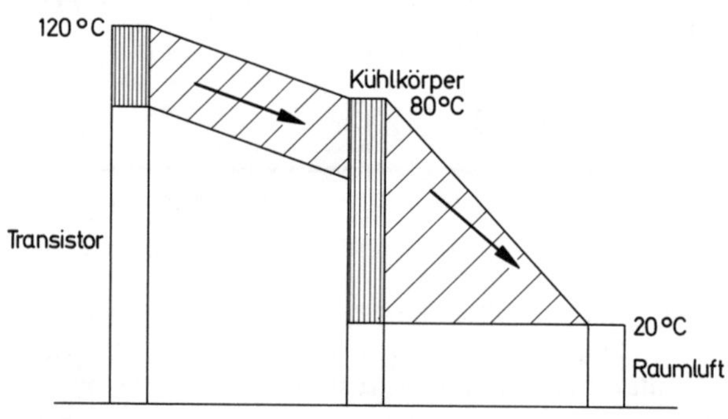

Bild 3.28
Wärmeleitung vom Medium mit hoher Temperatur zu Stoffen niedriger Temperatur

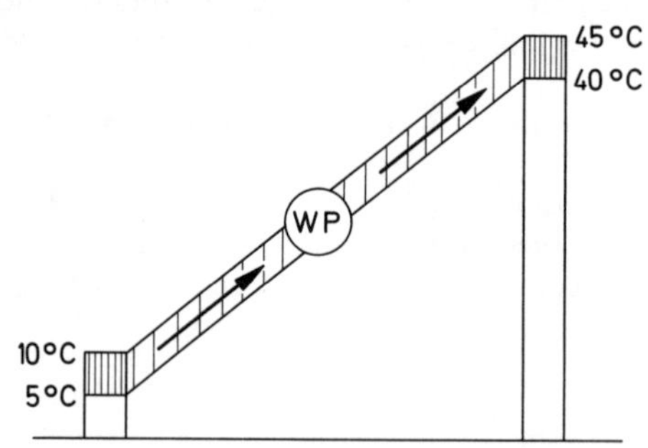

Bild 3.29
Wärmepumpe pumpt Wärmeenergie auf ein höheres Temperaturniveau

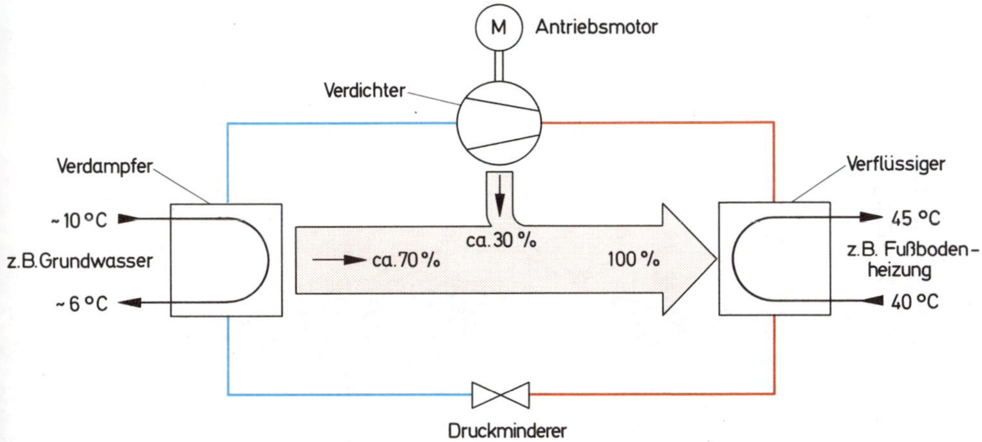

Bild 3.30 Wärmepumpenkreislauf

3.4.4.2 Wärmepumpenarten

1. Wärmequelle	2. Wärmeabgabe	
	Warmwasserheizung bevorzugt als Niedertemperaturheizung, z.B. Fußbodenheizung mit einer Vorlauftemperatur von max. 45 °C, aber auch Radiatorenheizung mit einer Vorlauftemperatur bis max. 60 °C.	**Warmluftheizung** Die erwärmte Luft wird über Kanäle direkt den Räumen zugeführt.
Wasserkreislauf a) Grundwasser b) Sole, die ein Rohr durchfließt, das ca. 1,80 tief im Erdreich verlegt ist c) Flußwasser d) Abwasser	Wasser-Wasser-Wärmepumpe (Bild 3.32)	Wasser-Luft-Wärmepumpe (nicht gebräuchlich)
Luft a) Außenluft b) Abluft	Luft-Wasser-Wärmepumpe (Bild 3.31)	Luft-Luft-Wärmepumpe

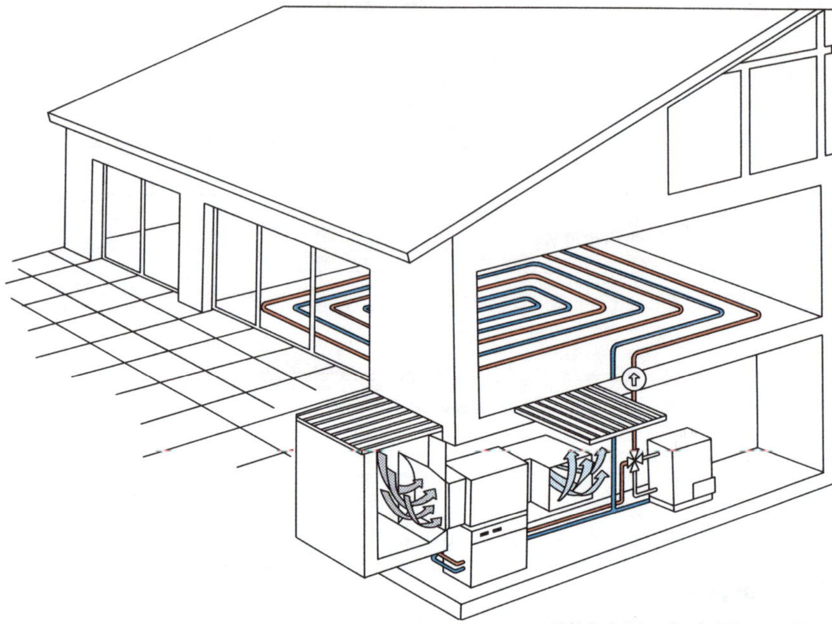

Bild 3.31 Luft-Wasser-Wärmepumpe, bivalent (Siemens)

Bild 3.32 Wasser-Wasser-Wärmepumpe im geöffneten Zustand (Stiebel Eltron). Die Wärmepumpe hat die Maße: Breite 750 mm, Tiefe 750 mm, Höhe 780 mm und gibt es für Heizleistungen von 13,5 kW bis 35,6 kW.

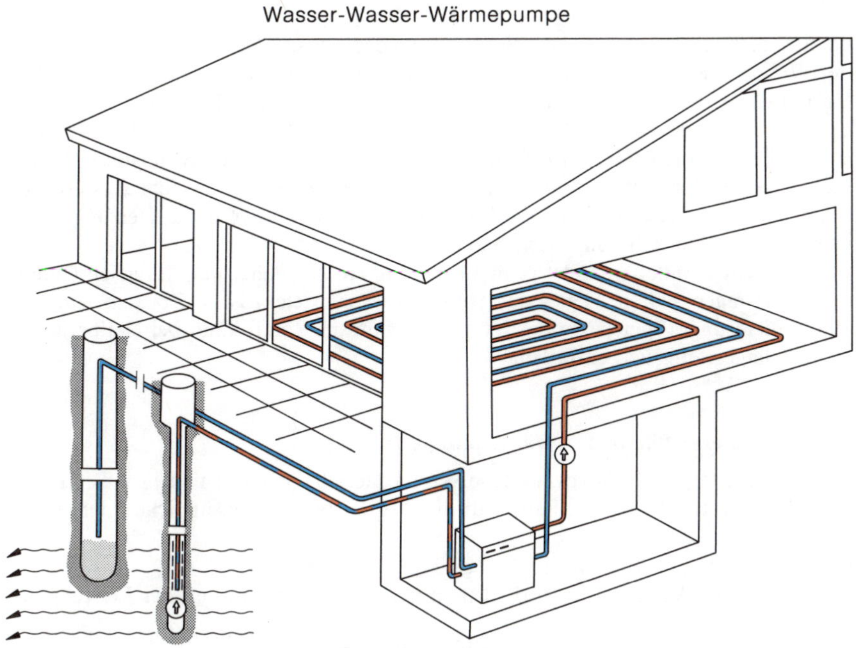

Bild 3.33 Wasser-Wasser-Wärmepumpe mit Fußbodenheizung (Siemens)

3.4.4.3 Betriebsweisen

1. **Monovalente Betriebsweise**
   Die Wärmepumpe beheizt das Haus während des gesamten Jahres allein.
2. **Bivalente Betriebsweise**
   Bivalent-*parallel*-Betrieb
   Die Wärmepumpe heizt während des gesamten Jahres. Ab etwa 0 ° C schaltet sich eine herkömmliche Gas- oder Ölheizung hinzu. Vereinzelt wurden auch Anlagen gebaut, in denen während der wenigen kalten Tage im Jahr ein elektrischer Durchlauferhitzer zusätzlich zur Wärmepumpe parallel geschaltet wird.
   Bivalent-*alternativ*-Betrieb.
   Die Wärmepumpe heizt bis ca. 0 ° C. Dann wird sie abgeschaltet, und eine herkömmliche andere Heizung übernimmt die gesamte Heizleistung.

Anwendungsgebiete
Monovalenter Betrieb bietet sich besonders an, wenn die Wärmequellen Grundwasser, Erdreich oder entsprechendes zur Verfügung stehen, da sich mit diesen Medien eine gute mittlere Leistungszahl und somit günstige Heizkosten erzielen lassen.
Die **bivalente Wärmepumpenheizung** bietet sich insbesondere bei der nachträglichen Umrüstung einer bestehenden Heizung auf die Wärmepumpe an. Es kann in vielen Fällen die bestehende Heizung komplett erhalten bleiben. Die Wärmepumpe wird lediglich zusätzlich zum Kessel parallel geschaltet.
Die Vorlauftemperatur der Wärmepumpe muß dann in Abhängigkeit von der Art und der Dimensionierung der vorhandenen Radiatoren gewählt werden. Da bei einer eventuellen

nachträglichen zusätzlichen Wärmedämmung des Hauses (Isolierverglasung, Wärmedämmung der Wände usw.) die vorhandenen Radiatoren jetzt überdimensioniert sind, reicht häufig eine Vorlauftemperatur von ca. 50° C für die meisten Tage einer Heizperiode aus.
Die Wärmequelle Luft läßt sich vorteilhaft bis ca. 0° C einsetzen. Es entfallen dann alle eventuellen Grundwasser- und Grundstücksprobleme wie Stadtgrundstück, Wasserschutzgebiet, ungeeigneter Untergrund wie Felsen oder kein preiswert erreichbares Grundwasser.
Unterhalb von 0° C kann dann im „**Bivalent-alternativ-Betrieb**" das 2. Heizungssystem (Öl, Gas usw.) den Heizbetrieb voll übernehmen.
Im **„Bivalent-parallel-Betrieb"** genügt eine kleinere Zusatzheizung. In vielen Fällen übernimmt in den wenigen kalten Tagen der Heizperiode eine elektrische Zusatzheizung die restliche Wärmelieferung (Speicher- oder Durchlauferhitzer). Somit kann bei Neubauten der Schornstein, Öllagerraum u.ä. entfallen.

3.4.4.4 Energiebilanz der Wärmepumpe

Die Wärmepumpe pumpt vorhandene Wärmeenergie von einer niedrigen Temperatur auf eine hohe Temperatur. Es wird lediglich für diese Hubarbeit eine zusätzliche Energie im Verdichter benötigt.
Im allgemeinen gilt das im Bild 3.30 gezeigte Verhältnis.
Anstelle des Wirkungsgrades spricht man bei Wärmepumpen von der **Leistungszahl** ε

$$\varepsilon = \frac{\text{abgegebene Leistung am Verflüssiger}}{\text{zugeführte Leistung zur Wärmepumpe}}$$

Im Bild ergibt sich $\varepsilon = \dfrac{100\,\%}{30\,\%} = 3{,}33$

Die Leistungszahl ε ist stark abhängig von der Temperatur im Primärkreislauf und im Sekundärkreislauf. Sie läßt sich theoretisch aus der Formel

$$\varepsilon = \frac{T}{T - T_0} \cdot \eta$$

T = Kondensationstemperatur des Kältemittels in Kelvin (K)
T_0 = Verdampfungstemperatur des Kältemittels in Kelvin (K)
(Temperatur in Kelvin gleich Temperatur in Grad Celsius + 273)
η = Wirkungsgrad des Verdichters (0,4 bis 0,6)

ermitteln.
Bild 3.34 zeigt die Abhängigkeit der Leistungszahl von der Temperatur am Verdampfer und als Parameter 2 beliebig gewählte Heizungsvorlauftemperaturen von 35 °C und 55 °C.
Bild 3.35 zeigt die Leistungszahl in Abhängigkeit von der Differenz der Kondensatortemperatur und Verdampfertemperatur. Aus beiden Bildern ergeben sich folgende Feststellungen:

1. Je dichter die Temperaturen des Verdampfers und des Kondensators (Vorlauftemperatur) zusammenliegen, je größer ist ε.
2. Die Leistungszahl der Grundwasserwärmepumpe schwankt während des gesamten Jahres nur wenig, da das Grundwasser einer relativ geringen Temperaturschwankung unterliegt ($\varepsilon \approx 3{,}5$).

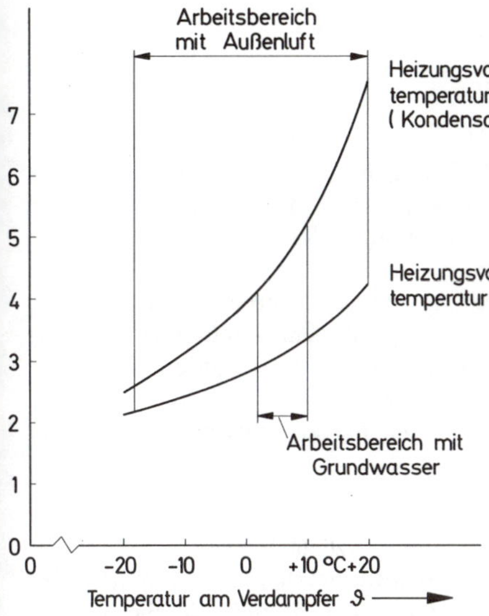

Bild 3.34 Einfluß der Temperatur am Verdampfer und Kondensator auf die Leistungszahl

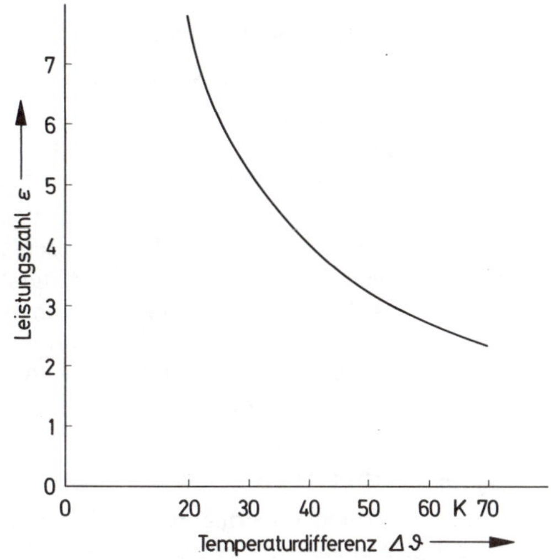

Bild 3.35 Leistungszahl in Abhängigkeit von der Differenz zwischen Kondensator- und Verdampfertemperatur bei Wärmepumpen-niedertemperaturheizung (ca. 45 °C im Vorlauf)

3. Die Leistungszahl einer Luft-Wasser-Wärmepumpe schwankt erheblich. In der kalten Jahreszeit ist sie klein. Die mittlere Leistungszahl hängt von dem Temperaturverlauf einer Heizperiode ab ($\varepsilon \approx 2{,}5$ bis $3{,}5$).
4. Wärmepumpen arbeiten äußerst günstig in allen Fällen, in denen die Wärme der Abluft eines Raumes (+ 20 °C) oder dem Abwasser von Duschanlagen usw. entzogen werden kann. Dieses setzt jedoch eine ausreichende Menge Abluft oder Abwasser voraus.

Neben der Leistungszahl ε wird besonders für die Betriebskostenermittlung mit der **Jahresarbeitszahl** β_a gearbeitet.

$$\beta_a = \frac{\text{Wärmebedarf einer Heizperiode}}{\text{Jahresenergieverbrauch}}$$

Man kann folgende Zahlen als realistisch ansehen:

Wasser-Wasser-Wärmepumpe als alleiniger Wärmeerzeuger aus Grundwasser (monovalent)	$\beta_a \approx 3{,}6$
Luft-Wasser-Wärmepumpe in Verbindung mit einer anderen Heizung und einem Umschaltpunkt bei ca. 0 ° C (bivalent-alternativ)	$\beta_a \approx 3$

3.5 Installations- und Steuertechnik

3.5.1 Aufladeschaltungen für Speicherheizgeräte

3.5.1.1 Warum gezielte Aufladung?

Bei Speicherheizgeräten der Bauart I und bei der Fußbodenheizung wird die gespeicherte Wärme ausschließlich über die Oberfläche des Gerätes statisch (ohne Lüfter) abgegeben. Für Geräte der Bauart III (Geräte mit Lüfter) werden rd. 40% der gespeicherten Wärme bei Vollaufladung über die Oberfläche an den Raum geliefert.
Diese statische Wärme ist nicht über den Zimmerthermostaten steuerbar. Es muß daher unbedingt verhindert werden, daß während der Übergangszeit dem Raum mehr Wärme zugeführt wird als zur Erlangung einer Zimmertemperatur erforderlich ist. Andernfalls würde eine kostspielige, unbehagliche Überheizung stattfinden.
Eine Überheizung läßt sich durch eine Aufladebegrenzung, die in Abhängigkeit von der Witterung gesteuert wird, erreichen.

3.5.1.2 Restwärmeerfassung

Um ein Gerät nicht übermäßig stark aufzuheizen, ist die Restwärmeerfassung erforderlich. Es handelt sich um die bei Beginn der Aufladezeit noch vorhandene Wärme im Gerät, die am Tage nicht entnommen worden ist, weil z.B.

a) der Raum unbenutzt blieb,
b) die Außentemperatur plötzlich unerwartet anstieg,
c) durch Sonneneinstrahlung der Raum aufgeheizt wurde.

In der folgenden Nacht darf dem Speicherheizgerät also nur die Differenz zwischen erforderlicher Wärme und vorhandener Wärme zugeführt werden.

3.5.1.3 Aufladecharakteristiken

Um die in Abschnitt 3.5.1.1 und 3.5.1.2 genannten Gegebenheiten berücksichtigen zu können, muß die zugeführte Wärme gesteuert werden.
Es gilt:

Wärme = Arbeit = Leistung × Zeit

Daher bieten sich folgende Steuermöglichkeiten an:

a) Arbeit = veränderbare Leistung × konstante Zeit
oder b) Arbeit = konstante Leistung × veränderbare Zeit

Die Lösung a) wird nur bei handgesteuerten Geräten verwendet. Meist haben die Speicherheizgeräte 3 Heizleistungen. Es sind dann die Möglichkeiten
Schwachladung, Mittelladung, Volladung
gegeben (Diagramm a) im Bild 3.36).

Die meisten Aufladeschaltungen arbeiten mit einer konstanten Leistung und steuern über die Auflade**zeit** oder die Speicherkerntemperatur.
Ist die Aufladezeit ausschließlich von der Außentemperatur abhängig, wird der Einschaltzeitpunkt zweckmäßigerweise so gewählt, daß mit dem Ende der Niedertarifzeit das Gerät voll aufgeladen ist (Diagramm b) im Bild 3.36).

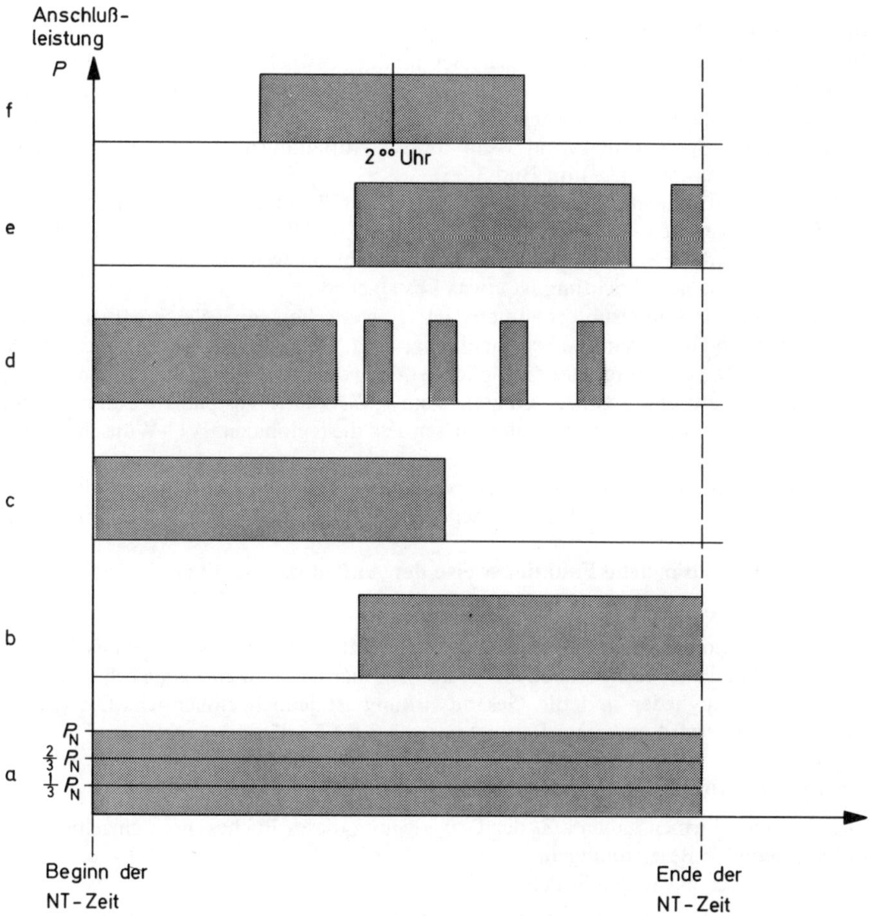

Bild 3.36 Aufladecharakteristiken

Eine andere Möglichkeit bietet die Steuerung der Ladezeit in Abhängigkeit von der Speicherkerntemperatur. In diesem Fall beginnt die Aufladung mit der Schwachlasttarifzeit. Die Abschaltung des Gerätes wird durch einen Fühler im Kern veranlaßt. Diese Methode ermöglicht die Berücksichtigung der Restwärme (Diagramm c) im Bild 3.36). Die bisher beschriebenen 3 Möglichkeiten, Diagramm a), b) und c) im Bild 3.36, werden lediglich bei handgesteuerten Geräten verwendet. Das ist im allgemeinen nur bei Einzelgeräten zulässig und nur Benutzern zu empfehlen, die genügend technisches Verständnis für eine richtige Bedienung besitzen.
Aus Heizkosten- und Behaglichkeitsgründen sollte eine Aufladeautomatik verwendet werden, die sowohl die Außentemperatur als auch die Restwärme berücksichtigt. In der Anwendung findet man heute:

die automatische **Vorwärtssteuerung,**
bei ihr beginnt die Aufladung mit dem Beginn der Schwachlasttarifzeit (im allgemeinen 22.00 Uhr). Das Gerät schaltet in der Übergangszeit bereits nachts ab (Diagramm d) im Bild 3.36).
oder die automatische **Rückwärtssteuerung,**
sie schaltet das Speicherheizgerät so ein, daß die Aufladung am Ende der Schwachlasttarifzeit beendet ist (Diagramme e) im Bild 3.36).
Vorteil: Es wird keine unnötige Wärme während der Nacht über die Oberfläche des Gerätes an den Raum abgegeben, und das EVU erhält um 22.00 Uhr keine Einschaltspitze, da jetzt alle Geräte während der Nacht unterschiedlich zugeschaltet werden.
Nachteil: Die Steuereinrichtung ist etwas kostspieliger.
Die Energieversorgungsunternehmen (EVU) wünschen eine gleichmäßige Belastung des Netzes während der gesamten Schwachlasttarifzeit. Dieses ist am besten durch eine Mischung der beiden letztgenannten Steuermöglichkeiten erreichbar, zumal durch Rundsteueranlagen die Einschaltzeitpunkte ganzer Gebiete vom EVU zentralgesteuert werden können.
Bei der Auswahl dieser Ladesteuerung müssen also die regionalen EVU-Wünsche berücksichtigt werden.
Es handelt sich dann um eine **„Spreizsteuerung“**. Die Ein- und Ausschaltpunkte werden symmetrisch um eine vorgegebene Uhrzeit (z.B. 2.00 Uhr) gesteuert (Diagramm f) im Bild 3.36).

3.5.1.4 Grundsätzliche Funktionsweise der Aufladeautomatiken

3.5.1.4.1 Allgemeines

Die Aufladeautomatiken der einzelnen Hersteller unterscheiden sich im technischen Aufbau der einzelnen Bauglieder recht erheblich. Sie können hier nicht im einzelnen erläutert werden. Die Anzahl der Bauglieder und die Gesamtwirkung ist jedoch einheitlich. Die grundsätzliche Funktionsweise wird an einem Beispiel unter 3.5.1.4.3 erläutert.

3.5.1.4.2 Begriffe

Die einzelnen Firmen gaben z.Z. der Drucklegung dieses Buches ihren einzelnen Baugliedern unterschiedliche Bezeichnungen.
Die DIN 44573 legt folgende Begriffe fest:

Witterungsfühler
Der Witterungsfühler erfaßt die Witterung (z.B. Außentemperatur) und führt den Meßwert als Führungsgröße anderen Baugliedern der Steuer- und Regeleinrichtung zu.

Zentralsteuergerät
Das Zentralsteuergerät ist ein Bauglied, dem Informationen über die Witterung und die Freigabedauer zugeführt werden können und das Signale an andere Bauglieder der Steuer- und Regeleinrichtung abgibt.

Zeitglied
Das Zeitglied ist ein Bauglied, das innerhalb einer festen Freigabedauer Beginn und Ende der Aufladedauer zeitlich festlegt.

Gruppensteuergerät
Das Gruppensteuergerät ist ein Bauglied, das dazu dient, die Aufladung der Speicherheizgeräte in Raumgruppen (z.B. Wohnungen) oder in Räumen dem individuellen Wärmebedürfnis anzupassen.

Aufladeregler
Der Aufladeregler eines Speicherheizgerätes ist ein Bauglied, das die Aufladung in Abhängigkeit von einem Sollwert regelt.

Raumtemperaturregler
Der Raumtemperaturregler ist eine Einrichtung, mit der die Temperatur eines Raumes durch selbsttätige Beeinflussung des Entladestromkreises in bestimmten Grenzen gehalten wird.

Thermische Rückführung
Durch einen Heizwiderstand im Raumtemperaturregler wird dem Regler ein schnellerer Anstieg der Raumtemperatur vorgetäuscht. Die Verzögerung der Reglerstrecke wird dadurch verringert und die Raumtemperatur konstanter gehalten (siehe Meß- und Regeltechnik Band).

3.5.1.4.3 Aufladeregler

In jedem Speicherheizgerät befinden sich 2 Temperaturfühler, die auf einen Aufladeregler wirken. Es handelt sich

a) um den **Kernfühler,** der im Speicherkern angeordnet ist und die Restwärme im Gerät erfaßt;
b) um den **Steuerfühler,** der die Temperatur einer Steuerfühlerbeheizung erfaßt.

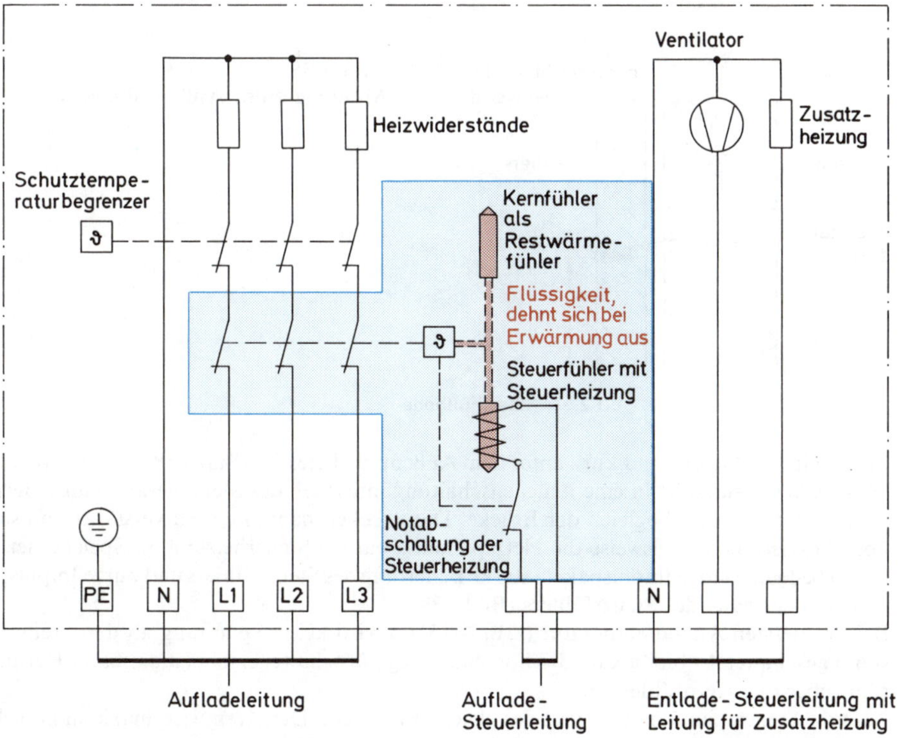

Bild 3.37 Innenschaltung eines Speicherheizgerätes mit Aufladeregler (blau unterlegter Teil)

Die Aufladeregler arbeiten unterschiedlich, entsprechen aber der prinzipiellen Wirkungsweise des Reglers der Firma Stiebel (Bild 3.37). Ein pneumatisch arbeitender Membranschalter schließt, wenn beide Fühler kalt sind, und gibt damit die Aufladung frei.

Der Membranschalter öffnet (schaltet ab), wenn entweder

a) der Kernfühler heiß ist oder das Gerät nach einiger Zeit aufgeladen und die Außentemperatur so niedrig ist, daß die Steuerheizung nicht eingeschaltet wurde.
b) der Steuerfühler heiß ist. Das ist der Fall, wenn eine höhere Außentemperatur herrscht, denn bei hohen Außentemperaturen wird die Steuerheizung eingeschaltet. Sie besitzt im allgemeinen rd. 4 bis 8 W.
c) beide Fühler erwärmt sind und somit der gemeinsame Druck den Membranschalter betätigt. Das wird der häufigste Schaltzustand sein. Er tritt bei teilweise aufgeheiztem Speicherkern und einer mittleren Außentemperatur von über – 15 ° C und unter 20 ° C ein.

Dieser Aufladeregler erfüllt also die Bedingungen der Restwärmeerfassung und Aufheizung der Speicherkerne in Abhängigkeit von der Außentemperatur.

3.5.1.4.4 Steuergerät und Witterungsfühler

Die Steuerheizung im E-Speicherheizgerät wird in Abhängigkeit von der Außentemperatur durch das Steuergerät mit Spannung versorgt. Die meisten Firmen ermitteln durch einen temperaturabhängigen Widerstand im **Witterungsfühler** die Außenluftverhältnisse wie

Temperatur, Luftgeschwindigkeit (Wind), Feuchte (Regen, Nebel).

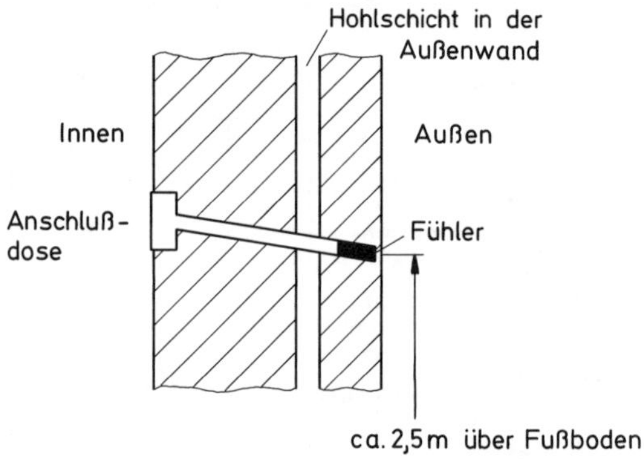

Bild 3.38
Montage eines Außenfühlers

Er wird in der Außenwand kurz unter dem Außenputz befestigt (Bild 3.38). Der temperaturabhängige Widerstand ist in eine Brückenschaltung innerhalb des Steuergerätes einbezogen und verändert damit den Abgleich der Brücke. Die Brückenspannung wird verstärkt und schaltet über Thyristoren impulsweise die Netzspannung auf die Steuerheizung im Speicherheizgerät. Dabei bedeuten lange Impulspakete starke Beheizung des Steuerfühlers und kurze Impulspakete geringe Beheizung des Steuerfühlers (Bild 3.39).

Bei der tiefsten Außentemperatur (z. B. —15 °C) wird keine Spannung an den Steuerwiderstand geschaltet. Er bleibt kalt, das Speicherheizgerät schaltet erst bei maximaler Kerntemperatur über den Kernfühler ab.

Fällt die Steuerspannung aus, tritt der gleiche Effekt ein. Der Kern wird maximal aufgeladen. Damit ist eine Aufladung bei Ausfall der Steuerung gewährleistet.

Bild 3.39
Impulspaketsteuerung für Steuerheizung

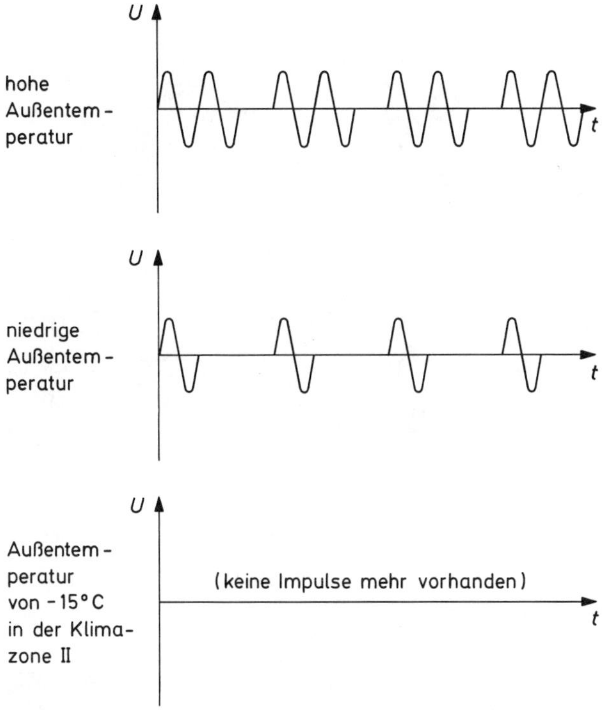

3.5.1.4.5 Zentralsteuergerät – Gruppensteuergerät

An ein Steuergerät können mehrere Speicherheizgeräte parallel angeschlossen werden. Die Zahl ist abhängig von der Leistung des Steuergerätes rd. 200 bis 400 W und den Leistungen der einzelnen Steuerheizungen in den Geräten 5 bis 8 W.
Meistens beschränkt man die Anzahl der angeschlossenen Speicherheizgeräte auf eine Wohneinheit, da dann durch eine zusätzliche Stellmöglichkeit im Steuergerät der Wohneinheit, dem **Gruppensteuergerät,** die individuellen Wünsche der Bewohner besser berücksichtigt werden können. Mehreren Gruppensteuergeräten wird dann ein **Zentralsteuergerät** mit nur einem Witterungsfühler vorgeschaltet.
Das Zentralsteuergerät gibt die Impulsdauer in Abhängigkeit von der Außentemperatur an die Gruppensteuergeräte weiter, diese wiederum stellen lediglich eine Art Zwischenverstärker dar. Das Gruppensteuergerät übernimmt gleichzeitig die galvanische Trennung vom Zentralsteuersignal. Somit sind die Steuerungen für die einzelnen Wohnungen galvanisch nicht miteinander verbunden. Ein Zentralsteuergerät kann mit mehreren Gruppensteuergeräten gemeinsam 1000 bis 2000 Speicherheizgeräte steuern.

3.5.1.4.6 Zeitglied

Im Bild 3.36 wurden bereits die unterschiedlichsten Einschaltzeiten dargestellt. Sie werden durch ein Zeitglied dem Zentralsteuergerät (bei kleinen Anlagen direkt dem Steuergerät) elektrisch eingegeben. Meistens handelt es sich um ein mit einem Synchronmotor angetriebenes Potentiometer, das innerhalb des Steuergerätes in die gleiche Brücke wie der Witterungsfühler eingeschaltet wird und damit den Brückenabgleich entsprechend der Potentiometerstellung (der Zeit) verändert (Bild 3.40).

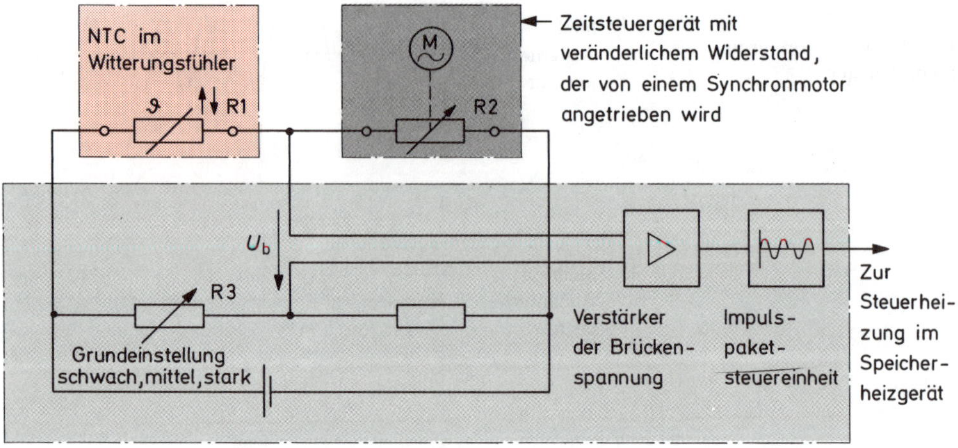

Bild 3.40 Prinzipielle Steuerungsmöglichkeiten der Steuerfühlerheizung

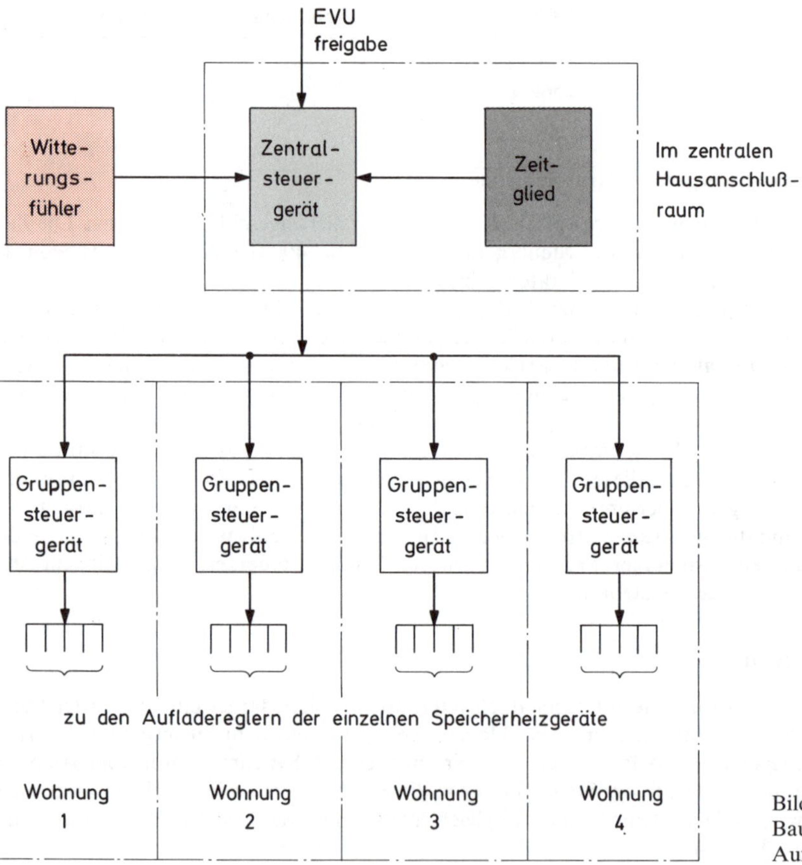

Bild 3.41
Bauglieder einer
Aufladesteuerung

3.5.1.4.7 Zusammenfassung der Aufladesteuerung

Grundsätzlich sind für eine Gesamtanlage folgende Bauglieder erforderlich (Bild 3.41).

1 Witterungsfühler
1 Zentralsteuergerät
1 Zeitglied
je Wohnung 1 Gruppensteuergerät
je Speicherheizgerät 1 Aufladeregler mit Kernfühler und Steuerfühler
je Raum 1 Raumtemperaturregler (nur für Entladung)

3.5.2 Installationstechnik für Speicherheizungen

Im Rahmen dieses Bandes sollen lediglich die anzuschließenden Aderzahlen bzw. die zu verlegenden Leitungen angesprochen werden. Allgemeine Vorschriften, insbesondere Raumarten und die damit zusammenhängenden Leitungs- bzw. Installationsmaterialien, werden im Band „Elektro-Installationstechnik" ausführlich behandelt.
In den Firmenunterlagen findet man unterschiedliche Angaben insbesondere über die erforderlichen Aderzahlen der einzelnen Steuerleitungen zwischen den Geräten (Raumtemperaturregler, Gruppensteuergerät und E-Heizgerät) einer Heizungsanlage. Das ist verständlich, da die Funktionsweisen dieser Geräte sich unterscheiden.
Bei der Planung und Ausführung einer E-Heizungsanlage sollte jedoch grundsätzlich die Leitungsinstallation so angelegt sein, daß später Erweiterungen oder Änderungen mit beliebigen Fabrikaten möglich sind.
Daher ist es empfehlenswert, die Vorschläge der VDEW (Vereinigung Deutscher Elektrizitätswerke) und HEA (Hauptberatungsstelle für Elektrizitätsanwendung) zu berücksichtigen, zumal die Installationskosten dadurch nur unwesentlich steigen.

3.5.2.1 Aderzahlen zwischen den einzelnen Geräten

3.5.2.1.1 Aufladeleitung

Es ist die Verbindung vom Stromkreisverteiler zum Speicherheizgerät und dient zur Aufladung. Innerhalb einer Wohnung sind zwei extreme Möglichkeiten denkbar:

a) Alle Speicherheizgeräte werden an eine *Ringleitung* angeschlossen.

Vorteil: Weniger Leitungsmaterial
Nachteil: 1. Wenn die Sicherung dieser Leitung ausfällt, weil in einem Gerät ein Defekt auftritt, fallen alle Geräte aus.
2. Die Geräte lassen sich in der Verteilung nur gemeinsam abschalten.

Bei dieser Lösung muß auf einen ausreichenden Leitungsquerschnitt geachtet werden.
In der Regel wird der Querschnitt nur nach der Strombelastung (VDE 0100 Teil 430 und Teil 530) ermittelt, da der Spannungsabfall wegen der geringen Leitungslänge unerheblich sein wird. Es sollte jedoch die Strombelastbarkeit nicht zu knapp ausgelegt werden, da es sich bei einer Speicherheizung um einen Dauerbetrieb handelt.
Nimmt man für eine Wohnung die Speicherheizungsleistung von 30 kW an, dann würde diese Ringleitung mit rund

$$30\,\text{kW} \times 1{,}5\,\frac{\text{A*}}{\text{kW}} = 45\,\text{A}$$

* Faustformel zur überschlägigen Berechnung des Stromes bei ohmscher Last im Drehstromnetz 400 V.

belastet werden (bei einseitiger Einspeisung). Hierfür ist ein Querschnitt von 10 mm^2 Cu nach Gruppe 2 VDE 0100 erforderlich. Dieser Querschnitt läßt sich verringern, wenn 2 Hauptleitungen oder mehr verlegt werden.

b) Jedes Speicherheizgerät erhält eine eigene Zuleitung von der Verteilung.

Vorteil: 1. Individuelle Schaltbarkeit von der Verteilung aus und dünnere Leitungsquerschnitte, damit leichtere Leitungsverlegung.

2. Defekte Geräte können keine Rückwirkung auf andere Geräte haben, da getrennte Leitungsabsicherung möglich.

Nachteil: Mehr Leitungen und Sicherungen.

Diese Installation dürfte für die Anwendung am günstigsten sein. Dabei können jedoch eventuell die in einem Raum stehenden Geräte an eine Zuleitung angeschlossen werden. Die HEA empfiehlt grundsätzlich den Querschnitt 2,5 mm^2 Cu als Aufladeleitung, da die Dauerbelastung unter Umständen die Leitungsisolation langfristig beeinflußt.

3.5.2.1.2 Entladeleitung

Der **Raumtemperaturregler** kann bzw. sollte

a) eine thermische Rückführung enthalten, damit die Schaltdifferenzen möglichst klein gehalten werden und ein Überschwingen der Raumtemperatur um mehr als 0,5 K vermieden wird.

b) einen Betriebsschalter zur Abschaltung der dynamischen Entladung[1] (des Lüfters) enthalten,

c) u.U. einen Schalter für die Zusatzheizung während der Übergangszeit besitzen,

d) die Möglichkeit zur Steuerung einer schnellen Lüfterstufe bei großen Abweichungen der Soll-Ist-Temperaturen (z.B. beim Einschalten nach einer Pause) aufweisen,

e) einen Schalter zur Nachtabsenkung enthalten.

Unter Berücksichtigung dieser Forderungen ist es sinnvoll, zwischen dem Raumtemperaturregler und dem Speicherheizgerät eine 5 × 1,5-mm^2-Leitung zu verlegen. Mindestens ist jedoch eine 3 × 1,5-mm^2-Leitung erforderlich.

Einzelne Schaltungsunterlagen empfehlen nur eine Leitung vom Speicherheizgerät zum Raumtemperaturregler, andere eine Leitung von der Verteilung zum Speicherheizgerät mit eingeschleiftem Raumtemperaturregler, siehe Bild 3.42 und 3.44.

3.5.2.1.3 Aufladesteuerleitung

Die Aufladesteuerleitung soll die Steuerheizung (Abschnitt 3.5.1.4.3, Bild 3.37) versorgen. Da das Speicherheizgerät bereits über die Aufladeleitung einen Schutzleiteranschluß besitzt, ist lediglich eine 2 × 1,5-mm^2-Leitung zwischen dem Gruppensteuergerät (im Einfamilienhaus dem Zentralsteuergerät) und dem Speicherheizgerät erforderlich. Dabei ist grundsätzlich eine 2adrige *Ringleitung* vom Steuergerät zu den einzelnen Speicherheizgeräten möglich, denn über diese Leitung wird für alle Speicherheizgeräte die gleiche von der Witterung abhängige Steuerenergie in Form von Impulspaketen übertragen. Die Geräteabschaltung erfolgt durch den Aufladeregler im Speicherheizgerät selbst.

Häufig werden Entladeleitung und Aufladesteuerleitung zusammengefaßt. Dann ist mindestens eine 5 × 1,5 mm^2-Leitung erforderlich.

---

[1] dynamische Entladung = durch Gebläse, Bewegung erzwungene Entladung.

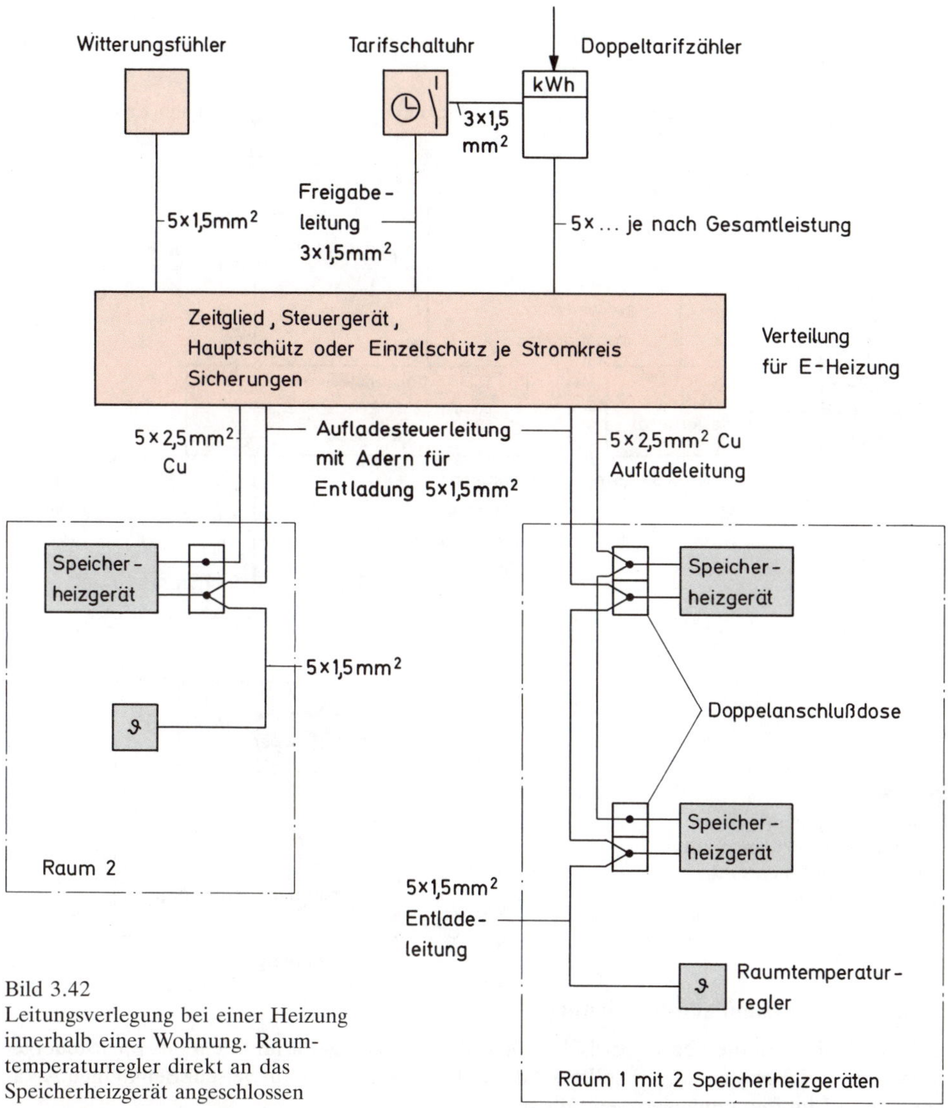

Bild 3.42
Leitungsverlegung bei einer Heizung innerhalb einer Wohnung. Raumtemperaturregler direkt an das Speicherheizgerät angeschlossen

Geräte für die Aufladung

Geräte für die Entladung (Heizung)

3.5.2.1.4 Witterungsfühlerleitung

Um für die Zukunft jeden Witterungsfühler einbauen zu können, ist hier eine 5 × 1,5-mm²-Leitung zwischen dem Witterungsfühler und dem Zentralsteuergerät zu empfehlen. Eine Ausnahme ist nur bei festliegendem Fabrikat möglich, da es Ausführungen gibt, die weniger Adern erfordern (z.B. 2 Adern).

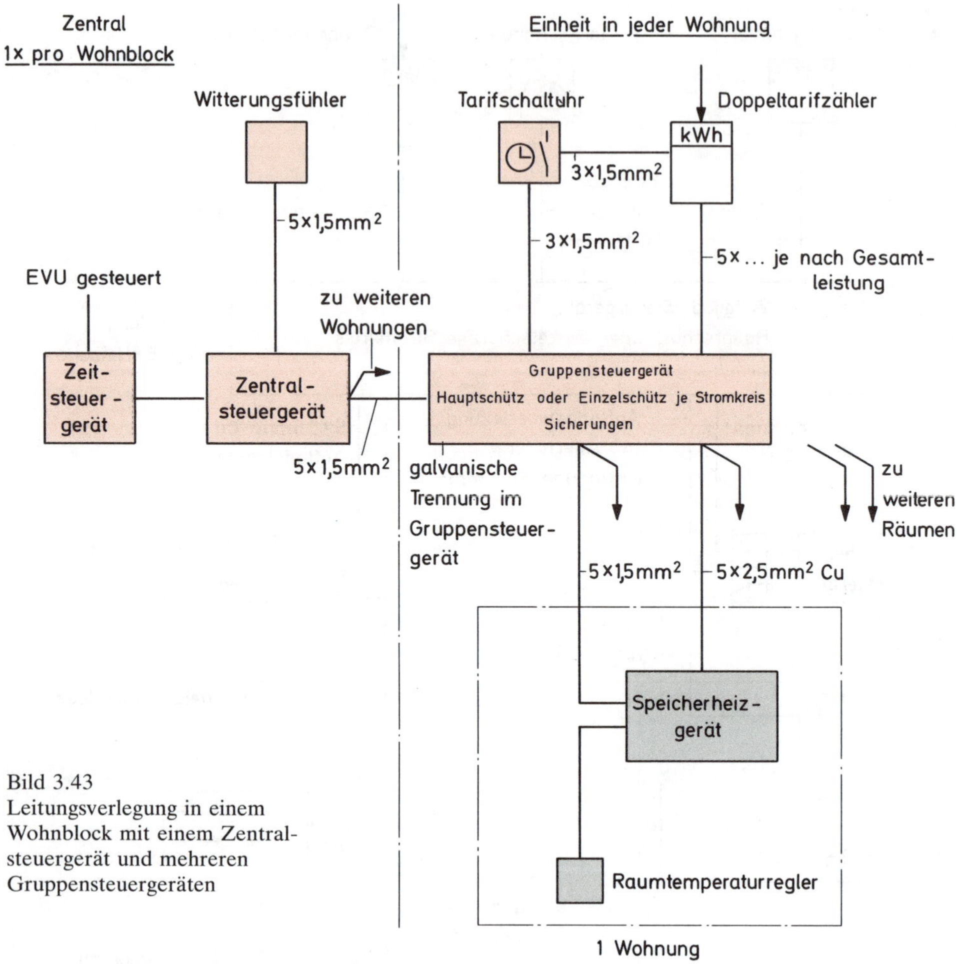

Bild 3.43
Leitungsverlegung in einem Wohnblock mit einem Zentralsteuergerät und mehreren Gruppensteuergeräten

3.5.2.1.5 Zentralaufladesteuerleitung

Es handelt sich um die Leitung zwischen dem Zentralsteuergerät und dem Gruppensteuergerät (z. B. bei Wohnblöcken). Sie sollte 5 Adern ohne Schutzleiter aufweisen. Bei kleinen Anlagen, wie in Einfamilienhäusern, entfällt sie völlig.

3.5.2.1.6 Zusammenfassung der Adernzahlen

Die Bilder 3.42 bis 3.44 geben eine zusammengefaßte Darstellung der möglichen Installationen.
Im Bild 3.42 und 3.43 wurde die Entladeleitung direkt zwischen dem Speicherheizgerät und dem Raumtemperaturregler eines Raumes verlegt. Grundsätzlich besteht jedoch auch die Möglichkeit, zwischen Verteilung und Speicherheizgerät einen Raumtemperaturregler einzuschleifen (Bild 3.44). Dann kann als Aufladesteuerleitung eine 2adrige Leitung verlegt werden bzw. eine Zusammenfassung mit der Aufladeleitung erfolgen.

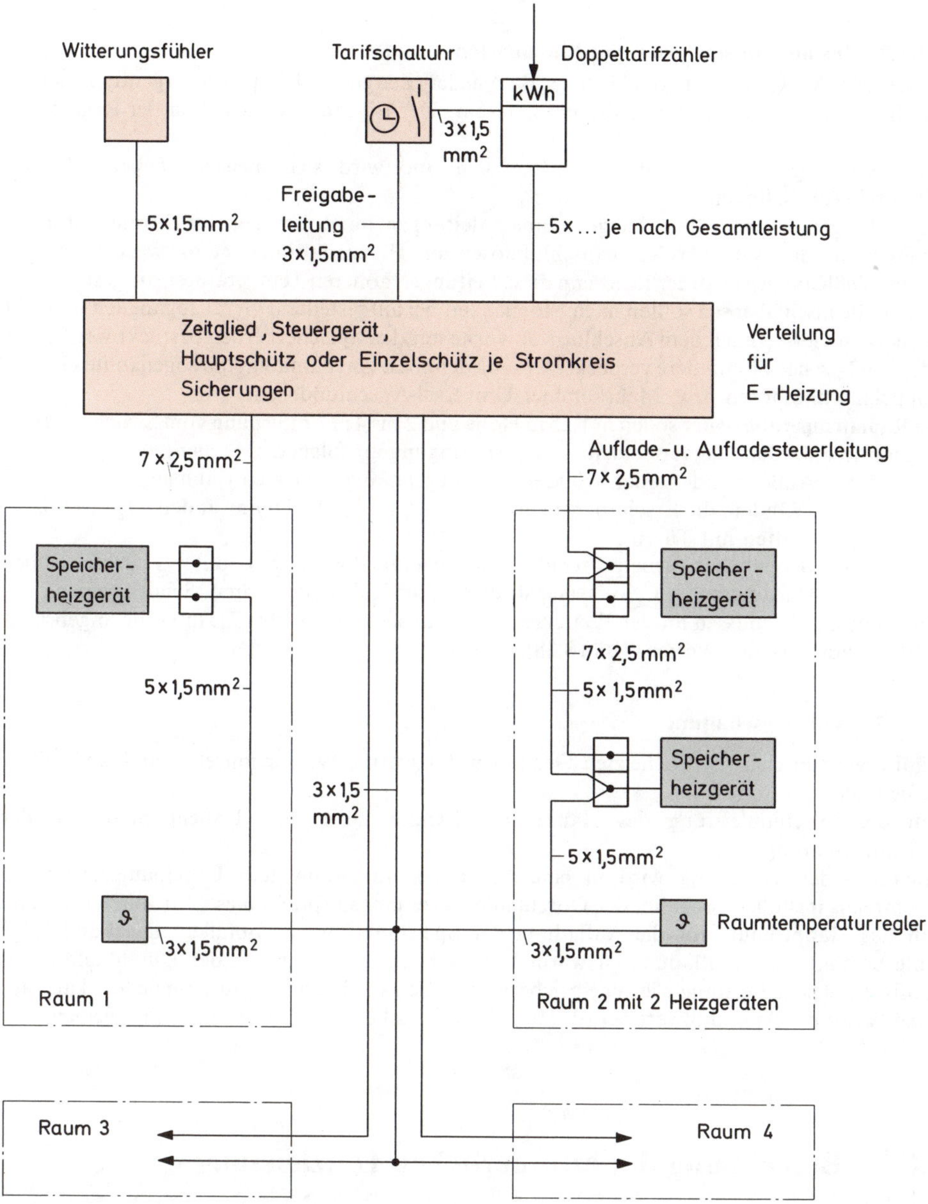

Bild 3.44 Leitungsverlegung bei einer Heizung innerhalb einer Wohnung. Raumtemperaturregler zwischen Verteilung und Speicherheizgerät eingeschleift.
Falls keine Zusatzheizung und Folgekontaktsteuerung erforderlich, genügt zwischen Temperaturregler und Speicherheizgerät eine 3 × 1,5-mm²-Leitung

3.5.2.2 Installationsmaterial und Einbauarten

Die gesamte **Verteilung** einschließlich der Bauglieder (Zeitglied, Gruppensteuergerät, Sicherungen, Schütze) ist heute fertig verdrahtet lieferbar. Der Eigenbau wird sich in der Regel nicht lohnen.

Die Verteilung sollte zentral angeordnet sein und wird sich meistens neben oder im Zählerschrank befinden.

Als Leitungen können Stegleitungen, Einaderleitungen im Rohr oder Feuchtraumleitungen eingesetzt werden. Von den Geräteanschlußdosen zum Heizgerät sind nur dann wärmebeständige **Anschlußleitungen** erforderlich, wenn diese Leitungen höheren Temperaturen ausgesetzt sind.

Die **Geräteanschlußdosen** sollten nach Möglichkeit bei aufgestelltem Gerät zugänglich sein. Da die meisten Geräte nach dem Anschluß von vorne mit den Speicherkernen bestückt werden, ist jedoch in Nischen eine andere verdeckte Lösung denkbar. Zweckmäßig sind sogenannte Geräte-Doppelanschlußdosen bzw. Mehrkammer-Universal-Anschlußdosen.

Die **Raumtemperaturregler** sollen in 1,25 m Höhe und 2 bis 4 m Entfernung vom Speicherheizgerät montiert werden. Zu vermeiden ist die Anbringung an folgenden Stellen:

1. Außenwänden oder Wänden zu unregelmäßig beheizten Räumen.
2. Wänden, die Erschütterungen ausgesetzt sind (z.B. Trennwänden aus Leichtbauplatten mit Türen).
3. Bereiche, in denen Fremdwärme zugeführt wird (z.B. unter Leuchten, über Heizungsrohren, Sonneneinstrahlung, an Kaltwasserrohren, Schornsteinen).

Witterungsfühler müssen an der Wetterseite des Hauses in möglichst 2,5 m Höhe angebracht werden (Norden oder Westen) (Bild 3.38).

3.5.2.3 Vorrangschaltung

Häufig wird in elektrisch beheizten Gebäuden das warme Wasser mittels Durchlauferhitzer aufbereitet.

Um die Anschlußleistung des Hauses in Grenzen zu halten, bedient man sich der Vorrangschaltung.

Innerhalb der Verteilung wird in eine Phase der Zuleitung zum Durchlauferhitzer ein Stromrelais installiert. Schaltet der Durchlauferhitzer ein, so spricht dieses Stromrelais an und läßt das Hauptschütz für die Aufladung der Speicherheizgeräte abfallen. Die kurzfristige Unterbrechung der Aufladung ist wärmetechnisch uninteressant. Da der Durchlauferhitzer häufig die gleiche Leistung wie alle Speicherheizgeräte einer Wohnung zusammen hat, kann auf diese Weise der Anschlußwert bei rd. 50 % der tatsächlich installierten Leistung bleiben.

3.6 Berechnung der erforderlichen Heizleistung

Zur Bestimmung der Leistung einer Heizungsanlage sind folgende Rechenschritte durchzuführen:

1. Berechnung des Wärmedurchgangswiderstands beliebiger Wände.
2. Berechnung des Norm-Wärmebedarfs.
3. Auswahl des Heizgeräts
   a) Nennheizleistung der Wärmepumpe, Öl- oder Gasheizung oder
   b) Nennaufnahme der Speicherheizgeräte.

Zu 1. und 2. gibt DIN 4701 **Regeln für die Berechnung des Wärmebedarfs in Gebäuden** an. Die neuesten spezifischen Materialwerte sind gegebenenfalls den Herstellerangaben zu entnehmen.
Nachfolgend wurden die Formeln und Tabellen auf ein Minimum so zusammengefaßt, daß das Berechnungsverfahren in diesem Buch erläutert werden kann.
Für umfangreichere Planungen bietet DIN 4701 genauere Angaben. Sie enthält darüber hinaus auch ausführliche Erklärungen und ein Rechenbeispiel.

Kurzverfahren zur Berechnung des Wärmebedarfs
Die HEA (= Hauptberatungsstelle für Elektrizitätsanwendung e. V., Frankfurt a. M.) hat ein vereinfachtes Verfahren zur überschlägigen Ermittlung des Wärmebedarfs herausgegeben. Es eignet sich zur schnellen Ermittlung des Wärmebedarfs beim Kunden, kann jedoch nicht die genaue Berechnung ersetzen. Das Formblatt ist am Ende dieses Buches im Abschnitt 3.6.8 mit einem Berechnungsbeispiel des Abschnittes 3.6.4 dieses Buches abgebildet.
Ein Vergleich der genauen Berechnung im Abschnitt 3.6.4 mit dem vereinfachten HEA-Verfahren ergibt folgende Abweichungen:

Wohnzimmer	− 4,2 %
Küche	+ 1,8 %
Schlafen	+ 19,3 %
Bad	− 26,2 %
Partykeller	+ 46,1 %

Es zeigen sich also bei den außergewöhnlichen Räumen wie Bad und Partykeller erhebliche Abweichungen. Beim Partykeller sicherlich dadurch bedingt, daß dort an Erdreich grenzende Wände vorhanden sind. Dennoch kann es zur überschlägigen Ermittlung normaler Wohnräume herangezogen werden.
Das in den Abschnitten 3.6.1 und 3.6.2 beschriebene genaue Berechnungsverfahren sollte, auch wenn heute diese Berechnungen normalerweise mit einem Computer durchgeführt werden, jeder Planer und Berater kennen. Die EDV-Berechnung verwendet das gleiche Verfahren, und die Kenntnis der Abhängigkeiten des Rechenergebnisses von den einzelnen Faktoren kann bei Beratungsgesprächen von großer Bedeutung sein.

3.6.1 Berechnung des Wärmedurchgangswiderstands

$$R \quad \text{in} \; \frac{\text{m}^2 \cdot \text{K}}{\text{W}}$$

Der Wärmedurchgangswiderstand einer Wand errechnet sich wie folgt:

$$R = R_\text{i} + \Sigma R_\lambda + R_\text{a}$$

Darin bedeutet:

R_i innerer Wärmeübergangswiderstand in $\text{m}^2 \cdot \text{K/W}$
Es handelt sich um den Wärmewiderstand, den der Übergang von der Innenluft zur Wand bildet. Dieser ist abhängig von der Luftzirkulation im Raum (siehe Tabelle 3.11).

R_a äußerer Wärmeübergangswiderstand in $m^2 \cdot K/W$
Er ist im wesentlichen von der Windgeschwindigkeit abhängig und wird im Mittel mit 0,040 $m^2 \cdot K/W$ angenommen (siehe Tabelle 3.11).

ΣR_λ Summe der Wärmeleitwiderstände der einzelnen Schichten einer Wand in $m^2 \cdot K/W$
Sie ist abhängig von den einzelnen Schichtdicken und deren Leiteigenschaft.
Für eine Schicht gilt:

$$\boxed{R_\lambda = \frac{d}{\lambda}}$$

d Schichtdicke laut Zeichnung in m

λ Wärmeleitfähigkeit der Schicht in $W/(m \cdot K)$.
Diese Größe kann für bestimmte Baustoffe DIN 4108 Teil 4 entnommen werden. Für weitere Baustoffe muß der Hersteller sie angeben (siehe Tabelle 3.12).

Beispiel:
Unverputzte Außenwand aus 24 cm Kalksandhohlstein mit 1800 kg/m^3 Rohdichte: Aus Tabelle 3.12 Pos. 4.2 $\lambda = 0{,}99\ W/(m \cdot K)$
a) Wärmeleitwiderstand R_λ

$$R_\lambda = \frac{d}{\lambda} = \frac{0{,}24\ m}{0{,}99\ W/(m \cdot K)} = 0{,}242\ m^2 \cdot K/W$$

b) Wärmedurchgangswiderstand $R = R_i + R_\lambda + R_a$

$R = (0{,}13 + 0{,}242 + 0{,}04)\ m^2\ K/W = 0{,}412\ m^2 \cdot K/W$

Für viele Betrachtungen ist der Kehrwert des Wärmedurchgangswiderstandes verständlicher. Es handelt sich dann um den *Wärmedurchgangskoeffizienten,* die k-Zahl in $W/(m^2 \cdot K)$.

> Der Wärmedurchgangskoeffizient k gibt an, wieviel W Heizleistung je 1 K Temperaturdifferenz zwischen innen und außen durch 1 m^2 Wandfläche verloren gehen.

Er ist der Kehrwert des Wärmedurchgangswiderstandes.

$$\boxed{k = \frac{1}{R}} \quad \text{in} \quad \frac{W}{m^2 \cdot K} \qquad \boxed{R = \frac{1}{k}} \quad \text{in} \quad \frac{m^2 \cdot K}{W}$$

Für die Wärmebedarfsrechnung wird der Wärmedurchgangswiderstand (R) bzw. der Wärmedurchgangskoeffizient (k) einer kompletten Wand mit innerem und äußerem

Übergang, Putz und eventueller Hohlschicht benötigt. Diese Rechnung läßt sich am günstigsten in Tabellenform durchführen. Es werden die einzelnen Summanden nicht nebeneinander wie in der Formel, sondern untereinander ermittelt.

$$R = R_\mathrm{i} + R_{\lambda 1} + R_{\lambda 2} + R_{\lambda 3} + \cdots + R_\mathrm{a}$$

$$R = R_\mathrm{i} + \frac{d_1}{\lambda_1} + \frac{d_2}{\lambda_2} + \frac{d_3}{\lambda_3} + \cdots + R_\mathrm{a}$$

Außerdem ist es zweckmäßig, in diese Berechnungstabellen gleich zwei Spalten für die Dichte (ϱ) und das Produkt Schichtdicke × Dichte ($d \cdot \varrho$) aufzunehmen. Diese Größen werden für die Massenberechnung des *wärmetechnisch ungünstigsten Wohnraums mit maximal 2 Außenwänden* benötigt, damit die Außentemperatur-Korrektur ermittelt werden kann (Abschnitt 3.6.2.1). Die Kopfleiste der Tabelle enthält dann folgende Größen:

Tabelle 3.6 Kopfleiste der Tabelle zur Berechnung des *k*-Werts

Masse je Flächeneinheit (→ $d \cdot \varrho$)
Schichtdichte aus Tabelle 3.12 oder Herstellerangaben (→ ϱ)
Schichtdicke aus Baubeschreibung (→ d)
Wärmeleitfähigkeitskoeffizient der Schicht (Tabelle 3.12) (→ λ)
Wärmeleitwiderstand (→ R_λ)

Bauteilaufbau und Bezeichnung	Baustoff	d (m)	ϱ (kg/m^3)	$d \cdot \varrho$ (kg/m^2)	λ (W/m·K)	$R_\lambda = d/\lambda$ (m^2·K/W)
			nur erforderlich, falls dieses Bauteil für Massenberechnung			

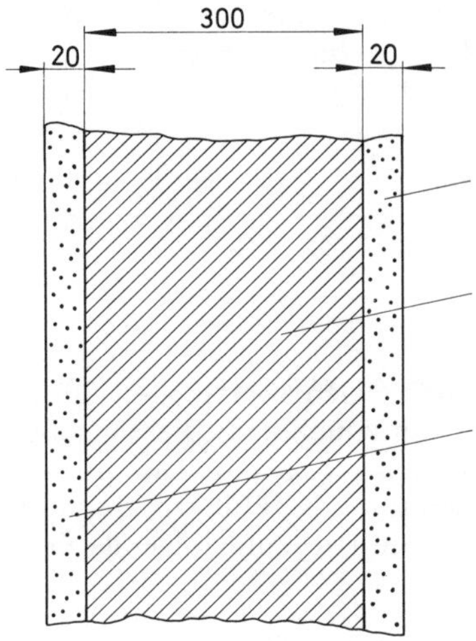

Bild 3.45 Wandquerschnitt zu Beispiel 1

Beispiel 1: *k*-Zahl-Berechnung zum Bild 3.45

Bauteilaufbau und Bezeichnung	Baustoff	d (m)	ϱ (kg/m³)	$d \cdot \varrho$ (kg/m²)	λ (W/m·K)	$R_\lambda = d/\lambda$ (m²·K/W)
			nur erforderlich, falls dieses Bauteil für Massenberechnung			
Wand Bild 3.45	Übergang innen Innenputz Leichtbetonvoll- stein Außenputz Übergang außen	— 0,02 0,30 0,02 —			— 0,87 0,52 1,40 —	0,130 0,023 0,577 0,014 0,040

$R = 0{,}784$

$$k = \frac{1}{R} = \frac{1}{0{,}784}\ \mathrm{W/(m^2 \cdot K)} = 1{,}28\ \mathrm{W/(m^2 \cdot K)}$$

Falls es sich um eine Wand entsprechend Bild 3.46 handelt, sind 2 Möglichkeiten denkbar:

a) Hohlräume, ruhende Luft; dann Berechnung wie vor (Tabelle 3.13).

b) Hohlraum, **stark** belüftet, z.B. vorgehängte Fassade.
Dann darf die Außenschale nicht zur Ermittlung des Wärmedurchgangswiderstands R herangezogen werden, da die starke Belüftung Außenluftcharakter hat und die Verkleidung lediglich den Schlagregen abhalten soll.

Bild 3.46 Wandquerschnitt zu Beispiel 2

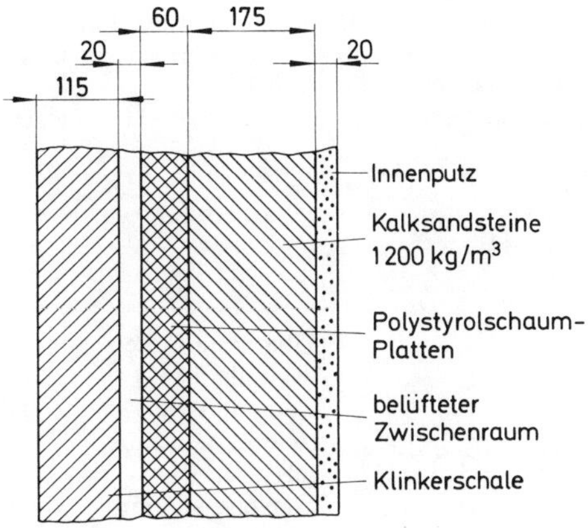

Beispiel 2: *k*-Zahl-Berechnung zum Bild 3.46

Bauteilaufbau und Bezeichnung	Baustoff	d (m)	ϱ (kg/m³)	$d \cdot \varrho$ (kg/m²)	λ (W/m·K)	$R_\lambda = d/\lambda$ (m²·K/W)
			nur erforderlich, falls dieses Bauteil für Massenberechnung			
Wand Bild 3.46	Übergang innen	—	—	—	—	0,130
	Innenputz	0,02	1800	36	0,87	0,023
	Kalksand-Lochstein	0,175	1200	210	0,56	0,313
	Schaumkunststoff	0,06	30	*	0,040	1,50
	Zwischenräume (siehe Tabelle 3.13)	0,02	—		—	0,160
	Klinkerschale	0,115	2000	230	0,96	0,120
	Übergang außen	—		—	—	0,040

* kann vernachlässigt werden, da wenig Masse.

$\Sigma (d \cdot \varrho) = 476$ kg/m² $\qquad R = 2{,}286$

$$k = \frac{1}{R} = \frac{1}{2{,}286}\ \mathrm{W/(m^2 \cdot K)} = 0{,}44\ \mathrm{W/(m^2 \cdot K)}$$

Beispiel 3: k-Zahl-Berechnung einer Betondecke

Bauteilaufbau und Bezeichnung	Baustoff	d (m)	ϱ (kg/m³)	$d \cdot \varrho$ (kg/m²)	λ (W/m·K)	$R_\lambda = d/\lambda$ (m²·K/W)
			nur erforderlich, falls dieses Bauteil für Massenberechnung			
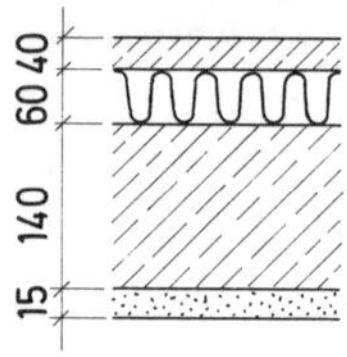	Übergang Boden (Tabelle 3.11)	–			–	0,130
	Zementestrich (wie Zementmörtel)	0,04			1,40	0,029
	Glasfaser-Dämmmatte	0,06			0,041	1,463
	Beton	0,14			2,10	0,067
	Deckenputz	0,015			0,87	0,017
Bild 3.47 Betondecke	Übergang innen (Tabelle 3.11)	–			–	0,130

$R = 1,836$

$$k = \frac{1}{R} = \frac{1}{1,836}\ \mathrm{W/(m^2 \cdot K)} = 0,54\ \mathrm{W/(m^2 \cdot K)}$$

Wärmedurchgangskoeffizient k für erdreichberührende Bauteile.

Da für diese Bauteile auch andere Außentemperaturen als üblich zu berücksichtigen sind, wurde hierzu der gesonderte Abschnitt 3.6.2.3 aufgenommen.

3.6.1.1 Korrekturen für Außenflächen und Sonneneinwirkung

Bild 3.16 zeigte den Zusammenhang zwischen Raumtemperatur und Wandtemperatur bezüglich der Behaglichkeit. Dort ist erkennbar, daß bei niedrigen Wandoberflächentemperaturen (ungünstigen k-Werten) eine höhere Raumtemperatur erforderlich ist. Dieses wird durch die Außenflächenkorrektur Δk_A berücksichtigt.
Der k-Wert wird zunächst – wie im Abschnitt 3.6.1 gezeigt – in der bisher üblichen Form ermittelt. Anschließend wird der Wärmedurchgangskoeffizient (k-Wert) von *Außenflächen* um

Δk_A Außenflächenkorrektur und

Δk_S Sonnenkorrektur bei transparenten Flächen erweitert.

$$k_N = k + \Delta k_A + \Delta k_S$$

k_N Norm-Wärmedurchgangskoeffizient

Die *Außenflächenkorrektur* Δk_A ist abhängig von dem Wärmedämmwert der Außenwand und kann nach der Tabelle 3.21 ermittelt werden. Da üblicherweise die Außenwände im Wohnungsbau einen k-Wert besitzen, der kleiner als 1,5 W/(m² · K) ist, wird die Außenflächenkorrektur bei Wänden stets vernachlässigbar sein. Sie muß jedoch bei Türen und wärmetechnisch ungünstigen Wänden (Beton) mit Sicherheit berücksichtigt werden.
Die *Sonnenkorrektur* Δk_S berücksichtigt den Wärmegewinn durch diffuse Einstrahlung. Sie gilt für bedeckten Himmel und ist somit *unabhängig von der Himmelsrichtung*. DIN 4108 Teil 2 gibt dafür die Formel

$$\Delta k_S = -0{,}35 \cdot g_F$$ in W/(m² · K) an.

Bei normalen Klarglasscheiben ohne Beschichtung ist $g_F = 0{,}85$ und somit

$$\Delta k_S = -0{,}35 \cdot 0{,}85 \text{ W/(m}^2 \cdot \text{K)}$$

$$\Delta k_S = -0{,}3 \text{ W/(m}^2 \cdot \text{K)} \quad \text{für alle Klarglasscheiben}$$

Weitere Werte für g_F enthält die Tabelle 4 der DIN 4108 Teil 2 bzw. sind den Herstellerangaben zu entnehmen.

Beispiel:

Es wurden folgende Wärmedurchgangskoeffizienten ermittelt:

a) Außenwand $k = 0{,}65$ W/(m² · K)
b) Außentür ohne Glas $k = 2{,}8$ W/(m² · K)
c) Außenfenster mit Klarglas $k = 2{,}5$ W/(m² · K)

Wie groß sind die Norm-Wärmedurchgangskoeffizienten k_N?

Lösung:

$$k_N = k + \Delta k_A + \Delta k_S$$

a) $k_N = (0{,}65 + 0 + 0)$ W/(m² · K) $= 0{,}65$ W/(m² · K)
da $\Delta k_A = 0$ und Δk_S für eine Wand entfällt

b) $k_N = (2{,}8 + 0{,}2 + 0)$ W/(m² · K) $= 3$ W/(m² · K)
$\Delta k_S = 0$, da nicht transparent

c) $k_N = (2{,}5 + 0{,}1 - 0{,}3)$ W/(m² · K) $= 2{,}3$ W/(m² · K)

3.6.2 Wärmebedarfsberechnung nach DIN 4701 (März 1983)

Um eine konstante Raumtemperatur zu erhalten, muß vom Heizgerät ständig die Wärmemenge geliefert werden, die vom Raum an die Umgebung abgegeben wird. Diese Wärmeabgabe kann folgendermaßen untergliedert werden:

a) Transmission durch Wände, Fußböden, Decken, Fenster und Türen,
b) Lüftung durch undichte Fenster und Türen oder Zwangsbelüftung.

$$\dot{Q}_N = \dot{Q}_T + \dot{Q}_L$$

$\dot{Q}_N$ = Norm-Wärmebedarf in W

$\dot{Q}_T$ = Norm-Transmissionswärmebedarf in W

$\dot{Q}_L$ = Norm-Lüftungswärmebedarf in W

Es handelt sich bei $\dot{Q}_N$ um die Wärmeleistung, die ein Heizgerät ständig abgeben muß, um bei den niedrigsten Außentemperaturen, für die der Wärmebedarf berechnet wurde, die Zimmertemperatur zu halten.

Da nach DIN 1341 der Formelbuchstabe Q für eine Energie bzw. Wärmemenge in Ws bzw. Wh reserviert wurde, hat DIN 4701 März 1983 für den Wärmebedarf das Q mit einem Punkt ($\dot{Q}$) gewählt. Es handelt sich beim Wärmebedarf um eine Wärmeleistung in W, die in DIN 4701 als *Wärmestrom* bezeichnet wird. (Damit soll angedeutet werden, daß die Energie stündlich durch die Wand strömt.)

Für das gesamte Gebäude werden die Werte der einzelnen Räume addiert. Da der Wind nie von allen Seiten gleichzeitig auf das Gebäude einwirkt, wird jedoch der Gesamt-*Lüftungs*wärmebedarf $\Sigma\dot{Q}_L$ mit dem Faktor ζ* = 0,5 multipliziert.

Dieser Wert gilt nur für Gebäude bis 10 m Höhe.

$$\dot{Q}_{N\,\text{Gebäude}} = \Sigma\dot{Q}_T + \zeta \cdot \Sigma\dot{Q}_L$$

$\zeta = 0{,}5$ bei Gebäuden unter 10 m Höhe

3.6.2.1 Norm-Transmissionswärmebedarf

Der *Norm-Transmissionswärmebedarf* Q_T berechnet sich aus der Summe der Wärmeströme durch Wände, Fenster, Türen, Decken und Fußböden.

$$\dot{Q}_T = \Sigma\,(A \cdot k_N \cdot \Delta\vartheta)$$

$\dot{Q}_T$ Norm-Transmissionswärmebedarf in W
A Fläche des Bauteils in m^2
k_N Norm-Wärmedurchgangskoeffizient in $W/(m^2 \cdot K)$
$\Delta\vartheta = \vartheta_i - \vartheta_a$ Temperaturdifferenz in K
ϑ_i Norm-Innentemperatur in °C
ϑ_a Norm-Außentemperatur in °C

*ζ = Zeta (griechischer Buchstabe).

3.6.2.2 Norm-Lüftungswärmebedarf

Der Norm-Lüftungswärmebedarf $\dot{Q}_L$ wird nach drei verschiedenen Gesichtspunkten errechnet.

1. Der Lüftungswärmebedarf für *freie Lüftung* durch die Fugen der Fenster und Türen, die nicht maschinell erzwungen wird.
2. Der *Mindest*-Lüftungswärmebedarf für Daueraufenthaltsräume.
3. Der Lüftungswärmebedarf für *fensterlose* innenliegende Sanitärräume.

Nach DIN 4701 sollte im 1. Fall mit folgender Formel gerechnet werden:

$$\dot{Q}_{FL} = \varepsilon \cdot \Sigma (a \cdot l)_A \cdot H \cdot r \cdot (\vartheta_i - \vartheta_a)$$

Darin bedeuten:

$\dot{Q}_{FL}$	Norm-Lüftungswärmebedarf für freie Lüftung bei Geschoßhaustypen (dazu gehören alle Ein- und Zweifamilienhäuser) in W	
ε	Korrekturfaktor für die Geschoßhaustypen an einer windangeströmten Seite	
a	Fugendurchlaßkoeffizient (Tabelle 3.24)	in $m^3/(m \cdot h \cdot Pa^{2/3})$
l	Fugenlänge	in m
A	Index für windangeströmte Räume	
$\Sigma(a \cdot l)_A$	Luftdurchlässigkeit der Fugen der windangeblasenen Raumseite. Dabei muß jeweils die Wand mit den größten Durchlässigkeiten gewählt werden. Bei Eckräumen die beiden Außenwände mit der größten Durchlässigkeit.	
H	Hauskenngröße (Tabelle 3.23)	in $\frac{W \cdot h \cdot Pa^{2/3}}{m^3 \cdot K}$
r	Raumkenngröße (Tabelle 3.22)	
ϑ_i	Norm-Innentemperatur (Tabelle 3.15)	in °C
ϑ_a	Norm-Außentemperatur (Tabelle 3.14)	in °C

Beschränkt man sich bei der Berechnung des Wärmebedarfs auf Häuser bis 10 m Höhe bzw. Wohnungen, die nicht höher als 10 m über dem Erdboden liegen (4 beheizten Geschosse über dem Erdboden), kann nach DIN 4701 der Faktor ε stets mit 1 angenommen werden.
Dann vereinfacht sich die Gleichung zu

$$\boxed{\dot{Q}_{FL} = \Sigma (a \cdot l)_A \cdot H \cdot r(\vartheta_i - \vartheta_a)}$$

Mindestwert des Norm-Lüftungswärmebedarfs

Die heutigen hochwertig abgedichteten Fenster lassen unter Umständen nur noch einen Luftwechsel zu, der nicht den Mindestanforderungen entspricht. Daher ist eine Überprüfung des Mindestwertes des Norm-Lüftungswärmebedarfs nach folgender Formel erforderlich:

$$\dot{Q}_{L\,min} = \beta_{min} \cdot V_R \cdot c \cdot (\vartheta_i - \vartheta_a)$$

β_{min}	Mindestluftwechselzahl (siehe auch Tabelle 3.3)	
V_R	Volumen des Raumes	in m^3
c	spezifische Wärmekapazität der Luft	$= 0{,}36\ Wh/(m^3 \cdot K)$
$\vartheta_i - \vartheta_a$	Temperaturdifferenz zwischen Innen- und Außenluft	in K

Für normale Daueraufenthaltsräume (Wohn-, Schlaf- und Büroräume usw.) gilt:

$$\boxed{\dot{Q}_{L\,min} = 0{,}17 \cdot V_R \cdot (\vartheta_i - \vartheta_a)} \quad \text{in W}$$

Innenliegende Sanitärräume

Bei innenliegenden Bädern und Toiletten nach DIN 18017 sind stets freie Lüftungseinrichtungen (Luftschächte) oder elektrisch betriebene Zwangsbelüftungen vorgesehen. Bei freier Lüftung ist ein vierfacher Luftwechsel je Stunde einzuplanen. Der Lüftungswärmebedarf ergibt sich dann aus

$$\boxed{\dot{Q}_L = \dot{Q}_{FL} = 1{,}36 \cdot V_R \cdot (\vartheta_i - \vartheta_u)}$$

$\dot{Q}_L$	Norm-Lüftungswärmebedarf	in W
Index FL=	freie Lüftung (ohne Zwangsbelüftung)	
V_R	Volumen des Raumes	in m^3
ϑ_i	Innentemperatur	in °C
ϑ_u	nachströmende Umgebungsluft	in °C
	(bei gesondertem Zuluftschacht +10 °C, sonst je nach Verhältnis)	

3.6.2.3 Temperaturen

3.6.2.3.1 Norm-Innentemperaturen

Die Raumtemperaturen für bewohnte Räume sind in DIN 4701 Teil 2 festgelegt (Tabelle 3.15 in diesem Buch). Hierbei sollte beachtet werden, daß in Wohngebäuden keine Unterscheidung nach Kinder-, Schlaf- und Wohnzimmern erfolgt. Es handelt sich stets um Wohnräume für die $\vartheta_i = 20$ °C anzusetzen sind. Soll auf Wunsch eines Bauherrn hiervon abgewichen werden, ist es zweckmäßig dieses schriftlich zu vereinbaren, um späteren Regreßansprüchen vorzubeugen.

Teilweise eingeschränkter Betrieb
Da nach DIN 4701 März 1983 eine sehr genaue Berechnung des Wärmebedarfs vorgenommen wird, enthält das Ergebnis nur wenig Reserven. Die Energiepreise veranlassen die Wohnungsinhaber immer häufiger zur Drosselung der Temperatur in nicht ständig bewohnten Räumen wie Schlafzimmer, Kinderzimmer, die von den erwachsenen Kindern nicht mehr benötigt werden, usw. Es handelt sich dann um einen *teilweise eingeschränkten Betrieb*.
In diesen Fällen gilt:

- der zu berechnende Raum wird mit 20 °C angenommen,
- die teilweise eingeschränkt beheizten Nachbarräume mit 15 °C also $\Delta\vartheta = 5$ K.

Beispiel: Berechnung des Wohnzimmers mit 20 °C
Temperatur des Schlafzimmers mit 15 °C also $\Delta\vartheta = 5$ K
Bei der Berechnung des Schlafzimmers werden trotzdem 20 °C angenommen, da dieser Raum mit 20 °C beheizbar sein muß.

Im Extremfall werden alle Innenwände des Hauses mit einer Temperaturdifferenz von 5 K berechnet, damit jeder einzelne Raum genügend Reserven enthält. Das ist bedeutsam für die Auslegung der Speicherheizgeräte oder der Radiatoren bzw. der Fußbodenheizung.

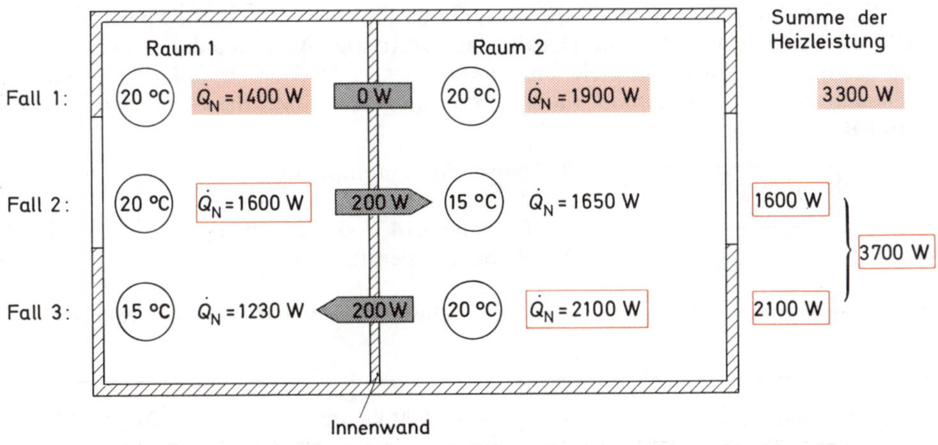

Bild 3.48 Wärmeströme bei teilweise eingeschränkter Betriebsweise von Nachbarräumen

20 °C = Raumtemperatur
$\dot{Q}_N$ = Normwärmebedarf des Raumes
[Kasten] = für diesen jeweils höchsten Wert müssen die Speicherheizgeräte oder die Radiatoren bzw. die Fußbodenheizung ausgelegt sein.
(Also Raum 1: 1600 W; Raum 2: 2100 W)

Der Gesamtwärmebedarf für den Kessel, die Wärmepumpe oder den Zentralblockspeicher der beiden Räume ergibt sich aus dem Fall 1 mit 1400 W + 1900 W = 3300 W.

Achtung:
Bei der Berechnung der Leistung des Kessels, der Wärmepumpe oder eines Zentralblockspeichers dürfen die Verluste durch diese Innenwände nicht berücksichtigt werden, da sie nur auftreten, wenn die Nebenräume nicht nach DIN 4701 beheizt werden. Die Summe der Heizleistungen von einzelnen Speicherheizgeräten oder Radiatoren ist also größer als der erforderliche Gesamtwärmebedarf des Hauses (Bild 3.48).

3.6.2.3.2 Norm-Außentemperatur

DIN 4701 Teil 2 gibt die Außentemperatur ϑ_a' für alle größeren Orte der Bundesrepublik Deutschland an. Tabelle 3.14 dieses Buches enthält einen Auszug. Dieser Wert ist mit Sicherheit beim zuständigen EVU oder anderen Stellen für die jeweilige Gegend zu erfragen, daher wurde hier auf eine umfangreiche Auflistung verzichtet.
Eine Wärmebedarfsberechnung mit dieser Norm-Außentemperatur ϑ_a' ergibt immer ausreichende, im ungünstigsten Fall um 15% überhöhte Ergebnisse. Für genaue Berechnungen soll die Außentemperatur-Korrektur $\Delta\vartheta_a$ durchgeführt werden.

Außentemperatur-Korrektur
Die im März 1983 erschienene DIN 4701 hält ein Absinken der Innentemperatur um 1 K bei kurzer Dauer der Norm-Witterungsbedingungen (tiefste Normtemperatur) für zumutbar. Während dieser Zeit wird die vorher erwärmte Speichermasse der raumumschließenden Wände, Decken und Fußböden zur Geltung kommen. Sie wird durch die *Außentemperatur-Korrektur* $\Delta\vartheta_a$ berücksichtigt.
Bei dieser Außentemperatur-Korrektur $\Delta\vartheta_a$ handelt es sich um eine rechnerische theoretische Anhebung der Außentemperatur, die empfohlen wird, da die Speichermassen der Raumwände, Fußböden und Decken das kurzfristige Absinken der Außentemperatur an sehr kalten Tagen ausgleichen. *Vorausgesetzt wird hierbei, daß die Wohnräume regelmäßig beheizt werden und keine Unterbrechungen, wie bei selten beheizten Räumen, eintreten.*

$$\vartheta_a = \vartheta_a' + \Delta\vartheta_a$$

ϑ_a	Norm-Außentemperatur	in °C
ϑ_a'	Außentemperatur nach DIN (Tabelle 3.14 in diesem Buch)	in °C
$\Delta\vartheta_a$	Außentemperatur-Korrektur	in K

Die Außentemperatur-Korrektur ist von der Schwere der Bauart abhängig (Bild 3.49).

Leichte Bauart	$\frac{m}{\Sigma A_a} < 600\ \text{kg/m}^2$	$\Delta\vartheta_a = 0\ \text{K}$
Schwere Bauart	$600\ \text{kg/m} \leqq \frac{m}{\Sigma A_a} < 1400\ \text{kg/m}^2$	$\Delta\vartheta_a = 2\ \text{K}$
Sehr schwere Bauart	$\frac{m}{\Sigma A_a} > 1400\ \text{kg/m}^2$	$\Delta\vartheta_a = 4\ \text{K}$

m	Masse aller speicherfähigen raumumschließenden Bauteile	in kg
ΣA_a	Summe aller Außenflächen des Raumes (Fenster und Außenwände)	in m²

Bild 3.49
Einfluß der Speichermassen auf die Außentemperatur-Korrektur

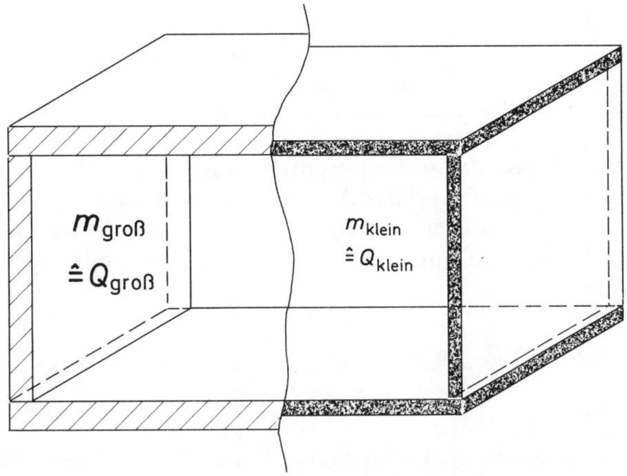

Große Massen speichern viel Wärme, die bei kurzzeitigen Kälteeinbrüchen als Reserven zur Verfügung stehen.
Daher kann hier eine Außentemperatur-Korrektur erfolgen, d.h., es wird mit einer 2 bis 4 K günstigeren Außentemperatur gerechnet.

Kleine Massen speichern wenig Wärme, es darf keine Außentemperatur-Korrektur erfolgen.
Bei kleinen Massen muß mit der Außentemperatur nach DIN 4701 Teil 2 Tabelle 1 (hier im Buch Tabelle 3.14) gerechnet werden.

Beispiel:
In Berlin soll ein Haus erstellt werden. Das ungünstigste normal bewohnte Zimmer hat eine Masse der raumumschließenden Bauteile von 25 000 kg und eine Außenwandfläche von 20 m². Wie groß ist die Norm-Außentemperatur?

Lösung:
Aus Tabelle 3.14 ergibt sich für Berlin $\vartheta_a' = -14\,°C$

$$\frac{m}{\Sigma A_a} = \frac{25\,000 \text{ kg}}{20 \text{ m}^2} = 1250 \text{ kg/m}^2$$

somit beträgt die Außentemperatur-Korrektur $\Delta\vartheta_a = 2$ K
Norm-Außentemperatur $\vartheta_a = \vartheta_a' + \Delta\vartheta_a = -14\,°C + 2\text{ K} = -12\,°C$.

3.6.2.3.3 Massenberechnung zur Ermittlung der Außentemperatur-Korrektur

Die Massenberechnung der raumumschließenden Bauteile berücksichtigt nach DIN 4701 alle eventuellen Materialien in der Formel

$$m = \Sigma\,(0{,}5 \cdot m_{Stahl} + 2{,}5 \cdot m_{Holz} + m_{Rest})_a + 0{,}5 \cdot \Sigma\,(0{,}5 \cdot m_{Stahl} + 2{,}5 \cdot m_{Holz} + m_{Rest})_i$$

Für normale Steinbauten (Wohnhäuser) ohne Stahl- und ohne Holzkonstruktion gilt:

$$m = \Sigma\,(m_{Rest})_a + 0{,}5 \cdot \Sigma\,(m_{Rest})_i$$

Fenster, Türen und Zargen werden wegen der geringen Masse vernachlässigt.

Dann gilt:

$$m = \Sigma m_a + 0{,}5 \cdot \Sigma m_i$$

m Masse der raumumschließenden Bauteile in kg
m_a Masse der an die Außenluft grenzenden Bauteile in kg
m_i Masse der an die Innenluft grenzenden Bauteile in kg
$0{,}5 \cdot \Sigma m_i$ weil nur die Hälfte der Innenwandmasse einem Raum zugeordnet wird

Es gilt:

$$m = \Sigma (l \cdot h \cdot d \cdot \varrho)_a + 0{,}5 \cdot \Sigma (l \cdot h \cdot d \cdot \varrho)_i$$

l Bauteillänge in m
h Bauteilhöhe (Oberfläche, Fußboden bis Oberfläche Decke) in m
d Bauteildicke in m
ϱ Dichte in kg/m³

Zur Vereinfachung der Massenberechnung sollte man sich der Tabelle 3.7 bedienen. Diese Tabelle übernimmt aus der *k*-Zahl-Berechnungstabelle (Tabelle 3.6) bereits die Summe des Produkts Schichtdicke mal Dichte für den gesamten Wandaufbau, so daß hier nicht mehr jede Schicht der Wand einzeln ermittelt werden muß. Diese Summe gibt an, welche Masse 1 m^2 Wandfläche besitzt. Für Standardwände dürfte der routinierte Berechner schnell eine Sammlung der $\Sigma (d \cdot \varrho)$-Werte besitzen. Der Verfasser empfiehlt die Einrichtung einer entsprechenden Kartei bzw. die sortierte Archivierung früherer Berechnungen nach Wandarten.

Beispiel:
Für das in Bild 3.54 dargestellte Haus in Oldenburg ist die Außentemperatur-Korrektur zu ermitteln. Es soll dazu die Masse des Hauptbenutzungsraums, des Wohnzimmers, ermittelt werden. Der Aufbau der Außenwand entspricht Bild 3.46. Die anderen Bauteile sind in der Tabelle 3.25 enthalten.

Lösung: (Ausfüllen der Tabelle 3.7)

1. Flächenberechnung von Wänden, Decke und Fußboden.
2. Übernahme der $\Sigma (d \cdot \varrho)$-Werte aus der Tabelle zum Beispiel 2, Seite 248, für die Außenwände und Tabelle 3.25 für die Innenwände, Decke und Fußboden.
3. Berechnung der Außenwandmasse m_a und Bildung der Gesamt-Außenwandmasse Σm_a.
4. Berechnung der Innenwandmasse m_i und Bildung der Gesamt-Innenwandmasse Σm_i.
5. Ermittlung der spezifischen Speichermasse

$$\frac{m}{\Sigma A} = \frac{\Sigma m_a + 0{,}5 \cdot \Sigma m_i}{\Sigma A_a}$$

Tabelle 3.7 Ermittlung der Außentemperaturkorrektur in Abhängigkeit der außenflächenbezogenen Speichermasse nach DIN 4701

Bauteil	aus Bauzeichnung			aus Tabelle 3.6	
	Länge l (m)	Höhe h (m)	Fläche $A = l \cdot h$ (m^2)	Wanddicke × Dichte $d \cdot \varrho$ (kg/m^2)	Masse $m_a = A\,(d \cdot \varrho)$ (kg)
Außenwand 1 (SW)	**3,76**	**2,65**	**9,96**		
— Fenster	**2,01**	**1,385**	**– 2,78**		
			7,18	**476**	**3 418**
Außenwand 2 (SO)	**5,13**	**2,65**	**13,59**		
— Fenster 1	**2,01**	**1,385**	**– 2,78**		
— Fenster 2	**0,885**	**2,135**	**– 1,89**		
			8,92	**476**	**4 246**
Decke	**5,13**	**3,76**	**19,92**	**401**	**7 988**
			ΣA_A = **43,47**		Σm_a = **15 652**
Innenwand (Küche)	**3,76**	**2,65**	**9,96**	**279**	**2 780**
Innenwand (Schlafzimmer)	**5,13**	**2,65**	**13,59**		
— Tür	**0,885**	**2,01**	**– 1,78**		
			11,81	**279**	**3 297**
Fußboden	**(wie Decke)**		**19,92**	**460**	**9 163**
					Σm_i = **15 240**

$m = \Sigma m_a + 0{,}5 \cdot \Sigma m_i$

$m = \mathbf{15\,652}\ \text{kg} + 0{,}5 \cdot \mathbf{15\,240}\ \text{kg} = \mathbf{23\,272}\ \text{kg}$

$$\frac{\text{Masse}}{\text{Gesamtaußenfläche*}} = \frac{m}{\Sigma A_a} = \frac{\mathbf{23\,272}\ \text{kg}}{\mathbf{43{,}47}\ \text{m}^2} = \mathbf{535}\ \frac{\text{kg}}{\text{m}^2}$$

kg/m^2	Bauart	$\Delta\vartheta_a$
≦600	leichte	0 K
600 bis 1400	schwere	2 K
>1400	sehr schwere	4 K

* einschließlich Fensterflächen

Außentemperatur für den Standort des Hauses	$\vartheta_a{}'$ =	**–10** °C
Korrektur der Außentemperatur wegen der Massenträgheit	$\Delta\vartheta_a$ =	**0** K
einzusetzende Norm-Außentemperatur in der Berechnung Tabelle 3.26	ϑ_a =	**10** °C

Ergebnis:
Da das Wohnzimmer eine insgesamt große Außenfläche hat (2 Wände und Decke), ist der spezifische Wert $m/\Sigma A_a$ mit 535 kg/m² sehr klein. Es darf keine Außentemperatur-Korrektur erfolgen ($\Delta\vartheta_a = 0$ K). Würde das gleiche Wohnzimmer unterhalb einer beheizten Wohnung liegen, müßte die Masse der Decke zu Σm_i hinzugerechnet werden. Außerdem wäre die Außenwandfläche um 19,92 m² kleiner.
Dann ergäbe sich

$$m = \Sigma m_a + 0{,}5 \cdot \Sigma m_i = 7664 \text{ kg} + 0{,}5 \cdot 23\,228 \text{ kg} = 19\,278 \text{ kg}$$

$$\frac{m}{\Sigma A_a} = \frac{19\,278 \text{ kg}}{23{,}55 \text{ m}^2} = 818 \text{ kg/m}^2$$

In diesem Fall wäre eine Außentemperatur-Korrektur von $\Delta\vartheta_a = 2$ K möglich. Das ist auch verständlich, da bei geringerer Außenfläche mehr innere Speichermasse zur Verfügung steht und somit ein Kälteeinbruch besser aufgefangen wird.

3.6.2.4 Wärmebedarfsberechnung für erdreichberührende Bauteile

DIN 4701 Ausgabe März 1983 enthält eine Berechnungsmöglichkeit für den Wärmedurchgangswiderstand von an Erdreich grenzenden Bauteilen (Kellerfußböden und -wände, an Berghängen befindliche Wohnräume u.a.).
Sie gibt außerdem folgende Temperaturen an:

Grundwasser $\vartheta_{GW} = +10\ °C$
mittlere Außentemperatur über eine längere Kälteperiode
$\vartheta_{AL} = \vartheta_a + 15$ K in °C

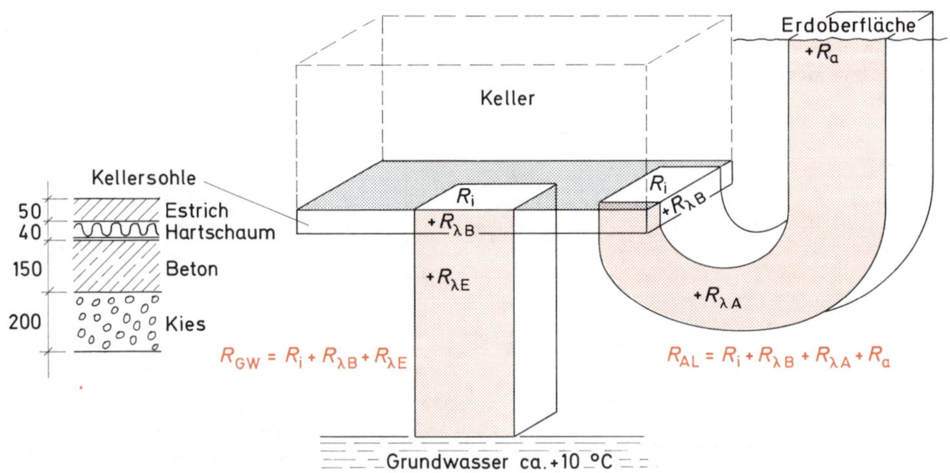

Bild 3.50 Symbolische Darstellung der Wärmedurchgangswiderstände über das Erdreich
R_{AL} zwischen Raumluft und Außenluft
R_{GW} zwischen Raumluft und Grundwasser

Außerdem unterscheidet sie verschiedene Wärmedurchgangswiderstände

R_{AL} für Raumluft zur Außenluft
R_{GW} für Raumluft zum Grundwasser (Bild 3.50)

R_{AL} und R_{GW} werden getrennt ermittelt. Dafür enthält dieses Buch die Tabellen 3.8, 3.9 und 3.10.
Somit muß der Transmissionswärmebedarf für das an Erdreich grenzende Bauteil in zwei Rechengängen getrennt ermittelt werden (Bild 3.51).

1. $\dot{Q}_{T,AL}$ für die Wärmeleitung vom Raum über das Erdreich zur Außenluft
2. $\dot{Q}_{T,GW}$ für die Wärmeleitung vom Raum über das Erdreich zum Grundwasser

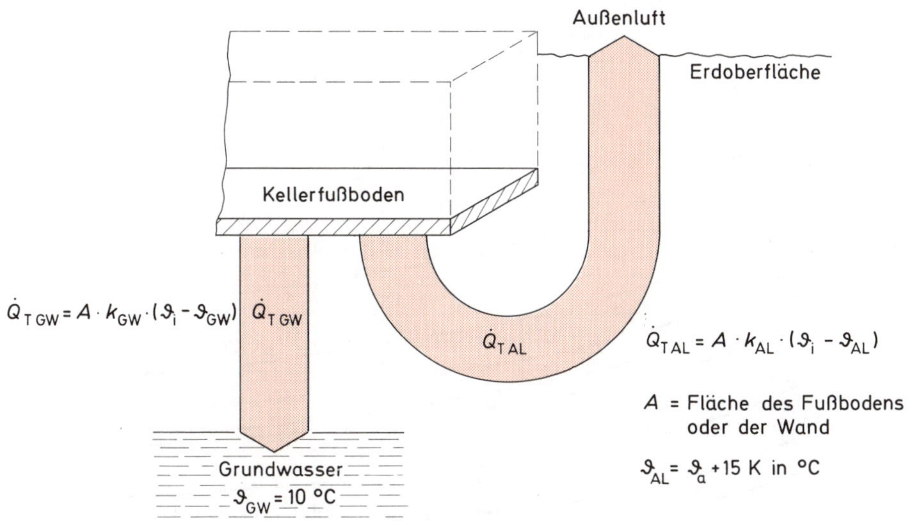

Bild 3.51 Symbolische Darstellung der Transmissionsverluste bei an Erdreich grenzenden Bauteilen

$\dot{Q}_{TAL}$ zwischen Raumluft zur Außenluft
$\dot{Q}_{TGW}$ zwischen Raumluft und Grundwasser

Beispiel:
Der Kellerfußboden im Bild 3.55 hat die Maße 7,12 m × 4,42 m. Das Grundwasser befindet sich 10 m unterhalb der Kellersohle.
Wie groß ist der Transmissionswärmeverlust $\dot{Q}_T$ durch diesen Kellerfußboden, wenn folgende weiteren Angaben gelten:
Raumtemperatur $\vartheta_i = 20$ °C
Standort mit $\vartheta_a = -10$ °C

Lösung:
a) Ermittlung des *äquivalenten Wärmeleitwiderstands* des Erdreichs gegen Außenluft $R_{\lambda A}$ mit Bild 3.52 und der Tabelle 3.8 und Übernahme des Wertes in die Tabelle 3.10

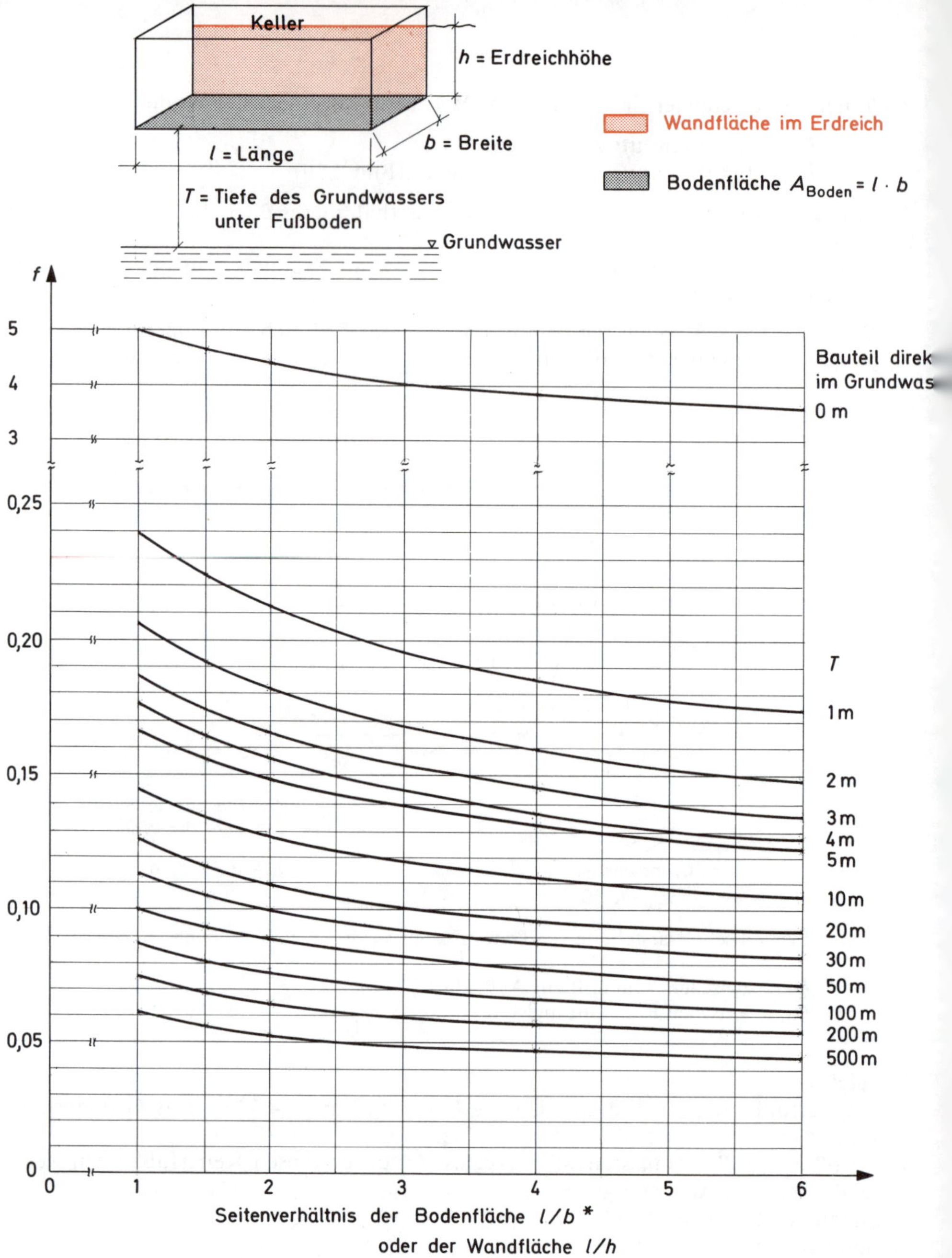

$$R_{\lambda A} = \sqrt{A_{Boden}} \cdot f$$

Bild 3.52 Äquivalenter Wärmeleitwiderstand des Erdreichs gegen Außenluft $R_{\lambda A}$

* Bei zusammenhängenden Kellerräumen, die keinen rechteckigen Grundriß haben, ist ein flächengleiches Rechteck anzusetzen, dessen eine Seite der größten Länge im tatsächlichen Grundriß entspricht.

b) Ermittlung des Wärmeleitwiderstands Erdreich—Grundwasser in der Tabelle 3.9 und Übernahme des Wertes in die Tabelle 3.10
c) Berechnung des Wärmeleitwiderstands der Kellersohle $R_{\lambda B}$ in Tabelle 3.10 und anschließende Errechnung der Wärmedurchgangskoeffizienten k_{AL} und k_{GW}
d) Berechnung des Transmissionswärmebedarfs $\dot{Q}_T$ getrennt für die Wärmeleitung
   — Raumluft zur Außenluft und
   — Raumluft zum Grundwasser
   nach der Formel

$$\boxed{\dot{Q}_T = A \cdot k \cdot \Delta\vartheta} \quad \text{(Bild 3.51)}$$

Beispiel: Kellerfußboden Teil d)

Keller—Außenluft:

$$\dot{Q}_{TAL} = A \cdot k_{AL} \cdot (\vartheta_i - \vartheta_{AL}) \quad \text{mit} \quad \vartheta_{AL} = -10\,°C + 15\,K = +5\,°C$$

(Außentemperatur Oldenburg)

$$= 31{,}5\ m^2 \cdot 0{,}41\ W/(m^2 \cdot K) \cdot (20\,°C - 5\,°C)$$

$$= 31{,}5\ m^2 \cdot 0{,}41\ W/(m^2 \cdot K) \cdot 15\ K = \underline{194\ W}$$

Keller—Grundwasser:

$$\dot{Q}_{TGW} = A \cdot k_{GW}\,(\vartheta_i - \vartheta_{GW}) \quad \text{mit Grundwassertemperatur } +10\,°C$$

$$= 31{,}5\ m^2 \cdot 0{,}10\ W/(m^2 \cdot K) \cdot (20\,°C - 10\,°C)$$

$$= 31{,}5\ W \approx \underline{32\ W}$$

Transmissionswärmebedarf durch die Kellersohle:

$$\dot{Q}_T = \dot{Q}_{TAL} + \dot{Q}_{TGW} = 194\ W + 32\ W = 226\ W$$

Diese Rechnung wird in der Tabelle 3.26 gemeinsam mit den anderen Flächen eines Raumes ausgeführt. Der Unterschied liegt lediglich darin, daß hier die gleiche Wandfläche mit zwei verschiedenen k-Werten und Temperaturdifferenzen ausgeführt wird.

Tabelle 3.8 Ermittlung des äquivalenten Wärmedurchgangswiderstands Raumluft—Außenluft $R_{\lambda A}$ für Flächen, die an Erdreich grenzen

Objekt: **Wohnhaus in Oldenburg** Raum: **Partykeller**					Grundwassertiefe (unter Fußboden): **10** m	
Bauteil	Länge l (m)	Breite/ Höhe b (m)	Fläche $A = l \cdot b$ (m^2)	Seiten-verhältnis l/b —	Faktor (Bild 3.52) f —	Widerstand $R_{\lambda A} = \sqrt{A} \cdot f$ ($m^2 \cdot K/W$)
Fußboden	**7,125**	**4,42**	**31,5**	**1,61**	**0,133**	**0,75**
Wände	**nach DIN 4701 Teil 1 Punkt 5.3.4 ist für nicht wärmegedämmte Wände 50% von $R_{\lambda A}$ des wärmegedämmten Fußbodens einzusetzen**					**also: 0,5 · 0,75 = 0,385**
(den jeweiligen Wert je Fläche $R_{\lambda A}$ in Tabelle 3.10 übertragen)						

Tabelle 3.9 Wärmeleitwiderstand Erdreich—Grundwasser

$$R_{\lambda E} = \frac{T}{\lambda_E} = \frac{T}{1{,}2\ \mathrm{W/(m \cdot K)}} = \frac{\mathbf{10}\ \mathrm{m}}{1{,}2\ \mathrm{W/(m \cdot K)}} = \mathbf{8{,}33}\ \mathrm{m^2 \cdot K/W}$$

(diesen Wert in Tabelle 3.10 übertragen)

Tabelle 3.10a Berechnung der Wärmedurchgangskoeffizienten für an das Erdreich grenzende Bauteile (z.B. Kellerwände, Kellerfußböden, Erdgeschoßfußböden, sofern sie direkten Wärmekontakt zum Erdreich haben)

hier: Kellerfußboden

Wärmeleitwiderstandsermittlung des reinen Bauteils

Bauteilaufbau und Bezeichnung	Baustoff	d (m)	ϱ (kg/m³)	$d \cdot \varrho$ (kg/m²)	λ (W/m · K)	$R_\lambda = d/\lambda$ (m²·K/W)
			nur erforderlich, falls dieses Bauteil für Massenberechnung			
Kellerfußboden 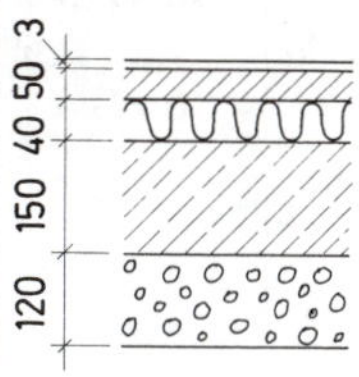	**PVC-Belag** **Estrich** **Wärmed.** **Beton** **Kies**	**0,003** **0,050** **0,040** **0,150** **0,120**	**1500** **2000** **2400** **1800**		**0,23** **1,40** **0,03** **2,10** **0,70**	**0,013** **0,036** **1,333** **0,071** **0,171**
Wärmeleitwiderstand des Bauteils $R_{\lambda B} = \Sigma R_\lambda =$ **1,624**						

k-Wert-Ermittlung Raumluft – Außenluft

	Fußboden	Wände
innerer Wärmeübergangswiderstand R_i	0,170 m² · K/W	0,130 m² · K/W
+ Wärmeleitwiderstand des Bauteils $+R_{\lambda B}$	**1,624** m² · K/W	m² · K/W
+ äquivalenter Wärmeleitwiderstand Erdreich gegen Außenluft (aus Tabelle 3.8) $+R_{\lambda A}$	**0,75** m² · K/W	m² · K/W
+ äußerer Wärmeübergangswiderstand $+R_a$	0,040 m² · K/W	0,040 m² · K/W
= äquivalenter Wärmedurchgangswiderstand Raum – Außenluft $= R_{AL}$	**2,584** m² · K/W	m² · K/W
= äquivalenter Wärmedurchgangskoeffizient Raum – Außenluft $k_{AL} = 1/R_{AL}$	**0,39** W/(m² · K)	W/(m² · K)

k-Wert-Ermittlung Raumluft – Grundwasser

	Fußboden	Wände
innerer Wärmeübergangswiderstand R_i	0,170 m² · K/W	0,130 m² · K/W
+ Wärmeleitwiderstand des Bauteiles $+R_{\lambda B}$	**1,624** m² · K/W	m² · K/W
+ Wärmeleitwiderstand Erdreich zum Grundwasser (aus Tabelle 3.9) $+R_{\lambda E}$	**8,33** m² · K/W	m² · K/W
= äquivalenter Wärmedurchgangswiderstand Raumluft zum Grundwasser $= R_{GW}$	**10,12** m² · K/W	m² · K/W
äquivalenter Wärmedurchgangskoeffizient $k_{GW} = 1/R_{GW}$	**0,10** W/(m² · K)	W/(m² · K)

Tabelle 3.10b Berechnung der Wärmedurchgangskoeffizienten für an das Erdreich grenzende Bauteile (z.B. Kellerwände, Kellerfußböden, Erdgeschoßfußböden, sofern sie direkten Wärmekontakt zum Erdreich haben)

hier: Kellerwände

Wärmeleitwiderstandsermittlung des reinen Bauteils

Bauteilaufbau und Bezeichnung	Baustoff	d (m)	ϱ (kg/m³)	$d \cdot \varrho$ (kg/m²)	λ (W/m · K)	$R_\lambda = d/\lambda$ (m²·K/W)
			nur erforderlich, falls dieses Bauteil für Massenberechnung			
Kelleraußenwände 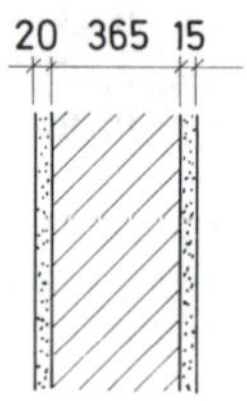	**Innenputz** **KS-Stein** **Außenputz** **Bitumen**	**0,015** **0,365** **0,020** **0,002**	**2000** **1800** **2000** **1200**		**1,4** **0,99** **1,4** **0,17**	**0,011** **0,368** **0,014** **0,012**
Wärmeleitwiderstand des Bauteils $R_{\lambda B} = \Sigma R_\lambda =$ **0,405**						

k-Wert-Ermittlung Raumluft – Außenluft

	Fußboden	Wände
innerer Wärmeübergangswiderstand R_i	0,170 m² · K/W	0,130 m² · K/W
+ Wärmeleitwiderstand des Bauteils $+ R_{\lambda B}$	m² · K/W	**0,405** m² · K/W
+ äquivalenter Wärmeleitwiderstand Erdreich gegen Außenluft (aus Tabelle 3.8) $+ R_{\lambda A}$	m² · K/W	**0,385** m² · K/W
+ äußerer Wärmeübergangswiderstand $+ R_a$	0,040 m² · K/W	0,040 m² · K/W
= äquivalenter Wärmedurchgangswiderstand Raum – Außenluft $= R_{AL}$	m² · K/W	**0,960** m² · K/W
= äquivalenter Wärmedurchgangskoeffizient Raum – Außenluft $k_{AL} = 1/R_{AL}$	W/(m² · K)	**1,04** W/(m² · K)

k-Wert-Ermittlung Raumluft – Grundwasser

	Fußboden	Wände
innerer Wärmeübergangswiderstand R_i	0,170 m² · K/W	0,130 m² · K/W
+ Wärmeleitwiderstand des Bauteils $+ R_{\lambda B}$	m² · K/W	**0,405** m² · K/W
+ Wärmeleitwiderstand Erdreich zum Grundwasser (aus Tabelle 3.9) $+ R_{\lambda E}$	m² · K/W	**8,33** m² · K/W
= äquivalenter Wärmedurchgangswiderstand Raumluft zum Grundwasser $= R_{GW}$	m² · K/W	**8,865** m² · K/W
äquivalenter Wärmedurchgangskoeffizient $k_{GW} = 1/R_{GW}$	W/(m² · K)	**0,11** W/(m² · K)

3.6.2.5 Unterlagen für die Wärmebedarfsberechnung

Erforderlich sind:

1. *Lageplan* mit Himmelsrichtung, Windrichtung und Umgebung, damit der Windeinfluß richtig eingeschätzt werden kann.
2. *Bauzeichnung* mindestens im Maßstab 1 : 100. Die Abmessungen sämtlicher Türen, Fenster, Wände und anderer Bauteile sind lichte Rohbaumaße. Wandhöhen sind die Geschoßhöhen (Oberkante Fußboden—Oberkante Decke).
3. *Baubeschreibungen* mit genauer Angabe der Wärmeleitwiderstände bzw. Wärmedurchgangswiderstände R aller Materialien soweit die Wärmeleitfähigkeit λ der einzelnen Schichten nicht eindeutig der DIN 4108 Teil 4 zu entnehmen sind (hier im Buch Tabelle 3.12). Angabe der Fugenqualität der Fenster und Türen und Angabe der Verglasung.
   Dichte ϱ der Bauteile für die vom Berechner festzulegende Räume, damit die Speichermasse ermittelt werden kann.
4. Hinweise über *Nutzungsart der Räume,* soweit dies nicht der Zeichnung eindeutig zu entnehmen ist.

Rechengenauigkeit

- Temperaturen (ϑ) und Wärmeströme ($\dot{Q}$) ohne Stelle nach dem Komma
- Flächen (A), Fugendurchlaßkoeffizienten (a) und Fugendurchlässigkeiten ($a \cdot l$) 1 Stelle nach dem Komma
- Längen (l) und Wärmedurchgangskoeffizienten (k) 2 Stellen nach dem Komma
- Zwischenergebnisse sollten mit Rechnergenauigkeit durchgezogen, aber gerundet angegeben werden.

Angaben auf der Bauzeichnung

Bild 3.53 gibt die wichtigsten Darstellungen in Bauzeichnungen an. Wände mit Fenster und Türen werden zweckmäßig folgendermaßen berechnet:

$$A_{\mathrm{Wand}} = A_{\mathrm{gesamt}} - A_{\mathrm{Fenster}}$$

Bemaßung:

Diese ist nach DIN unterschiedlich möglich. In der Praxis sind folgende Möglichkeiten anzutreffen:

1. Alle Maße in cm angegeben, Maße in mm wie ein Exponent hochgesetzt z.B. 885 mm = 88^5
2. Alle Maße über 1 m werden in m angegeben, alle Maße unter 1 m in cm, Maße in mm wie unter Punkt 1 (siehe Bilder 3.54 bis 3.56).

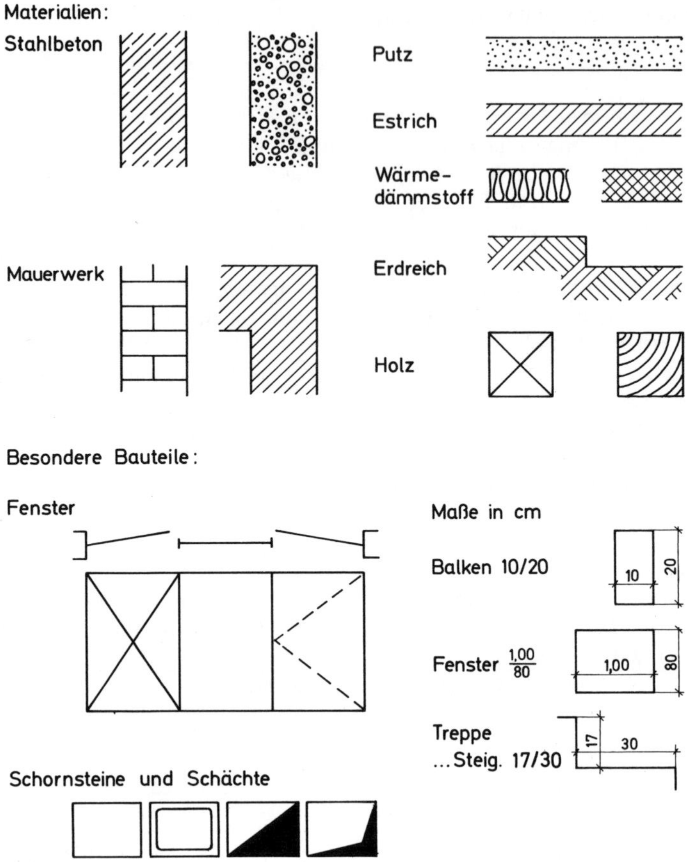

Bild 3.53
Übliche Darstellung in Bauzeichnungen

Wertetabellen zur Wärmebedarfsberechnung

	Bezeichnung	DIN	Buch Tabelle Nr.
1.	Wärmeübergangswiderstände R_i und R_a	4701 Teil 2 Tabelle 16	3.11
2.	Wärmeleitfähigkeit λ und Rohdichte ϱ	4108 Teil 4 Tabelle 1	3.12
3.	Wärmeleitfähigkeit ruhender Luftschichten λ	4701 Teil 2 Tabelle 15	3.13
4.	Außentemperaturen ϑ_a'	4701 Teil 2 Tabelle 1	3.14
5.	Norm-Innentemperaturen ϑ_i	4701 Teil 2 Tabelle 2	3.15
6.	Rechenwerte für die Temperatur ϑ_i' in Nachbarräumen	4701 Teil 2 Tabelle 5 und 6	3.16
7.	Rechenwerte für die Temperaturen ϑ_i' in nicht beheizten angrenzenden Dachräumen und in der Luftschicht belüfteter Dächer	4701 Teil 2 Tabelle 7	3.17
8.	Wärmedurchgangskoeffizient k für Außen- und Innentüren	4701 Teil 2 Tabelle 8	3.18
9.	Wärmedurchgangskoeffizienten k für Verglasungen und Fenster einschließlich Rahmen	4108 Teil 4 Tabelle 3	3.19
10.	Sonnenkorrekturen Δk_S	4701 Teil 2 Tabelle 4	3.20
11.	Außenflächenkorrekturen Δk_A	4701 Teil 2 Tabelle 3	3.21
12.	Raumkennzahlen r	4701 Teil 2 Tabelle 13	3.22
13.	Hauskenngröße H	4701 Teil 2 Tabelle 10	3.23
14.	Fugendurchlässigkeit a	4701 Teil 2 Tabelle 9	3.24

Die in diesem Buch aufgeführten Tabellen geben nur Auszüge der DIN wieder. Zur Berechnung von Gebäuden sollte die DIN 4701 zur Verfügung stehen.

3.6.3 Tabellen zur Wärmebedarfsberechnung

Da sich der Leser dieses Textes überwiegend mit dem Wärmebedarf in Wohnungen und Einfamilienhäusern normaler Abmessungen befassen wird, sind nur die wichtigsten Größen der Tabellen der DIN 4701 und DIN 4108 wiedergegeben worden.
In allen anderen Fällen, wie Hochhäuser über 10 m Höhe, selten beheizten Räumen usw., müssen die vollständigen Tabellen der DIN verwendet werden.
Die Reihenfolge der Tabellennummern entspricht der Reihenfolge im Rechnungsgang.

Tabelle 3.11 Wärmeübergangswiderstände R_i und R_a (Auszug aus Tabelle 16 DIN 4701 Teil 2)

auf der Innenseite geschlossener Räume bei natürlicher Luftbewegung an Wandflächen und Fenster	$R_i = 0{,}130\ m^2\ K/W$
Fußboden und Decken bei einem Wärmestrom von unten nach oben bei einem Wärmestrom von oben nach unten	 $R_i = 0{,}130\ m^2\ K/W$ $R_i = 0{,}170\ m^2\ K/W$
an der Außenseite von Gebäuden bei mittlerer Windgeschwindigkeit	$R_a = 0{,}040\ m^2\ K/W$

Tabelle 3.12 Wärmeleitfähigkeit λ und Rohdichte ϱ

Zeile	Stoff	Rohdichte oder Rohdichteklassen kg/m³	Rechenwert der Wärmeleitfähigkeit λ_R W/(m · K)
1	**Putze, Estriche und andere Mörtelschichten**		
	Kalkmörtel, Kalkzementmörtel, Mörtel aus hydraulischem Kalk	1800	0,87
	Zementmörtel und Zementestrich	2000	1,4
2	**Großformatige Bauteile**		
2.1	Normalbeton nach DIN 1045	2400	2,1
2.2	Leichtbeton und Stahlleichtbeton mit geschlossenem Gefüge nach DIN 4219 Teil 1 und Teil 2 hergestellt:		
	unter Verwendung von Zuschlägen mit porigem Gefüge nach DIN 4226 Teil 2	von 1000 bis 2000	0,47 1,2
	ausschließlich unter Verwendung von Blähton, Blähschiefer, Naturbims und Schaumlava nach DIN 4226 Teil 2 ohne Quarzsandzusatz	von 800 bis 1600	0,30 0,73
2.3	Dampfgehärteter Gasbeton nach DIN 4223	von 400 bis 800	0,14 0,23
2.4	Leichtbeton mit haufwerksporigem Gefüge, z. B. nach DIN 4232		
	mit nichtporigen Zuschlägen nach DIN 4226 Teil 1, z. B. Kies	von 1600 bis 2000	0,81 1,4
	mit porigen Zuschlägen nach DIN 4226 Teil 2, ohne Quarzsandzusatz	von 600 bis 2000	0,22 1,2
3	**Bauplatten**		
3.1	Asbestzementplatten nach DIN 274 Teil 1 bis 4	2000	0,58
3.2	Gasbeton-Bauplatten, unbewehrt, nach DIN 4166		
	mit normaler Fugendicke und Mauermörtel nach DIN 1053 Teil 1 verlegt	von 500 bis 800	0,22 0,29
	dünnfugig verlegt	von 500 bis 800	0,19 0,27

Tabelle 3.12 (Fortsetzung)

Zeile	Stoff	Rohdichte oder Rohdichteklassen kg/m³	Rechenwert der Wärmeleitfähigkeit λ_R W/(m · K)
3.3	Wandbauplatten aus Leichtbeton nach DIN 18162	von 800 bis 1400	0,29 0,58
3.4	Wandbauplatten aus Gips nach DIN 18163, auch mit Poren, Hohlräumen, Füllstoffen oder Zuschlägen	von 600 bis 1200	0,29 0,58
3.5	Gipskartonplatten nach DIN 18180	900	0,21
4	**Mauerwerk einschließlich Mörtelfugen**		
4.1	Mauerwerk aus Mauerziegeln nach DIN 105		
	Vollklinker	2000	0,96
	Hochlochklinker	1800	0,81
	Vollziegel, Lochziegel, hochfeste Ziegel	von 1200 bis 2000	0,50 0,96
	Leichthochlochziegel nach DIN 105 Teil 2 Type A und B	von 700 bis 1000	0,36 0,45
	Leichthochlochziegel nach DIN 105 Teil 2 Typ W_1	von 700 bis 1000	0,30 0,39
4.2	Mauerwerk aus Kalksandsteinen nach DIN 106 Teil 1 und Teil 2	von 1000 1800 bis 2200	0,50 0,99 1,2
4.3	Mauerwerk aus Gasbeton-Blocksteinen nach DIN 4165	von 500 bis 800	0,22 0,29
4.4	Mauerwerk aus Betonsteinen		
	Lochsteine aus Leichtbeton nach DIN 18149	von 600 bis 1600	0,35 1,0
4.5	Vollsteine und Vollblöcke aus Leichtbeton nach DIN 18152		
	Vollsteine (V)	von 500 bis 2000	0,32 0,99

Tabelle 3.12 (Fortsetzung)

Zeile	Stoff	Rohdichte oder Rohdichteklassen kg/m³	Rechenwert der Wärmeleitfähigkeit λ_R W/(m · K)
5	**Wärmedämmstoffe**		
5.1	Holzwolle-Leichtbauplatten nach DIN 1101 Plattendicke ≧ 25 mm = 15 mm	360 bis 480 570	0,093 0,15
5.2	Schaumkunststoffe nach DIN 18164 Teil 1 Wärmeleitfähigkeitsgruppe 020 030 040 050 060		0,020 0,030 0,040 0,050 0,060
6	**Holz und Holzwerkstoffe**		
	Holz		
	Fichte, Kiefer, Tanne	600	0,13
	Buche, Eiche	800	0,20
7	**Beläge, Abdichtstoffe und Abdichtungsbahnen**		
	Kunststoffbeläge, z. B. auch PVC	1500	0,23
	Bitumendachbahnen nach DIN 52128	1200	0,17

Tabelle 3.13 Wärmeleitfähigkeit ruhender Luftschichten λ
(Auszug aus Tabelle 15 DIN 4701 Teil 2)

Dicke der Luftschicht d in mm	Wärmeleitfähigkeit R_λ in m² K/W		
	Luftschicht senkrecht	Luftschicht waagerecht Wärmestrom ↑	↓
10	0,140	0,140	0,150
20	0,160	0,150	0,180
50	0,180	0,160	0,210
100	0,170	0,160	0,210
150	0,160	0,160	0,210

Tabelle 3.14 Norm-Außentemperaturen ϑ_a'. W = windstarke Gegend (Auszug aus Tabelle 1 der DIN 4701 Teil 2)

Stadt	Norm-Außentemperatur °C	Stadt	Norm-Außentemperatur °C
Augsburg	−14	Frankfurt/Main	−12
Berchtesgaden	−16	Fulda	−14
Berlin	−14	Garmisch-Partenkirchen	−18
Bocholt	−10 W	Göttingen	−16
Bonn	−10	Hamburg	−12 W
Braunschweig	−14 W	Hannover	−14 W
Bremen	−12 W	Karlsruhe	−12
Bremerhaven	−10 W	Lübeck	−10 W
Dortmund	−12	Münster/Westfalen	−12 W
Düsseldorf/Duisburg	−10 W	Oldenburg/Oldenburg	−10 W
Emden	−10 W	Saarbrücken/Stuttgart	−12
Feldberg, Schwarzwald	−18 W	Zugspitze	−24 W
Flensburg	−10 W		

Tabelle 3.15 Norm-Innentemperaturen ϑ_i für beheizte Räume (Auszug aus Tabelle 2 der DIN 4701 Teil 2)

Es sind folgende Innentemperaturen zugrunde zu legen. Abweichungen hiervon sollten schriftlich mit dem Auftraggeber vereinbart werden, um späteren Regreßansprüchen vorzubeugen.

Raumart	Norm-Innentemperatur °C
Wohnhäuser	
Wohn- und Schlafräume/Küchen/Toiletten	+20
Bäder	+24
geheizte Nebenräume (Vorräume, Flure)	+15
Treppenräume	+10
Verwaltungsgebäude	
Büroräume, Ausstellungsräume, Schalterhallen	+20
Toiletten	+15
Fertigungs- und Werkstatträume	
allgemein, mindestens	+15
bei sitzender Beschäftigung	+20

Tabelle 3.16 Rechenwerte für die Temperatur ϑ_i' in Nachbarräumen (Auszug aus Tabelle 5 und Tabelle 6 DIN 4701 Teil 2)

Diese Temperaturen sind bei der Berechnung des Transmissionswärmebedarfs von Wänden zu nichtbeheizten oder fremdbeheizten Nachbarräumen anzusetzen.

Räume		Norm-Außentemperatur °C		
		≧ −10	−14	≦ −18
nicht beheizte Nachbarräume, die an die Außenluft grenzen				
ohne Gebäude-Eingangstüren, auch Kellerräume		+ 7	+ 5	+ 3
mit Gebäude-Eingangstüren, z. B. Vorflure, Windfänge, eingebaute Garagen		+ 4	+ 2	0
eingebaute Treppenräume mit einer Außenwand normale warme Ankopplung, d. h. z. B. normales Fenster in der Außenwand	EG + KG	+ 6	+ 4	+ 2
	1. OG	+11	+ 9	+ 8
	2. OG	+12	+11	+10
eingebaute Treppenräume mit einer Außenwand schlechte Wärmeankopplung, d. h. z. B. gesamte Außenwand, Einfachfenster	EG + KG	+ 4	+ 1	− 1
	1. OG	+ 7	+ 5	+ 3
	2. OG	+ 8	+ 6	+ 4
Vorgebaute Treppenräume		− 5	− 9	−11
fremdbeheizte Nachbarräume, z. B. andere Wohnung mit eigener Heizung		+15	+15	+15
angrenzende Räume in teilweise eingeschränkt beheizten Wohngebäuden, Wohn- und Schlafräume		+15 +15	+15 +15	+15 +15

Tabelle 3.17 Rechenwerte für die Temperaturen ϑ_i' in nicht beheizten angrenzenden Dachräumen und in der Luftschicht belüfteter Flachdächer (nach Tabelle 7 DIN 4701 Teil 2)

Dachaußenfläche		Wärmedurchgangswiderstand R $m^2 \cdot K/W$		Norm-Außentemperaturen		
		nach außen	zum beheizten Raum	$\geqq -10$	-14	$\leqq -18$
Geschlossene Dachräume						
z. B. Zementdachpfannen	undicht	0,2	0,8	−6	−10	−13
			1,6	−8	−12	−15
z. B. Zementdachpfannen und Holzverschalung	undicht	0,4	0,8	−4	− 7	−11
			1,6	−7	−10	−14
z. B. Zementdachpfannen mit Folie als Dichtung	dicht	0,2	0,8	−6	− 9	−13
			1,6	−8	−11	−15
z. B. Zementdachpfannen und Holzverschalung	dicht	0,4	0,8	−3	− 6	− 9
			1,6	−6	− 9	−13
z. B. Zementpfannen mit 3 cm Isolierung Alukaschiert	dicht	0,8	0,8	+1	− 1	− 4
			1,6	−3	− 6	− 9
z. B. Dachpappe, 2 cm Holz, 6 cm Isolierung	dicht	1,6	0,8	+5	+ 3	+ 1
			1,6	0	− 2	− 5
Luftschicht belüfteter Flachdächer				−7	−11	−15
Der Wärmewiderstand ist vom Innenraum bis zur Luftschicht zu rechnen. Es gilt dann der äußere Wärmeübergangswiderstand $R_a = 0{,}08\ m^2 \cdot K/W$.						

Tabelle 3.18
Wärmedurchgangskoeffizienten k für Außen- und Innentüren
(Nach Tabelle 8 DIN 4701 Teil 2)

Außentüren*	
Holz, Kunststoff	$k = 3{,}5\ W/(m^2 \cdot K)$
Metall, wärmegedämmt	$k = 4{,}0\ W/(m^2 \cdot K)$
Metall, ungedämmt	$k = 5{,}5\ W/(m^2 \cdot K)$
Innentüren	$k = 2{,}0\ W/(m^2 \cdot K)$

* Bei einem Glasanteil von mehr als 50 % gelten die Werte für Fenster.

Tabelle 3.19 Wärmedurchgangskoeffizienten k für Verglasungen (k_V) und für Fenster und Fenstertüren einschließlich Rahmen (k_F)
(Auszug aus Tabelle 3 DIN 4108 Teil 4)

Beschreibung der Verglasung	nur Glas oder max. 5% Rahmenanteil	Holz- und Kunststoff-fenster	Wärmegedämmtes Metall- oder Betonfenster, je nach Qualität
Normalglas	k in W (m² · K)		
Einfachverglasung	5,8	5,2	
Isolierglas mit >10 bis ≦16 mm Luftzwischenraum	3,0	2,6	2,9 bis 3,8
Sondergläser bis zu maximal	1,0	1,2	1,5 je nach Qualität

Tabelle 3.20
Sonnenkorrekturen Δk_S für den Wärmedurchgangskoeffizienten *transparenter* Außenflächen
(nach Tabelle 4 DIN 4701 Teil 2)

Verglasungsart	Sonnenkorrektur
Klarglas (Normalglas)	$\Delta k_S = -0{,}3\ W/(m^2 \cdot K)$
Spezialglas	$\Delta k_S = -0{,}35 \cdot g_F\ W/(m^2 \cdot K)$
g_F ist den geprüften Herstellerangaben zu entnehmen.	

Tabelle 3.21
Außenflächen-Korrekturen Δk_A für den Wärmedurchgangskoeffizienten von Außenflächen
(Auszug aus Tabelle 3 DIN 4701 Teil 2)

Wärmedurchgangskoeffizienten der Außenflächen	Außenflächen-Korrektur
$k = 0{,}0$ bis 1,5 W/(m² · K)	0,0 W/(m² · K)
$k = 1{,}6$ bis 2,5 W/(m² · K)	0,1 W/(m² · K)
$k = 2{,}6$ bis 3,6 W/(m² · K)	0,2 W/(m² · K)

Tabelle 3.22 Raumkennzahlen (Auszug aus Tabelle 13 DIN 4701 Teil 2)

Güte der Innentüren	Anzahl der Innentüren	Durchlässigkeiten der Fassaden $\Sigma(a \cdot l)$ $m^3/(h \cdot Pa^{2/3})$	Raumkennzahl r
normal, ohne Schwelle (Klammerwerte gelten für dicht, mit Schwelle)	1	≦30 (≦10) >30 (>10)	0,9 0,7
	2	≦60 (≦20) >60 (>20)	0,9 0,7

Die Werte r gelten für Räume mit Türen üblicher Größe und Fugendurchlässigkeit; für Räume ohne Innentüren zwischen An- und Abströmseite (z.B. Säle, Großraumbüros u.ä.) gilt $r = 1{,}0$.
Die $\Sigma(a \cdot l)$ wird der Berechnungstabelle für den jeweiligen Raum entnommen.
Die Einheit $Pa^{2/3}$ ergibt sich gem. DIN 18055 Teil 2.

Tabelle 3.23 Hauskenngröße H (entsprechend Tabelle 10 DIN 4701 Teil 2)

Gegend	Lage des Gebäudes	Hauskenngröße H $\frac{W \cdot h \cdot Pa^{2/3}}{m^3 \cdot K}$	
		Einzelhaus	Reihenhaus
windschwache Gegend (Klammerwerte gelten für windstarke Gegend)	normale Lage	0,72 (1,8)	0,52 (1,3)
	freie Lage	1,8 (3,1)	1,3 (2,2)

Beim Einzelhaus kann der im Haus entstehende Überdruck auf mindestens zwei Hausseiten entweichen, beim Reihenhaus nur auf der dem Wind gegenüberliegenden Seite. Reihen*end*häuser werden also als Einzelhaus eingestuft.

Tabelle 3.24 Fugendurchlaßkoeffizient a von Fenster und Türen
(Auszug aus Tab. 9 DIN 4701 Teil 2)

Bezeichnung		Gütemerkmale	Fugendurchlaßkoeffizient a, $m^3/m \cdot h \cdot Pa^{2/3}$
Fenster	zu öffnen	Beanspruchungsgruppen B, C Beanspruchungsgruppe A	0,3 0,6
	nicht zu öffnen	normal	0,1
Türen	Außendreh- und -schiebetüren	sehr dicht, mit umlaufendem dichtem Anschlag normal, mit Schwelle oder unterer Dichtleiste	1 2
	Innentüren	dicht, mit Schwelle normal, ohne Schwelle	3 9

Beanspruchungsgruppe A Gebäudehöhe bis 8 m
B Gebäudehöhe bis 20 m
C Gebäudehöhe bis 100 m

Für Rolläden und Außenjalousien sind je Fenster folgende Werte für das Produkt $a \cdot l$ einsetzen:
Rollmechanik von außen zugänglich $a \cdot l = 0{,}2$
Rollmechanik von innen zugänglich $a \cdot l = 4$

3.6.4 Beispiel einer Wärmebedarfsrechnung

Für das Haus der Bilder 3.54 bis 3.56 soll der Wärmebedarf berechnet werden. Die Berechnung ist in folgende Teile untergliedert.

- Abschnitt 3.6.4.2 Berechnung der Wärmedurchgangskoeffizienten
- Abschnitt 3.6.4.3 Wärmebedarfsberechnung
- Abschnitt 3.6.5 Auslegung der Speicherheizgeräte
- Abschnitt 3.6.6 Berechnung der Heizleistung der Wärmepumpe

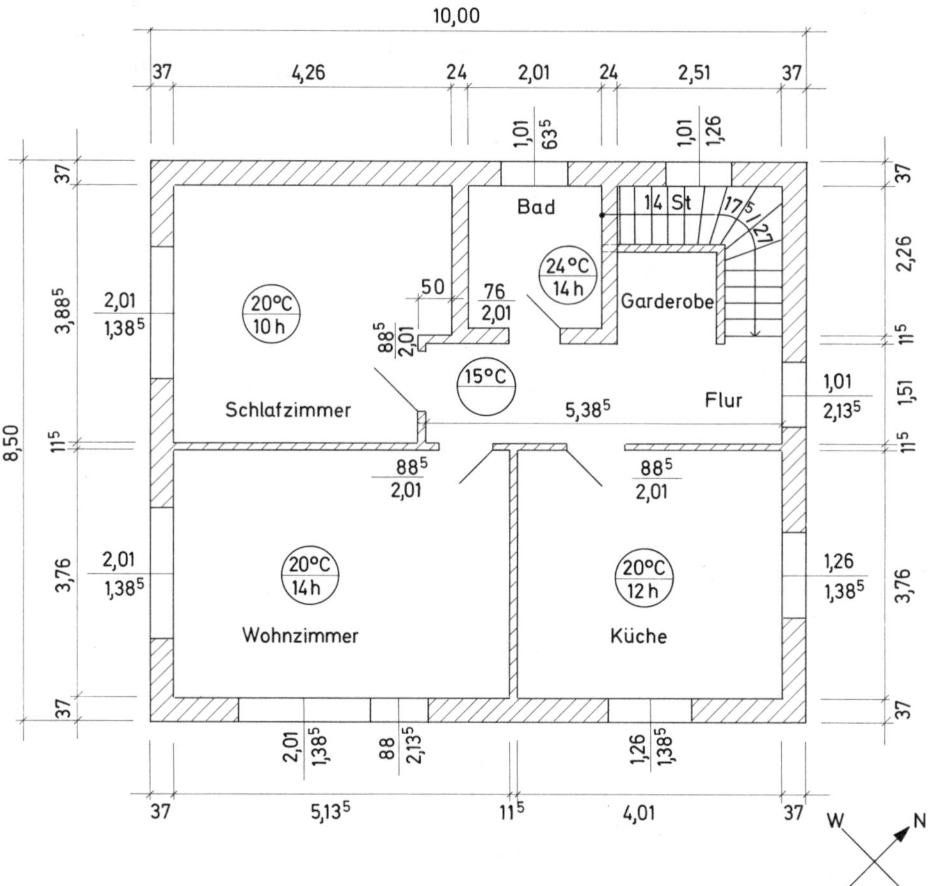

Bild 3.54 Grundriß Erdgeschoß

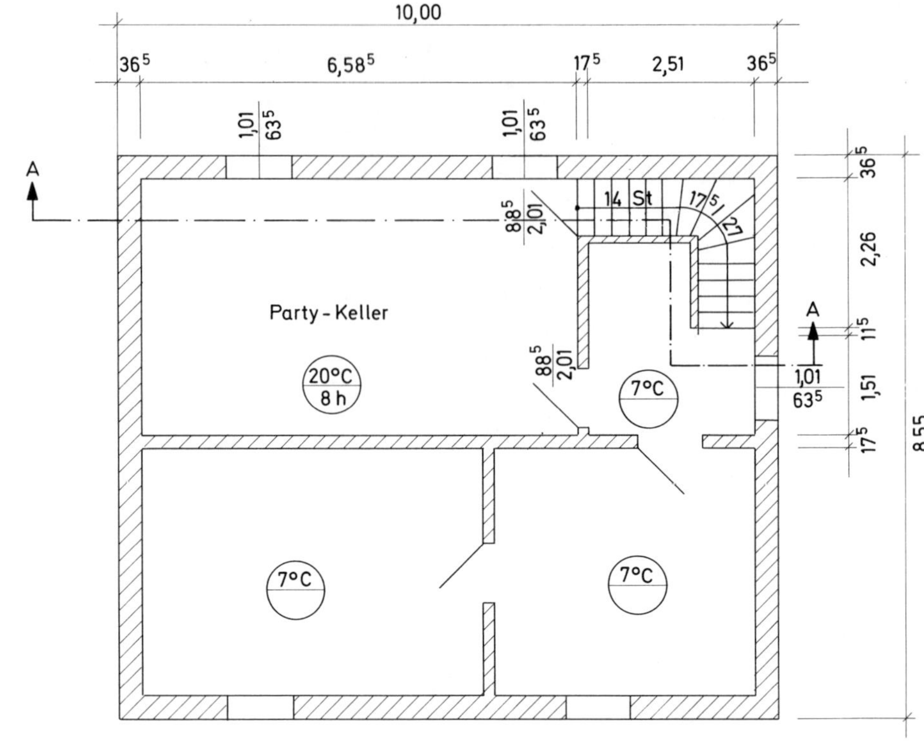

Bild 3.55 Grundriß Keller

Schnitt A-A

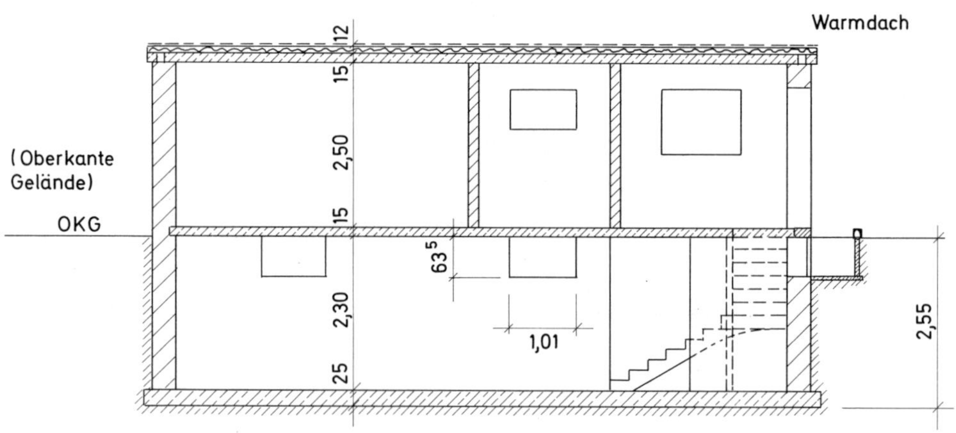

Bild 3.56 Schnittdarstellung

3.6.4.1 Baubeschreibung

Raumhöhe: 2,5 m

Außenwände: 2schalig mit zwischenliegender Wärmedämmung (Wärmeleitfähigkeitsgruppe 040) und vorgesetzter, hinterlüfteter Klinkerschale wie in Bild 3.46.

Innenwände: Kalksand-Vollstein 11,5 cm; Rohdichte 1800 kg/m^3, Putz jeweils 2 cm. Badezimmerwände 24 cm Leichtbeton-Vollstein; Rohdichte 900 kg/m^3. $\lambda = 0{,}41$ W/m · K laut Hersteller.

Kellerwände:

Außenwände: 36,5 cm Kalksandvollstein; Rohdichte 1800 kg/m^3, Innenputz 1,5 cm Zementputz, Außenputz 2 cm Zementputz (siehe Tabelle 3.10)

Innenwände: 17,5 Kalksand-Vollstein Putz 1,5 cm Zementputz

Dach: Flachdach als Warmdach; Stahlbetonmassivdecke 15 cm dick mit 12 cm Wärmedämmschicht der Wärmeleitfähigkeitsgruppe 045; 3 Lagen Dachpappe; Innenputz 1,5 cm; Dampfsperre zwischen Beton und Isolierung (wird nicht zur Wärmebedarfsberechnung herangezogen); Innenputz 1,5 cm.

Fußboden: Massivdecke 15 cm dick mit Trittschalldämmplatten aus Hartschaum die gleichzeitig die Wärmedämmung übernehmen.

	Bei Speicherheizung	Bei Fußbodenheizung in Naßbeton
Dämmschichtdicke Wärmeleitfähigkeitsgruppe	5 cm 035	10 cm 030
Zementestrichdicke	5 cm	8 cm

Bodenbelag Textil mit $\lambda = 0{,}47$ W/(m · K)

Kellerfußboden: entsprechend Tabelle 3.10 (Partykeller)

Außentür: Kunststoff mit Verglasung kleiner 50%
Türmaß 1,01 × 2,135; normale Abdichtung

Innentüren: Holz; ohne Schwellen

Fenster: Kunststoffeinfachfenster, Wärmeschutzverglasung mit Prüfzeugnis $k = 1{,}6$ W/(m^2 · K)
Alle Fenster einflügelig, nur im Wohnzimmer ist die Fensterfläche neben der Tür fest eingebaut

Windlage: windstarke Gegend, normale Lage

Außentemperatur: Standort Oldenburg/Oldenburg.

3.6.4.2 Berechnung der Wärmedurchgangskoeffizienten (entsprechend Tabelle 3.6)

Bauteilaufbau und Bezeichnung	Baustoff	d (m)	ϱ (kg/m³)	$d \cdot \varrho$ (kg/m²)	λ (W/m · K)	$R = d/\lambda$ (m² · K/W)
			nur erforderlich, falls dieses Bauteil für Massenberechnung			
1. Außenwand siehe Beispiel 2 Abschnitt 3.6.1						2,276
						$k = \frac{1}{R} = 0{,}44\ \mathrm{W/(m^2 \cdot K)}$
2. Innenwände Kalksandvollstein 11,5 cm	Übergang innen					0,130
	Putz	0,02	1800	36	0,87	0,023
	KS-Stein	0,115	1800	207	0,99	0,116
	Putz	0,02	1800	36	0,87	0,023
	Übergang innen					0,130
			$\Sigma (d \cdot \varrho) = 279$			$R = 0{,}422$
						$k = \frac{1}{R} = 2{,}37\ \mathrm{W/(m^2 \cdot K)}$
3. Innenwände Bad 24 cm	Übergang innen		entfällt für Massenberechnung			0,130
	Putz	0,02			0,87	0,023
	Leichtbeton	0,24			0,41	0,585
	Putz	0,02			0,87	0,023
	Übergang innen					0,130
						$R = 0{,}891$
						$k = \frac{1}{R} = 1{,}12\ \mathrm{W/(m^2 \cdot K)}$
4. Innenwände Partykeller	Übergang innen					0,130
	Putz	0,015	2000		1,4	0,011
	KS-Stein	0,175	1800		0,99	0,176
	Putz	0,015	2000		1,4	0,011
	Übergang innen					0,130
						$R = 0{,}458$
						$k = \frac{1}{R} = 2{,}18\ \mathrm{W/(m^2 \cdot K)}$
5. Dach	Übergang außen					0,040
	Dachpappe 3 Lagen	0,012	1200	14	0,17	0,071
	Dämmschicht	0,120		—	0,045	2,666
	Betondecke	0,150	2400	360	2,10	0,071
	Innenputz	0,015	1800	27	0,87	0,017
	Übergang innen					0,130
			$\sum (d \cdot \varrho) = 401$			$R = 2{,}995$
						$k = \frac{1}{R} = 0{,}33\ \mathrm{W/(m^2 \cdot K)}$

Bauteilaufbau und Bezeichnung	Baustoff	d (m)	ϱ (kg/m³)	$d \cdot \varrho$ (kg/m²)	λ (W/m · K)	$R = d/\lambda$ (m² · K/W)
			nur erforderlich, falls dieses Bauteil für Massenberechnung			
6. a) Fußboden mit Fußbodenheizung in Naßbeton	Übergang innen					0,170
	Belag und Estrich entfällt					
	Isolierung	0,10			0,030	3,333
	Beton	0,15			2,10	0,071
	Übergang Keller					0,170
						$R = 3{,}744$
						$k = \frac{1}{R} = 0{,}27\ \mathrm{W/(m^2 \cdot K)}$
6. b) Fußboden mit Speicherheizgeräten	Übergang innen					0,170
	Belag	0,01			0,47	0,021
	Estrich	0,05	2000	100	1,40	0,036
	Isolierung	0,05			0,035	1,430
	Beton	0,15	2400	360	2,10	0,071
	Übergang Keller					0,170
				460		$R = 1{,}898$
						$k = \frac{1}{R} = 0{,}52\ \mathrm{W/(m^2 \cdot K)}$
7. Holztür innen						$k = 2{,}0\ \mathrm{W/(m^2 \cdot K)}$

8. Haustür Kunststoff mit Glas unter 50% $k = 3{,}5\ \mathrm{W/(m^2 \cdot K)}$
entsprechend Tabellen 3.20 und 3.21 gilt

$k_N = k + \Delta k_A + \Delta k_S$

$$k_N = (3{,}5 + 0{,}3 - 0)\ \mathrm{W/(m^2 \cdot K)} = 3{,}8\ \mathrm{W/(m^2 \cdot K)}$$

9. Fenster laut Baubeschreibung $k = 1{,}6\ \mathrm{W/(m^2 \cdot K)}$
entsprechend Tabelle 3.20 und 3.21 gilt

$$k_N = (1{,}6 + 0{,}1 - 0{,}3)\ \mathrm{W/(m^2 \cdot K)} = 1{,}4\ \mathrm{W/(m^2 \cdot K)}$$

3.6.4.3 Wärmebedarfsberechnung

In den folgenden Tabellen nach DIN 4701 werden die einzelnen Räume des in den Bildern 3.54 bis 3.56 dargestellten Hauses berechnet.

Darin bedeuten die Abkürzungen:

AF	Außenfenster	FB	Fußboden
AT	Außentür	IF	Innenfenster
AW	Außenwand	IT	Innentür
DE	Decke	IW	Innenwand
DA	Dach		

Die Tabellen unterteilen sich in folgende Spaltenabschnitte, die selbst bei EDV-Berechnungen entsprechend in Einzelschritten nachvollziehbar sein sollen.
Spalte 1 bis 3: Bezeichnung, Richtung und Anzahl (z.B. Fenster)
Spalte 4 bis 8: Flächenberechnung, es wird jeweils die gesamte Wand berechnet, dann das Fenster subtrahiert. Dadurch ergibt sich die tatsächliche Fläche in Spalte 8. Die Fläche, die abgezogen werden muß, erhält in Spalte 7 ein Minuszeichen (—).
Spalte 8 bis 11: Berechnung des Transmissionswärmebedarfs $\dot{Q}_T$.
Die Temperaturdifferenz $\Delta\vartheta$ ergibt sich aus der Innen- und der Außentemperatur.
Bei Fußbodenheizungen wird bei der Berechnung des Transmissionsverlustes durch den Fußboden das Mittel aus der Vorlauf- und der Rücklauftemperatur als Innentemperatur angenommen. Der k-Wert berücksichtigt dann nur den Wärmefluß ab Oberkante Heizungsrohr zur Unterkante Fußboden (Abschnitt 3.6.4.2). *In dem folgenden Beispiel wurde der Wärmebedarf für den Betrieb ohne Fußbodenheizung errechnet.* Die anderen k-Werte wurden ebenfalls im Abschnitt 3.6.4.2 errechnet oder werden den Herstellerangaben bzw. eventuellen Tabellen entnommen.
In der Spalte 11 wird eine Zwischensumme des Transmissionswärmebedarfs gebildet, damit entsprechend Abschnitt 3.6.2.3.1 eine Unterscheidung des Wärmebedarfs für vollen Heizbetrieb und teilweise eingeschränkten Betrieb erfolgen kann.
Spalte 12 und 13: Die Angabe der Anzahl der waagerechten und senkrechten Fugen in den Spalten 12 und 13 ist nicht unbedingt erforderlich. Falls jedoch der Anwender einen programmierten Rechner benutzt, hätte es den Vorteil, daß der Rechner aus den Spalten 4, 5, 12 und 13 automatisch die Fugenlänge l für die Spalten 14 ermittelt.
Spalte 15: Der Fugendurchlaßkoeffizient ergibt sich aus Tabelle 3.24 dieses Buches.
Spalten 16 und 17: Da die Angaben in den Spalten 18, 19 und 20 für alle Fugendurchlässigkeiten gelten, ist es zweckmäßig, die einzelnen Fenster nur bis Spalte 16 zu berechnen und dann in Spalte 17 die Summe aus den Fugendurchlässigkeiten aufzunehmen. Diese wird anschließend mit den Werten der folgenden Spalten multipliziert.
Spalte 18: Raumkennzahl siehe Tabelle 3.22
Spalte 19: Hauskenngröße siehe Tabelle 3.23
Spalte 20: Temperaturunterschied Innen—Außen
Spalte 21: Hier erscheint das Produkt aus den Spalten 17, 18, 19 und 20

$$\dot{Q}_{FL} = \Sigma\,(a \cdot l)_A \cdot r \cdot H \cdot \Delta\vartheta$$

Es kann sofort in die erste Zeile unter der Berechnung von Spalte 21 geschrieben werden.

Projekt: **Einfamilienhaus in Oldenburg** Raum: **Wohnzimmer** Raum-Nr. ________ Datum: ________ Seite: **1**
Norm-Innentemper. ϑ_i = **20 °C**/Norm-Außentemper. ϑ_a = **−10** °C/Temperatur der nachströmenden Umgebungsluft ϑ_u = ______ °C/Raumvolumen V = **48,3 m³**

1	2	3	4	5	6	7	8	9	10	11	12	13	14	15	16	17	18	19	20	21
			Flächenberechnung					Transmissions-Wärmebedarf			Lüftungs-Wärmebedarf									
Kurzbezeichnung	Himmelsrichtung	Anzahl	Breite	Höhe bzw. Länge	Fläche	Fläche abziehen? (−)	In Rechnung gestellte Fläche	Norm-Wärmedurchgangskoeffizient	Temperaturdifferenz	Transmissions-Wärmebedarf des Bauteils	Anzahl waagerechter Fugen	Anzahl senkrechter Fugen	Fugenlänge	Fugendurchlaßkoeffizient	Durchlässigkeit des Bauteils		Raumkennzahl	Hauskenngröße	Temperaturdifferenz	Lüftungswärmebedarf
—	—	n	b	h	A	—	A'	k_N	$\Delta\vartheta$	$\dot{Q}_T$	n_w	n_s	l	a	$a \cdot l$	$\Sigma(a \cdot l)_A$	r	H	$\Delta\vartheta$	$\dot{Q}_{FL}$
—	—	—	m	m	m²	—	m²	$\frac{W}{m^2 \cdot K}$	K	W	—	—	m	$\frac{m^3}{m \cdot h \cdot Pa^{2/3}}$	$\frac{m^3}{h \cdot Pa^{2/3}}$	$\frac{m^3}{h \cdot Pa^{2/3}}$	—	$\frac{W \cdot h \cdot P_a^{2/3}}{m^3 \cdot K}$	K	W
AF	**SW**	**1**	**2,01**	**1,38**	**2,8**	**—**	**2,8**	**1,40**	**30**	**118**	**2**	**2**	**6,78**	**0,6**	**4,1**					
AW	**SW**	**1**	**3,76**	**2,65**	**10,0**		**7,2**	**0,44**	**30**	**95**										
AF	**SO**	**1**	**2,01**	**1,38**	**2,8**	**—**	**2,8**	**1,40**	**30**	**118**	**2**	**2**	**6,78**	**0,1**	**0,7**					
AF	**SO**	**1**	**0,89**	**2,13**	**1,9**	**—**	**1,9**	**1,40**	**30**	**80**	**2**	**2**	**6,04**	**1,0**	**6,0**					
AW	**SO**	**1**	**5,13**	**2,65**	**13,6**		**8,9**	**0,44**	**30**	**117**						**10,8**	**0,9**	**1,8**	**30**	**525**
JT	**—**	**1**	**0,88**	**2,01**	**1,8**	**—**	**1,8**	**2,0**	**5**	**18**										
JW	**—**	**1**	**1,30**	**2,65**	**3,4**		**1,6**	**2,37**	**5**	**19**										
DE	**—**	**1**	**3,76**	**5,13**	**19,3**		**19,3**	**0,33**	**30**	**191**										
FB	**—**	**1**			**19,3**		**19,3**	**0,52**	**13**	**130**	Lüftungs-Wärmebedarf durch freie Lüftung									$\dot{Q}_{FL}$ = **525** W
Bei voller Beheizung aller Nebenräume $\dot{Q}_T$ = 886											oder: Lüftungs-Wärmebedarf bei innenliegenden Sanitärräumen									$\dot{Q}_L = 1{,}36 \cdot V_R \cdot (\vartheta_i - \vartheta_u)$ = — W
JW	**Schlaf**	**1**	**3,76**	**2,65**	**9,96**		**10**	**2,37**	**5**	**119**										
JW	**Küche**	**1**	**3,76**	**2,65**	**9,96**		**10**	**2,37**	**5**	**119**	oder Mindestlüftungs-Wärmebedarf									$\dot{Q}_{L\,min} = 0{,}17 \cdot V_R \cdot (\vartheta_i - \vartheta_a)$ = **246** W
Innerer Transmissionswärmebedarf bei teilweise eingeschränkter Betriebsweise										$\dot{Q}_{Ti}$ = **238**	Norm-Lüftungs-Wärmebedarf									$\dot{Q}_L$ = **525** W
Norm-Wärmebedarf des Raumes										$\dot{Q}_N = \dot{Q}_T + \dot{Q}_{Ti} + \dot{Q}_L$ = **1649 W**	spezifischer Wärmebedarf **85,4** W/m² **34,1** W/m³									

Tabelle 3.25 Berechnung des Norm-Wärmebedarfs nach DIN 4701 für Wohnhäuser unter 10 m Höhe

Projekt: **Einfamilienhaus in Oldenburg** Raum: **Schlafzimmer** Raum-Nr. ________ Datum: ________ Seite: ________
Norm-Innentemper. ϑ_i = **20 °C**/Norm-Außentemper. ϑ_a = **−10** °C/Temperatur der nachströmenden Umgebungsluft ϑ_u = ______ °C/Raumvolumen V = **39 m³**

1	2	3	4	5	6	7	8	9	10	11	12	13	14	15	16	17	18	19	20	21
			Flächenberechnung					Transmissions-Wärmebedarf			Lüftungs-Wärmebedarf									
Kurzbezeichnung	Himmelsrichtung	Anzahl	Breite	Höhe bzw. Länge	Fläche	Fläche abziehen? (−)	In Rechnung gestellte Fläche	Norm-Wärmedurchgangskoeffizient	Temperaturdifferenz	Transmissions-Wärmebedarf des Bauteils	Anzahl waagerechter Fugen	Anzahl senkrechter Fugen	Fugenlänge	Fugendurchlaßkoeffizient	Durchlässigkeit des Bauteils		Raumkennzahl	Hauskenngröße	Temperaturdifferenz	Lüftungswärmebedarf
−	−	n	b	h	A	−	A'	k_N	$\Delta\vartheta$	$\dot{Q}_T$	n_w	n_s	l	a	$a \cdot l$	$\Sigma(a \cdot l)_A$	r	H	$\Delta\vartheta$	$\dot{Q}_{FL}$
−	−	−	m	m	m²	−	m²	$\frac{W}{m^2 \cdot K}$	K	W	−	−	m	$\frac{m^3}{m \cdot h \cdot Pa^{2/3}}$	$\frac{m^3}{h \cdot Pa^{2/3}}$	$\frac{m^3}{h \cdot Pa^{2/3}}$	−	$\frac{W \cdot h \cdot P_a^{2/3}}{m^3 \cdot K}$	K	W
AF	**SW**	**1**	**2,01**	**1,38**	**2,8**	**−**	**2,8**	**1,40**	**30**	**118**	**2**	**2**	**6,8**	**0,6**	**4,1**	**4,1**	**0,9**	**1,8**	**30**	**198**
AW	**SW**	**1**	**3,88**	**2,65**	**10,3**		**7,5**	**0,44**	**30**	**99**										
AW	**NW**	**1**	**4,26**	**2,65**	**11,3**		**11,3**	**0,44**	**30**	**149**										
JT	**−**	**1**	**0,88**	**2,01**	**1,8**	**−**	**1,8**	**2,0**	**5**	**18**										
JW	**−**	**1**	**1,62**	**2,65**	**4,3**		**2,5**	**2,37**	**5**	**30**										
JW	**−**	**1**	**0,5**	**2,65**	**1,3**		**1,3**	**2,37**	**5**	**16**										
DE	**−**	**1**	**~4**	**3,90**	**15,6**		**15,6**	**0,33**	**30**	**154**										
FB	**−**	**1**	**~4**	**3,90**	**15,6**		**15,6**	**0,52**	**13***	**105**	Lüftungs-Wärmebedarf durch freie Lüftung									$\dot{Q}_{FL}$ = **198** W
Bei voller Beheizung des Wohnzimmers $\dot{Q}_T$ = 689											oder: Lüftungs-Wärmebedarf bei innenliegenden Sanitärräumen									$\dot{Q}_L = 1{,}36 \cdot V_R \cdot (\vartheta_i - \vartheta_u)$ = − W
JW	**Wohnz.**	**1**	**3,76**	**2,65**	**10,0**		**10,0**	**2,37**	**5**	**119**	oder Mindestlüftungs-Wärmebedarf									$\dot{Q}_{L\,min} = 0{,}17 \cdot V_R \cdot (\vartheta_i - \vartheta_a)$ = **199** W
JW	**Bad**	**vernachlässigt**																		
Innerer Transmissionswärmebedarf bei teilweise eingeschränkter Betriebsweise										$\dot{Q}_{Ti}$ = **119**	Norm-Lüftungs-Wärmebedarf									$\dot{Q}_L$ = **199** W
Norm-Wärmebedarf des Raumes										$\dot{Q}_N = \dot{Q}_T + \dot{Q}_{Ti} + \dot{Q}_L$ = **1007** W	spezifischer Wärmebedarf **64,5** W/m² **25,8** W/m³									

*Da der Hobbyraum nur selten benutzt wird, soll er vorsorglich wie ein Keller mit 7 °C berechnet werden

Tabelle 3.25 Berechnung des Norm-Wärmebedarfs nach DIN 4701 für Wohnhäuser unter 10 m Höhe

Projekt: **Einfamilienhaus in Oldenburg** Raum: **Küche** Raum-Nr. ________ Datum: ________ Seite: ________
Norm-Innentemper. ϑ_i = **20 °C**/Norm-Außentemper. ϑ_a = **−10 °C**/Temperatur der nachströmenden Umgebungsluft ϑ_u = ______ °C/Raumvolumen V = **37,7 m³**

1	2	3	4	5	6	7	8	9	10	11	12	13	14	15	16	17	18	19	20	21
			Flächenberechnung					Transmissions-Wärmebedarf			Lüftungs-Wärmebedarf									
Kurzbezeichnung	Himmelsrichtung	Anzahl	Breite	Höhe bzw. Länge	Fläche	Fläche abziehen? (−)	In Rechnung gestellte Fläche	Norm-Wärmedurchgangskoeffizient	Temperaturdifferenz	Transmissions-Wärmebedarf des Bauteils	Anzahl waagerechter Fugen	Anzahl senkrechter Fugen	Fugenlänge	Fugendurchlaßkoeffizient	Durchlässigkeit des Bauteils		Raumkennzahl	Hauskenngröße	Temperaturdifferenz	Lüftungswärmebedarf
—	—	n	b	h	A	—	A'	k_N	$\Delta\vartheta$	$\dot{Q}_T$	n_w	n_s	l	a	$a \cdot l$	$\Sigma(a \cdot l)_A$	r	H	$\Delta\vartheta$	$\dot{Q}_{FL}$
—	—	—	m	m	m²	—	m²	$\frac{W}{m^2 \cdot K}$	K	W	—	—	m	$\frac{m^3}{m \cdot h \cdot Pa^{2/3}}$	$\frac{m^3}{h \cdot Pa^{2/3}}$	$\frac{m^3}{h \cdot Pa^{2/3}}$	—	$\frac{W \cdot h \cdot Pa_a^{2/3}}{m^3 \cdot K}$	K	W
AF	**SO**	**1**	**1,26**	**1,38**	**1,7**	**—**	**1,7**	**1,40**	**30**	**71**	**2**	**2**	**5,3**	**0,6**	**3,2**	**3,2**	**0,9**	**1,8**	**30**	**156**
AW	**SO**	**1**	**3,76**	**2,65**	**10**		**8,3**	**0,44**	**30**	**110**										
AF	**NO**	**1**	**1,26**	**1,38**	**1,7**	**—**	**1,7**	**1,40**	**30**	**71**	**2**	**2**	**5,3**	**0,6**	**3,2**	**3,2**	**0,9**	**1,8**	**30**	**156**
AW	**NO**	**1**	**4,01**	**2,65**	**10,6**		**8,9**	**0,44**	**30**	**117**										
JT	**—**	**1**	**0,88**	**2,01**	**1,8**	**—**	**1,8**	**2,0**	**5**	**18**										
JW	**—**	**1**	**4,01**	**2,65**	**10,6**		**8,8**	**2,37**	**5**	**104**										
DE	**—**	**1**	**4,01**	**3,76**	**15,1**		**15,1**	**0,33**	**30**	**149**										
FB	**—**	**1**	**4,01**	**3,76**	**15,1**		**15,1**	**0,52**	**13**	**102**	Lüftungs-Wärmebedarf durch freie Lüftung									$\dot{Q}_{FL}$ = **312** W
Bei voller Beheizung aller Nebenräume $\dot{Q}_T$ = 742											oder: Lüftungs-Wärmebedarf bei innenliegenden Sanitärräumen									$\dot{Q}_L = 1{,}36 \cdot V_R \cdot (\vartheta_i - \vartheta_u)$ = — W
JW	**Wohnz.**	**1**	**3,76**	**2,65**	**10**		**10**	**2,37**	**5**	**119**	oder Mindestlüftungs-Wärmebedarf									$\dot{Q}_{L\,min} = 0{,}17 \cdot V_R \cdot (\vartheta_i - \vartheta_a)$ = **193** W
Innerer Transmissionswärmebedarf bei teilweise eingeschränkter Betriebsweise										$\dot{Q}_{Ti}$ = **119**	Norm-Lüftungs-Wärmebedarf									$\dot{Q}_L$ = **312** W
Norm-Wärmebedarf des Raumes										$\dot{Q}_N = \dot{Q}_T + \dot{Q}_{Ti} + \dot{Q}_L$ = **1173** W	spezifischer Wärmebedarf **77,7** W/m² **31,1** W/m³									

Tabelle 3.25 Berechnung des Norm-Wärmebedarfs nach DIN 4701 für Wohnhäuser unter 10 m Höhe

Projekt: **Einfamilienhaus in Oldenburg** Raum: **Bad** Raum-Nr. ________ Datum: ________ Seite: ________
Norm-Innentemper. ϑ_i = **24 °C**/Norm-Außentemper. ϑ_a = **−10** °C/Temperatur der nachströmenden Umgebungsluft ϑ_u = ______ °C/Raumvolumen V = **11,3 m³**

1	2	3	4	5	6	7	8	9	10	11	12	13	14	15	16	17	18	19	20	21
			Flächenberechnung					Transmissions-Wärmebedarf			Lüftungs-Wärmebedarf									
Kurzbezeichnung	Himmelsrichtung	Anzahl	Breite	Höhe bzw. Länge	Fläche	Fläche abziehen? (−)	In Rechnung gestellte Fläche	Norm-Wärmedurchgangskoeffizient	Temperaturdifferenz	Transmissions-Wärmebedarf des Bauteils	Anzahl waagerechter Fugen	Anzahl senkrechter Fugen	Fugenlänge	Fugendurchlaßkoeffizient	Durchlässigkeit des Bauteils		Raumkennzahl	Hauskenngröße	Temperaturdifferenz	Lüftungswärmebedarf
—	—	n	b	h	A	—	A'	k_N	$\Delta\vartheta$	$\dot{Q}_T$	n_w	n_s	l	a	$a \cdot l$	$\Sigma(a \cdot l)_A$	r	H	$\Delta\vartheta$	$\dot{Q}_{FL}$
—	—	—	m	m	m²	—	m²	$\frac{W}{m^2 \cdot K}$	K	W	—	—	m	$\frac{m^3}{m \cdot h \cdot Pa^{2/3}}$	$\frac{m^3}{h \cdot Pa^{2/3}}$	$\frac{m^3}{h \cdot Pa^{2/3}}$	—	$\frac{W \cdot h \cdot Pa_a^{2/3}}{m^3 \cdot K}$	K	W
AF	**NW**	**1**	**1,01**	**0,63**	**0,64**	**—**	**0,64**	**1,40**	**34**	**31**	**2**	**2**	**3,28**	**0,6**	**1,97**	**2**	**0,9**	**1,8**	**34**	**110**
AW	**MW**	**1**	**2,01**	**2,65**	**5,3**		**4,7**	**0,44**	**34**	**70**										
JW	**Schlaf**	**1**	**2,26**	**2,65**	**6,0**	**—**	**6,0**	**1,12**	**4**	**27**										
JW	**Gar.**	**1**	**2,26**	**2,65**	**6,0**	**—**	**6,0**	**1,12**	**9**	**60**										
JT	**Flur**	**1**	**0,76**	**2,01**	**1,5**	**—**	**1,5**	**2,0**	**9**	**27**										
JW	**Flur**	**1**	**2,01**	**2,65**	**5,3**		**3,8**	**1,12**	**9**	**38**										
DE		**1**	**2,01**	**2,26**	**4,5**		**4,5**	**0,33**	**34**	**51**										
FB		**1**					**4,5**	**0,52**	**17**	**40**										
Bei voller Beheizung des Schlafzimmers $\dot{Q}_T$ = 344											Lüftungs-Wärmebedarf durch freie Lüftung $\dot{Q}_{FL}$ = **110 W**									
JW	**Schlaf**		**zusätzlich bei eingeschr. Betriebsw.**				**6**	**1,12**	**5**	**34**	oder: Lüftungs-Wärmebedarf bei innenliegenden Sanitärräumen $\dot{Q}_L = 1{,}36 \cdot V_R \cdot (\vartheta_i - \vartheta_u)$ = **— W**									
											oder Mindestlüftungs-Wärmebedarf $\dot{Q}_{L\,min} = 0{,}17 \cdot V_R \cdot (\vartheta_i - \vartheta_a)$ = **65 W**									
Innerer Transmissionswärmebedarf bei teilweise eingeschränkter Betriebsweise $\dot{Q}_{Ti}$ = 34											Norm-Lüftungs-Wärmebedarf $\dot{Q}_L$ = **110 W**									
Norm-Wärmebedarf des Raumes $\dot{Q}_N = \dot{Q}_T + \dot{Q}_{Ti} + \dot{Q}_L$ = **488 W**											spezifischer Wärmebedarf **108 W/m²** **43,1 W/m³**									

Projekt: **Einfamilienhaus in Oldenburg** Raum: **Flur** Raum-Nr. ______ Datum: ______ Seite: ______
Norm-Innentemper. ϑ_i = **15 °C**/Norm-Außentemper. ϑ_a = **−10** °C/Temperatur der nachströmenden Umgebungsluft ϑ_u = ______ °C/Raumvolumen V = **34,5 m³**

1	2	3	4	5	6	7	8	9	10	11	12	13	14	15	16	17	18	19	20	21
			Flächenberechnung					Transmissions-Wärmebedarf			Lüftungs-Wärmebedarf									
Kurzbezeichnung	Himmelsrichtung	Anzahl	Breite	Höhe bzw. Länge	Fläche	Fläche abziehen? (−)	In Rechnung gestellte Fläche	Norm-Wärmedurchgangskoeffizient	Temperaturdifferenz	Transmissions-Wärmebedarf des Bauteils	Anzahl waagerechter Fugen	Anzahl senkrechter Fugen	Fugenlänge	Fugendurchlaßkoeffizient	Durchlässigkeit des Bauteils		Raumkennzahl	Hauskenngröße	Temperaturdifferenz	Lüftungswärmebedarf
—	—	n	b	h	A	—	A'	k_N	$\Delta\vartheta$	$\dot{Q}_T$	n_w	n_s	l	a	$a \cdot l$	$\Sigma(a \cdot l)_A$	r	H	$\Delta\vartheta$	$\dot{Q}_{FL}$
—	—	—	m	m	m²	—	m²	$\frac{W}{m^2 \cdot K}$	K	W	—	—	m	$\frac{m^3}{m \cdot h \cdot Pa^{2/3}}$	$\frac{m^3}{h \cdot Pa^{2/3}}$	$\frac{m^3}{h \cdot Pa^{2/3}}$	—	$\frac{W \cdot h \cdot Pa_a^{2/3}}{m^3 \cdot K}$	K	W
AT	**NO**	**1**	**1,01**	**2,13**	**2,2**	—	**2,2**	**3,8**	**25**	**209**	**2**	**2**	**6,3**	**2,0**	**12,6**					
AF	**N/W**	**1**	**1,01**	**1,26**	**1,3**	—	**1,3**	**1,4**	**25**	**46**	**2**	**2**	**4,54**	**0,6**	**2,7**					
AW	**WN u. NO**	**1**	**6,39**	**2,65**	**16,9**		**13,5**	**0,44**	**25**	**149**										
JT	**Wohnz. Küche**	**2**	**0,88**	**2,01**	**3,5**	—	**3,5**	**2,0**	**−5**	**−35**						**15,3**	**0,9**	**1,8**	**25**	**620**
JW	**Wohnz. Küche**	**1**	**5,38**	**2,65**	**14,3**		**10,8**	**2,37**	**−5**	**−128**										
JT	**Schl.**	**1**	**0,88**	**2,01**	**1,8**	—	**1,8**	**2,0**	**−5**	**−18**										
JW	**Schl.**	**1**	**2,01**	**2,65**	**5,3**		**3,5**	**2,37**	**−5**	**−41**										
JT	**Bad**	**1**	**0,76**	**2,01**	**1,5**	—	**1,5**	**2,0**	**−9**	**−27**										
JW	**Bad**	**1**	**2,01**	**2,65**	**5,3**		**3,8**	**1,12**	**−9**	**−38**	Lüftungs-Wärmebedarf durch freie Lüftung $\dot{Q}_{FL}$ = **620 W**									
JW	**Bad**	**1**	**2,26**	**2,65**	**6**	—	**6**	**1,12**	**−9**	**−60**	oder: Lüftungs-Wärmebedarf bei innenliegenden Sanitärräumen $\dot{Q}_L = 1{,}36 \cdot V_R \cdot (\vartheta_i - \vartheta_u)$ = — W									
DE		**1** **1**	**2,51** **5,38**	**2,26** **1,51**	**5,7** **8,1**		**13,8**	**0,33**	**25**	**114**	oder Mindestlüftungs-Wärmebedarf $\dot{Q}_{L\,min} = 0{,}17 \cdot V_R \cdot (\vartheta_i - \vartheta_a)$ = **146 W**									
FB		**1**	**vernachlässigt, da teilweise über Party- und Speisekeller**																	
										$\dot{Q}_T$ = **171**	Norm-Lüftungs-Wärmebedarf $\dot{Q}_L$ = **620 W**									
Norm-Wärmebedarf des Raumes $\dot{Q}_N = \dot{Q}_T + \dot{Q}_L$ = **791 W**											spezifischer Wärmebedarf **57** W/m² **23** W/m³									

Tabelle 3.25 Berechnung des Norm-Wärmebedarfs nach DIN 4701 für Wohnhäuser unter 10 m Höhe

Projekt: **Einfamilienhaus in Oldenburg** Raum: **Partykeller** Raum-Nr. ________ Datum: ________ Seite: ________
Norm-Innentemper. ϑ_i = **20 °C**/Norm-Außentemper. ϑ_a = **−10** °C/Temperatur der nachströmenden Umgebungsluft ϑ_u = ______ °C/Raumvolumen V = **58 m³**

1	2	3	4	5	6	7	8	9	10	11	12	13	14	15	16	17	18	19	20	21
			Flächenberechnung					Transmissions-Wärmebedarf			Lüftungs-Wärmebedarf									
Kurzbezeichnung	Himmelsrichtung	Anzahl	Breite	Höhe bzw. Länge	Fläche	Fläche abziehen? (−)	In Rechnung gestellte Fläche	Norm-Wärmedurchgangskoeffizient	Temperaturdifferenz	Transmissions-Wärmebedarf des Bauteils	Anzahl waagerechter Fugen	Anzahl senkrechter Fugen	Fugenlänge	Fugendurchlaßkoeffizient	Durchlässigkeit des Bauteils		Raumkennzahl	Hauskenngröße	Temperaturdifferenz	Lüftungswärmebedarf
—	—	n	b	h	A	—	A'	k_N	$\Delta\vartheta$	$\dot{Q}_T$	n_w	n_s	l	a	$a \cdot l$	$\Sigma(a \cdot l)_A$	r	H	$\Delta\vartheta$	$\dot{Q}_{FL}$
—	—	—	m	m	m²	—	m²	$\frac{W}{m^2 \cdot K}$	K	W	—	—	m	$\frac{m^3}{m \cdot h \cdot Pa^{2/3}}$	$\frac{m^3}{h \cdot Pa^{2/3}}$	$\frac{m^3}{h \cdot Pa^{2/3}}$	—	$\frac{W \cdot h \cdot P_a^{2/3}}{m^3 \cdot K}$	K	W
AF	**N/W**	**2**	**1,01**	**0,63**	**1,3**	**—**	**1,3**	**1,40**	**30**	**55**	**2**	**2**	**6,56**	**0,6**	**3,9**	**3,9**	**0,9**	**1,8**	**30**	**190**
AW	**N/W**	**1**	**6,58**	**2,45**	**16,1**		**14,8**	**1,04***	**15**	**231**	← $\Delta\vartheta = \vartheta_i - \vartheta_{AL}$ **(siehe Abschnitt 3.6.2.4)**									
							14,8	**0,11***	**10**	**16**	← $\Delta\vartheta = \vartheta_i - \vartheta_{GW}$ **(siehe Abschnitt 3.6.2.4)**									
AW	**S/W**	**1**	**3,89**	**2,45**	**9,5**		**9,5**	**1,04***	**15**	**148**	*** aus Tabelle 3.10a und b**									
							9,5	**0,11***	**10**	**10**										
JW		**1**	**6,58**	**2,45**	**16,1**		**16,1**	**2,18**	**13**	**456**										
JT		**1**	**0,88**	**2,01**	**1,8**	**—**	**1,8**	**2,0**	**13**	**47**										
JT		**1**	**zum Treppen-aufg.**		**1,8**	**—**	**1,8**	**2,0**	**5**	**18**	Lüftungs-Wärmebedarf durch freie Lüftung									$\dot{Q}_{FL}$ = **190** W
JW		**1**	**3,89**	**2,45**	**9,5**		**5,9**	**2,18**	**13**	**167**	oder: Lüftungs-Wärmebedarf bei innenliegenden Sanitärräumen									$\dot{Q}_L = 1{,}36 \cdot V_R \cdot (\vartheta_i - \vartheta_u)$ = — W
FB		**1**	**7,13**	**4,42**	**31,5**		**31,5**	**0,39***	**15**	**184**	oder Mindestlüftungs-Wärmebedarf									$\dot{Q}_{L\,min} = 0{,}17 \cdot V_R \cdot (\vartheta_i - \vartheta_a)$ = **296** W
							31,5	**0,10**	**10**	**32**										
Decke entfällt, da Bad 24 °C, Schlafzimmer 20 °C										$\dot{Q}_T$ = **1364**	Norm-Lüftungs-Wärmebedarf									$\dot{Q}_L$ = **296** W
Norm-Wärmebedarf des Raumes										$\dot{Q}_N = \dot{Q}_T + \dot{Q}_L$ = **1660** W	spezifischer Wärmebedarf **52,7** W/m² **28,6** W/m³									

Nach DIN 4701 wird für innenliegende Sanitärräume der Lüftungswärmebedarf nach der Formel

$$\dot{Q}_L = 1{,}36 \cdot V_R \cdot (\vartheta_i - \vartheta_a)$$

berechnet. Dabei entfällt die obige Berechnung.
Achtung: Es muß nach DIN 4701 überprüft werden, ob der Mindest-Lüftungswärmebedarf

$$\dot{Q}_{L\,min} = 0{,}17 \cdot V_R \cdot (\vartheta_i - \vartheta_a)$$

erreicht wird. Der größte Wert wird als Norm-Lüftungswärmebedarf $\dot{Q}_L$ gewählt.

3.6.4.4 Zusammenfassung der einzelnen Räume

Raum	Norm-Wärmebedarf $\dot{Q}_N$ (W)	Transmissions-Wärmebedarf bei voller Beheizung $\dot{Q}_T$ (W)	Lüftungs-Wärmebedarf $\dot{Q}_L$ (W)
Wohnzimmer	1649	886	525
Schlafzimmer	1007	689	199
Küche	1173	742	312
Bad	488	344	110
Flur	791	171	620
Partykeller	1660	1364	296
	$\Sigma\dot{Q}_N$ = 6768 W	$\Sigma\dot{Q}_T$ = 4196 W	$\Sigma\dot{Q}_L$ = 2062 W

Gesamtleistung nach Abschnitt 3.6.2

$$\dot{Q}_{N\,Gebäude} = \Sigma\dot{Q}_T + 0{,}5 \cdot \Sigma\dot{Q}_L$$

$$= 4196\ W + 0{,}5 \cdot 2062\ W = 5227\ W$$

Für diese Leistung muß der Heizkessel, die Wärmepumpe oder der Zentralblockspeicher ausgelegt werden. Am kältesten Tag in Oldenburg (nach DIN 4701: −10 °C) ist sie erforderlich, um alle Räume auf die vorgegebene Temperatur von
20 °C in Wohnräumen
24 °C im Bad
15 °C im Flur zu halten.
Die Speicherheizgeräte und die Radiatoren oder Konvektoren einer Warmwasserheizung müssen jedoch entsprechend dem Norm-Wärmebedarf der einzelnen Räume ausgewählt werden. Wie im Abschnitt 3.6.2.3.1. erläutert, ist die Summe dieser Leistungen mit 6768 W um 510 W höher als die tatsächliche Summe aus $\Sigma\dot{Q}_T$ und $\Sigma\dot{Q}_L$, weil bei eingeschränkter Betriebsweise der Nachbarräume die Heizung des benutzten Raums eventuelle Verluste zum Nachbarraum mit abdecken muß. Bei der Berechnung des

Kessels, der Wärmepumpe und eines Zentralblockspeichers entfällt diese Überdimensionierung, da für den Fall der teilweise eingeschränkten Betriebsweise Energie in Nachbarräumen gespart wird.

3.6.5 Ermittlung der Größe der Speicherheizgeräte

In der DIN 44572 vom August 1989 ist ein Rechenverfahren aufgezeigt, das auf mathematische und physikalische Grundlagen aufbaut. Es ermöglicht eine genaue Auslegung der Speicherheizgeräte für unterschiedliche Freigabezeiten der EVUs für die Aufladung der Geräte. Das Verfahren ist insbesondere für die Berechnung über EDV-Anlagen interessant.
Die HEA (= Hauptberatungsstelle für Elektrizitätsanwendung e. V., Frankfurt a. M.) hat zwei vereinfachte Bemessungsverfahren herausgegeben. Sie erheben keinen Anspruch auf die Genauigkeit des exakten Verfahrens nach DIN 44572, entsprechen aber deren Rechenansätzen und werden von dem Unterkomitee der DIN inhaltlich mitgetragen.
Verfahren I wird angewendet, wenn nur der Wärmebedarf des Raumes als einziger Zahlenwert bekannt ist.
Verfahren II wird eingesetzt, wenn die Einzelanteile des Norm-Wärmebedarfs $\dot{Q}_N$ bekannt sind.
In den Abschnitten 3.6.5.2 und 3.6.5.3 werden diese beiden Verfahren behandelt und mit je einem Beispiel aus Datenlisten eines Speicherheizgeräte-Herstellers verdeutlicht.

3.6.5.1 Begriffe nach DIN 44572

Norm-Wärmebedarf $\dot{Q}_N$ in kW ist der ermittelte Wärmebedarf eines Raumes nach DIN 4701. Wenn ein Raum bei der tiefsten Außentemperatur die nach DIN geforderte Innentemperatur besitzen soll, muß ständig eine Heizung mit dem Wert $\dot{Q}_N$ eingeschaltet sein.
Heizleistung P_H in kW ist die Leistung eines Speicherheizgerätes, die bei der Entladung im Durchschnitt während der gesamten Entladezeit erreicht werden kann. Sie entspricht dem Wärmebedarf $\dot{Q}_N$ eines Raumes, wird meistens etwas größer als $\dot{Q}_N$, darf jedoch nicht kleiner sein.
Nennaufnahme P_N in kW ist der Anschlußwert des Speicherheizgerätes. Der Betrag ist üblicherweise größer als die Heizleistung P_H, da die Aufladezeit in der Regel kürzer als die Entladezeit ist.
Tagesvollbenutzungsstunden t_d in h sind fiktive Rechengrößen zur Ermittlung der Tagesnutzwärme Q_d.
Speicherfaktor f_s berücksichtigt bei der Dimensionierung des Speicherheizgerätes das zugrundeliegende Lademodell.
Lademodell gibt an, welche Freigabe- und Zusatzfreigabedauer vom EVU für die Aufladung des Speicherheizgerätes angenommen wurde. In diesem Zusammenhang gibt es die Begriffe *„gleichrangig"* und *„nachrangig"*. Bei nachrangiger Zusatzfreigabedauer wird der Speicherfaktor stets etwas größer. Es werden damit Reserven in das Speicherheizgerät eingeplant.
Freigabedauer t_F in h ist die Dauer, während der eine Aufladung des Speicherheizgerätes zu günstigeren Tarifbedingungen erfolgen kann.
Zusatzfreigabedauer t_{ZF} in h gibt die gesamte zusätzlich mögliche Zeit für die Aufladung der Speicherheizung an.

3.6.5.2 Bemessung der Speicherheizgeräte nach Verfahren I

Dieses Verfahren gilt nur für Wohnräume und Räume ähnlicher Nutzung.
Bekannt sein muß

- Der Wärmebedarf des Raumes $\dot{Q}_N$ in kW
- das Lademodell und möglichst der Speicherfaktor f_s

Folgende Annahme wird getroffen:

- Die Tagesvollbenutzungsstunden wird als mittlerer Wert mit t_{dm} = 19,6 h angenommen.

Aus der Firmenliste wird jetzt die Dimensionierung des Speicherheizgerätes ermittelt.

Beispiel 1:
Der Wohnraum des im Abschnitt 3.6.4.3 berechneten Hauses hat einen Norm-Wärmebedarf von 1649 W. Das zuständige EVU gewährt keine Zusatzfreigabedauer während des Tages. Es sollen zwei Speicherheizgeräte für den Wohnraum ausgewählt werden.

Lösung:
Da zwei Geräte aufgestellt werden sollen, beträgt bei gleicher Leistung dieser Geräte die Heizleistung pro Gerät:

$$P_{\text{Hgerät}} = 0{,}5 \cdot 1649\ \text{W} = 825\ \text{W}$$

Da es keine Zusatzfreigabedauer gibt, entfällt die Frage nach „gleichrangig“ oder „nachrangig“.
Die Tagesvollbenutzungsstundenzahl wird mit 19,6 h angenommen. Somit wird in Tabelle 3.26 in dem Bereich 8.00 + 0.00 in der Spalte f_d = 19.60 ein Wert gesucht, der gleich oder größer als 825 W ist.

Gewählt:
a) 2 Geräte ETS 20 mit P_N = 2,2 kW und P_H = 830 W
P_{Nges} = 4,4 kW P_{Hges} = 1660 W

oder, da die Fenster unterschiedlich groß sind,
b) 1 Gerät ETS 20 mit P_N = 1,6 kW und P_H = 660 W
und 1 Gerät ETS 30 mit P_N = 2,7 kW und P_H = 1110 W
P_{Nges} = 4,3 kW P_{Hges} = 1770 W

Beispiel 2:
Für die Bemessung aus Beispiel 1 steht vom EVU ein Lademodell 8 + 2 Stunden mit einer nachrangigen Zusatzfreigabedauer zur Verfügung. Welche Geräte sind jetzt aus Tabelle 3.26 auszuwählen?

Lösung:
In dem Bereich 8.00 + 2.00 „nachrangig“ in der Spalte mit f_d = 19.60 sind die Geräte auszuwählen.

Gewählt:
a) 2 Geräte ETS 20 mit P_N = 1,8 kW und P_H = 920 W
P_{Nges} = 3,6 kW P_{Hges} = 1840 W
oder
b) 1 Gerät ETS 10 mit P_N = 1,4 kW und P_H = 720 W
und 1 Gerät ETS 20 mit P_N = 2,0 kW und P_H = 970 W
P_{Nges} = 3,4 kW P_{Hges} = 1690 W

GERÄTE-HEIZLEISTUNGEN für Lademodell: $(t_F + t_{ZF})$				**8.00 + 0.00**			**8.00 + 2.00**					
	Gebäudearten:			Wohn-, Gaststätten-, Hotel-, Unterrichts-, Arzt- und Krankenhausgebäude								
	Berechnungsart:			gleichrangig			gleichrangig			nachrangig		
	Speicherfaktor f_s:				0.80			0.60			0.64	
	Tagesvollbenutzungsstunde t_d:			18.80	**19.60**	20.50	18.80	**19.60**	20.50	18.80	**19.60**	20.50
Baureihe/ Typ	Bestell-Nr. Gehäuse	PN kW	Bestell-Nr. Heizkörper	Heizleistung PH (W)			Heizleistung PH (W)					
ETS 10	071101	0.90	071113	390	370	360	480	460	440	480	460	440
		1.10	071114	470	450	430	590	570	540	590	570	540
		1.20	071117	520	490	470	640	620	590	640	620	590
		1.30	071115	560	540	510	700	670	640	700	670	640
		1.40	071118	600	580	550	750	720	690	740	720	690
		1.50	071116	630	610	590	770	750	730	–	–	–
ETS 20	071102	1.60	071119	690	660	630	860	820	780	860	820	780
		1.80	071120	770	740	710	960	920	880	960	920	880
		2.00	071121	860	820	780	1030	1010	980	990	970	940
		2.20	071122	860	830	800	–	–	–	–	–	–
		2.70	071123	–	–	–	–	–	–	–	–	–
ETS 30	071103	1.60	071124	–	–	–	–	–	–	–	–	–
		2.00	071125	–	–	–	1070	1020	–	1070	1020	980
		2.20	071126	940	900	860	1170	1130	1080	1170	1130	1080
		2.50	071127	1070	1020	980	1330	1280	1220	1330	1280	1220
		2.70	071128	1150	1110	1060	1440	1380	1320	1440	1380	1320
		3.00	071129	1280	1230	1180	1570	1530	1470	1510	1470	1420
		3.60	071130	–	–	–	–	–	–	–	–	–
		4.10	071131	–	–	–	–	–	–	–	–	–
ETS 40	071104	2.50	071132	–	–	–	–	–	–	–	–	–
		2.80	071133	–	–	–	–	–	–	–	–	–
		3.10	071134	1320	1270	–	1650	1570	1520	1650	1570	1520
		3.40	071135	1450	1390	1330	1810	1740	1660	1810	1740	1660
		3.70	071136	1580	1510	1450	1970	1890	1810	1970	1890	1810
		4.00	071137	1700	1640	1570	2080	2020	1960	1990	1930	1870
		4.60	071138	–	–	–	–	–	–	–	–	–
		5.50	071139	–	–	–	–	–	–	–	–	–

Tabelle 3.26 Herstellertabelle zur Auswahl der Speicherheizgeräte (Auszug Stiebel-Eltron)

3.6.5.3 Bemessung der Speicherheizgeräte nach Verfahren II

Das Verfahren II ist zwar auch nicht völlig exakt, jedoch wesentlich genauer als Verfahren I und für die Praxis völlig ausreichend. Es setzt allerdings voraus, daß folgende Anteile des Norm-Wärmebedarfs bekannt sind:

- Norm-Transmissionswärmebedarf $\dot{Q}_T$
- Norm-Lüftungswärmebedarf $\dot{Q}_L$
- innerer Transmissionswärmebedarf $\dot{Q}_{Ti}$, der als Wärmebedarf zu den Nebenräumen einer Wohnung auftritt, wenn diese Nebenräume eine teilweise abgesenkte Temperatur aufweisen.

Es gilt:

$$\dot{Q}_N = \dot{Q}_T + \dot{Q}_L + \dot{Q}_{Ti}$$

Das Berechnungsverfahren sieht für die einzelnen Wärmebedarfsanteile unterschiedliche Tagesvollbenutzungsstunden vor. Sie ermöglichen die exaktere Ermittlung der Tagesvollbenutzungsstunden, die sich auf den Norm-Wärmebedarf $\dot{Q}_N$ bezieht.

$$Q_d = \dot{Q}_T \cdot t_{dT} + \dot{Q}_L \cdot t_{dL} + \dot{Q}_{Ti} \cdot t_{di}$$

Hierin bedeuten:

Q	= Tagesnutzwärme	in kWh
$\dot{Q}_T$	= Norm-Transmissionswärmebedarf	in kW
$\dot{Q}_L$	= Norm-Lüftungswärmebedarf	in kW
$\dot{Q}_{Ti}$	= innerer Transmissionswärmebedarf	in kW
t_{dT}	= Tagesvollbenutzungsstunden von $\dot{Q}_T$	in h
t_{dL}	= Tagesvollbenutzungsstunden von $\dot{Q}_L$	in h
t_{di}	= Tagesvollbenutzungsstunden von $\dot{Q}_{Ti}$	in h

Die Werte für die Tagesvollbenutzungsstunden sind der Tabelle 3.27 zu entnehmen.
Für die Bemessung der Speicherheizgeräte werden die *Tagesvollbenutzungsstunden für den jeweiligen Raum* benötigt. Sie berechnen sich aus

- der Tagesnutzwärme in kWh und
- dem Norm-Wärmebedarf des Raumes in kW

$$t_d = \frac{Q_d}{\dot{Q}_N} \quad \text{in h}$$

Beispiel:
Für den Wohnraum des im Abschnitt 3.6.4.3 berechneten Hauses sollen die Tagesvollbenutzungsstunden ermittelt werden.

Lösung:
Aus der Tabelle 3.25 auf der Seite 307 sind folgende Werte zu entnehmen:

Norm-Transmissionswärmebedarf	$\dot{Q}_T$	= 886 W
Norm-Lüftungswärmebedarf	$\dot{Q}_L$	= 525 W
innerer Transmissionswärmebedarf	$\dot{Q}_{Ti}$	= 238 W = 2 · 119 W

Tabelle 3.27 Tagesvollbenutzungsstunden t_d für Bemessung nach Verfahren II

Art der Gebäude bzw. der Räume	Tagesvollbenutzungsstunden t_{dT} h	 t_{dL} h	 t_{di} h
Wohnräume und Räume ähnlicher Nutzung Hotels und Gaststätten Unterrichtsräume, Arzt- und Untersuchungsräume			
Bauart: leicht	19,7	14,0	18,0
schwer	21,0	15,0	18,0
sehr schwer	22,1	16,0	18,0
Räume mit kürzerer Nutzung, z. B. Verwaltungsgebäude, Büroräume, Sitzungsräume			
Bauart: leicht	18,7	11,5	16,5
schwer	20,3	12,3	16,5
sehr schwer	21,7	13,5	16,5

Die Schwere der Bauart wird für die Auslegung der Speicherheizgeräte mit „schwer" (Tabelle 3.28) angenommen, da es sich um eine gut isolierte Außenwand (Bild 3.46) handelt. Aus der Tabelle 3.27 ergeben sich dann für Wohnräume

$$t_{dT} = 21 \text{ h},\ t_{dL} = 15 \text{ h},\ t_{di} = 18 \text{ h}$$

eingesetzt in die Gleichung

$$\begin{aligned} Q_d &= \dot{Q}_T \cdot t_{dT} + \dot{Q}_L \cdot t_{dL} + \dot{Q}_{Ti} \cdot t_{di} \\ &= 886 \text{ W} \cdot 21 \text{ h} + 525 \text{ W} \cdot 15 \text{ h} + 238 \text{ W} \cdot 18 \text{ h} = 30\,765 \text{ Wh} \end{aligned}$$

Tagesvollbenutzungsstunden

$$t_d = \frac{Q_d}{\dot{Q}_N} = \frac{30\,765 \text{ Wh}}{1649 \text{ W}} = 18{,}6 \text{ h}$$

Tabelle 3.28 Beispiele für die Einstufung der Schwere der Bauart

Beschreibung	Bauart	Außentemperaturkorrektur nach DIN 4701 (siehe Abschnitt 3.6.2.3.2)
Häuser aus Leichtbauelementen	leicht	$\Delta\vartheta_a = 0$ K
Massivhäuser mit Wänden aus – Hohlblocksteinen – Hochlochziegeln mit Betondecken	schwer	$\Delta\vartheta_a = 2$ K
Massivhäuser mit Wänden aus – Vollziegeln – Betonelementen – Natursteinen	sehr schwer	$\Delta\vartheta_a = 4$ K

In der Firmentabelle (Tab. 3.26) ist als nächster Wert $t_d = 18{,}80$ h zu finden. Bei einem Wärmebedarf von 1649 W und zwei auszuwählenden Geräten ergeben sich bei $t_d = 18{,}80$ h und $f_s = 0{,}80$ folgende Möglichkeiten:

a) 2 Geräte ETS 20 mit $P_N = 2{,}0$ kW und $P_H = 860$ W

$P_{Nges} = 4{,}0$ kW $P_{Hges} = 1720$ W

oder

b) 1 Gerät ETS 20 mit $P_N = 1{,}8$ kW und $P_H = 770$ W

und 1 Gerät ETS 30 mit $P_N = 2{,}2$ kW und $P_H = 940$ W

$P_{Nges} = 4{,}0$ kW $P_{Hges} = 1710$ W

Die HEA hat ein Formblatt zur übersichtlichen Berechnung nach dem Verfahren II herausgegeben.

3.6.6 Auswahl der Wärmepumpe

Aus den Herstellerlisten ist das passende Gerät auszuwählen:

Achtung: Einige Hersteller geben die Leistungen der Wärmepumpen geordnet nach dem Betrieb mit Grundwasser und
Sole (Erdreich) an.

Andere Hersteller geben die Leistung immer für den Grundwasserbetrieb an.
Diese Leistung ist dann mit einem **Korrekturfaktor** für Erdreichanlagen (Solebetrieb) zu multiplizieren. Dieses ist erforderlich, da die Soletemperatur im Jahresdurchschnitt tiefer liegt als die Grundwassertemperatur. Somit hat die Wärmepumpe mit Erdreichanlagen eine größere Temperaturspreizung zwischen Verdampfer und Verflüssiger zu überwinden und erhält so eine schlechtere Leistungsziffer ε.

Intervallbetrieb bei Sperrzeiten

Der aus DIN 4701 ermittelte Norm-Wärmebedarf $\dot{Q}_N$ entspricht einer Heizleistung bei 24stündigem Betrieb einer Anlage. Die Bundestarifordnung (BTO) gestattet den EVUs bis zu 3 × 2 Stunden = 6 Stunden Sperrzeit je Tag.
In diesem Fall muß die Nennleistung der Wärmepumpe größer gewählt werden.
Dann gilt:

$$P_{Wärmepumpe} = \frac{\dot{Q}_N \cdot 24\ \text{h}}{(24 - 6)\ \text{h}} = \frac{\dot{Q}_N \cdot 24\ \text{h}}{18\ \text{h}}$$

In unserem Beispiel:

$$P_{Wärmepumpe} = \frac{5{,}3\ \text{kW} \cdot 24\ \text{h}}{18\ \text{h}} = \mathbf{7{,}07\ kW}$$

3.6.6.1 Ermittlung der Wärmepumpenleistung aus dem Ölverbrauch

Überschlägig kann der Wärmebedarf eines Hauses aus dem bisherigen Ölverbrauch pro Jahr ermittelt werden.
Es gilt:

$$\dot{Q}_N = \frac{B_a \cdot \eta_j \cdot H_u}{t_B} = \frac{B_a}{260}$$

$\dot{Q}_N$ Norm-Wärmebedarf in kW
B_a Jahres-Ölverbrauch in l/a
η_j Jahreswirkungsgrad der vorhandenen Heizungsanlage = 0,7
H_u Unterer Heizwert des Öls = 10 kWh/l
t_B Jahresvollbenutzungsstundenzahl = 1850 h/a

Eine bivalente Wärmepumpe, die etwa bei +3 °C umschaltet, muß dann eine Heizleistung von ca. 50% von $\dot{Q}_N$ besitzen.

$$P_{WP,\,bivalent} \approx \dot{Q}_N \cdot 0{,}5$$

Beispiel: Ein Einfamilienhaus benötigte bisher 4000 Liter Öl pro Jahr. Wie groß sollte eine bivalente Wärmepumpe sein?

Lösung:

$$\dot{Q}_N = \frac{B_a}{260} = \frac{4000}{260} = 15{,}4 \text{ kW}$$

$$P_{WP,\,bivalent} \approx 15{,}4 \text{ kW} \cdot 0{,}5 = \underline{7{,}7 \text{ kW}}$$

3.6.7 Heizkostenermittlung

Die Heizkosten setzen sich aus

a) den Jahresenergiekosten, }
b) den Wartungs- und Unterhaltungskosten, } = Betriebskosten und
c) der Verzinsung des investierten Kapitals zusammen = Kapitaldienst

In den folgenden Abschnitten soll ein vereinfachtes Verfahren zur Bestimmung der Kosten aufgeführt werden. Genauere Berechnungsmöglichkeiten sind für allgemeine Heizungen in der VDI 2067 angegeben. Für Elektroheizungen ist im Verlag VELA-Die Jahresenergiekosten hängen von dem Standort des Gebäudes, den Lebensgewohnheiten der Bewohner, den tatsächlichen Außentemperaturen, der Heizperiodendauer und dem stündlichen Wärmebedarf nach DIN 4701 ab. Bei einer Vorausberechnung können nur Mittelwerte angenommen werden, die für einen normalen Winter mit durchschnittlichen Lebensgewohnheiten gelten. Wird eine um 1 °C höhere Raumtemperatur gewünscht, kann mit einer Energiesteigerung um etwa 6% gerechnet werden.

3.6.7.1 Jahresenergiekosten

Nach VDI 2067, „Richtwerte zur Vorausberechnung der Wirtschaftlichkeit verschiedener Brennstoffe (Koks, Kohle, Heizöl, Gas) bei Warmwasser-Zentralheizungsanlagen", gilt

$$Q_j = \left\{ a \cdot e \cdot y \frac{24\, G_t}{\eta (\vartheta_i - \vartheta_{a\,min})} \right\} \cdot \dot{Q}_N$$

Darin bedeuten:

- Q_j Jahreswärmebedarf in kWh
- a Berichtigungsfaktor
- e Einschränkungsfaktor
- y Berichtungsfaktor

(a, e, y: Ausnutzungsgrad ε)

- $\dot{Q}_N$ Norm-Wärmebedarf nach DIN 4701 in kW
- G_t Jahresgradtagzahl in (K · Tage)/Jahr
- η Gesamtwirkungsgrad
- ϑ_i mittlere Gebäudetemperatur während der Benutzungszeit in °C
- ϑ_a tiefste Außentemperatur nach DIN 4701 in °C

Der durch die Klammer gekennzeichnete Teil dieser Formel läßt sich zusammenfassen zu einer jährlichen Benutzungsstundenzahl (t_B).
Es läßt sich der Heizwärmebedarf für ein Jahr (a) mit

$$\boxed{Q_j = \dot{Q}_N \cdot t_B} \quad \text{in } \frac{\text{kWh}}{\text{a}}$$

berechnen.

Q_j = Heizwärmebedarf eines Jahres in kWh/a
$\dot{Q}_N$ = Norm-Wärmebedarf nach DIN 4701 in kW
t_B = Jahresvollbenutzungsstundenzahl (etwa 1600 bis 1800 h/a) in h/a

Bei der **Jahresvollbenutzungsstundenzahl** handelt es sich um eine theoretische Zahl; sie gibt an, wie lange eine Heizung bei voller Leistung eingeschaltet wäre, um den Jahresenergiebedarf zu decken. Tatsächlich ist das zwar nicht der Fall, für Vergleichszwecke muß jedoch eine einheitliche Größe angenommen werden.
Bei Speicherheizungen wird verschiedentlich auch mit einer kleineren Zahl gerechnet. Dann ist sie auf die Anschlußleistungen der Geräte, die wegen der kürzeren Speicherzeit (Aufladezeit) höher als die Heizleistung ist, bezogen.
Bei einer Raumtemperatur von 20 °C und sonstigen normalen Lebensgewohnheiten kann nach dem neuen Entwurf der VDI 2067 mit etwa 1600 bis 1800 h/a gerechnet werden.
Zur Ermittlung der Betriebskosten muß die tatsächlich aufgebrachte Energie eingesetzt werden. Sie ermittelt sich aus dem Heizwärmebedarf und der Jahresarbeitszahl einer Wärmepumpe bzw. dem Wirkungsgrad einer Anlage. Als Erfahrungswerte können gelten:

Tabelle 3.29 Jahresarbeitszahlen und Wirkungsgrade

Heizungsart	Jahresarbeitszahl bzw. Wirkungsgrad	Verteiler-wirkungsgrad	Gesamtfaktor η_{ges} oder $\beta_{a\,ges}$
Wärmepumpen Wasser-Wasser monovalent	$\beta_a \sim 3{,}6$	0,95	3,4
Luft-Wasser bivalent-alternativ	$\beta_a \sim 3$*	0,95	2,9
Luft-Wasser bivalent-parallel	$\beta_a \sim 2{,}5$	0,95	2,4
Speicherheizgeräte	$\eta \sim 0{,}97$	–	0,97
Ölheizung	$\eta \sim 0{,}85 - 0{,}9$	0,95	0,8 bis 0,86

* abhängig von der Umschalttemperatur (hier angenommen 0 °C).

Der Jahresenergiebedarf ergibt sich dann aus:

$$W = \frac{Q_j}{\eta_{ges}} = \frac{\dot{Q}_N \cdot t_B}{\eta_{ges}}$$ allgemein und

$$W = \frac{\dot{Q}_N \cdot t_B}{\beta_{a\,ges}}$$ für Wärmepumpen

Bei normalen Betriebsbedingungen ergibt sich aus den vorher genannten t_B = 1600 Jahresvollbenutzungsstunden und den in Tabelle 3.29 angeführten Wirkungsgraden bzw. Arbeitsziffern folgender Rechenwert:

Heizungsart	Jahresenergiebedarf
Wärmepumpe Wasser-Wasser monovalent	$W = \frac{\dot{Q}_N \cdot 1600\ \text{h/a}}{3{,}4} = \dot{Q}_N \cdot 470\ \text{h/a}$
Speicherheizgeräte	$W = \frac{\dot{Q}_N \cdot 1600\ \text{h/a}}{0{,}97} = \dot{Q}_N \cdot 1650\ \text{h/a}$
Ölheizung (Mittelwert)	$W = \frac{\dot{Q}_N \cdot 1600\ \text{h/a}}{0{,}83} = \dot{Q}_N \cdot 1930\ \text{h/a}$

Für Wärmepumpenanlagen im bivalenten Betrieb mit anderen Heizungsanlagen müssen die Anteile beider Systeme entschlüsselt berücksichtigt werden.
Diese Anteile sind vom Umschaltpunkt der Anlage und den zu erwartenden Tiefsttemperaturen sowie den Heiztagen pro Jahr abhängig.
Im bivalent-alternativen Betrieb mit Umschaltpunkten zwischen +3 °C und 0 °C gelten folgende Richtwerte:

Heizkessel (Öl, Gas, Koks)	ca. 20% bis 40%
Wärmepumpe (elektrisch)	ca. 80% bis 60%

Für die norddeutsche Ebene sind im Mittel

33% für den Heizkessel und
67% für die Wärmepumpe realistisch

3.6.7.2 Zusatzbetriebskosten

Bei allen Heizungsarten fallen zusätzliche Betriebskosten für folgende Geräte an:

bei **Speicherheizungen** pro Lüfter ca. 6,00 DM/a
bei **Ölheizungen** für Brenner und Umwälzpumpe (diese sind in dem Wirkungsgrad von 0,83 bereits berücksichtigt)
bei **Wärmepumpen** für Förderpumpe oder Lüfter und für Umwälzpumpe (diese sind in der Jahresarbeitszahl bereits enthalten)

Bei eventuellen Vergleichen bestehender Anlagen werden diese Zusatzkosten insbesondere bei Öl- und Gasheizungen häufig vergessen, da sie selten direkt erfaßt werden. Außerdem müssen bei einer exakten Kostenermittlung noch die Aufwendungen für

Wartungsverträge, Rauchgasprüfung, Schornsteinfeger usw.

berücksichtigt werden. Die Gegenüberstellung in dem folgenden Abschnitt bringt eine geschlossene Aufzählung.

3.6.7.3 Kostenvergleich zwischen verschiedenen Heizungssystemen

Die Kosten für eine Heizungsanlage setzen sich aus den Betriebs- und den Anlagekosten zusammen.

Betriebskosten
Sie entstehen je nach Heizungsart aus:

a) **Brennstoffheizung** (Öl, Gas, Koks)
Brennstoffkosten
Zusatzenergie für Pumpe und Brenner
Kaminfegergebühr
Rauchgasprüfung
Wartungsdienst
Reinigung des Öltanks
Reparaturen (Ersatzteile)
Kosten der Verbrauchserfassung entsprechend der Heizkostenverordnung (bei Mehrfamilienhäusern)

b) **Elektrowärmespeicherheizungen**
Energiekosten
Tagstrom für Lüfter
Meßkosten
Reparaturkosten

c) **Wärmepumpenanlagen**
Energiekosten (monovalente Anlage)
oder Energiekosten + Brennstoffkosten bei (bivalenten Anlagen)
Zusatzenergie für Umwälzpumpe
oder Zusatzenergie für Brenner und Lüfter (bivalente Anlagen Luft—Wasser)
Grundgebühren (Leistungspreis)
Reparaturkosten
und anteilig die Kosten der Pos. a) für Schornsteinfeger, Tank, Wartung usw.

Hier können natürlich keine allgemeingültigen Zahlen eingesetzt werden, da sie ständigen Schwankungen unterworfen sind. Werden die regional zutreffenden Zahlen berücksichtigt, so werden die reinen Energiekosten bei der Elektrowärmespeicherheizung stets höher liegen als bei den meisten anderen Heizungsarten. Die festen Kosten, wie Wartung, Reparaturen usw., werden im allgemeinen jedoch bei den anderen Heizungsarten überwiegen. Auch sollte bedacht werden, daß bei der E-Heizung die Tagstromkosten für die Lüfter bereits vom Zähler mit erfaßt werden, bei der Ölheizung für Pumpe und Brenner aber gesondert errechnet oder gemessen werden müßten.
Die Energiekosten für die monovalente Wärmepumpe werden sicher am niedrigsten liegen. Diese Kosten könnten jedoch durch den Bivalent-Parallel-Betrieb erfahrungsgemäß unterboten werden. Dann fallen allerdings höhere Investitionen an.

Anlagekosten
Die Anlagekosten sind beim Neubau anders als beim Altbau zu veranschlagen. Hier können nur die eventuell auftretenden Kosten genannt werden. Der Leser muß dann gegebenenfalls einige Punkte unberücksichtigt lassen.

a) **Brennstoffheizung**
(Öl, Gas, Koks)
Gesamte Anlage mit
Brenner, Kessel, Heizkörpern, Tank, Arbeitslohn
Steuerung
Elektroanschluß
Baunebenkosten
Schornsteinabdichtung
Kellerabdichtung
feuerhemmende Türen
Malerarbeiten für
Heizkörper und Rohre
Feuerlöscher
Raum für den Kessel
Raum für Brennstofflagerung
bzw. besonderer Tank

b) **Elektrowärmespeicherheizungen**
Speichergeräte
Steuerung (Aufladeautomatik)
Elektroinstallation und Montage

c) **Wärmepumpenanlagen**
Wärmepumpe
Brunnenanlage einschließlich Pumpe oder Erdreichanlage einschließlich Pumpe oder Luftkanäle
Elektroanschluß
Fußbodenheizung abzüglich normaler Estrich- und Isolationskosten oder Niedertemperaturheizkörper
Raum für Wärmepumpe

Die reinen Anlagekosten werden voraussichtlich bei der E-Heizung kleiner als bei den anderen Heizungsarten sein.
Je nach Bauart, Bodenbeschaffenheit usw. wird zur Zeit die Wärmepumpenanlage die höchsten Anschaffungskosten aufweisen, die durch die kleineren Verbrauchskosten jedoch kompensiert werden.

Gesamtkosten:
Die gesamten Heizkosten je Jahr setzen sich aus den Betriebskosten und dem Kapitaldienst für die Anlagekosten zusammen.

Gesamtheizkosten = Energiekosten + Zusatzkosten + Kapitaldienst*

Werden Heizungssysteme miteinander verglichen, so gilt etwa:

a) **Ölheizung**	b) **E-Speicherheizung**	c) **Wärmepumpenheizung**
mittlere Brennstoffkosten	höhere Energiekosten	niedrige Energiekosten
hohe Zusatzkosten	geringe Zusatzkosten	geringe Zusatzkosten
mittlerer Kapitaldienst	niedrigerer Kapitaldienst	höherer Kapitaldienst

Die Warmwasserversorgung kann nicht unabhängig von der Heizung betrachtet werden. Wärmetauscher in Warmwasseranlagen ergeben im Sommer einen sehr ungünstigen Wirkungsgrad. Die Betriebskosten sind keinesfalls rentabler als die des Elektrospeichers, da dieser während der Niedertarifzeit beheizt wird. Ein Durchlauferhitzer hat zwar während der normalen Tarifzeit höhere Kosten zur Folge, liegt jedoch in der Anschaffung niedriger.

3.6.8 Kurzverfahren zur Berechnung des Wärmebedarfes

Das in der neugefaßten DIN 4701 „Regeln zur Berechnung des Wärmebedarfs von Gebäuden“ vorgestellte Verfahren ist aufgrund der Vielzahl der zu berücksichtigenden Parameter sehr exakt und liefert genaue Vorgaben zur Dimensionierung von Heizungsanlagen. Da diese Genauigkeit auf Kosten der Handhabbarkeit geht, wurden immer wieder Wünsche nach einem Kurzverfahren laut, mit dessen Hilfe der Wärmebedarf schnell und ohne besondere Hilfsmittel überschlägig ermittelt werden kann. Insbesondere bei Beratungsgesprächen „vor Ort“, im Altbau, sei ein Kurzverfahren gut einsetzbar, da viele der für die Berechnung nach DIN notwendigen Faktoren nur grob abgeschätzt werden und dadurch dem Genauigkeitsanspruch der DIN 4701 nicht gerecht werden könnten.
Das vorliegende Kurzverfahren beruht auf den Erfahrungen aus den EDV-gestützten Berechnungen vieler Einzelräume. Es kann deshalb als ein an die DIN 4701/83 angelehntes Verfahren bezeichnet werden, so daß hiernach eine Gerätedimensionierung erfolgen kann.

* Zinsen für Fremd- oder Eigenkapital, Tilgung des geliehenen Kapitals oder Rücklage für die Neuanschaffung einer gleichwertigen Anlage.

Formblatt zur überschlägigen Ermittlung des Wärmebedarfs

HEA

Kunde : Beispiel Abschnitt 3.6.4 dieses Buches — Telefon :
Anschrift :
Planer : — Telefon :
Anschrift :
Raumbezeichnung: Wohnzimmer — Datum :

1	Gebäudeart	X	Einzelhaus		Reihenhaus		Mehrfamilienhaus
2	Baujahr		bis 1960		1960 - 1977	X	ab 1978
3	Lage des Gebäudes		frei	X	normal		
4	Windlage des Gebäudes	X	windstark		windschwach		
5	Lage des Raumes	X	oben u. unten nicht beheizt		oben o. unten nicht beheizt		oben u. unten beheizt
	Etagen (bei Zentralh.)		1 Etage		2 Etagen		3-4 Etagen
6	Anzahl der Außenwände		3 - 4	X	2		1
7	Fenster		einfach verglast		doppelt verglast	X	isolierverglast
8	verglaste Fläche	X	groß		mittel		klein
9	Wohnraumtemperatur		+ 22 °C	X	+ 20 °C		+ 15°C
10	Tiefste Außentemp.		-18 °C / -16°C		-14 °C / -12°C	X	-10 °C
11	Summe der Kreuze in den Zeilen 1-10		4		3		3
			x		x		x
12	Faktor		15		11		8
			=		=		=
13			60	+	33	+	24 = 117

14		nicht wärmegedämmt	x 1,3				
15		teilweise wärmegedämmt	x 1,0	=	**Raum**	**Gebäude**	
16	117	erhöht wärmegedämmt	x 0,7		81,9		W/m²
					x	x	
17		zu beheizende Fläche (des Einzelraumes oder bei Ermittlung des Gebäudewärmebedarfes zu beheizende Gesamtfläche)	→		19,3		m²
					=	=	
18		überschlägiger Wärmebedarf (zur Auslegung von Raumheizgeräten)	→		1580		W
						x	
19		Für Zentralheizung (Faktor Z)	→			0,80	
						=	
20		überschlägiger Wärmebedarf für Zentralheizung (zur Auslegung des zentralen Wärmeerzeugers)	→				W

HEA - Kurzverfahren in Anlehnung an die DIN 4701/83. Gültig für die Bestimmung des Wärmebedarfes von Einzelräumen und von Gebäuden. Dieses Verfahren ersetzt nicht die genaue Berechnung des Wärmebedarfs nach DIN 4701.

Hierzu folgende Anmerkungen:

1. Das vorliegende Verfahren ist nicht geeignet für sehr hoch wärmegedämmte Gebäude. Für diese Fälle werden exakte Berechnungen nach DIN 4701/83 vorausgesetzt, da i. d. R. alle für die Berechnung erforderlichen Daten vorhanden sind.
2. Der Einfluß der Gebäude-Bauart ist in diesem Verfahren nicht berücksichtigt.
3. Bei fensterlosen Räumen wird „Fenster klein“ und „isolierverglast“ angekreuzt. Damit wird die Zwangsbelüftung berücksichtigt.

Erläuterungen zur Anwendung des Formblattes

In den Zeilen 1 bis 10 ist je waagerechte Zeile ein Kreuz einzusetzen (insgesamt 10 Kreuze).

Zeile:	Bemerkungen:
Zeile 1 und 2:	keine
Zeile 3, Lage des Gebäudes:	**Frei** gilt für Häuser auf Inseln, unmittelbar vor der Küste, an großen Binnenseen, auf Berggipfeln und in freien Kammlagen. **Normal** gilt für Häuser in dicht besiedelten Gebieten (Stadtkerne) und in Gebieten mit aufgelockerter Bebauung.
Zeile 4, Windlage des Gebäudes:	Angaben nach DIN 4701/83 Teil 2 Tabelle 1
Zeile 5, Lage des Raumes: Etagen:	Angabe nur bei der Berechnung des Wärmebedarfes von Einzelräumen. Angabe nur bei der Wärmebedarfsermittlung für Zentralheizungen. Daraus ergibt sich, daß in Zeile 5 nur ein Kreuz eingetragen werden darf.
Zeile 6, Anzahl der Außenwände:	Als Außenwände sind zu bewerten: – eine an einen unbeheizten Raum grenzende Innenwand – eine Dachfläche – eine an Erdreich grenzende Fläche
Zeile 7:	Doppelt verglast bedeutet: die Scheiben sind nicht unlösbar miteinander verbunden Isolierverglast bedeutet: die Scheiben sind unlösbar miteinander verbunden
Zeile 8, verglaste Fläche:	Es werden prozentual alle Fensterflächen im Vergleich zur gesamten Außenwandfläche berücksichtigt Anteil der Fensterfläche größer als 20 % — groß Anteil der Fensterfläche gleich 10 – 20 % — mittel Anteil der Fensterfläche kleiner als 10 % — klein Beispiel: Außenwandfläche (inkl. Fenster) = 170 m^2 Fensterfläche = 30 m^2 $(30:170) \times 100 = 17{,}6\,\%$ (mittel) Sollte es sich um Fenster handeln, die eine größere Fugenlänge durch eine mehrfache Flügellänge aufweisen, so kann die nächstgrößere Beurteilungsstufe gewählt werden.
Zeile 9:	keine
Zeile 10, tiefste Außentemperatur:	Angaben nach DIN 4701/83 Teil 2 Tabelle 1

Zeile:	Bemerkungen:
Zeile 11:	keine
Zeile 12:	Durch eine Vielzahl von Vergleichsrechnungen ermittelte Faktoren.
Zeile 13:	Multiplikationsergebnis aus den Zeilen 11 und 12
Zeilen 14 – 16:	*nicht wärmegedämmt:* konventionelle Bauweise, ohne zusätzliche Wärmedämmung, Fenster mit Einfachverglasung, mittlerer k-Wert größer als 1,0 W/m^2K *teilweise wärmegedämmt:* konventionelle Bauweise, geringe Wärmedämmung, Fenster isolierverglast, mittlerer k-Wert 0,7 – 1,0 W/m^2K *erhöht wärmegedämmt:* neueste Bauweise nach Wärmeschutzverordnung, mittlerer k-Wert kleiner als 0,6 W/m^2K **Bei bekanntem k-Wert ist dieser der Beurteilung zugrunde zu legen.**
Zeile 17 und 18:	keine
Zeile 19:	Der Faktor Z für Zentralheizung berücksichtigt den Lüftungswärmebedarf in Verbindung mit dem Gebäudewärmebedarf.

Impressum:
Herausgeber: Hauptberatungsstelle für Elektrizitätsanwendung
Am Hauptbahnhof 12
6000 Frankfurt am Main
© HEA, Frankfurt 11/89

Bearbeitung: HEA-AA „Heizung und Raumlufttechnik"
Redaktion: Referat „Energieberatung und Umwelt"
Vertrieb: Energie-Verlag, Blumenstr. 13
6900 Heidelberg

Stichwortverzeichnis